普通高等教育土建类规划教材

混凝土结构设计原理

主　编　杨　虹
副主编　周孝军　姚红梅
参　编　陈会银　郭浩翔　郑洪勇　卢　驰

机械工业出版社

本书参照工程结构通用规范（GB 55001—2021）、混凝土结构通用规范（GB 55008—2021）、《混凝土结构设计规范》（GB 50010—2010）（2020版）、《预应力混凝土结构设计规范》（JGJ 369—2016）、《装配式建筑评价标准》（GB/T 51129—2017）等现行国家规范和标准，依据《高等学校土木工程本科指导性专业规范》的规定，对混凝土结构设计原理的内容进行了梳理、充实和编排，主要介绍了混凝土基本构件的设计原理和构造。

本书共10章，主要内容包括绪论，钢筋和混凝土的物理力学性能，受弯构件正截面承载力，斜截面承载力，受压构件截面承载力，受拉构件截面承载力，受扭构件截面承载力，钢筋混凝土构件的裂缝、变形及耐久性设计，预应力混凝土构件，装配式混凝土构件设计。本书对重要基础知识、重要构造、所引规范中的强制性条文、重要公式的公式号用黑体字突出显示；同时，对例题的易错知识点都做了点评，在章末设置了题型丰富的练习，并在附录提供了参考答案，有利于读者抓住重点，掌握混凝土结构的基本理论知识，便于读者自学和提高。

本书可作为高校土木工程专业的专业基础课教材，也可供从事混凝土结构设计、制作、施工的工程技术人员参考。

图书在版编目（CIP）数据

混凝土结构设计原理/杨虹主编. —北京：机械工业出版社，2018.9（2023.6重印）
 普通高等教育土建类规划教材
 ISBN 978-7-111-60847-9

Ⅰ.①混… Ⅱ.①杨… Ⅲ.①混凝土结构-结构设计-高等学校-教材 Ⅳ.①TU370.4

中国版本图书馆 CIP 数据核字（2018）第 208009 号

机械工业出版社（北京市百万庄大街22号　邮政编码100037）
策划编辑：马军平　责任编辑：马军平　责任校对：刘志文
封面设计：张　静　责任印制：张　博
北京雁林吉兆印刷有限公司印刷
2023年6月第1版第3次印刷
184mm×260mm・20.75印张・505千字
标准书号：ISBN 978-7-111-60847-9
定价：59.80元

电话服务　　　　　　　　　网络服务
客服电话：010-88361066　　机　工　官　网：www.cmpbook.com
　　　　　010-88379833　　机　工　官　博：weibo.com/cmp1952
　　　　　010-68326294　　金　书　网：www.golden-book.com
封底无防伪标均为盗版　　　机工教育服务网：www.cmpedu.com

前　言

混凝土结构设计（基本）原理课程属于土木工程专业的专业基础课，以《工程结构通用规范》（GB 55001—2021）、《混凝土结构通用规范》（GB 55008—2021）、《混凝土结构设计规范》（GB 50010—2010）（2020 版）、《预应力混凝土结构设计规范》（JGJ 369—2016）、《装配式建筑评价标准》（GB/T 51129—2017）为基础，介绍《高等学校土木工程本科指导性专业规范》规定的本课程核心知识点，同时反映当前我国钢筋混凝土材料试验研究成果及设计水准。通过本课程的学习，读者应在掌握钢筋混凝土在各种受力状态下的力学性能及变形性能的基础上，熟练掌握受弯构件、受压构件、受拉构件、受扭构件的承载力计算及构造要求；变形与裂缝验算；预应力混凝土构件；了解混凝土结构的耐久性设计、装配式混凝土构件的特点与受力性能。

本书的重点内容是受弯构件正截面受弯承载力、矩形截面大偏心受压构件的正截面承载力计算等；难点内容是保证受弯构件斜截面受弯承载力的构造措施、矩形截面小偏心受压构件的正截面承载力计算、纯扭构件的变角度空间桁架模型等。本书对重要基础知识、重要构造、所引规范中的强制性条文、重要公式的公式号用黑体字突出显示；同时，对例题的易错知识点都做了点评，在章末设置了题型丰富的练习题，并在附录提供了参考答案，有利于读者抓住重点，掌握混凝土结构的基本理论知识，便于读者自学和提高。

本书由西华大学土木建筑与环境学院杨虹任主编，西华大学土木建筑与环境学院周孝军、西南交通大学希望学院姚红梅任副主编，四川科信建筑工程质量检测鉴定有限公司的陈会银、泸州职业技术学院的郭浩翔、湖北中勤建设发展有限公司的郑洪勇、四川建筑职业技术学院的卢驰参与编写，具体编写分工如下：杨虹、郑洪勇编写第 1、8 章，杨虹编写第 5、7、9 章，周孝军编写第 2、3 章，姚红梅编写第 4、6 章，杨虹、卢驰编写第 10 章，陈会银、郭浩翔编写各章的章节练习和附录。全书由杨虹定稿。

本书在编写过程中参考了大量国内外参考文献，引用了一些学者的资料，在本书的参考文献中已一一列出。限于编者水平，本书不当之处，欢迎读者批评指正。

编　者

目 录

前言

第1章 绪论 ... 1

本章提要 ... 1
1.1 钢筋混凝土结构概述 ... 1
1.2 钢筋混凝土结构的发展及应用 ... 3
1.3 近似概率理论的极限状态设计方法 ... 6
1.4 本课程主要内容及学习方法 ... 9
小结 ... 12
思考题 ... 12
章节练习 ... 13

第2章 钢筋和混凝土的物理力学性能 ... 14

本章提要 ... 14
2.1 钢筋的物理力学性能 ... 14
2.2 混凝土的物理力学性能 ... 18
2.3 钢筋与混凝土的黏结力 ... 27
小结 ... 35
思考题 ... 35
章节练习 ... 36

第3章 受弯构件正截面承载力 ... 38

本章提要 ... 38
3.1 概述 ... 38
3.2 梁、板一般构造 ... 39
3.3 受弯构件正截面的受弯性能及破坏形态 ... 44
3.4 正截面受弯承载力计算原理 ... 48
3.5 单筋矩形截面受弯构件的承载力计算 ... 53
3.6 双筋矩形截面受弯构件的承载力计算 ... 58
3.7 T形截面受弯构件的承载力计算 ... 63
小结 ... 70

思考题 ··· 71
章节练习 ··· 72

第 4 章　受弯构件斜截面承载力 ·· 75

本章提要 ··· 75
4.1　概述 ·· 75
4.2　斜截面的受剪机理 ·· 76
4.3　斜截面破坏的主要形态 ·· 78
4.4　影响斜裂缝受力性能的主要因素 ·· 80
4.5　斜截面受剪承载力的计算 ··· 82
4.6　斜截面受剪承载力的计算方法 ··· 88
4.7　斜截面受弯承载力的构造要求 ··· 92
小结 ··· 97
思考题 ··· 98
章节练习 ··· 98

第 5 章　受压构件截面承载力 ··· 100

本章提要 ·· 100
5.1　受压构件的一般构造 ·· 101
5.2　轴心受压构件正截面承载力 ··· 103
5.3　偏心受压构件正截面受力性能分析 ··· 110
5.4　非对称配筋矩形截面偏心受压构件正截面承载力计算 ···························· 118
5.5　对称配筋矩形截面偏心受压构件正截面承载力计算 ······························· 131
5.6　对称配筋 I 形截面偏心受压构件正截面承载力计算 ······························· 134
5.7　双向偏心受压构件正截面承载力计算 ·· 141
5.8　适用装配式受压构件的正截面承载力计算 ·· 142
5.9　矩形截面对称配筋的 N_u-M_u 相关曲线 ·· 145
5.10　偏心受压构件斜截面受剪承载力计算 ·· 147
小结 ·· 149
思考题 ·· 150
章节练习 ··· 151

第 6 章　受拉构件截面承载力 ··· 154

本章提要 ·· 154
6.1　概述 ··· 154
6.2　轴心受拉构件正截面承载力计算 ·· 155
6.3　偏心受拉构件正截面承载力计算 ·· 156
6.4　偏心受拉构件斜截面受剪承载力计算 ·· 160
小结 ·· 161
思考题 ·· 161
章节练习 ··· 162

第 7 章　受扭构件截面承载力 ··· 163

本章提要	163
7.1 矩形截面纯扭构件承载力计算	164
7.2 矩形截面复合受扭构件承载力计算	171
7.3 T形、I形或箱形截面受扭构件承载力计算	182
小结	190
思考题	191
章节练习	191

第8章 钢筋混凝土构件的裂缝、变形及耐久性设计 … 193

本章提要	193
8.1 概述	193
8.2 裂缝宽度验算	194
8.3 变形验算	203
8.4 混凝土结构耐久性设计	212
小结	215
思考题	216
章节练习	216

第9章 预应力混凝土构件 … 219

本章提要	219
9.1 概述	219
9.2 预应力混凝土构件设计的一般规定	225
9.3 预应力损失	228
9.4 预应力混凝土轴心受拉构件各阶段应力分析	239
9.5 预应力轴心受拉构件计算	245
9.6 预应力混凝土受弯构件各阶段应力分析	251
9.7 预应力混凝土受弯构件计算	255
9.8 先张法构件预应力筋的传递长度和锚固长度	279
9.9 后张法构件端部锚固区的局部承压验算	280
9.10 预应力混凝土构件的构造要求	284
小结	286
思考题	288
章节练习	288

第10章 装配式混凝土结构设计 … 292

本章提要	292
10.1 概述	292
10.2 装配式混凝土结构设计的基本原理	298
10.3 构件及连接设计	299
10.4 结构拆分设计	302
10.5 预埋件设计	303
小结	306

思考题 ·· 306

附录 ·· 307

　　附录1　《混凝土结构设计规范》规定的材料力学指标 ·· 307
　　附录2　钢筋、钢绞线、钢丝的公称直径、公称截面面积及理论质量 ··························· 309
　　附录3　《混凝土结构设计规范》的有关规定 ·· 311
　　附录4　章节练习参考答案 ··· 312

参考文献 ·· 322

绪 论 第1章

本章提要

1. 熟悉钢筋混凝土结构的一般概念，钢筋和混凝土协同工作的原因，以及钢筋混凝土结构的优缺点。
2. 了解钢筋混凝土结构在房屋建筑工程、桥梁工程、隧道及地下工程、水利工程及特种结构中的应用和发展。
3. 掌握近似概率理论的极限状态设计方法。
4. 了解混凝土结构课程的主要内容和学习方法。

1.1 钢筋混凝土结构概述

1.1.1 钢筋混凝土结构的基本概念

钢筋和混凝土是土木工程中重要的建筑材料。钢筋的抗拉、抗压能力都很强；混凝土的抗压能力较强而抗拉能力很弱。为了充分发挥两种材料的物理力学性能，把钢筋和混凝土按照合理方式配置在一起共同受力，使混凝土主要承受压力，钢筋主要承受拉力，就构成了钢筋混凝土结构构件。

图 1.1a 为一素混凝土简支梁。由试验可知，由于混凝土抗拉强度很低，在较小的外荷载作用下，梁下部受拉区边缘的混凝土即出现裂缝，一旦受拉区混凝土开裂，裂缝迅速发展，梁瞬时断裂或因变形过大不能继续承载而发生破坏；此时受压区混凝土的抗压强度远没有充分利用，梁的承载力很低，这类构件的破坏称为脆性破坏，即破坏时无明显预兆，是很危险的，工程不允许发生。

图 1.1b 为一钢筋混凝土简支梁，即在素混凝土简支梁的受拉区配置钢筋。由试验可知，在较小的外荷载作用下，梁的受拉区由钢筋与混凝土共同承受拉力，梁的受压区由混凝土承受压力。当荷载继续增加，受拉区的混凝土开裂，此时受拉区的混凝土退出工作，全部由钢筋承担拉力。因钢筋的抗拉能力强，如果配筋适当，梁需承受较大的外荷载才会破坏，破坏时受拉钢筋达到屈服强度，受压区混凝土的抗压强度也能得到充分利用。裂缝充分发展，梁的变形较大，有明显预兆。这类构件的破坏称为延性破坏，是工程希望发生的。

图 1.1c 为钢筋混凝土轴心受压柱。在混凝土中配置纵向受压钢筋和箍筋，与素混凝土柱相比，纵筋与混凝土共同承受压力，提高柱的承载力和变形性能，同时还可以减小柱截面尺寸，承担由于偶然作用引起的附加弯矩和拉应力，从而改善受压柱的受力性能。

因此混凝土内配置受力钢筋要满足两个条件：其一，变形一致，共同受力；其二，钢筋位置和数量正确。其主要目的是提高结构构件的承载能力和变形能力。

钢筋和混凝土是两种物理力学性能很不相同的材料，它们能够协同工作的主要原因是：

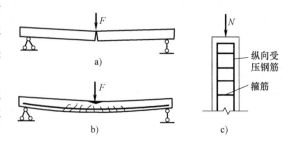

图1.1　简支梁和轴心受压柱受力示意
a) 素混凝土梁　b) 钢筋混凝土梁
c) 钢筋混凝土轴心受压柱

1) **钢筋与混凝土之间存在黏结力**。混凝土结硬后，能与钢筋牢固地黏结⊖在一起，相互传递内力。黏结力是这两种性质不同的材料能够共同工作的基础。

2) **两者的温度线膨胀系数很接近**。钢材为 $1.2×10^{-5}/℃$；混凝土为 $(1.0～1.4)×10^{-5}/℃$。当温度变化时，钢筋与混凝土之间不会产生较大的相对变形而破坏黏结。

3) 钢筋埋置于混凝土中，混凝土对钢筋起到了保护和固定作用，使钢筋不容易发生锈蚀，且使其受压时不易失稳，在遭受火灾时不致因钢筋很快软化而导致结构整体破坏。因此，在混凝土结构中，钢筋表面必须留有一定厚度的混凝土保护层，这是保证二者共同工作的必要措施。

1.1.2　钢筋混凝土结构的特点

1. 钢筋混凝土结构的主要优点

1) 耐久性好。处于正常环境下，混凝土结构中钢筋受到保护不易锈蚀，所以混凝土结构具有良好的耐久性。

2) 耐火性好。混凝土为不良导热体，发生火灾时埋置在混凝土中的钢筋受高温的影响比裸露的木结构、钢结构要小得多，钢筋不会很快软化导致结构整体倒塌。

3) 整体性好。整浇或装配整体式钢筋混凝土结构具有很好的整体性，有利于抗震、抵抗振动和爆炸冲击波。

4) 可模性。新拌混凝土是可塑的，可根据需要浇筑成各种形状和尺寸的钢筋混凝土结构。

5) 就地取材。砂、石是混凝土的主要成分，均可就地取材。在工业废料（如矿渣、粉煤灰）较多的地方，可利用工业废料制成人造骨料用于混凝土结构中。

2. 钢筋混凝土结构的主要缺点

1) 自重大。与钢结构相比，混凝土自身重力较大，它所能负担的有效荷载相对较小。这对大跨度结构、高层建筑结构都是不利的。另外，自重大会使结构地震作用增大，对结构抗震不利。

2) 抗裂性差。如前所述，混凝土的抗拉强度非常低，因此，普通钢筋混凝土结构通常带裂缝工作。尽管裂缝的存在并不一定意味着结构发生破坏，但是它影响结构的耐久性和美观。当裂缝数量较多和开展较宽时，还将给人带来不安全感。对一些不允许出现裂缝或对裂

⊖ 《混凝土结构设计规范》用"粘结"，但根据《新华字典》第7版，应使用"黏结"，本书统一用后者。

缝宽度有严格限制的结构，要满足这些要求就需要提高工程造价。

3) 混凝土结构施工工序复杂，周期较长，且受季节气候影响；对于现役混凝土结构，如遇损伤修复困难。

随着科学技术不断发展，混凝土结构也得到了改进和发展。如采用轻质、高强混凝土及预应力混凝土，可减小结构自重并提高构件的抗裂性；采用植筋或黏钢技术可对局部损坏的混凝土结构或构件进行有效的修复等。

1.2 钢筋混凝土结构的发展及应用

1.2.1 设计理论及规范发展史

混凝土结构计算理论发展，大体上可分为四个阶段。第一阶段是从钢筋混凝土发明至20世纪初。这一阶段，钢筋和混凝土的强度较低，主要用于建造中小楼板、梁、拱和基础等构件，按弹性理论进行计算。第二阶段从20世纪初到40年代。钢筋和混凝土强度有所提高，预应力混凝土开始出现，考虑材料塑性性能，并按破损阶段进行构件设计。第三阶段20世纪40年代到80年代。随着高强钢筋和高强混凝土的出现，各种现代化施工方法普及，混凝土的应用范围进一步扩大，如超高层建筑、大跨度桥梁、跨海隧道、高耸结构等；结构构件设计已过渡到按极限状态的设计方法。大致从20世纪80年代，混凝土结构发展进入第四阶段。尤其是近年来，大模板现浇的工业化、高层建筑新结构和空间结构的发展、计算机仿真技术的应用，以及非线性有限元分析方法的广泛应用，结构构件设计进入以概率理论为基础的极限状态设计方法。

我国混凝土结构设计规范发展也经历了五个阶段。第一阶段是1949—1970年，为主要根据苏联规范，制定了《钢筋混凝土结构设计暂行规范》（结规6—1955）和《钢筋混凝土结构设计规范》（GBJ 21—1966）。第二阶段是从1971年至20世纪80年代，为自主制定规范的起步阶段，也称"脱胎未换骨"阶段，制定了《钢筋混凝土结构设计规范》（TJ 10—1974）和《建筑结构设计统一标准》（GBJ 68—1984），这一阶段因缺乏自己试验研究的成果，难以用数据说话，同时增加了预应力混凝土结构设计内容。第三阶段是1990—2002年，为跨越式发展阶段，制定了《混凝土结构设计规范》（GBJ 10—1989），这阶段主要特点是：以剪跨比区分的破坏形态修订斜截面承载力计算；修订受扭构件的设计方法，由纯扭构件的设计方法引入弯、剪、扭共同作用设计方法，剪-扭共同作用时，其相关性服从1/4圆曲线规律，提出了纵向钢筋与箍筋共同抗扭合理关系；提出了变角桁架计算模型以解释破坏现象和试验结果。第四阶段是从2002—2021年，为全面与国际接轨阶段，制定了《混凝土结构设计规范》（GB 50010—2002），《混凝土结构设计规范》（GB 50010—2010）。2020年局部修订，版本号为（GB 50010—2010）（2020版）[⊖]。这阶段主要特点是：

1) 材料方面，淘汰低强度材料，采用高强、高性能材料，提高资源利用率，落实"四节一环保"。以 HRB400、500MPa 级热轧钢筋为主，以高强钢丝、钢绞线为预应力筋的主导品种；以 300MPa 级光圆钢筋取代了 235MPa 级钢筋，增加 C70、C80 混凝土强度等级，取

⊖ 本书后文如未做特殊说明，《混凝土结构规范》均指此版规范。

消 C7.5、C10 两个混凝土强度等级。

2）适当增加结构的安全储备及抗灾性能，注重结构的整体稳定性。

3）补充了复合受力构件设计的相关规定，修改了受剪、受冲切承载力计算公式，由混凝土抗拉强度代替混凝土抗压强度作为基本参数，同时考虑高度影响系数和混凝土强度影响系数。

4）调整了钢筋的保护层厚度、钢筋锚固长度和纵向受力钢筋最小配筋率的有关规定。

5）补充、修改了正常使用极限状态验算、混凝土的耐久性设计、预应力混凝土构件的相关要求。

6）进一步与国际接轨，实现与相关标准及土木工程其他专业规范的合理分工、协调。

第五阶段是从 2022 年开始，《混凝土结构通用规范》（GB 55008—2021）实施，具有强制约束力，是人民生命财产安全、人身健康、工程安全、生态环境安全、公众权益和公众利益的控制性底线要求，淘汰 HRB335 级钢筋，取消 C15 混凝土强度等级，提高板的最小配筋率。

1.2.2 工程应用

房屋建筑中的住宅和公共建筑，尤其是高层建筑，广泛采用钢筋混凝土结构。2014 年建成的上海中心（图 1.2），地上 127 层，总高度 632m。2017 年建成的深圳平安金融中心（图 1.3），地上 118 层，总高度 599m，外筒由 8 根型钢混凝土巨柱和 7 道巨型斜撑框架构成。2010 年阿联酋迪拜建成的哈利法塔（图 1.4），高达 828m，其中 600m 以下为钢筋混凝土结构，以上为钢结构。

图 1.2　上海中心

图 1.3　深圳平安金融中心

图 1.4　哈利法塔

特种工程中的烟囱、水塔、筒仓、储水池、电视塔、核电站反应堆安全壳、近海采油平台等很多也采用混凝土结构。目前世界上最高的电视塔是加拿大多伦多电视塔（图 1.5），塔高 533.3m，为预应力混凝土结构。上海东方明珠电视塔（图 1.6）由三个钢筋混凝土筒体组成，高 456m，居世界第三位。

桥梁工程中，中小跨度桥梁中有很大部分采用钢筋混凝土建造，结构形式有梁、拱、桁架等类型。大跨度桥常采用悬索结构、斜拉结构与混凝土组合。如港珠澳大桥，世界上最长的跨海大桥；杨泗港大桥，以 1700m 的跨度，刷新中国悬索桥新的纪录，建成后将是世界上跨度最大的双层公路悬索桥；丹昆特大桥，世界第一长桥，164.85km。

隧道及地下工程多采用混凝土结构建造。如成昆铁路有隧道 427 座，总长 341km，占全线路长 31%。港珠澳大桥设计了一段 6.7km 的世界最长海底沉管隧道，隧道被埋设在海平

图 1.5 多伦多电视塔

图 1.6 东方明珠

面以下，最深处超过 40m。

水利工程中的水电站、拦洪坝、引水渡槽、污水排灌管等均采用钢筋混凝土结构。目前世界上最高的重力坝为瑞士的大狄桑坝，高 285m。我国的三峡水利枢纽，水电站主坝高 185m，设计总装机容量 1820 万 kW，发电量居世界第一。

1.2.3 发展

随着技术发展，混凝土在材料、结构的试验和理论研究、结构形式方面都得到进一步发展。出现了高性能混凝土、纤维增强混凝土结构、钢与混凝土组合结构等。

1. 材料方面

（1）高性能混凝土结构 具有高强度、高耐久性、高流动性及高抗渗透等优点，是今后混凝土材料发展的重要方向。《混凝土结构设计规范》将混凝土强度等级大于 C50 的混凝土划分为高强混凝土，能适应现代工程结构向大跨、重载、高耸发展和承受恶劣环境条件的需要。但因其具有较少的塑性和更大的脆性，与普通强度混凝土在结构计算和构造措施上有一定差别。

（2）纤维增强混凝土结构 在普通混凝土中掺入适当的各种纤维可形成纤维增强混凝土，其抗拉、抗剪、抗折强度和抗裂、抗冲击、抗疲劳、抗震、抗爆等性能均有较大提高。研究表明：钢纤维掺入量的体积分数为 1%~2%，混凝土的抗拉强度可提高 40%~80%，塑性变形能力大幅提高，因而获得较大发展和应用。目前应用较多的纤维材料有钢纤维、耐碱玻璃纤维、碳纤维、芳纶纤维、聚丙烯纤维或尼龙合成纤维混凝土等。钢纤维混凝土是将短的、不连续的钢纤维均匀地掺入普通混凝土制成的，用于机场的飞机跑道、地下人防工程、地下泵房、水工结构、桥梁与隧道工程等，目前我国已推出《钢纤维混凝土》（JG/T 472—2015）规范。合成纤维（尼龙基纤维、聚丙烯纤维等）作为加筋材料，可以提高混凝土的抗拉、韧性、抗裂性等结构性能，用于各种水泥基板材，如图 1.7 所示。碳纤维具有轻质、高强、耐腐蚀、施工便捷等优点，已广泛用于建筑、桥梁结构的加固补强工程中，如图 1.8 所示。

2. 结构方面

（1）试验研究 从单一构件到结构体系的受力状态研究；加强足尺试验测试节点构造；加强结构抗灾性能的试验研究，探讨后期超加载引起的大幅度挠曲、倾覆、压溃、断裂破坏

图1.7 用纤维增强混凝土制作25mm厚雨篷

图1.8 碳纤维加固梁板

形态及结构的解体和倒塌;开展结构原位加载试验的探讨(结构的原位加载试验更符合工程实际情况),编制原位加载试验的标准;提高试验研究的分析水平,提倡先分析后试验,多分析少试验,基本假定应有可靠的依据,机理分析应深入透彻,充分利用已有的试验资料,应用非线性有限元及概率统计等手段,提高试验和分析水平。

(2)理论研究 开发约束混凝土的潜力。现代混凝土多处于复杂应力状态下,混凝土力学及强度准则探讨三轴应力状态下混凝土的力学行为。

(3)结构体系 钢与混凝土组合结构出现。用型钢或钢板焊成钢截面,再将其埋置于混凝土中,使混凝土与型钢形成整体共同受力,称为钢与混凝土组合结构,如图1.9所示。常有形式:压型钢板与混凝土组合楼板、钢与混凝土组合梁、型钢混凝土结构、钢管混凝土结构和外包钢混凝土结构等五类。钢与混凝土组合结构除具有钢筋混凝土结构的优点外,还有抗震性能好、施工方便、能充分发挥材料的性能等优点,因而得到广泛应用。如上海环球金融中心大厦的外框筒柱采用组合结构。

图1.9 组合型钢梁施工

1.3 近似概率理论的极限状态设计方法

1.3.1 概率极限状态设计法

整个结构或结构的一部分超过某一特定状态就不能满足设计规定的某一功能(指结构的安全、适用、耐久)要求,此特定状态即为该功能的极限状态。结构能够满足功能要求而良好地工作,则称结构为"可靠"或"有效"。反之,则结构为"不可靠"或"失效"。"极限状态"即区分结构"可靠"与"失效"的临界工作状态。

一般可靠度设计方法需要对结构物所涉及的每个作用和结构抗力都进行统计分析,工作量巨大,不是通常的工程设计者所能负担的。为了使可靠度分析在设计中实用化,将极限状态表达式写成分项系数的形式,即

$$\gamma_R R_k = \gamma_S S_k \tag{1.1}$$

式中 γ_R、γ_S——结构抗力分项系数、荷载效应分项系数。

R_k、S_k——结构抗力标准值、荷载标准值的效应。

荷载根据作用时间分为永久荷载 G 和可变荷载 Q，对应于其效应分别为 S_G 与 S_Q，于是式（1.1）可进一步表示为

$$\gamma_R R_k = \gamma_G S_{G_k} + \sum_{i=1}^{n} \gamma_{Q_i} S_{Q_{i_k}} \tag{1-2a}$$

式中 S_{G_k}——永久荷载标准值产生的效应；

$S_{Q_{i_k}}$——第 i 个可变荷载标准值产生的效应；

γ_G——永久荷载分项系数；

γ_{Q_i}——第 i 个可变荷载分项系数。

如上所述，荷载效应是荷载所引起的结构或结构构件中反应，如力、力矩、应力或变形等。它等于荷载乘以荷载效应系数 C，其值与荷载形式，跨度和构件类型有关。例如，简支梁上作用有均布荷载 q，跨中弯矩为 $M = ql^2/8$，弯矩 M 就是荷载 q 的效应，而 $C = l^2/8$ 为荷载的效应系数，于是（1.2a）也可表示为

$$\gamma_R R_k = \gamma_G C_G G_k + \sum_{i=1}^{n} \gamma_{Q_i} C_{Q_i} Q_{ik} \tag{1-2b}$$

式中 C_G、C_{Q_i}——永久荷载效应系数、第 i 个可变荷载效应系数。

G_k、Q_{ik}——永久荷载标准值、第 i 个可变荷载标准值。

式（1.2b）就是一个可供具体计算的概率极限状态表达式。

分项系数与安全系数的性质不同，安全系数是一个规定的工程经验值，不随结构抗力和作用效应的离散程度而变化。分项系数是根据变量的概率分形态，经过统计分析得到，其值与变异系数 δ 和可靠指标 β 有关，可分别表示为

$$\gamma_R = 1 - 0.75 \delta_R \beta \tag{1-3a}$$

$$\gamma_G = 1 + 0.5626 \delta_G \beta \tag{1-3b}$$

$$\gamma_Q = 1 + 0.5626 \delta_Q \beta \tag{1-3c}$$

式中 δ_R、δ_G、δ_Q——结构抗力、永久荷载、可变荷载的变异系数。

2. 极限状态分类

极限状态可分为承载能力极限状态和正常使用极限状态。混凝土结构应进行结构承载能力极限状态、正常使用极限状态和耐久性设计，并应符合工程的功能和结构性能要求。

（1）承载能力极限状态　对应于结构或结构构件达到最大承载力或出现不适于继续承载的变形状态，称为承载能力极限状态。涉及人身安全以及结构安全的极限状态应作为承载能力极限状态。当结构或结构构件出现下列状态之一时，应认为超过了承载能力极限状态：

1) 结构构件或连接因超过材料强度而破坏，或因过度变形而不适于继续承载。
2) 整个结构或其一部分作为刚体失去平衡。
3) 结构转变为机动体系。
4) 结构或结构构件丧失稳定。
5) 结构因局部破坏而发生连续倒塌。
6) 地基丧失承载力而破坏。
7) 结构或结构构件的疲劳破坏。

(2) 正常使用极限状态　对应于结构或结构构件达到正常使用的某项规定限值的状态，称为正常使用极限状态。涉及结构或结构单元的正常使用功能、人员舒适性、建筑外观的极限状态应作为正常使用极限状态。当结构或结构构件出现下列状态之一时，应认为超过了正常使用极限状态：

1) 影响外观、使用舒适性或结构使用功能的变形。
2) 造成人员不舒适或结构使用功能受限的振动。
3) 影响外观、耐久性或结构使用功能的局部损坏。

1.3.2　实用设计表达式

1. 承载能力极限状态设计表达式

混凝土结构承载能力极限状态的计算内容包括：

1) 结构构件应进行承载力（包括失稳）计算。
2) 直接承受重复荷载的构件应进行疲劳验算。
3) 有抗震设防要求时，应进行抗震承载力计算。
4) 必要时尚应进行结构的倾覆、滑移、漂浮验算。
5) 对于可能遭受偶然作用，且倒塌可能引起严重后果的重要结构，宜进行防连续倒塌设计。

对持久设计状况、短暂设计状况和地震设计状况，当用内力的形式表达时，结构构件应采用下列承载能力极限状态设计表达式

$$\gamma_0 S \leq R \tag{1.4}$$

式中　γ_0——结构重要性系数，房屋建筑的结构重要性系数不应小于表1.1的规定；
　　　S——承载能力极限状态下作用组合的效应设计值，对持久设计状况、短暂设计状况应按作用的基本组合计算，对地震设计状况应按作用的地震组合计算；
　　　R——结构构件的抗力设计值。

表1.1　房屋建筑的结构重要性系数

结构重要性系数	对持久设计状况和短暂设计状况			对偶然设计状况和地震设计状况
	安全等级			
	一级	二级	三级	
γ_0	1.1	1.0	0.9	1.0

注：结构根据破坏可能产生后果的严重性，确定三个安全等级，一级破坏后果很严重，二级破坏后果严重，三级破坏后果不严重。

按承载能力极限状态设计时，可根据不同情况采用作用的基本组合、偶然组合和地震组合。

(1) 基本组合　对持久设计状况、短暂设计状况应按作用的基本组合计算。

$$S = \sum_{i \geq 1} \gamma_{G_i} G_{ik} + \gamma_P P + \gamma_{Q_1} \gamma_{L_1} Q_{1k} + \sum_{j>1} \gamma_{Q_j} \Psi_{cj} \gamma_{L_j} Q_{jk} \tag{1.5}$$

式中　γ_{G_i}——第 i 个永久荷载的分项系数，应按表1.2的规定采用；
　　　γ_P——预应力作用的分项系数，应按表1.2的规定采用；

γ_{Q_1}、γ_{Q_j}——第1个可变荷载（主导可变荷载）和第j个可变荷载的分项系数，见表1.2；

G_{ik}——第i个永久荷载标准值的效应，与支座、荷载形式、计算跨度等有关；

P——预应力作用有关代表值的效应；

Q_{1k}、Q_{jk}——第1个和第j个可变荷载标准值的效应，与支座、荷载形式、计算跨度等有关；

Ψ_{cj}——可变荷载Q_j的组合值系数；

γ_{L_1}、γ_{L_j}——第1个和第j个考虑结构设计年限的荷载调整系数，应按表1.3采用。

表1.2 房屋建筑结构作用的分项系数

作用的分项系数	当作用效应对承载力不利时	当作用效应对承载力有利时
γ_G	1.3	≤1.0
γ_P	1.3	1.0
γ_Q	1.5	0

注：标准值大于$4kN/m^2$的工业房屋楼面活荷载，当对结构不利时γ_Q取1.3，当对结构有利时，应取0。

表1.3 房屋建筑考虑结构设计使用年限的荷载调整系数 γ_L

结构的设计使用年限	γ_L	结构的设计使用年限	γ_L
5	0.9	100	1.1
50	1.0		

（2）偶然组合 对偶然设计状况应采用的偶然组合的效应设计值，可按下式计算

$$S = \sum_{i \geq 1} G_{ik} + P + A_d + (\Psi_{f1} \text{ 或 } \Psi_{q1})Q_{1k} + \sum_{j>1} \Psi_{qj} Q_{jk} \tag{1.6}$$

式中 A_d——偶然作用设计值的效应；

Ψ_{f1}——第一个可变作用的频遇值系数；

Ψ_{q1}、Ψ_{qj}——第1个和第j个可变荷载的准永久值系数。

《工程结构通用规范》规定：办公楼楼面均布活荷载的组合值、频遇值和准永久值系数可分别取0.7、0.6和0.5；风荷载的组合值、频遇值和准永久值系数可分别取0.6、0.4和0；雪荷载的组合值、频遇值和准永久值系数可分别取0.7、0.6和0.2（Ⅱ区）；上人屋面活荷载的组合值、频遇值和准永久值系数可分别取0.7、0.5和0.4。

（3）地震组合 对地震设计状况采用的地震组合的效应设计值详见现行《建筑抗震设计规范》。

【例1.1】已知某住宅楼，楼层框架梁在各种荷载引起的弯矩标准值为：永久荷载引起的 $M_{Gk} = 1800 N \cdot m$；楼面活荷载引起的 $M_{Q_1k} = 1600 N \cdot m$（组合值系数0.7、频遇值系数0.5、准永久值系数0.4）；风荷载引起的 $M_{Q_2k} = 400 N \cdot m$（组合值系数0.6、频遇值系数0.4、准永久值系数0）。若结构安全等级为二级（$\gamma_0 = 1.0$），设计使用年限为50年（设计使用年限调整系数 $\gamma_L = 1.0$），求按承载能力极限状态设计时的荷载效应基本组合M。

【解】（1）按可变荷载效应控制的组合计算

$$\gamma_0 M = \gamma_0 (\gamma_G M_{Gk} + \gamma_{Q_1} \gamma_{L_1} M_{Q_1k} + \gamma_{Q_2} \gamma_{L_2} \Psi_{c_2} M_{Q_2k})$$
$$= 1.0 \times (1.3 \times 1800 + 1.5 \times 1.0 \times 1600 + 1.5 \times 1.0 \times 0.6 \times 400) N \cdot m = 5100 N \cdot m$$

2. 正常使用极限状态设计表达式

混凝土结构构件应根据其使用功能及外观要求，按下列规定进行正常使用极限状态的验算：

1）对需要控制变形的构件，应进行变形验算。
2）对使用上限制出现裂缝的构件，应进行混凝土拉应力验算。
3）对允许出现裂缝的构件，应进行受力裂缝宽度验算。
4）对有舒适度要求的楼盖结构，应进行竖向自振频率验算。

对于正常使用极限状态，组合构件应分别按荷载的准永久组合、标准组合、准永久准合并考虑长期作用的影响或标准组合并考虑长期作用的影响，采用下列极限状态设计表达式进行验算

$$S \leq C \tag{1.7}$$

式中 S——正常使用极限状态的荷载组合效应值；
C——结构或构件达到正常使用要求规定的变形、应力、裂缝宽度等的限值，有关规定见附录3）。

按正常使用极限状态设计时，可根据不同情况采用作用的标准组合、频遇组合或准永久组合。

（1）标准组合

$$S = \sum_{i \geq 1} G_{ik} + P + Q_{1k} + \sum_{j > 1} \Psi_{cj} Q_{jk} \tag{1.8}$$

（2）频遇组合

$$S = \sum_{i \geq 1} G_{ik} + P + \Psi_{f_1} Q_{1k} + \sum_{j > 1} \Psi_{qj} Q_{jk} \tag{1.9}$$

（3）准永久组合

$$S = \sum_{i \geq 1} G_{ik} + P + \sum_{j \geq 1} \Psi_{qj} Q_{jk} \tag{1.10}$$

由上述内容可见，永久荷载采用标准值作为代表值；可变荷载应根据设计要求采用标准值、组合值、频遇值或准永久值作为代表值。

【例 1.2】 已知条件同例 1.1，求在正常使用极限状态下的荷载效应的标准组合、频遇组合和准永久组合。

【解】 按正常使用极限状态计算荷载效应如下：
（1）按标准组合

$$M_k = M_{Gk} + M_{Q1k} + \Psi_{c2} M_{Q2k} = (1800 + 1600 + 0.6 \times 400) \text{N} \cdot \text{m} = 3640 \text{N} \cdot \text{m}$$

（2）按频遇组合

$$M_f = M_{Gk} + \Psi_{f1} M_{Q1k} + \Psi_{q2} M_{Q2k} = (1800 + 0.5 \times 1600 + 0 \times 400) \text{N} \cdot \text{m} = 2600 \text{N} \cdot \text{m}$$

（3）按准永久组合

$$M_q = M_{Gk} + \sum_1^2 \Psi_{qi} M_{Qik} = (1800 + 0.4 \times 1600 + 0 \times 400) \text{N} \cdot \text{m} = 2440 \text{N} \cdot \text{m}$$

1.4 本课程主要内容及学习方法

1.4.1 主要内容

混凝土结构设计原理课程由钢筋混凝土、预应力混凝土和装配式混凝土三部分知识构成，全书共 10 章，主要讲述混凝土基本构件的受力性能、截面设计方法和构造要求等基本原理。

（1）绪论 叙述了混凝土结构的一般概念，混凝土结构的发展概况，近似概率理论的极限状态设计方法，以及学习本课程的特点和方法。

（2）钢筋和混凝土的物理力学性能 主要讨论建筑工程中钢筋和混凝土的强度和变形，以及黏结力组成、受力机理，保证黏结力的措施，钢筋锚固长度的计算。

（3）受弯构件正截面承载力 主要讨论梁板构件在弯矩作用下正截面受弯性能和不同截面形状（矩形、T 形）的正截面设计方法及构造要求。

（4）受弯构件斜截面承载力 讨论梁构件在弯矩、剪力共同作用下斜截面的受力特点、破坏形态和影响斜截面受剪承载力的主要因素；建立了以剪压破坏为基础的斜截面承载力计算公式；以及防止斜截面破坏的主要构造措施（包括材料抵抗弯矩图的概念和做法，纵向受力钢筋的弯起、锚固等构造规定）。

（5）受压构件截面承载力 讨论钢筋混凝土轴心受压构件柱、偏心受压构件柱的受力特点与计算方法；重点讲解矩形截面的偏心受压构件按不对称配筋和对称配筋的承载力设计方法和构造要求；I 形截面按对称配筋的承载力设计方法；N_u-M_u 相关曲线及应用；偏压构件斜截面受剪承载力计算方法。

（6）受拉构件截面承载力 主要讨论轴心受拉构件和偏心受拉构件的正截面承载力计算，以及偏心受拉构件的斜截面受剪承载力计算。

（7）受扭构件截面承载力 主要讨论矩形构件的纯扭、剪扭和弯剪扭构件的受扭承载力设计方法和构造要求，以及 T 形、箱形截面分块原则和配筋方式。

（8）钢筋混凝土构件的裂缝、变形以及耐久性设计 按正常使用极限状态设计方法讨论了受弯构件弯曲刚度、变形验算、最小刚度原则、最大裂缝宽度验算，以及耐久性设计。

（9）预应力混凝土 主要讨论预应力混凝土结构的基本概念，预应力轴心受拉、受弯构件各阶段的应力状态、设计方法和构造要求。

（10）装配式混凝土 采用与现浇混凝土等同原理进行结构设计，着重于结构拆分、连接设计、预埋件设计等内容。

1.4.2 学习方法

1. 学习本课程，要注意与材料力学的联系区别

首先，它所应用的力学理论与材料力学有很多不同的地方，要通过认识二者的不同之处来掌握混凝土的特点。后者研究的是单一、匀质、连续、弹性（或理想弹塑性）材料的构件，而钢筋混凝土原理则是以由钢筋和混凝土两种材料组成的非匀质、非连续、非弹性的构件为研究对象，以科学实验和工程实践为依据建立的。其次，与材料力学一样，钢筋混凝土计算原理也可以通过几何、物理和平衡关系来建立基本方程。由于钢筋混凝土构件是两种材料组成的复合材料构件，两种材料在数量和强度上的配置比是决定其力学性能的主要因素。如果钢筋和混凝土在面积上的比例和材料强度搭配超过了一定的界限，则会引起构件受力性能的改变，这是钢筋混凝土构件区别于单一材料构件的基本而又具有实际意义的问题。最后，由于混凝土材料物理力学性能的复杂性，其强度和变形规律在很大程度上依赖于实验分析，如各种基本构件的截面承载力计算大多以其破坏形态为出发点。因此，在学习时，要重视对构件的实验研究，了解反映试验中规律性现象的结构或构件的受力性能，掌握受力分析中所采用的基本假定和实验依据，**在学习和运用计算公式时特别注意其适用范围和限制条件**，同时注意结合具体情况灵活运用。

2. 在全面学习的基础上，突出重点、注意难点

本课程的内容多、符号多、系数多、公式多、构造规定也多。因此，应深刻理解重要的概念与公式（书中重要的概念、重要公式用黑体标识），熟练掌握设计计算，切忌死记硬背。为此，应先复习教学内容，搞懂例题后再做章节练习，切忌边看例题边做习题。习题答案往往也不是唯一的，这也是本课程与一般的数学、力学课程的不同之处。

公式推导中采用基本假定，导致计算结果与实际力学模型有部分出入，同时温度和混凝土徐变、收缩会对结构产生次应力，此时通常采取构造措施加以保证。因此，在学习过程中应充分重视对结构构造的学习，**计算与构造同等重要**。

3. 本课程具有很强的实践性

一方面加强课程作业、课程设计和毕业设计等实践性教学环节的学习，正确进行结构或构件设计，解决工程中的技术问题；另一方面通过参观实际工程了解结构布置、配筋构造，以积累感性知识，增加工程经验。

4. 熟悉和正确运用设计规范和标准

与本课程有关的规范主要有《混凝土结构设计规范》、《预应力混凝土结构设计规范》（JGJ 369—2016）、《装配式混凝土结构技术规程》（JGJ 1—2014）、《装配式建筑评价标准》（GB/T 51129—2017）、《工程结构通用规范》（GB 55008—2021）、《混凝土结构通用规范》（GB 50001—2021）。它们是混凝土结构设计的法律性文件，同时在一定程度上反映现阶段的科学实验和工程实践的总结。

小 结

1. 素混凝土发生脆性破坏，钢筋混凝土发生延性破坏，其差别的主要原因是在混凝土构件内配置受力钢筋可提高结构构件的承载能力和变形能力。
2. 钢筋与混凝土协同工作的主要原因是两者之间存在黏结力，温度线膨胀系数很接近。
3. 近似概率极限状态可分为承载能力极限状态和正常使用极限状态。承载能力极限状态又分基本组合、偶然组合和地震组合；正常使用极限状态又分标准组合、频遇组合或准永久组合。

思 考 题

1.1 在素混凝土结构中配置一定数量的钢材以后，结构的性能将发生怎样的变化？
1.2 钢筋和混凝土为什么能协同工作？

1.3 钢筋混凝土结构有哪些优点？有哪些缺点？如何克服这些缺点？
1.4 简述混凝土结构发展及应用。
1.5 分别写出荷载效应的基本组合、标准组合、频遇组合和准永久组合的设计表达式。
1.6 学习本课程要注意哪些问题？

章节练习

1.1 填空题
1. 在混凝土中配置受力钢筋的主要作用是提高结构或构件的_____和_____。
2. 结构或构件的破坏类型有_____与_____。

1.2 计算题
1. 某屋盖结构中的支承梁，永久荷载产生的弯矩标准值为 $M_{Gk}=1500\text{N}\cdot\text{m}$，屋面使用活荷载产生的弯矩标准值为 $M_{Qk}=1200\text{N}\cdot\text{m}$。结构安全等级为三级 $\gamma_0=0.9$，结构按 50 年设计使用年限考虑，求荷载效应基本组合 M。

2. 某简支梁，计算跨度 $l=4\text{m}$，承受永久均布荷载标准值 $g_k=4\text{kN/m}$，集中永久荷载（作用于跨中）标准值 $G_k=10\text{kN}$，可变均布荷载标准值 $q_k=8\text{kN/m}$，安全等级为一级 $\gamma_0=1.1$，结构按 50 年设计使用年限考虑。若可变荷载的组合值、频遇值和准永久值系数可分别取 0.7、0.5 和 0.4。

（1）计算承载能力极限状态下的荷载效应基本组合的跨中弯矩值 M。
（2）计算正常使用极限状态下的荷载效应标准组合的跨中弯矩值 M_k、频遇组合的跨中弯矩值 M_f 和准永久组合的跨中弯矩值 M_q。

提示：均布荷载标准值 g_k 产生的跨中弯矩值 $M_{gk}=\dfrac{1}{8}g_kl^2$，可变均布荷载标准值 q_k 产生的跨中弯矩值 $M_{qk}=\dfrac{1}{8}q_kl^2$，集中永久荷载（作用于跨中）标准值 G_k 产生的跨中弯矩值 $M_{Gk}=\dfrac{1}{4}G_kl$。

第 2 章 钢筋和混凝土的物理力学性能

本章提要

1. 掌握钢筋的强度和变形，混凝土结构中钢筋的选用原则。
2. 掌握混凝土的单轴强度、复合强度和单轴短期一次加荷时的应力-应变曲线，混凝土收缩和徐变，以及混凝土强度等级选用原则。
3. 掌握混凝土与钢筋的黏结性能，钢筋锚固长度。

2.1 钢筋的物理力学性能

2.1.1 钢筋的品种和级别

钢筋的物理力学性能主要取决于它的化学成分，其中铁元素是主要成分，此外还含有少量的碳、硅、锰、硫、磷等元素。混凝土结构使用的钢材，按化学成分可分为碳素钢和普通低合金钢两类。根据碳含量的多少，碳素钢又可分为低碳钢（碳的质量分数<0.25%）、中碳钢（碳的质量分数为0.25%~0.6%）、高碳钢（碳的质量分数为0.6%~1.4%）。碳含量越高，强度越高，但塑性与焊接性能降低。普通低合金钢是在碳素钢的基础上添加小于5%的合金元素的钢材，具有强度高、塑性和低温冲击韧性好等特点。通常加入的合金元素有硅（Si）、锰（Mn）、钛（Ti）、钒（V）、铬（Gr）、铌（Nb）等。

《混凝土结构设计规范》规定，用于建筑结构设计的钢筋采用普通钢筋和预应力钢筋。其中普通钢筋分为热轧光圆钢筋（HPB）、热轧带肋钢筋（HRB）、细晶粒热轧带肋钢筋（HRBF）、余热处理钢筋（RRB）。预应力钢筋可分为预应力钢丝、钢绞线和预应力螺纹钢筋。

热轧钢筋是由低碳钢、普通低合金钢或细晶粒钢在高温状态下轧制而成，如图 2.1 所示。其中 HPB300（工程符号Φ）为热轧低碳光圆钢筋；HRB400（⏀）、HRB500（⏀）为普通低合金热轧带肋钢筋。HRBF400（⏀F）、HRBF500（⏀F）为细晶粒带肋钢筋，通过控轧和控冷工艺形成细晶粒钢筋。RRB400（⏀R）为余热处理钢筋，由热轧钢筋经高温淬水，余热处理后提高强度，其延性、焊接性能、机械连接性能及施工适应性降低，一般可用于对变形性能及加工性能要求不高的构件中，如基础、大体积混凝土、楼板、墙体及次要的中小结构构件等。

普通钢筋的牌号由 HPB（HRB 或 HRBF）+屈服强度标准值构成。HPB 为热轧光圆钢筋的英文 Hot rolled Plain Bars 的缩写；HRB 为热轧带肋钢筋的英文 Hot rolled Ribbed Bars 的缩写；HRBF 在热轧带肋钢筋的英文缩写后加"细"的英文缩写 Fine 首位字母。如 HRB400

第 2 章 钢筋和混凝土的物理力学性能

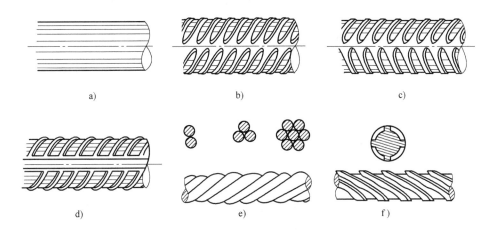

图 2.1 钢筋的外形
a) 光圆钢筋 b) 螺纹钢筋 c) 人字纹钢筋 d) 月牙纹钢筋 e) 螺旋肋钢丝 f) 钢绞线

表示普通热轧钢筋的屈服强度强度标准值为 400N/mm²。

中强度预应力钢丝的抗拉强度标准值为 800~1270MPa，外形有光面（ΦPM）和螺旋肋（ΦHM）两种。消除应力钢丝的抗拉强度标准值为 1470~1860MPa，外形有光面（ΦP）和螺旋肋（ΦH）两种。钢绞线（ΦS）的抗拉强度标准值为 1570~1960MPa，是由多根高强钢丝扭结而成，常用的有 1×3（简称 3 股）和 1×7（简称 7 股）。预应力螺纹钢筋（ΦT）抗拉强度标准值为 980~1230MPa，用于预应力混凝土结构的大直径高强钢筋，这种钢筋在轧制时沿钢筋纵向全部轧成有规律性的螺纹肋条，可用螺纹套筒连接和螺母锚固，不需焊接。

2.1.2 钢筋的强度与变形性能

钢筋的强度与变形性能可以用拉伸试验得到的应力-应变曲线来说明。根据钢筋应力-应变曲线特点的不同，可将钢筋分为有明显屈服点钢筋和无明显屈服点钢筋两类。

1. 钢筋的强度

（1）有明显屈服点的钢筋 有明显屈服点的钢筋也称软钢，如热轧钢筋，有图 2.2 所示的应力-应变曲线。由图 2.2 可知，在 A 点以前，应力-应变曲线为直线，A 点对应的应力称为比例极限，OA 为理想弹性阶段，卸载后可完全恢复，无残余变形。过 A 点后，应变较应力增长得快，曲线开始弯曲，到达 B' 点后钢筋开始发生塑性流动，B' 点称为屈服上限。当 B' 点应力降至屈服下限 B 点时，应力基本不增加，而应变急剧增长，曲线出现一个波动的小平台到 C 点，这种现象称为屈服，BC 段称为屈服阶段。通常屈服上限 B' 不稳定，屈服下限 B 比较稳定，**有明显屈服的热轧钢筋的屈服强度是按屈服下限 B 点的应力来确定的**。曲线过 C 点后，应力又继续上升，说明钢筋的抗拉能力又有所提高。曲线达最高点 D，相应的应力称为钢筋的极限抗拉强度，CD 段称为强化阶段。D 点后，试件在最薄弱处会发生较大的塑性变形，截面迅速缩小，出现颈缩现象，变形迅速增加，应力随之下降，直至 E 点断裂破坏，DE 段称为颈缩阶段。

有明显屈服点钢筋有屈服强度和极限抗拉强度两个强度指标。其中，屈服强度是进行钢筋混凝土构件设计时钢筋强度的取值依据，是重要的力学指标。因为钢筋达到屈服强度后就会发生很大的塑性变形,此时混凝土结构构件也会出现较大变形或裂缝,从而导致构件不能正常使用。所以,**在计算承载力时,以屈服强度作为钢筋的强度限值**。

钢筋的屈服强度与极限抗拉强度的比值称为屈强比,它反映了钢筋的强度储备。

(2) 无明显屈服点的钢筋　无明显屈服点的钢筋也称为硬钢,如预应力钢丝、钢绞线和预应力螺纹钢筋,有图 2.3 所示的应力-应变曲线。由图 2.3 可知,大约在极限抗拉强度的 75% 前,应力-应变关系为直线,称为弹性阶段,此后,钢筋表现出塑性性质,直至曲线最高点之前都没有明显的屈服点,曲线最高点对应的应力称为极限抗拉强度,称为强化阶段。达到极限抗拉强度后很快被拉断,破坏时呈脆性性质,称为颈缩阶段。

无明显屈服钢筋只有一个强度指标,即极限抗拉强度 σ_b。在设计时,因需要考虑钢筋强度的安全储备,故极限抗拉强度不能作为钢筋强度取值的依据。因此,进行结构设计中,对无明显屈服钢筋一般取残余应变为 **0.2%** 时的应力 $\sigma_{0.2}$ 作为强度设计指标,称为**条件屈服强度**,对应于极限抗拉强度 σ_b 的 **85%** 倍。

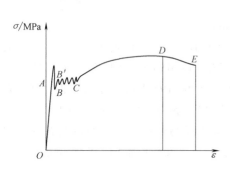

图 2.2　有明显屈服的 σ-ε 曲线

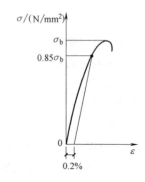

图 2.3　无明显屈服的 σ-ε 曲线

2. 钢筋的变形

钢筋除满足强度要求外,还应具有一定的塑性变形能力,通常**用伸长率和冷弯性能指标衡量钢筋的塑性性能**。钢筋拉断后的伸长值与原长的比值称为伸长率,伸长率仅能反映钢筋拉断时残余变形的大小(包含了断口颈缩区域的局部变形),忽略了钢筋的弹性变形,不能反映钢筋受力时的总体变形能力。因此,《混凝土结构设计规范》采用最大力下总伸长率 δ_{gt} 来评定钢筋的塑性性能

$$\delta_{gt}=\left(\frac{l'-l_0}{l_0}+\frac{\sigma_b}{E_s}\right)\times 100\% \tag{2.1}$$

式中　l'——试验后量测标记之间的距离,量测方法如图 2.4 所示;

l_0——试验前的原始标距(不包含颈缩区)断时的钢筋长度;

σ_b——钢筋的最大拉应力(极限抗拉强度);

E_s——钢筋的弹性模量。

式(2.1)中第一项反映了钢筋的塑性变形,第二项反映了钢筋在最大拉应力下的弹性变形。最大力下总伸长率 δ_{gt} 不受断口-颈缩区域局部变形的影响,反映了

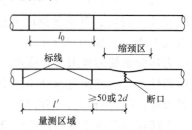

图 2.4　最大力下的总伸长率量测方法

钢筋拉断前达到最大力（极限抗拉强度）时的均匀应变，故又称均匀伸长率。各种钢筋必须达到的最大力下总伸长率见附表1.9。

伸长率越大，说明材料的塑性越好。热轧钢筋的伸长率较大，拉断前有明显的预兆，延性较好。

冷弯性能是指钢筋在常温下达到一定弯曲程度而不破坏的能力。冷弯试验是将直径为 d 的钢筋绕弯芯（直径为 D）弯曲到规定的角度，通过检查被弯曲后的钢筋试件是否发生裂纹、断裂来判断合格与否，如图2.5所示。弯芯的直径 D 越小，弯转角越大，说明钢筋的塑性越好。

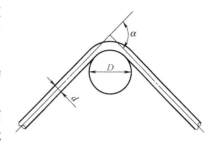

图 2.5　钢筋冷弯试验

2.1.3　钢筋的弹性模量

钢筋的弹性模量为钢筋拉伸试验应力-应变曲线在屈服点前的直线的斜率，即

$$E = \sigma/\varepsilon = \tan\alpha = 常数 \tag{2.2}$$

由于钢筋在弹性阶段的受压性能与受拉性能类同，所以同一种钢筋的受压弹性模量与受拉时相同，各类钢筋的弹性模量见附表1.8。

2.1.4　混凝土结构对钢筋性能的要求

1）强度高。强度是指**钢筋的屈服强度和极限抗拉强度**。钢筋的屈服强度是混凝土结构构件计算的主要依据之一。采用较高强度的钢筋可以节省钢材，获得较好的经济效益。

2）塑性好。钢筋混凝土结构要求钢筋在断裂前有足够的变形，给人以明显的预兆。因此，钢筋的塑性应保证**钢筋最大力下总伸长率和冷弯性能合格**。

3）焊接性能好。很多情况下钢筋的接长和钢筋之间的连接需要通过焊接。所以要求在一定的工艺条件下钢筋焊接后不产生裂纹及过大的变形，保证焊接后的接头性能良好。

4）与混凝土的黏结锚固性能好。为了使钢筋的强度能够充分被利用和保证钢筋与混凝土共同工作，二者之间应有足够的黏结力。

特殊情况下，选择钢筋时按需满足其他性能要求，如寒冷地区对钢筋的低温性能有一定要求，动荷载下对钢筋的疲劳性能有相应要求等。

2.1.5　混凝土结构的钢筋选用

1）纵向受力普通钢筋可采用 HRB400、HRB500、HRBF400、HRBF500、RRB400、HPB300级钢筋；梁、柱和斜撑构件的纵向受力普通钢筋宜采用 HRB400、HRB500、HRBF400、HRBF500级钢筋。

2）箍筋宜采用 HRB400、HRBF400、HPB300、HRB500、HRBF500 级钢筋。

3）预应力筋宜采用预应力钢丝、钢绞线和预应力螺纹钢筋。

2.1.6　钢筋的设计指标

为保证设计时材料强度取值的可靠性，《混凝土结构设计规范》规定**钢筋的强度标准值应具有不小于95%的保证率**。普通钢筋的屈服强度标准值 f_{yk}、极限抗拉强度标准值 f_{stk} 应按附表 1.4 采用；预应力钢丝、钢绞线和预应力螺纹钢筋的极限抗拉强度标准值 f_{ptk} 及屈服强度标准值 f_{pyk} 应按附表 1.6 采用。

钢筋的强度设计值由强度标准值除以材料分项系数 γ_s 得到。延性较好的 HPB300、HRB400 级热轧钢筋 γ_s 取 1.10。500MPa 级高强钢筋 γ_s 取为 1.15。对预应力筋材料分项系数 γ_s 取为 1.20。

普通钢筋的抗拉强度设计值 f_y、抗压强度设计值 f'_y 应按附表 1.5 采用；预应力筋的抗拉强度设计值 f_{py}、抗压强度设计值 f'_{py} 应按附表 1.7 采用。

当构件中配有不同种类的钢筋时，每种钢筋应采用各自的强度设计值。

对轴心受压构件，当采用 HRB500、HRBF500 级钢筋时，钢筋的抗压强度设计值 f'_y 应取 $400N/mm^2$。横向钢筋的抗拉强度设计值 f_{yv} 应按表中 f_y 的数值采用；当用作受剪、受扭、受冲切承载力计算时，其数值大于 $360N/mm^2$ 时应取 $360N/mm^2$。

2.2 混凝土的物理力学性能

2.2.1 混凝土的组成和结构

普通混凝土是由水泥、石子和砂三种材料用水拌和经凝固硬化后形成的人造石材，是一种多相复合材料。按尺度特征，其结构分为微观、亚微观和宏观结构三种基本结构层次。微观结构即水泥石结构；亚微观结构即混凝土中水泥浆结构；宏观结构即砂浆和粗集料两组分体系。

该结构理论认为：混凝土中的水泥结晶体、集料和未水化的水泥颗粒组成了错综复杂的弹性骨架，承受外荷载并产生弹性变形，是混凝土强度的来源。水泥胶体中的凝胶、孔隙和界面初始微裂缝，起着调整和扩散混凝土应力的作用，使混凝土产生塑性变形。而且混凝土中的孔隙、界面微裂缝等初始缺陷又往往是混凝土受力破坏的根源。

在荷载作用下，微裂缝的扩展对混凝土的力学性能有着极为重要的影响，由于水泥胶体的硬化过程需要多年才能完成，所以混凝土的强度和变形也随时间逐渐增长。

2.2.2 混凝土的强度

实际工程中的混凝土大多处于多向复合应力状态，但单向应力状态下的混凝土强度是多向应力状态下混凝土强度的基础和重要参数。

影响混凝土强度的因素很多，如水泥强度、水胶比、集料性质和级配、制作方法、硬化条件及龄期等，同时，试件的尺寸和形状、试验方法和加载速率等也影响试验结果。因此各国对混凝土的单向受力下的强度都规定了统一的标准试验方法。

1. 立方体抗压强度标准值

立方体抗压强度是衡量混凝土强度的基本指标，是评定混凝土强度等级的标准。我国以边长为 150mm 的立方体试件，按标准方法制作，在 20℃±3℃、相对湿度 90% 以上的环境下养护 28 天，以 0.3~0.8MPa/s 的速度加载试验，并取具有 95% 保证率的强度值作为立方体抗压强度标准值，单位为"N/mm^2"，用符号 $f_{cu,k}$ 表示。GB 50010—2010 规定，混凝土强度等级按立方体抗压强度标准值确定，共 13 个等级，即 C20、C25、C30、C35、C40、C45、C50、C55、C60、C65、C70、C75、C80。其中，C50 及 C50 以上为高强混凝土。如 C40 表示混凝土立方体抗压强度标准值$f_{cu,k}=40N/mm^2$，C 为混凝土的英文 Concrete 的首位字母。

（1）试验方法对混凝土的$f_{cu,k}$有较大影响　试件在试验机上受压时，纵向压缩，横向膨胀。当试件端面不涂润滑剂时，试件端面与压板之间形成的摩擦力会约束试件的横向变形，阻滞裂缝的发展，从而提高试件的抗压强度值。破坏时，试件呈两个对顶的锥体，如图 2.6a 所示。如果在承压板和试件上下端面之间涂有润滑剂，则加压时摩擦力将大大减少，对试块的横向约束也就大大减小，试件沿着与作用力平行的方向产生几条裂缝而破坏，测得极限抗压强度值较低，如图 2.6b 所示。GB 50010—2010 规定采用不涂润滑剂的试验方法，更符合工程实际情况。

（2）混凝土的$f_{cu,k}$与试件的龄期及养护条件有关　如图 2.7 所示，图中曲线 1、2 分别代表在潮湿环境和干燥环境下测得的数据。混凝土的立方体抗压强度随着龄期逐渐增长，增长速度开始时较快，以后逐渐缓慢，这个过程往往要延续几年。在潮湿环境中养护时后期强度较高；而在干燥环境下养护时早期强度略高，后期强度略低。

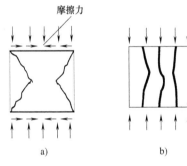
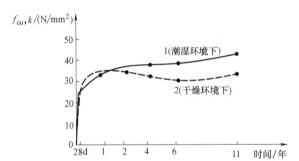

图 2.6　立方体抗压强度试块
a）不涂润滑剂　b）涂润滑剂

图 2.7　混凝土立方体强度随龄期的变化

（3）混凝土的$f_{cu,k}$与试验时加载速度有关　加载速度快，则材料不能充分变形，内部裂缝难以开展，测得强度值较高。反之，若加载速度过慢，测得的强度值较低。标准加载速度为：混凝土强度不高于 C30 时，加载速度为 0.3~0.5MPa/s；混凝土强度高于 C30 时，加载速度为 0.5~0.8MPa/s。

（4）试件尺寸对混凝土的f_{cu}有影响　尺寸越大，测得的强度越低。边长为 100mm 或 200mm 的立方体试件测得的强度转换为边长 150mm 试件的强度时，应分别乘以尺寸效应换算系数 0.95 或 1.05。美国、日本等都采用直径 6 英寸（约 150mm）和高度 12 英寸（约 300mm）的圆柱体作为标准试块。不同直径圆柱体的强度值也不同。圆柱体试块尺寸 $\phi100mm\times200mm$ 和 $\phi250mm\times500mm$ 的强度转换为 $\phi150mm\times300mm$ 的强度时，应分别乘以尺寸效应换算系数 0.97 或 1.05。

（5）试件形状对混凝土的$f_{cu,k}$有影响　混凝土圆柱体强度不等于立方体强度，对普通强度等级混凝土来说，圆柱体强度约取立方体强度乘以系数 0.83。

《混凝土结构通用规范》规定：结构混凝土强度等级的选用应满足工程结构的承载力、刚度及耐久性需求。对设计工作年限为 50 年的混凝土结构，结构混凝土强度等级尚应符合下列规定：素混凝土结构构件的混凝土强度等级不应低于 C20；钢筋混凝土结构构件的混凝土强度等级不应低于C25；预应力混凝土楼板结构的混凝土强度等级不应低于C30，其他预应力混凝土结构构件的混凝土强度等级不应低于C40；承受重复荷载作用的钢筋混凝土结构构件，混凝土强度等级不应低于C30；采用500MPa及以上等级钢筋的钢筋混凝土结构构件，混凝土强度等级不应低于C30。

2. 轴心抗压强度标准值

实际工程中的混凝土构件高度通常比截面边长大很多，因此，采用棱柱体试件比立方体试件能更好地反映混凝土结构的实际抗压能力。GB 50010—2010 规定棱柱体试件试验测得的具有95%保证率的抗压强度为混凝土轴心抗压强度标准值，用符号f_{ck}表示。

《混凝土力学性能试验方法标准》（GB/T 50081—2019）规定，以 150mm×150mm×300mm 的棱柱体作为混凝土轴心抗压强度试验的标准试件，试件制作、养护和加载试验方法同立方体试件，如图 2.8 所示。试验表明，棱柱体试件的高度越大，压力机垫板与试件之间的摩擦力对试件高度中部的横向变形的约束影响越小，所以棱柱体试件的抗压强度比立方体的强度值小；棱柱体试件高宽比越大，强度越小，但当高宽比达到一定值后，棱柱体试件的抗压强度变化很小，因此，棱柱体试件的高宽比一般取 2~3。

图 2.9 所示是根据我国所做的混凝土棱柱体与立方体抗压强度对比试验的结果。从图中可以看到，试验值 f_c^0 与 f_{cu}^0 的统计平均值大致成一条直线，它们的比值大致在 0.7~0.92 内变化，强度大的比值大些。

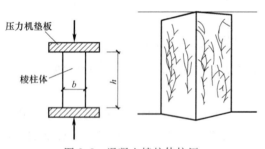

图 2.8 混凝土棱柱体抗压
试验及试件破坏情况

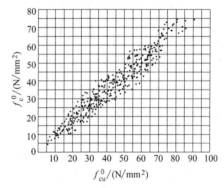

图 2.9 混凝土轴心抗压强度与
立方体抗压强度的关系

考虑到实际构件强度与试件强度在构件制作、养护与受力状态等方面的差异，轴心抗压强度标准值与立方体抗压强度标准值的关系按可下式确定：

$$f_{ck}=0.88\alpha_{c1}\alpha_{c2}f_{cu,k} \qquad (2.3)$$

式中 α_{c1}——棱柱体强度与立方体强度的比值，对 C50 及 C50 以下混凝土取 $\alpha_{c1}=0.76$，对 C80 混凝土取 $\alpha_{c1}=0.82$，中间按线性规律取值；

α_{c2}——高强度混凝土的脆性折减系数，对 C40 及以下混凝土取 $\alpha_{c2}=1.00$，对 C80 混凝土取 $\alpha_{c2}=0.87$，中间按线性规律取值；

0.88——考虑实际构件与试件混凝土强度之间的差异而取用的折减系数。

3. 轴心抗拉强度标准值

混凝土的抗拉强度很低，与立方体抗压强度之间为非线性关系，一般为立方体强度的 1/18~1/10，测定混凝土轴心抗拉强度的方法可采用直接抗拉试验法和劈裂抗拉试验法。

由于混凝土内部的不均匀性、安装试件的偏差等，加上混凝土轴心抗拉强度很低，所以准确测定抗拉强度是很困难且不准确的。因此，国内外常采用劈裂抗拉试验法来测定混凝土轴心抗拉强度，如图 2.10 所示。试件一般采用立方体或圆柱体，试验时试件通过上、下弧形垫条，施加一条线荷载（压力），则在试件中间垂直面上，除在加力点附近很小范围内有水平压应力外，试件产生

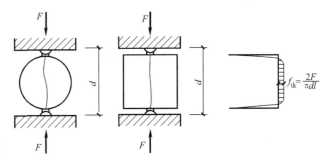

图 2.10 混凝土劈裂试验间接测定混凝土的轴心抗拉强度

了水平方向的均匀拉应力，最后试件沿中间垂直截面劈裂破坏。根据弹性理论，劈裂抗拉水平强度为轴心抗拉强度 f_{tk}，可按下式计算

$$f_{tk}=\frac{2F}{\pi dl} \tag{2.4}$$

式中 F——破坏荷载；

d——立方体试件的边长或圆柱体试件的直径；

l——立方体试件的边长或圆柱体试件的长度。

试验表明，劈裂抗拉强度略大于直接受拉强度，劈裂抗拉试件大小对试验结果有一定影响，标准试件尺寸为 150mm×150mm×150mm。若采用 100mm×100mm×100mm 非标准试件时，所得结果应乘以尺寸换算系数 0.85。

GB 50010—2010 考虑了从普通强度混凝土到高强度混凝土的变化规律，轴心抗拉强度标准值 f_{tk} 与立方体抗压强度标准值 $f_{cu,k}$ 的关系为

$$f_{tk}=0.88\times 0.395 f_{cu,k}^{0.55}(1-1.645\delta)^{0.45}\times \alpha_{c2} \tag{2.5}$$

式中 $(1-1.645\delta)^{0.45}$——反映试验离散程度对混凝土强度标准值保证率影响的参数；

$0.395 f_{cu,k}^{0.55}$——轴心抗拉强度与立方体抗压强度的折算关系；

δ——混凝土立方体抗压强度变异系数，按表 2.1 选用。

表 2.1 混凝土立方体抗压强度变异系数

$f_{cu,k}$	C20	C25	C30	C35	C40	C45	C50	C55	≥C60
δ	0.18	0.16	0.14	0.13	0.12	0.12	0.11	0.11	0.10

轴心抗拉强度用于构件的**抗裂、抗扭、抗冲切、抗剪**计算。

4. 复合应力作用下混凝土的强度

实际混凝土结构中多数构件处于双向或三向的复合应力状态，所以研究这种应力状态下的混凝土强度问题具有重要意义。由于混凝土材料的复杂性，当前主要依据一些试验研究结果，得出近似公式。

（1）双向受力　对于双向应力状态，两个相互垂直的平面上作用有法向应力 f_1 和 f_2 时，双向应力状态下混凝土强度变化曲线如图 2.11 所示。

当双向受压时（第Ⅰ象限），混凝土一向的强度随着另一向压应力的增加而增加。双向

受压混凝土的强度比单向受压的强度最多可提高约27%。当双向受拉时（第Ⅲ象限），混凝土一向的抗拉强度与另一向拉应力大小基本无关，即抗拉强度和单向应力时的抗拉强度基本相等。当一向受拉、一向受压时（第Ⅱ、Ⅳ象限），混凝土一向的强度几乎随着另一向应力的增加而呈线性降低。

（2）三向受压　混凝土在三向受压的情况下，侧向压力的约束作用延迟和限制了沿轴线方向的内部微裂缝的发生和发展，因而混凝土受压后的极限抗压强度和极限应变均有显著的提高。由试验得到的经验公式为

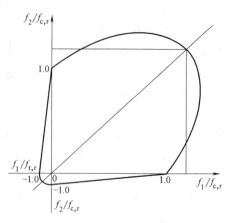

图2.11　双向受力下的应力状态

$$f_{cc} = f_c + 4\alpha\sigma_r \tag{2.6}$$

式中　f_{cc}——三轴受压状态混凝土圆柱体沿纵轴的抗压强度；

　　　f_c——混凝土单轴受压时的抗压强度；

　　　σ_r——侧向约束压应力。

在实际工程中，常采用螺旋箍筋、加密箍筋来提高混凝土构件的抗压强度和变形能力。

（3）剪压或剪拉复合应力状态时的强度　图2.12所示为法向正应力和剪应力组合受力时的混凝土强度曲线，图中可分为3个区域，Ⅰ区为剪拉状态，随着剪应力τ的加大，抗拉强度下降，随着正应力σ的增大，抗剪强度下降；Ⅱ区为剪压状态，随着σ的增大，抗剪强度增加，这是因为压应力在剪切面产生的约束，阻碍剪切变形的发展，使抗剪强度提高；Ⅲ区仍为剪压状态，但随着σ的进一步加大，抗剪能力反而开始下降。同时可以看出，由于剪应力的存在，混凝土的极限抗压强度要低于单向抗压强度f_c，所以结构或构件中出现剪应力时，其抗压强度会有所降低，抗拉强度也会降低。

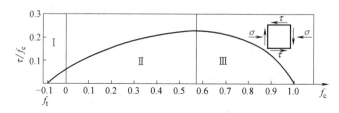

图2.12　法向正应力和剪应力组合受力时的混凝土强度曲线

2.2.3　混凝土的变形性能

混凝土结构的承载能力和正常使用性能不仅与材料的强度有关，还与材料的变形性能有关。混凝土的变形分为两类：一类是受力变形，如混凝土在一次短期加载、荷载长期作用和多次重复荷载作用下会产生；另一类是体积变形，如混凝土由于硬化过程中的收缩以及温度湿度变化时产生。

2.2.3.1　单轴向受压时混凝土应力-应变关系

混凝土的应力-应变曲线是混凝土力学性能的一个重要方面，它是研究和建立混凝土结

构的承载力、裂缝和变形计算理论的重要依据。结构构件在各阶段的截面应力分布、构件的挠度及裂缝的分析、超静定结构的内力重分布、塑性铰的极限转角及构件的延性等，都与混凝土的应力-应变曲线有关。在应用有限元进行结构分析时混凝土的应力-应变曲线更是不可少的。

1. 一次短期加载下混凝土的变形性能

图 2.13 所示为棱柱体试件一次短期加荷下混凝土受压时应力-应变曲线，反映了受荷各阶段混凝土内部结构变化及破坏机理，是研究混凝土结构极限强度理论的重要依据。曲线分为上升段 OC 和下降段 CE 两部分。上升段又可分为 3 段：OA 段为第Ⅰ阶段，$\sigma=(0.3\sim0.4)f_c$，应力-应变关系接近直线，称为弹性阶段，A 点为比例极限点，这时混凝土变形主要取决于集料和水泥石的弹性变形，而水泥胶体的黏性流动及初始微裂缝变化的影响一般很小；AB 段为第Ⅱ阶

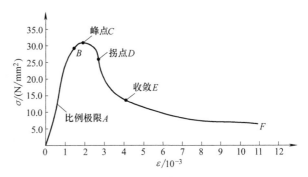

图 2.13 混凝土棱柱体受压的应力-应变曲线

段，$\sigma=(0.3\sim0.8)f_c$，由于水泥凝胶体的塑性变形，应力-应变曲线开始凸向应力轴，随着 σ 的加大，微裂缝开始扩展，并出现新的裂缝，混凝土表现出明显的塑性性质；BC 段为第Ⅲ阶段，$\sigma=(0.8\sim1.0)f_c$，此时，微裂缝发展贯通，应变增长更快，曲线曲率随荷载不断增加，应变加大，表现为混凝土体积加大，直至应力峰值 C 点，这时的峰值应力 $\sigma_{\max}$ 通常作为混凝土棱柱体的抗压强度 f_c，相应的应变称为峰值应变 ε_0，其值为 $0.0015\sim0.0025$，通常取 0.002。C 点以后，表面裂缝迅速发展，试件的承载力随应变的增加而降低，应力-应变曲线向下弯曲出现下降段，直到凹向发生改变，曲线出现拐点 D，此后，曲线开始凸向应变轴，直至收敛点 E，这时贯通的主裂缝已经很宽，对于无侧向约束的混凝土，E 点以后的曲线已失去结构意义。

试验研究表明：**不同强度等级混凝土的应力-应变曲线，混凝土强度等级越高，上升段曲线的斜率越大，峰值应力和应变也越大，下降段越陡，延性越差。**

2. 混凝土的变形模量

变形模量是反映材料应力和应变关系的物理量。在计算混凝土构件的截面应力、变形时均要利用混凝土的变形模量。因混凝土为弹塑性材料，其应力-应变关系是非线性的，在不同的应力阶段，变形模量不再是一个常数。混凝土的变形模量分为弹性模量、割线模量和切线模量三种。

（1）混凝土的弹性模量 E_c（原点模量）　如图 2.14 所示，E_c 为应力-应变曲线原点处的切线斜率，称为混凝土的弹性模量，即

$$E_c=\tan\alpha_0 \tag{2.7}$$

式中　α_0——混凝土应力-应变曲线在原点处的切线与横坐标的夹角。

由于要在混凝土一次加载应力-应变曲线上作原点的切线，找出 α_0 角是不容易的，所以通用的做法是采用棱柱体（150mm×150mm×300mm）试件，先加载至 $\sigma=0.5f_c$，然后卸载至零，再重复加载卸载。由于混凝土不是弹性材料，每次卸载至应力为零时，存在残余变

形，随着加载次数增加（5~10次），应力-应变曲线渐趋稳定并基本上趋于直线，该直线的斜率定为混凝土的弹性模量。统计得混凝土弹性模量 E_c（单位：N/mm²）与立方体强度 $f_{cu,k}$ 的关系为

$$E_c = \frac{10^5}{2.2 + \frac{34.7}{f_{cu,k}}} \tag{2.8}$$

与弹性材料不同，混凝土进入塑性阶段后，初始的弹性模量 E_c 已不能反映这时的应力-应变性质，因此，有时用割线模量或切线模量来表示这时的应力-应变关系。

（2）混凝土的变形模量 E_c'（割线模量） 在图 2.14 中，自原点 O 至曲线任一点作割线，其斜率称为混凝土的割线模量，表达式为

$$E_c' = \tan\alpha_1 \tag{2.9}$$

由于总变形 ε_c 中包含弹性变形 ε_{ela} 和塑性变形 ε_{pla} 两部分，因此该模量也可称为弹塑性模量，其值是个变值，它与原点模量的关系如下：

$$E_c' = \frac{\sigma_c}{\varepsilon_c} = \frac{\varepsilon_{ela}}{\varepsilon_c} \cdot \frac{\sigma_c}{\varepsilon_{ela}} = \lambda E_c \tag{2.10}$$

式中，λ 为弹性特征系数，$\lambda = \varepsilon_{ela}/\varepsilon_c$。

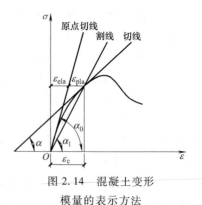

图 2.14 混凝土变形模量的表示方法

混凝土的弹性特征系数 λ 与其所受的应力大小有关，当 $\sigma = 0.5f_c$ 时，$\lambda = 0.8 \sim 0.9$；当 $\sigma = 0.9f_c$ 时，$\lambda = 0.4 \sim 0.8$。混凝土强度越高，λ 越大，弹性特征越明显。

（3）混凝土的切线模量 E_c'' 在图 2.14 中的曲线上任一点作切线，其斜率称为混凝土的切线模量，其应力增量与应变增量的比值称为相应于该应力值时混凝土的切线模量。

$$E_c'' = \tan\alpha \tag{2.11}$$

由式（2-11）可以看出，切线模量也是变值，它随着混凝土应力的增大而减小。

2.2.3.2 重复荷载下混凝土应力-应变关系（疲劳变形）

钢筋混凝土吊车梁受到重复荷载的作用而破坏，港口海岸的混凝土结构受到波浪冲击作用而破坏，这些都属于重复荷载作用引起的结构破坏，称为疲劳破坏。其破坏特征是裂缝小而变形大，在重复荷载作用下，混凝土的强度和变形有着重要的变化。

图 2.15a 所示是混凝土棱柱体试件（150mm×150mm×450mm）在多次重复荷载作用下的应力-应变曲线。当混凝土棱柱体试件一次短期加荷，其应力达到 A 点时，应力-应变曲线为 OA，此时卸荷至零，其卸荷的应力-应变曲线为 AB，如果停留一段时间，再量测试件的变形，发现变形恢复一部分而到达 B'，则 BB' 恢复的变形称为弹性后效，不能恢复的变形 $B'O$ 称为残余变形。可见，一次加卸荷过程的应力-应变图形是一个环状曲线。

图 2.15b 所示是混凝土棱柱体试件在多次重复荷载作用下的应力-应变曲线。若加荷、卸荷循环往复进行，当 σ_1 小于疲劳强度 f_c^f 时，在一定循环次数内，塑性变形的累积是收敛的，滞回环越来越小，趋于一条直线 CD。继续循环加载、卸载，混凝土将处于弹性工作状态。如加大应力至 σ_2（仍小于 f_c^f）时，荷载多次重复后，应力-应变曲线也接近直线 EF；CD 与 EF 线都大致平行于在一次加载曲线的原点所作的切线。如果再加大应力至 σ_3（大于

f_c^l),则经过少数几次循环,滞回环变成直线后,继续循环,塑性变形会重新开始出现,而且塑性变形的累积成为发散的,即累积塑性变形一次比一次大,且由凸向应力轴转变为凹向应变轴,如此循环若干次以后,由于累积变形超过混凝土的变形能力而破坏,破坏时裂缝小但变形大,这种现象称为疲劳。塑性变形收敛与不收敛的界限,就是材料的疲劳强度,大致为 $(0.4\sim0.5)f_c$,小于一次加载的棱柱体强度 f_c^l。此值与荷载的重复次数、荷载变化幅值及混凝土强度等级有关,通常以使材料破坏所需的荷载循环次数不少于 200 万次时的疲劳应力作为疲劳强度。

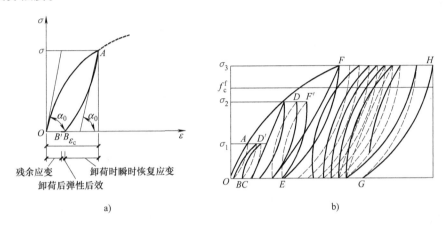

图 2.15 混凝土在重复荷载作用下的应力-应变曲线

施加荷载时的应力大小是影响应力-应变曲线不同的发展和变化的关键因素,即混凝土的疲劳强度与重复作用时应力变化的幅度有关。在相同的重复次数下,疲劳强度随着疲劳应力比值的增大而增大,疲劳应力比值 ρ_c^f 按下式计算

$$\rho_c^f = \frac{\sigma_{c,\min}^f}{\sigma_{c,\max}^f} \tag{2.12}$$

式中 $\sigma_{c,\min}^f$、$\sigma_{c,\max}^f$——构件截面同一纤维上混凝土的最小应力及最大应力。

2.2.3.3 单轴向受拉时混凝土应力-应变关系

混凝土单轴向受拉时的应力-应变曲线形状与受压时是相似的,如图 2.16 所示。采用等应变速度加载,可以测得应力-应变曲线的下降段,只不过其峰值应力和应变均比受压时小很多。采用一般的拉伸试验方法,只能测得应力-应变曲线的上升段。受拉应力-应变曲线的原点切线斜率与受压时是基本一致的,因此,受拉弹性模量可取与受压弹性模量相同的值。

当拉应力 $\sigma \leq 0.5 f_t$ 时,应力-应变曲线接近于直线,随着应力的增大,曲线逐渐偏离直线,反映了混凝土受拉时塑性变形的发展。一般试验方法得出的极限拉应变为 $(0.5\sim2.7)\times10^{-4}$,与混凝土的强度等级、配合比、养护条件有关,在构件计算中常取 $(1\sim1.5)\times10^{-4}$。达到最大拉应力 f_t 时,弹性特征系数 $\lambda \approx 0.5$,相应于 f_t 的变

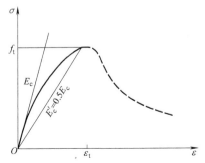

图 2.16 混凝土单轴向受拉时应力-应变曲线

形模量为

$$E'_c = \frac{f_t}{\varepsilon_t} = \frac{\lambda f_t}{\varepsilon_{ela}} = \lambda E_c = 0.5 E_c \quad (2.13)$$

2.2.3.4 混凝土的收缩

混凝土在空气中结硬时体积减小的现象称为收缩；在水中结硬时体积增大的现象称为膨胀。 一般情况下混凝土的收缩值比膨胀值大很多，通常膨胀对结构有利，收缩对结构不利，这主要是因为当混凝土受到四周约束不能自由收缩时，将在混凝土中产生拉应力，严重时会导致混凝土产生收缩裂缝，影响构件的耐久性和外观质量，还会引起预应力损失。

试验表明：混凝土结硬初期收缩较快，后期趋于稳定。引起收缩的重要因素是干燥失水，所以构件的养护条件、使用环境的温湿度都对混凝土的收缩有影响。使用环境的温度越高、湿度越低，收缩越大，蒸汽养护的收缩值要小于常温养护的收缩值，这是因为在高温、高湿条件下养护可加快水化和凝结硬化作用。

试验还表明，水泥强度等级越高，混凝土收缩越大；水泥用量越多、水胶比越大，收缩越大；集料的级配越好、弹性模量越大，收缩越小；养护时温、湿度越大，收缩越小；构件的体积与表面积比值大时，收缩小。

在实际工程中，要采取措施减小混凝土收缩应力对结构的不利影响，如加强养护，减小水胶比，减小水泥用量，加强振捣，留施工缝，分段施工等。

2.2.3.5 混凝土的徐变

结构在荷载或应力保持不变的情况下，变形或应变随时间增长的现象称为徐变。 徐变是一种不可恢复的塑性变形，对混凝土构件而言，徐变会使构件的变形增加，引起结构构件的内力重分布，造成预应力混凝土构件的预应力损失。因此在结构设计时，必须考虑徐变的影响。

图 2.17 所示为混凝土徐变的试验结果。由图可见，当加荷应力达到 $0.5f_c$ 时，其加荷瞬间产生的应变为瞬时应变 ε_{ela}，若荷载保持不变，随着加荷时间的增长，应变也将继续增长，这就是混凝土的徐变应变 ε_{cr}，通常，徐变开始时增长较快，以后逐渐减慢，经过一定时间后，徐变趋于稳定，徐变应变值为瞬时弹性应变的 1~4 倍。两年后卸载，试件瞬时恢复的应变 ε'_{ela} 略小于瞬时应变 ε_{ela}，卸载后经过一段时间量测，发现混凝土并不处于静止状态，而是逐渐恢复，这种恢复变形称为弹性后效 ε''_{ela}，弹性后效的恢复时间为 20d 左右，其值约为徐变

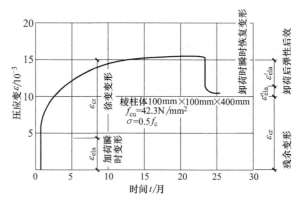

图 2.17 混凝土的徐变

变形的 1/12，最后剩下的大部分不可恢复变形为 ε'_{cr}，称为残余应变。

混凝土的应力条件是影响徐变的主要因素。加荷时混凝土的龄期越长，徐变越小，混凝土的应力越大，徐变越大。随着混凝土应力的增加，徐变将出现不同的情况。图 2.18 所示

为不同应力水平下的徐变变形增长曲线，当应力 $\sigma \leq 0.5f_c$ 时，曲线接近等距离分布，说明徐变与初应力成正比，这种情况称为线性徐变；在线性徐变的情况下，加载初期徐变增长较快，6个月时一般已完成徐变的大部分，后期徐变增长逐渐减小，一年以后趋于稳定，一般认为3年徐变基本终止；当 $\sigma = (0.5 \sim 0.8)f_c$ 时，徐变与应力不再成正比，徐变变形增长较快，这种情况称为非线性徐变；当应力 $\sigma > 0.8f_c$ 时，徐变的发展不再收敛，最终将导致混凝土破坏。

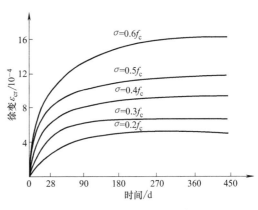

图 2.18　应力与徐变的关系

影响混凝土徐变的其他因素：水泥用量越多和水灰比越大，徐变越大；集料越坚硬、弹性模量越高，徐变越小；集料的相对体积越大，徐变越小；构件形状及尺寸，混凝土内钢筋的面积和钢筋应力性质，对徐变也有不同的影响；养护时温度高、湿度大、水泥水化作用充分，徐变就小。

2.3　钢筋与混凝土的黏结力

2.3.1　一般概念

1. 黏结力的分类

钢筋与混凝土的黏结与锚固是保证钢筋与混凝土组成整体并能共同工作的前提。当钢筋与混凝土之间有相对变形（滑移）时，其界面上会产生沿钢筋轴线方向的剪应力，这种作用力称为黏结力。

根据受力性质的不同，钢筋与混凝土之间的黏结力可分为钢筋端部的锚固黏结力和裂缝间的局部黏结力两种。钢筋伸进支座或在连续梁中承担负弯矩的上部钢筋在跨中截断时，需要延伸一段长度，即锚固长度。只有钢筋有足够的锚固长度，才能积累足够的黏结力，使钢筋承受拉力。分布在锚固长度上的黏结力，称为锚固黏结力，如图2.19a 所示。裂缝间的局部黏结力是在相邻两个开裂截面之间产生的，钢筋应力的变化受到黏结力的影响，黏结力使相邻两个裂缝之间混凝土参与受拉，局部黏结力的丧失会使构件的刚度降低，促进裂缝的开展，如图2.19b 所示。

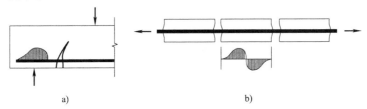

图 2.19　钢筋和混凝土之间黏结力
a）锚固黏结力　b）裂缝间的局部黏结力

2. 黏结力的组成

黏结力一般由以下三部分组成：

（1）化学胶结力　由混凝土中水泥凝胶体和钢筋表面化学变化产生的吸附作用力，这种作用力很弱，一旦钢筋与混凝土接触面上发生相对滑移即消失。

（2）摩阻力　混凝土收缩对钢筋产生径向握裹力，钢筋和混凝土之间有相对滑移就会产生摩阻力。这种摩阻力与压应力大小、接触界面的粗糙程度有关。挤压应力越大、接触面越粗糙，则摩阻力越大。

（3）机械咬合力　机械咬合力是由钢筋表面凹凸不平与混凝土咬合嵌入而产生。轻微腐蚀的钢筋其表面有凹凸不平的蚀坑，摩阻力和机械咬合力较大。

2.3.2 黏结破坏机理

光圆钢筋和带肋钢筋与混凝土的极限黏结强度有很大差异，而且黏结机理、钢筋滑移特性及试件的破坏形态也大有不同。

1. 光圆钢筋的黏结破坏

光圆钢筋与混凝土的黏结力来自三个方面，即混凝土中水泥凝胶体与钢筋表面的化学胶着力，钢筋与混凝土接触面之间的摩阻力，钢筋表面粗糙不平的机械咬合力。

研究光圆钢筋拔出试验，可得黏结力 τ-相对滑移 s 曲线，如图 2.20 所示。由于钢筋与混凝土的胶着力强度很小，在开始加载时，在加载端即可测得钢筋与混凝土之间的相对滑移，此滑移一旦出现，则黏结力由摩阻力和机械咬合力承担。在 0.4~0.6 倍的极限荷载之前，加载端滑移与黏结力近似呈直线关系，即图 2.20 中的 $0a$ 段。随着荷载的增加，相对滑移逐渐向自由端发展，黏结力峰值内移，τ-s 曲线则明显呈现非线性特性，如图 2.20 中的 ab 段。当达到 0.8 倍的极限荷载时，自由端出现滑移，此时黏结力峰值

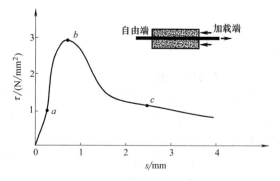

图 2.20　光圆钢筋的 τ-s 曲线

已移至自由端，随着荷载的进一步增大，黏结力完全由摩擦力和机械咬合力提供。当自由端滑移达到 0.1~0.2mm 时，平均黏结力达到最大值，即图 2.20 中的 b 点，此时加载端及自由端滑移急剧增大，进入完全塑性状态，钢筋表面的混凝土细颗粒被磨平，摩阻力减小，τ-s 曲线呈现明显下降。

由此可见，光圆钢筋的黏结作用，在钢筋与混凝土间出现相对滑移前主要取决于化学胶着力，发生滑移后则由摩阻力和机械咬合力提供。光圆钢筋拔出试验的破坏形态，其实质为钢筋从混凝土中被拔出的剪切破坏，其破坏面就是钢筋与混凝土的接触面。

2. 带肋钢筋的黏结破坏

带肋钢筋与混凝土之间的黏结力主要来自机械咬合力，其次是胶着力和摩阻力。

加载初期，由胶着力承担界面上的剪应力，τ-s 曲线如图 2.21 中 $0a$ 段。随着荷载的增加，胶着力遭到破坏，钢筋开始出现滑移，如图 2.21 中 a 点，此时黏结力主要由钢筋表面突出肋对混凝土的挤压力和钢筋与混凝土界面上的摩阻力构成。斜向压力的轴力分量使得肋

间混凝土像悬臂环梁那样受弯剪作用，而径向分量使钢筋周围的混凝土受到内压力，故而在环向产生拉应力。随着荷载的进一步增大，当钢筋周围的混凝土分别在主拉应力和环向拉应力方向的应变超过混凝土的极限拉应变时，将产生内部斜裂缝和径向裂缝，如图 2.22 所示，此阶段的 τ-s 曲线如图 2.21 中 ab 段。裂缝出现后，随着荷载的增大，肋纹前方的混凝土逐渐被压碎，形成新的滑移面，使钢筋与混凝土沿滑移面产生较大的相对滑移。如果钢筋外围混凝土很薄而且没有环向箍筋对混凝土形成约束，则径向裂缝将到达构件表面，形成沿钢筋的纵向劈裂裂缝。这

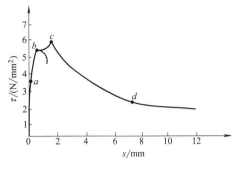

图 2.21　带肋钢筋的 τ-s 曲线

种劈裂裂缝发展到一定长度时，将使外围混凝土崩裂，从而丧失黏结能力，此类破坏通常称为劈裂黏结破坏，如图 2.23 所示，劈裂后的 τ-s 曲线将沿图 2.21 中 b 点后的虚线迅速下降。

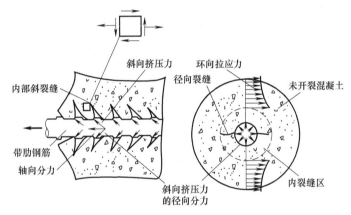

图 2.22　带肋钢筋肋处的挤压力和内部裂缝

若钢筋外围混凝土较厚，或不厚但有环向箍筋约束混凝土的横向变形，则纵向劈裂裂缝的发展受到一定程度的限制，使荷载可以继续增加。此时 τ-s 曲线将沿图 2.21 中的 bc 段继续上升，直到肋纹间的混凝土被完全压碎或剪断，混凝土的抗剪能力耗尽，钢筋则沿肋外径的圆柱面出现整体滑移，达到剪切破坏的极限黏结强度，如图 2.21 中的 c 点，此时相对滑

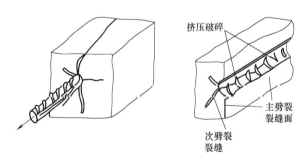

图 2.23　劈裂式黏结破坏

移量可达 1~2mm。过 c 点以后，由于圆柱滑移面上混凝土颗粒间尚存在一定的摩擦力和集料咬合力，黏结力并不立即降至零，而是随滑移量的增大而逐渐降低，τ-s 曲线出现较长的下降段，直至滑移量很大时，仍残余一定的抗剪能力，此种破坏通常称为刮犁式破坏。

由此可见，带肋钢筋的黏结破坏，若钢筋外围混凝土很薄并且没有环向箍筋约束时，则

表现为沿钢筋纵向的劈裂破坏；反之，则为沿钢筋肋外径的圆柱滑移面的剪切破坏（刮犁式破坏），剪切破坏的黏结强度要比劈裂破坏大。

2.3.3 影响黏结强度的因素

影响钢筋与混凝土黏结强度的因素很多，主要有混凝土强度、钢筋的表面形状、保护层厚度与钢筋净距、横向配筋与侧向压力以及浇筑位置等。

（1）混凝土强度 无论光圆钢筋还是带肋钢筋，混凝土强度对黏结性能的影响都是显著的。混凝土强度越高，锚固强度越好，相对滑移越小。

（2）钢筋的表面形状 相对于光圆钢筋而言，带肋钢筋的黏结强度较高。对于带肋钢筋而言，相对肋面积越大，钢筋与混凝土之间的黏结性能越好，相对滑移越小，即月牙纹钢筋的黏结性能比螺纹钢筋稍差。

（3）混凝土保护层厚度与钢筋净距 混凝土保护层越厚，对钢筋约束越大，使混凝土产生劈裂破坏所需的径向力越大，锚固强度越高。钢筋净间距越大，锚固强度越大，当钢筋的净间距较小时，水平劈裂可能使整个混凝土保护层脱落，显著降低锚固强度。

（4）横向钢筋与侧向压力 横向钢筋的约束或侧向压力的作用，可以延缓裂缝的发展和限制劈裂裂缝的宽度，从而提高锚固强度。因此，在较大直径钢筋的锚固区或搭接长度范围内，以及同排的并列钢筋根数较多时，应设置一定数量的附加箍筋，以防止混凝土保护层的劈裂崩落。试验表明，箍筋对保护后期黏结强度、改善钢筋延性也有明显作用。

（5）浇筑位置的影响 浇筑位置对黏结性能的影响，取决于构件的浇筑高度、混凝土的坍落度、水胶比、水泥用量等。浇筑高度越高，坍落度、水胶比、水泥用量越大，影响越大。

2.3.4 保证钢筋与混凝土可靠连接的构造措施

为了保证钢筋和混凝土之间的黏结强度，必须满足混凝土保护层最小厚度和钢筋最小净距的要求。

构件裂缝间的局部黏结应力使裂缝间的混凝土受拉，为了增加局部黏结作用和减小裂缝宽度，在同等钢筋面积条件下，宜优先选择小直径的带肋钢筋；光面钢筋黏结性能较差，应在钢筋末端设置弯钩，增大其锚固黏结能力。

为保证钢筋深入支座的黏结力，应使钢筋深入支座有足够的锚固长度，若支座长度不够时，可将钢筋弯折，弯折长度计入锚固长度内。也可在钢筋端部焊短钢筋、短角钢等方法加强钢筋和混凝土的黏结能力。钢筋搭接也需满足最小搭接长度，以保证黏结强度要求。

钢筋不宜在混凝土的受拉区截断，如必须截断，则应满足在理论上钢筋不需要点和钢筋强度的充分利用点外伸一段长度才能截断。

横向钢筋的存在约束了径向裂缝的发展，使混凝土的黏结强度提高，故在大直径钢筋的搭接和锚固区域内设置横向钢筋（箍筋加密），可增大该区段的黏结能力。

2.3.5 黏结强度

钢筋的黏结强度通常采用图 2.24 所示的直接拔出试验来测定，得出黏结应力 τ-相对滑

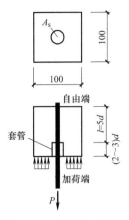
图 2.24 钢筋拔出试验

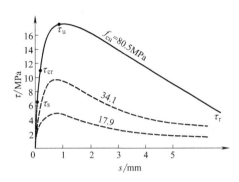
图 2.25 不同强度混凝土的黏结应力-相对滑移曲线

移 s 曲线,如图 2.25 所示。黏结性能与混凝土强度有关系,混凝土强度等级越高,黏结强度越大,相对滑移越小,黏结锚固性能越好,劈裂破坏时黏结强度较高。

通常按下式计算平均黏结应力 τ

$$\tau = \frac{P}{\pi d l} \tag{2.14}$$

式中 P——拔出力;
d——钢筋直径;
l——锚固长度。

2.3.6 钢筋锚固

1. 受拉钢筋的基本锚固长度

在钢筋与混凝土接触界面之间实现应力传递,建立结构承载力必需的工作应力的长度为钢筋的锚固长度,主要因素有钢筋强度及混凝土抗拉强度,并与钢筋的直径及外形特征有关。为了充分利用钢筋的抗拉强度,GB 50010—2010 规定受拉钢筋的基本锚固长度 l_{ab} 计算式为

普通钢筋
$$l_{ab} = \alpha \frac{f_y}{f_t} d \tag{2.15}$$

预应力钢筋
$$l_{ab} = \alpha \frac{f_{py}}{f_t} d \tag{2.16}$$

式中 l_{ab}——受拉钢筋的基本锚固长度,普通受拉钢筋基本锚固长度见表 2.2,先张法常用预应力筋的锚固长度见表 2.3;
f_y、f_{py}——普通钢筋、预应力钢筋的抗拉强度设计值,见附录 1;
f_t——混凝土轴心抗拉强度设计值,当混凝土强度等级高于 C60 时,按 C60 取值;
d——锚固钢筋直径;
α——锚固钢筋的外形系数,按表 2.4 取值。

表2.2 普通受拉钢筋基本锚固长度 l_{ab}

钢筋牌号	混凝土强度等级							
	C25	C30	C35	C40	C45	C50	C55	C60
HPB300	34d	31d	28d	26d	24d	23d	22d	22d
HRB400 HRBF400 RRB400	40d	36d	32d	30d	28d	27d	26d	25d
HRB500 HRBF500	48d	43d	39d	36d	34d	33d	31d	30d

表2.3 先张法常用预应力筋的基本锚固长度 l_{ab}

预应力筋种类	预应力筋的抗拉强度设计值 $f_{py}/(N/mm^2)$	混凝土强度等级					
		C30	C35	C40	C45	C50	C55	≥C60
中强度预应力螺旋肋钢丝	510	45d	42d	39d	37d	35d	34d	33d
	650	59d	54d	49d	47d	45d	43d	41d
	810	74d	67d	62d	59d	56d	54d	52d
3股钢绞线	1110	124d	113d	104d	99d	94d	91d	87d
	1320	148d	135d	124d	117d	112d	108d	104d
	1390	156d	142d	130d	124d	118d	113d	109d

注：表中基本锚固长度的 d 为预应力筋的公称直径。

表2.4 钢筋的外形系数

钢筋类型	光圆钢筋	带肋钢筋	螺旋肋钢丝	3股钢绞线	7股钢绞线
α	0.16	0.14	0.13	0.16	0.17

注：光圆钢筋末端应做180°弯钩，弯后平直段长度不应小于3d，但作为受压钢筋时可不做弯钩。

2. 受拉钢筋的锚固长度

受拉钢筋的锚固长度在基本锚固长度的基础上，根据锚固条件按式（2.17）计算，且**不应小于200mm**。

$$l_a = \zeta_a l_{ab} \tag{2.17}$$

式中 l_a——受拉钢筋的锚固长度；

ζ_a——锚固长度修正系数。

ζ_a应按下列规定取用：

1）当带肋钢筋的公称直径大于25mm时取1.10。
2）环氧树脂涂层带肋钢筋取1.25。
3）施工过程中易受扰动的钢筋取1.10。
4）当纵向受力钢筋的实际配筋面积大于其设计计算面积时，修正系数取设计计算面积与实际配筋面积的比值，但对有抗震设防要求及直接承受动力荷载的结构构件，不应考虑此项修正。
5）锚固钢筋的保护层厚度为3d时修正系数可取0.80，保护层厚度为5d时修正系数可取 0.70，中间按内插取值，此处 d 为锚固钢筋的直径。

注：当多于一项时，可按连乘计算，但不应小于 0.6，对预应力钢筋，可取 1.0。

3. 受压钢筋的锚固长度

混凝土结构中的纵向受压钢筋，当计算中充分利用其抗压强度时，**锚固长度不应小于相应受拉锚固长度的 70%**。受压钢筋不应采用末端弯钩和一侧贴焊锚筋的锚固措施。

当纵向受拉普通钢筋末端采用弯钩或机械锚固措施时，包括弯钩或锚固端头在内的锚固长度（投影长度）可取基本锚固长度 l_{ab} 的 60%。弯钩和机械锚固的形式如图 2.26 所示。

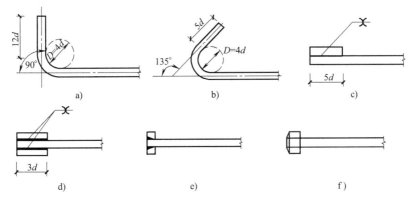

图 2.26　钢筋机械锚固的形式

a）90°弯钩　b）135°弯钩　c）一侧贴焊锚筋　d）两侧贴焊锚筋　e）穿孔塞焊锚板　f）螺栓锚头

2.3.7　钢筋的连接

实际工程中钢筋长度与供货长度不一致时，将产生钢筋的连接问题。各种类型钢筋接头的传力性能（强度、变形、恢复力、破坏状态等）均不如直接传力的整根钢筋，任何形式的钢筋连接均会削弱其传力性能，因此钢筋连接的基本原则为：**混凝土结构中受力钢筋的连接接头宜设置在受力较小处；在同一根受力钢筋上宜少设接头，并限制接头面积百分率；在结构的重要构件和关键传力部位，纵向受力钢筋不宜设置连接接头，如柱端、梁端的箍筋加密区处。**

钢筋的连接可分为绑扎搭接、机械连接与焊接连接三类。

1. 绑扎搭接

钢筋的绑扎搭接利用了钢筋与混凝土之间的黏结锚固作用，因比较可靠且施工简便而得到广泛应用。但是，因直径较粗的受力钢筋绑扎搭接容易产生过宽的裂缝，故受拉钢筋直径不宜大于 25mm，受压钢筋直径不宜大于 28mm。轴心受拉及小偏心受拉杆件的纵向受力钢筋，因构件截面较小且钢筋拉应力相对较大，为防止连接失效引起结构破坏，不得采用绑扎搭接。承受疲劳荷载的构件，为避免纵向受拉钢筋接头区域的混凝土疲劳破坏而引起连接失效，也不得采用绑扎搭接。

同一构件中相邻纵向受力钢筋的绑扎搭接接头宜互相错开。钢筋绑扎搭接接头连接区段的长度为 1.3 倍搭接长度，凡搭接接头中点位于该连接区段长度内的搭接接头均属于同一连接区段，如图 2.27 所示。同一连接区段内纵向受力钢筋搭接接头面积百分率为该区段内有搭接接头的纵向受力钢筋与全部纵向受力钢筋截面面积的比值。对梁类、板类及墙类构件，不宜大于 25%；对柱类构件，不宜大于 50%。当直径不同的钢筋搭接时，按直径较小的钢筋计算。如图 2.27 所示，同一连接区段内的搭接接头，钢筋为两根。当钢筋直径相同时，搭接钢筋接头面积百分率为 50%。

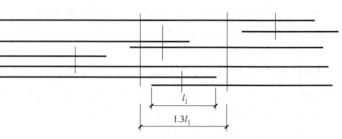

图 2.27　同一连接区段内的纵向受拉钢筋绑扎搭接接头

纵向受拉钢筋绑扎搭接接头的搭接长度，应根据位于同一连接区段内的钢筋搭接接头面积百分率按式（2.18）计算，且不应小于 300mm。

$$l_l = \zeta_l l_a \tag{2.18}$$

式中　ζ_l——受拉钢筋搭接长度修正系数，按表 2.5 取用，当纵向搭接钢筋接头面积百分率为表 2.5 的中间值时，修正系数可按线性内插取值。

表 2.5　纵向受拉钢筋搭接长度修正系数

纵向搭接钢筋接头面积百分率(%)	≤25	50	100
ζ_l	1.2	1.4	1.6

纵向受压钢筋采用搭接连接时，其受压搭接长度不应小于纵向受拉搭接长度的 70%，且不应小于 200mm。当受压钢筋直径大于 25mm 时，尚应在搭接接头两个端面外 100mm 的范围内各设置两道箍筋。

2. 机械连接

钢筋的机械连接是通过连接件的直接或间接的机械咬合作用或钢筋端面的承压作用，将一根钢筋中的力传递到另一根钢筋的连接方法。主要形式有挤压套筒接头、锥形螺纹套筒接头、直螺纹套筒接头、熔融金属充填套筒接头、水泥灌浆充填套筒接头、受压钢筋端面平接头。图 2.28 所示为直螺纹套筒接头。机械连接性能可靠，是规范推广应用的钢筋连接形式。

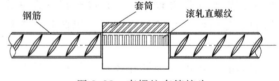

图 2.28　直螺纹套筒接头

纵向受力钢筋的机械连接接头宜互相错开。钢筋机械连接区段的长度为 $35d$，d 为连接钢筋的较小直径。凡接头中点位于该连接区段长度内的机械连接接头均属于同一连接区段，位于同一连接区段内的纵向受拉钢筋接头面积百分率不宜大于 50%；但对板、墙、柱及预制构件的拼接处，可根据实际情况放宽；纵向受压钢筋的接头百分率可不受限制。机械连接套筒的保护层厚度宜满足钢筋最小保护层厚度的规定。机械连接套筒的横向净间距不宜小于 25mm；套筒处箍筋的间距仍应满足相应的构造要求。直接承受动力荷载结构构件中的机械连接接头，除应满足设计要求的抗疲劳性能外，位于同一连接区段内的纵向受力钢筋接头面积百分率不应大于 50%。

3. 焊接连接

钢筋焊接是利用电阻、电弧或燃烧的气体加热钢筋端头使之熔化并加压或添加熔融的金属焊接材料，使之连成一体的连接方式。常用的连接方法有电阻点焊、闪光对焊、电弧焊、电渣压力焊、气压焊和埋弧压力焊等类型。焊接接头最大的优点是节省钢筋用量，接头尺寸小。但是，对于需进行疲劳验算的构件，其纵向受拉钢筋不宜采用焊接接头；当直接承受起重机（吊车）荷载的钢筋混凝土吊车梁、屋面梁及屋架下弦的纵向受拉钢筋采用焊接接头时，应符合有关规定。

纵向受力钢筋的焊接接头应相互错开。钢筋焊接接头连接区段的长度为 $35d$ 且不小于 500mm，d 为连接钢筋的较小直径，凡接头中点位于该连接区段长度内的焊接接头均属于同一连接区段。纵向受拉钢筋的接头面积百分率不宜大于 50%，纵向受压钢筋的接头百分率可不受限制。

【例 2.1】 某钢筋混凝土柱，非抗震设计，混凝土 C40，HRB400 级钢筋，在交接处采用 HRB400 级受压钢筋，直径为 20mm，与 25mm，采用绑扎搭接连接，当同一连接区段接头面积为 50%，求该钢筋连接接头处最小搭接长度。

【解】 C40 混凝土 $f_t = 1.71\text{N/mm}^2$，HRB400 级钢筋 $f_y = 360\text{N/mm}^2$，带肋钢筋外形系数 $\alpha = 0.14$，锚固长度修正系数 $\zeta_a = 1.0$。

纵向受拉钢筋基本锚固长度 $l_{ab} = \alpha \dfrac{f_y}{f_t} d = 0.14 \times \dfrac{360}{1.71} \times 20\text{mm} = 589.5\text{mm}$

纵向受拉钢筋锚固长度 $l_a = \xi_a l_{ab} = 1.0 \times 589.5\text{mm} = 589.5\text{mm}$

纵向受拉钢筋搭接长度 $l_l = \xi_l l_a = 1.4 \times 589.5\text{mm} = 825.3\text{mm}$ 且大于 300mm

纵向受压钢筋搭接长度 $l'_l = 0.7 l_l = 0.7 \times 825.3\text{mm} = 577.7\text{mm}$ 且大于 200mm

【点评】①计算搭接长度时应采用较细钢筋直径；②当钢筋搭接接头面积百分率为 50%，则纵向受拉钢筋搭接长度修正系数 $\xi_l = 1.4$ 且不小于 300mm；③受压钢筋绑扎搭接长度不得小于受拉钢筋绑扎搭接长度的 0.7 倍且不小于 200mm。

小 结

1. 建筑用的普通钢筋具有 4 个指标：屈服强度和极限抗拉强度、伸长率和冷弯性能指标。
2. 立方体抗压强度是衡量混凝土强度的基本指标，是评定混凝土强度等级的标准。
3. 混凝土的单轴短期一次加载的应力-应变曲线分上升段和下降段。上升段主要关注材料的强度和应变，下降段主要关注构件的后期变形能力。
4. 混凝土的变形模量分为三种：弹性模量、割线模量和切线模量。弹性模量值＞割线模量值＞切线模量值。
5. 混凝土的变形有收缩和徐变，其影响因素有混凝土材质和环境条件。
6. 钢筋与混凝土的黏结力由化学胶结力、摩阻力、机械咬合力组成，其中光圆钢筋的黏结力小于带肋钢筋的黏结力。钢筋的锚固长度与钢筋强度及混凝土抗拉强度，并与钢筋的直径及外形特征有关。钢筋连接有绑扎搭接、机械连接与焊接连接三种形式。

思考题

2.1 建筑用钢有哪些品种和级别？结构设计中选用钢筋的原则是什么？

2.2 有明显屈服的钢筋和无明显屈服的钢筋的应力-应变曲线各自的特点是什么？强度如何取值？

2.3 混凝土的强度等级是根据什么确定的？《混凝土结构通用规范》规定的混凝土强度等级有哪些？工程结构设计中选用混凝土强度等级的原则是什么？

2.4 混凝土的立方体抗压强度、轴心抗压强度和轴心抗拉强度是如何确定的？立方体抗压强度与后两者的关系是什么？

2.5 混凝土一次短期加荷的应力-应变曲线有何特点？

2.6 混凝土的变形模量和弹性模量是怎样确定的？

2.7 什么是混凝土的疲劳破坏？疲劳破坏强度与立方体轴心抗压强度有什么关系？

2.8 什么是混凝土的徐变？徐变对混凝土构件有何影响？通常认为影响徐变的主要因素有哪些？如何减少徐变？

2.9 钢筋与混凝土之间的黏结力由哪几部分组成？影响黏结力的主要因素有哪些？保证钢筋和混凝土之间有足够的黏结力要采取哪些措施？

章节练习

2.1 选择题

1. 混凝土各种强度指标就其数值大小比较，以下正确的是（　　）。
 (A) $f_{cuk} > f_{ck} > f_c > f_{tk} > f_t$
 (B) $f_{ck} > f_{cuk} > f_t > f_c > f_{tk}$
 (C) $f_{cuk} > f_c > f_{ck} > f_{tk} > f_t$
 (D) $f_c > f_t > f_{tk} > f_{ck} > f_{cuk}$

2. 混凝土在复杂应力状态下，强度最低的受力状态是（　　）。
 (A) 三向受压　　(B) 两向受压　　(C) 双向受拉　　(D) 一拉一压

3. 不同强度等级的混凝土受压状态的应力-应变曲线可以看出（　　）。
 (A) 曲线的峰值越高，下降段坡度越陡，延性越好
 (B) 曲线的峰值越低，下降段坡度越缓，延性越好
 (C) 曲线的峰值越高，混凝土的极限压应变越大
 (D) 强度高的混凝土，下降段坡度较陡，残余应力相对较大

4. 混凝土的弹性模量是（　　）。
 (A) 应力-应变曲线任意点切线的斜率　　(B) 应力-应变曲线原点的斜率
 (C) 应力-应变曲线任意点割线的斜率　　(D) 应力-应变曲线上升段中点的斜率

5. 收缩将使混凝土结构：(1) 变形增加；(2) 产生裂缝；(3) 预应力钢筋应力损失；(4) 强度降低。下列说法正确的是（　　）。
 (A) (2)、(4)　　(B) (1)、(3)、(4)　　(C) (1)、(2)、(3)　　(D) (3)、(4)

6. 对于混凝土的特性，以下叙述正确的是（　　）。
 (A) 水灰比越大，收缩越小　　(B) 水泥用量越多，收缩越小
 (C) 养护环境湿度大，温度高，收缩大　　(D) 骨料的弹性模量越高，收缩小

7. 就混凝土徐变而言，下列叙述中不正确的是（　　）。
 (A) 徐变是在长期不变荷载作用下，混凝土的变形随时间增大的现象
 (B) 持续应力的大小对徐变有重要影响
 (C) 徐变对结构的影响，多数情况下不利
 (D) 水灰比和水泥用量越大，徐变越小

8. 混凝土中，下列叙述正确的是（　　）。
 (A) 水灰比越大徐变越小　　(B) 水泥用量越多徐变越小
 (C) 骨料越坚硬徐变越小　　(D) 养护环境湿度越大徐变越大

9. 下列情况下，锚固长度的修正系数不正确的是（　　）。

（A）钢筋直径大于 25mm 的热轧带肋，l_a 增大 10%
（B）环氧树脂涂层的热轧带肋，l_a 增大 20%
（C）滑模施工的混凝土结构中的钢筋，l_a 增大 10%
（D）保护层厚度为 3 倍的钢筋直径时，l_a 降低 20%

10. 关于各类钢筋连接接头的适用范围，下列规定不正确的是（　　）。
（A）需作疲劳验算的构件，纵向拉筋不得采用搭接接头，也不宜采用焊接接头
（B）轴向受拉构件及小偏心受拉构件的纵向受力钢筋不得采用绑扎搭接接头
（C）受压钢筋直径 $d \geq 32mm$ 时，不宜采用绑扎搭接接头
（D）其他构件的受拉钢筋直径 $d \leq 25mm$ 时，可采用绑扎搭接接头

11. 关于搭接长度的取值 l_l，下列规定不正确的是（　　）。
（A）受拉钢筋的搭接长度 l_l 不应小于 $1.2l_a$
（B）对梁、板、墙类构件，搭接接头面积百分率不宜大于 25%，当其小于等于 25% 时，$l_l = 1.2l_a$ 且不应小于 300mm
（C）对柱类构件，搭接接头面积百分率不宜大于 50%，当其等于 50% 时，$l_l = 1.4l_a$ 且不应小于 300mm
（D）纵向受压钢筋搭接长度不应小于 $l_l' = 0.7l_l$ 且不应小于 200mm

12. 当采用 C30 混凝土和 HRB400 级钢筋时，纵向受拉钢筋的直径 d 为 22mm，则锚固长度 l_a 最接近（　　）。
（A）$37d$　　　（B）$35d$　　　（C）$40d$　　　（D）$33d$

2.2 填空题

1. 钢筋力学性能与碳含量有关，碳含量越高，强度越_____，塑性越_____。
2. 钢筋的强度标准值应具有不低于_____保证率。
3. 按混凝土试件的"尺寸效应"，相同的混凝土试块，当边长为 200mm、150mm、100mm 时，其实测立方体强度相对比值为_____。
4. 光面钢筋与混凝土的黏结力由胶结力、_____和_____三部分组成。
5. 受压钢筋锚固长度为受拉钢筋锚固长度的_____倍。
6. 位于同一连接区段内的受拉钢筋搭接接头面积百分率：对梁类不宜大于_____，对柱类不宜大于_____。

2.3 判断题

1. 我国规范采用立方体抗压强度标准值作为混凝土各种力学指标的基本代表值。（　　）
2. 某批混凝土强度等级为 C30，表明立方体抗压强度标准值达到 $30N/mm^2$ 的保证率为 95%。（　　）
3. 钢筋的强度设计指标是根据屈服强度上限确定的。（　　）
4. 对于无明显屈服点的钢筋，其强度标准值取值为极限抗拉强度。（　　）
5. 衡量钢筋塑性性能的指标有伸长率和冷弯性能，通常伸长率越大，钢筋的塑性性能越好，破坏时有明显的拉断预兆。钢筋的冷弯性能好，破坏时不至于发生脆断。（　　）
6. 混凝土的极限压应变 ε_{cu} 包括弹性应变和塑性应变两部分；塑性变形越大，表明混凝土的延性越好。（　　）
7. 采用约束混凝土不仅可以提高混凝土的抗压强度，而且可以提高构件的变形的能力。（　　）
8. 混凝土在荷载的长期作用下，应变随时间而增长的变形称为徐变。（　　）

2.4 计算题

某悬臂梁，其纵向受拉钢筋为 4⏀32，钢筋在锚固区的混凝土保护层厚度等于钢筋直径的 3 倍且配有箍筋，实配纵向受拉钢筋的截面面积为设计计算面积的 1.05 倍，混凝土强度等级为 C40。试求该纵向受拉钢筋的锚固长度 l_a。

受弯构件正截面承载力 第3章

本章提要
1. 掌握梁、板的一般构造。
2. 熟悉正截面受弯承载力的试验研究、适筋梁工作的三阶段、破坏形态及基本假定。
3. 掌握单（双）筋矩形截面、T形截面受弯构件的正截面受弯承载力计算。

3.1 概述

受弯构件（如梁、板构件）通常是指截面上作用有弯矩和剪力的水平构件。在外荷载作用下，受弯构件产生的弯矩使截面部分受拉、部分受压。由于混凝土的抗拉强度很低，故在截面受拉区应布置纵向受力钢筋以承受拉力。当仅在截面受拉区配置纵向受力钢筋时，称为单筋截面；同时在截面受拉区、受压区配置纵向受力钢筋时，称为双筋截面，如图 3.1 所示。

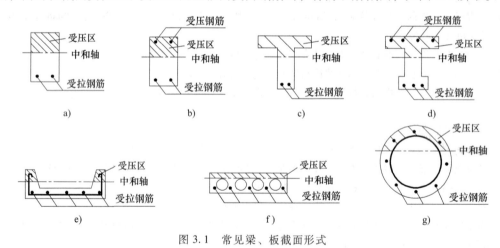

图 3.1 常见梁、板截面形式
a) 单筋矩形梁 b) 双筋矩形梁 c) T形梁 d) I形梁 e) 槽形板 f) 空心板 g) 环形截面梁

与构件轴线垂直的截面称为正截面，受弯构件在弯矩作用下将发生正截面破坏，属于承载能力极限状态，应满足

$$M \leqslant M_u \tag{3.1}$$

式中，M 为由结构或构件上作用产生的弯矩设计值，属于作用效应，由力学方法计算得到。M_u 为受弯构件正截面受弯承载力设计值，属于结构抗力，根据材料强度、截面尺寸等确定，本章主要解决其计算方法。

本章以钢筋混凝土梁的受弯性能试验研究为依据，阐述适筋梁工作的三阶段受力状态、应力分布和破坏特征等,配筋率对受弯构件破坏特征的影响以及计算简图的建立;详细讲解单筋矩形截面、双筋矩形截面和 T 形截面受弯承载力的设计方法、适用条件和主要构造要求。

3.2 梁、板一般构造

构造要求是结构设计的重要组成部分,它是在长期工程实践及试验研究的基础上对结构计算的必要补充,一方面弥补计算理论的不足,另一方面充分考虑混凝土的收缩、徐变、温度应力和地基不均匀沉降等因素对结构的影响。因此,结构计算和构造措施对结构的安全具有同等重要的作用。为此,在讲解受弯构件正截面承载力基本原理之前,先掌握梁、板的一般构造。

3.2.1 板的构造

1. 板的截面尺寸及混凝土强度

为了满足结构安全及舒适度的要求,根据工程经验,现浇板厚度与计算跨度的最小比值 h/l_0 见表 3.1。同时现浇钢筋混凝土板的厚度不应小于表 3.2 规定的数值。

表 3.1 现浇板厚度与计算跨度的最小比值 h/l_0

板的类别	单向板	双向板	悬臂板	无梁楼板	
				有柱帽	无柱帽
h/l_0 最小值	1/30	1/40	1/12	1/35	1/30

注:l_0 为板的计算跨度。双向板为短边计算跨度,无梁楼板为区格长边计算跨度;h 为板的厚度。计算跨度 $l_0 > 4m$ 的单向和双向板应适当加厚。

表 3.2 现浇钢筋混凝土板的最小厚度

板的类别		最小厚度/mm
实心楼板、屋面板		80
密肋楼盖	上、下面板	50
	肋高	250
悬臂板(固定端)	悬臂长度不大于 500mm	80
	悬臂长度 1200mm	100
无梁楼板		150
现浇空心楼盖		现浇底板与顶板 50
叠合楼板		预制底板 50,现浇叠合板 50

板的宽度取 1m,即 $b = 1000mm$。

板的混凝土强度等级常用 C25、C30、C35、C40 等。

2. 板的配筋方式

钢筋混凝土板的钢筋有两类:受力钢筋和分布钢筋。受力钢筋沿板的跨度方向在截面受拉一侧布置,通过计算确定钢筋的面积;分布钢筋垂直于板的受力钢筋,并在受力钢筋的内侧按构造要求配置,如图 3.2 所示。

板内受力钢筋通常采用 HPB300、HRB400、HRBF400、HRB500、HRBF500 级,直径通常为 6mm、

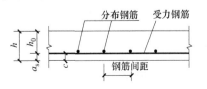

图 3.2 板钢筋类别

8mm、10mm、12mm，见表3.3。

表3.3 板受力钢筋的直径　　　　　　　　　　　　（单位：mm）

直径	单向板或双向板板厚/mm			悬臂板悬挑长度/mm	
	$h<100$	$100 \leqslant h \leqslant 150$	$h>150$	$l \leqslant 500$	$l>500$
最小	6	8	10	8	8
常用	6~10	8~12	10~16	8~10	8~12

为防止施工时板面钢筋被踩踏到板底，**板面钢筋直径不宜小于8mm，间距不宜大于200mm**。

为了便于浇筑混凝土，保证钢筋周围混凝土的密实性，板内钢筋间距不宜过密；同时为了使板内钢筋能够正常分担内力，钢筋间距也不宜过稀。板内受力钢筋间距一般为70~200mm。板厚$h \leqslant 150$mm时，不宜大于200mm；当板厚$h>150$mm时，不宜大于$1.5h$，且不宜大于250mm。

现浇板内受力钢筋的配置，通常按每米板宽所需钢筋面积A_s值选用钢筋的直径和间距。如计算得出纵向受拉钢筋面积$A_s = 390\text{mm}^2/\text{m}$，则由附表2-2可选用Φ8@125的受力钢筋（实配$A_s = 402\text{mm}^2/\text{m}$，满足计算要求），Φ8@125表示在1m范围内按直径为8mm，钢筋间距（指两钢筋形心点之间的距离）为125mm的HRB400级筋进行布置。

采用分离式配筋的多跨连续板，板底钢筋宜全部伸入支座。伸入支座的锚固长度不应小于钢筋直径的5倍，且宜伸至支座中心线。

分布钢筋，应在垂直受力钢筋的内侧布置。其作用是将板面上的荷载均匀传给受力钢筋；在施工中固定受力钢筋的位置，形成钢筋网片；同时它还能抵抗温度变化、混凝土收缩等在板内引起的拉应力。分布钢筋通常采用HPB300、HRB400、HRBF400、HRB500、HRBF500级，直径通常为6mm、8mm。单位宽度上分布钢筋的截面面积不宜小于单位宽度上受力钢筋的15%，且配筋率不宜小于0.15%；间距不宜大于250mm，直径不宜小于6mm；对集中荷载较大的情况，分布钢筋的截面面积应适当增加，其间距不宜大于200mm，见表3.4。

表3.4 分布钢筋最小直径及最大间距　　　　　　　（单位：mm）

受力钢筋直径	受力钢筋间距												
	70	75	80	85	90	95	100	110	120	130	140	150	160	170~200
6~8	φ6@250													
10	φ6@150 或 φ8@250			φ6@200					φ6@250					
12	φ8@200			φ8@250					φ6@200					
14	φ8@150			φ8@200					φ8@250			φ6@200		

在温度、收缩应力较大的现浇板区域，应在板的表面双向配置防裂构造钢筋，其配筋率不宜小于0.10%；间距不宜大于200mm。

3.2.2 梁的构造

1. 材料强度

梁的纵向受力普通钢筋应采用HRB400、HRBF400、HRB500、HRBF500级。

采用强度等级不低于 **500MPa** 的钢筋时，梁的混凝土强度等级不应低于 **C30**，常用 C25、C30、C35、C40 等。

2. 截面形式和截面尺寸

常用截面形式是矩形、T 形、I 形、槽形、环形，如图 3.1 所示。

矩形截面梁高宽比 h/b 一般取 2.0~3.5；T 形截面梁的高宽比 h/b 一般取 2.5~3.0（此时 b 为 T 形梁腹板宽）。常用矩形截面梁或 T 形梁截面宽度 $b=200\text{mm}$、240mm（用于砌体结构）、250mm、300mm、350mm、400mm 等，350mm 以下的级差为 50mm。截面高度 $h=$ 250mm、300mm、350mm、400mm、450mm、500mm、550mm、600mm、650mm、700mm、750mm、800mm、900mm 等。800mm 以下的级差为 50mm，以上为 100mm。常见梁截面高度，见表 3.5。

表 3.5 常见梁截面高度

梁的种类		梁截面高度
现浇整体楼屋盖	普通主梁	$l_0/10 \sim l_0/15$
	框架主梁	$l_0/10 \sim l_0/18$
	次梁	$l_0/12 \sim l_0/15$
独立梁	简支梁	$l_0/8 \sim l_0/12$
	连续梁	$l_0/12 \sim l_0/15$
悬臂梁		$l_0/5 \sim l_0/6$
井字梁		$l_0/15 \sim l_0/20$

注：1. l_0 为梁的计算跨度；当梁的跨度 l_0 超过 9m 时，表中数值宜乘以 1.2。
   2. 现浇结构中，一般主梁比次梁高出 50mm，如主梁下部受力钢筋为双层配置，或次梁处设置吊筋时，宜高出 100mm。

3. 纵向受力钢筋

梁的纵向钢筋直径，当梁高 $h \geq 300\text{mm}$ 时，不应小于 10mm；当梁高 $h<300\text{mm}$ 时，不应小于 8mm。常用直径为 12mm、14mm、16mm、18mm、20mm、22mm、25mm。设计中若采用两种不同直径的钢筋，钢筋直径相差至少 2mm，以便于施工时能肉眼识别。

伸入梁支座范围内的纵向钢筋不应少于 2 根。

为了便于浇筑混凝土，保证钢筋周围混凝土的密实性以及钢筋与混凝土具有良好的黏结性能，纵向钢筋的净间距应满足如图 3.3 所示构造要求：**梁上部纵向钢筋水平方向的净间距（钢筋外边缘之间的最小距离）不应小于 30mm 和 1.5d；下部纵向钢筋水平方向的净间距不应小于 25mm 和 d。梁的下部纵向钢筋配置多于 2 层时，2 层以上钢筋**水平方向的中距应比下面 2 层的中距增大一倍。各层钢筋之间的净间距不应小于 **25mm 和 d**（d 为纵向钢筋的最大直径）。

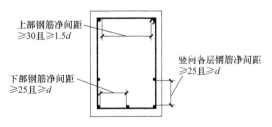

图 3.3 纵向钢筋的净距

根据梁宽，钢筋净距，混凝土保护层厚度计算梁内纵筋单层钢筋的最多根数，见表 3.6。

表3.6 梁内纵筋单层钢筋的最多根数

梁宽(mm)	钢筋直径							
	10	12	14	16	18	20	22	25
200	4	3/4	3/4	3	3	3	3	2/3
250	5	5	4/5	4/5	4	4	4	3/4
300			6	5/6	5/6	5	4/5	4/5
350				6/7	6/7	6	5/6	5/6

注：1. 本表按环境等级一类、二a类考虑。当环境类别为二b以下时，应调整梁内根数。
2. 表内分数值其分子为梁截面上部钢筋排成一排时最多根数，分母为梁截面下部钢筋排成一排时最多根数。

在梁的配筋密集区域宜采用并筋的配筋形式。规定直径28mm及以下的钢筋并筋数量不应超过3根；直径32mm的钢筋并筋数量不应超过2根；直径36mm及以上钢筋不应采用并筋。并筋应按单根等效钢筋进行计算，等效钢筋的等效直径应按截面面积相等的原则换算确定（即相同直径的二并筋等效直径可取为1.41倍单根钢筋直径；三并筋等效直径可取为1.73倍单根钢筋直径。二并筋可按纵向或横向的方式布置，三并筋宜按品字形布置，并均按并筋的重心作为等效钢筋的重心）。并筋等效直径的概念用于钢筋间距、保护层厚度、裂缝宽度验算、钢筋锚固长度、搭接接头面积百分率及搭接长度。

4. **架立钢筋**（梁上部纵向构造钢筋）

架立钢筋设置在梁截面的受压区，其作用是固定箍筋并与纵向受拉钢筋形成钢筋骨架；同时还能承受由混凝土收缩及温度变化等引起的拉应力。架立钢筋直径：当梁的跨度小于4m时，不宜小于8mm；当梁的跨度为4~6m时，不应小于10mm；当梁的跨度大于6m时，不宜小于12mm。

架立钢筋与受力钢筋的区别是：架立钢筋是根据构造要求配置，通常直径较细，根数较少；而受力钢筋则根据受力要求按计算配筋，通常直径较粗，根数较多。一般情况受力钢筋也可兼作架立钢筋使用。

5. **梁侧纵向构造钢筋**（腰筋）

梁侧纵向构造钢筋又称腰筋，设置在梁的两个侧面，其作用是承受梁侧面温度变化及混凝土收缩引起的应力，并抑制混凝土裂缝的开展，如图3.4所示。**当梁的腹板高度 $h_w \geq$ 450mm 时**，在梁的两个侧面应沿高度配置纵向构造钢筋，每侧纵向构造钢筋（不包括梁上、下部受力钢筋及架立钢筋）的截面面积不应小于腹板截面面积 bh_w 的 **0.1%**，且钢筋间距**不宜大于200mm**。其中，h_w 为截面腹板高度：对矩形截面，取截面有效高度，即 $h_w = h_0$；对T形截面，取截面有效高

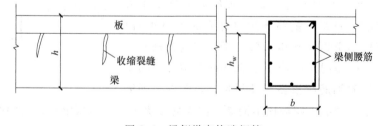

图3.4 梁侧纵向构造钢筋

度减去翼缘高度，即 $h_w = h_0 - h'_f$；对 I 形截面，取腹板净高，即 $h_w = h - h_f - h'_f$。梁侧纵向构造钢筋的直径见表 3.7。

表 3.7　梁侧纵向构造钢筋的直径

梁宽/mm	纵向构造钢筋最小直径/mm	梁宽/mm	纵向构造钢筋最小直径/mm
$b \leq 250$	8	$550 < b \leq 750$	14
$250 < b \leq 350$	10	$750 < b \leq 1000$	16
$350 < b \leq 550$	12		

3.2.3　混凝土保护层厚度、截面有效高度

混凝土保护层厚度是指钢筋的外表面到截面边缘的垂直距离，用 c 表示，如图 3.5 所示。其作用是满足普通钢筋、有黏结预应力筋与混凝土共同工作性能要求；满足混凝土构件的耐久性能及防火性能要求。《混凝土结构通用规范》规定：混凝土保护层厚度不应小于普通钢筋的公称直径且不应小于 15mm。**设计使用年限为 50 年的混凝土结构，最外层钢筋的保护层厚度符合表 3.8 规定。设计使用年限为 100 年的混凝土结构，最外层钢筋的保护层厚度不应小于表 3.8 中数值的 1.4 倍。**

表 3.8　混凝土保护层的最小厚度 c　　（单位：mm）

环境类别	板、墙、壳	梁、柱、杆
一	15	20
二 a	20	25
二 b	25	35
三 a	30	40
三 b	40	50

注：1. 混凝土强度等级等于 C25 时，表中保护层厚度数值应增加 5mm。
　　2. 钢筋混凝土基础宜设置混凝土垫层，基础中钢筋的混凝土保护层厚度应从垫层顶面算起，且不应小于 40mm。

截面有效高度 h_0 指梁受压边缘至受拉钢筋合力作用点的距离，即

$$h_0 = h - a_s \quad (3.2)$$

式中　a_s——纵向受拉钢筋合力点至受拉区边缘的距离。

a_s 的大小与混凝土保护层厚度和箍筋直径有关。当梁布置一排纵向钢筋时 $a_s = c + d_{箍} + d_{纵}/2$；布置二排纵向钢筋时 $a_s = c + d_{箍} + d_{纵} + e/2$，$e$ 为上下纵筋的净距，如图 3.3 所示，一般取 $e = 25$mm 计算。板布置一排钢筋时 $a_s = c + d_{纵}/2$。通常按 $d_{箍} = 10$mm，梁 $d_{纵} = 20$mm，板 $d_{纵} = 10$mm 计算 a_s，结果参见表 3.9。

表 3.9　受拉区边缘至纵向受力钢筋重心的距离 a_s　　（单位：mm）

钢筋布置情况	（一类环境）			
	C25		>C25	
	板、墙	梁、柱	板、墙	梁、柱
受力纵筋为一排钢筋时	25	45	20	40
受力纵筋为二排钢筋时	—	70	—	65
钢筋布置情况	（二 a 类环境）			
	C25		>C25	
	板、墙	梁、柱	板、墙	梁、柱
受力纵筋为一排钢筋时	30	50	25	45

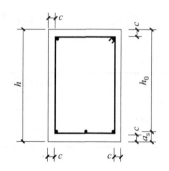

图 3.5 混凝土保护层厚度及截面有效高度

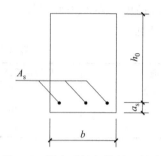

图 3.6 纵向受拉钢筋的配筋率

3.2.4 纵向受拉钢筋的配筋率

纵向受拉钢筋的总截面面积用 A_s 表示，单位为 mm^2。如图 3.6 所示，纵向受拉钢筋总截面面积 A_s 与有效截面面积 bh_0 的比值，称为纵向受拉钢筋的配筋率，用 ρ（%）表示。

$$\rho = \frac{A_s}{bh_0} \quad (3.3)$$

它对受弯构件正截面的受弯性能（包括破坏形态）起着决定性作用。

3.2.5 适筋梁的最小配筋率 ρ_{min}（%）

1）受弯构件纵向受力钢筋的最小配筋百分率取 0.2 和 $45f_t/f_y$ 中的较大值。

2）除悬臂板、柱支承板之外的板类受弯构件，当纵向受拉钢筋采用强度等级 500MPa 的钢筋时，其最小配筋百分率应允许采用 0.15 和 $45f_t/f_y$ 中的较大值。

3）受弯构件的配筋率应按全截面面积扣除受压翼缘面积 $(b'_f-b)h'_f$ 后的截面面积计算。

对于矩形、T 形截面 $\quad A_{s,min} = \rho_{min} bh \quad (3.4)$

对于 I 形、⊥ 形截面 $\quad A_{s,min} = \rho_{min}[bh+(b_f-b)h_f] \quad (3.5)$

具体计算结果见表 3.10。

表 3.10 受弯构件最小配筋百分率 ρ_{min} （单位：%）

钢筋牌号	板			梁					
	C25	C30	C35	C25	C30	C35	C40	C45	C50
HPB300	0.212	0.238	0.262	—	—	—	—	—	—
HRB400、HRBF400、RRB400	0.20	0.20	0.20	0.20	0.20	0.20	0.214	0.225	0.236
HRB500、HRBF500	0.15	0.15	0.162	0.15	0.15	0.162	0.177	0.186	0.196

注：RRB400 级钢筋用于板设计。

3.3 受弯构件正截面的受弯性能及破坏形态

3.3.1 适筋梁正截面受弯性能

1. 适筋梁正截面受弯承载力的试验

图 3.7 所示为中国建筑科学研究院做的钢筋混凝土简支矩形试验梁。为消除剪力对正截

面受弯性能的影响,采用两点对称加载方式,使两个对称集中力之间的截面,只受弯矩而无剪力,称为纯弯段。同时也有利于布置测试仪器以观察试验梁受荷后变形和裂缝出现与开展的情况。

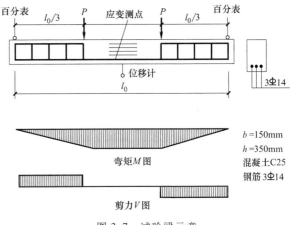

图 3.7 试验梁示意

在纯弯段内,沿梁高两侧布置混凝土应变测点,用以测量梁的纵向变形;在梁跨附近的钢筋表面处预埋电阻应变片,用以量测钢筋的应变;在支座安装百分表,跨中安装位移计,用以量测支座转角和跨中挠度。试验采用分级加载,由零开始直至梁正截面受弯破坏,每级加载后观测和记录裂缝出现及发展情况,并记录受拉钢筋的应变、不同高度处混凝土纤维的应变及梁的挠度。

2. 适筋梁正截面工作的三阶段

图 3.8 所示为试验梁跨中截面的弯矩与截面曲率关系曲线的实测结果。图中纵坐标为弯矩实验值 M^0,横坐标为曲率实验值 φ^0。在梁的单位长度上正截面的转角称为截面曲率,用 φ 表示,它是度量正截面弯曲变形的标志。

由 M^0-φ^0 关系曲线可见,曲线上有两个明显的转折点,将适筋梁的受力过程分为三个阶段:未裂阶段、带裂缝工作阶段和破坏阶段。

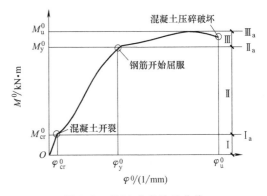

图 3.8 弯矩-曲率关系曲线

(1) 第 I 阶段——未裂阶段

1) 在混凝土受拉区:当刚刚开始加荷时,弯矩很小,变形符合平截面假定,混凝土处于弹性工作阶段,应力与应变成正比,受拉区混凝土应力分布图形为三角形。继续增大弯矩,变形仍符合平截面假定,由于混凝土抗拉能力远小于抗压能力,故在受拉区边缘处混凝土将首先开始表现出塑性性质,应变较应力增长速度快。受拉区应力图形由三角形演变为曲线并不断沿梁高向上发展。当弯矩增加到 M_{cr} 时,受拉区边缘纤维应变恰好到达混凝土受弯时极限拉应变,梁处于将裂未裂的极限状态,即第 I 阶段末,以 I_a 表示。故 I_a 阶段作为受弯构件抗裂度计算依据。由于黏结力的存在,受拉区钢筋的应变与周围同一水平处混凝土拉应变相等,这时钢筋应变接近 ε_{tu} 值,相应应力较低,为 $20\sim30\text{N/mm}^2$。中和轴位置较初期略有上升。

2) 在混凝土受压区:荷载较小,变形符合平截面假定,混凝土处于弹性工作阶段,应力与应变成正比,受压区混凝土应力分布图形仍为三角形,如图 3.9 所示。

(2) 第 II 阶段——带裂缝工作阶段 当 $M=M_{cr}$ 时,在"纯弯段"抗拉能力最薄弱的截面处将首先出现第一条裂缝,一旦开裂,梁即由 I_a 阶段进入第 II 阶段。

1) 在混凝土受拉区：由于混凝土开裂，仅在中和轴以下裂缝尚未延伸到的部位，混凝土仍承受拉力，但受拉区的工作主要由钢筋承受，这时的钢筋应力较开裂前增大许多，当受拉钢筋应力达到屈服强度 f_y 时，称为第 Ⅱ 阶段末，以 Ⅱ$_a$ 表示。故 Ⅱ$_a$ 作为使用阶段的变形和裂缝开展计算依据。中和轴位置继续上移。

2) 在混凝土受压区：随着弯矩的增加，梁的挠度逐渐加大，裂缝开展越来越宽，使受压区混凝土压应变不断增大，表现为塑性性质，受压区应力图形由三角形演变为曲线，如图 3.9 所示。

（3）第 Ⅲ 阶段——破坏阶段

达到屈服强度 f_y 后，钢筋将继续变形而保持应力不变。应变骤增，裂缝宽度随之扩展并沿梁高向上延伸，中和轴继续上移，受压区高度进一步减少，为保持钢筋总拉力与受压区混凝土总压力平衡，受压区混凝土边缘纤维应变也将迅速增长，塑性性质表现更为充分，当弯矩增加到极限弯矩 M_u 时，称为第 Ⅲ 阶段末，以 Ⅲ$_a$ 表示。故 Ⅲ$_a$ 作为受弯承载力计算依据。构件破坏以受压区混凝土被压碎为特征，如图 3.9 所示。

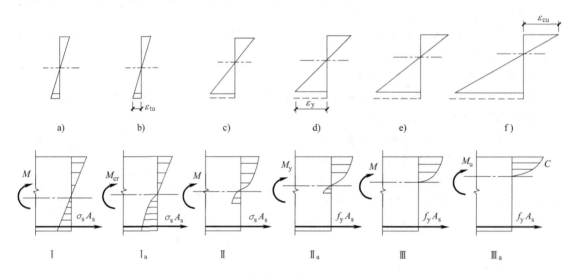

图 3.9 钢筋混凝土适筋梁工作的三阶段

综上所述，试验梁从加载到破坏的全过程有以下特点：

1) 第 Ⅰ 阶段梁的截面曲率和挠度增长速度较慢；第 Ⅱ 阶段由于梁带裂缝工作，曲率和挠度增长速度较快；第 Ⅲ 阶段由于钢筋屈服，故截面曲率和梁的挠度急剧增加。

2) 随着弯矩增大，中和轴不断上移，受压区高度逐渐缩小，混凝土边缘纤维压应变随之加大，受拉钢筋的拉应变也随弯矩的增长而加大，但平均应变仍符合平截面假定。受拉区混凝土的拉应力图形大致与混凝土单轴受拉时的应力应变全曲线相对应；受压区混凝土的压应力图形也大致与其单轴受压时的应力全曲线相对应，即第 Ⅰ 阶段为直线，第 Ⅱ 阶段为只上升段的曲线，第 Ⅲ 阶段为由上升段和下降段组成的曲线。

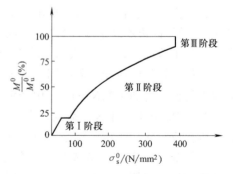

图 3.10 钢筋应力实测结果

3）从图 3.10 所示 $\frac{M^0}{M_u^0}$-σ_s^0 的关系曲线可以看出，第 Ⅰ 阶段钢筋应力 σ_s^0 增长较慢；当 $M^0 = M_{cr}^0$ 时，开裂前后的钢筋应力发生突变，第 Ⅱ 阶段增长速度快；当 $M^0 = M_y^0$ 时，钢筋应力达到屈服强度 f_y^0。

表 3.11 简要列出了适筋梁正截面受弯三个受力阶段的主要特点。适筋梁工作三阶段是钢筋混凝土结构的基本属性，应正确认识。

表 3.11 适筋梁正截面受弯三个受力阶段的主要特点

受力阶段 主要特点		第 Ⅰ 阶段	第 Ⅱ 阶段	第 Ⅲ 阶段
习称		未裂阶段	带裂缝工作阶段	破坏阶段
外观特征		没有裂缝，挠度很小	有裂缝，挠度不明显	钢筋屈服，裂缝宽，挠度大
弯矩-截面曲率		大致呈直线	曲线	接近水平曲线
混凝土应力图形	受压区	直线	受压区高度减小，混凝土压应力图形为上升的曲线，应力峰值在受压区边缘	受压区高度进一步减小，混凝土压应力图形较丰满的曲线；后期为有上升段与下降段的曲线，应力峰值不在受压边缘而在边缘的内侧
	受拉区	前期为直线，后期为上升段的曲线，应力峰值不在受拉区边缘	大部分退出工作	绝大部分退出工作
纵向受拉钢筋应力		$\sigma_s \leqslant 20\sim30\text{N/mm}^2$	$20\sim30\text{N/mm}^2 < \sigma_s < f_y$	$\sigma_s = f_y$
与设计计算的联系		Ⅰ$_a$ 阶段作为受弯构件抗裂度验算依据	Ⅱ$_a$ 作为使用阶段的变形和裂缝验算依据	Ⅲ$_a$ 作为受弯承载力计算依据

3.3.2 正截面的破坏形态

实验表明，由于纵向受拉钢筋配筋率不同，受弯构件正截面受弯破坏形态有适筋破坏、少筋破坏和超筋破坏三种，如图 3.11 所示。这三种破坏形态的曲线如图 3.12 所示，与这三种破坏形态相对应的梁分别为适筋梁、少筋梁和超筋梁。

1. 适筋破坏

钢筋配置适中，即当纵筋的配筋在 $\rho_{min} \leqslant \rho \leqslant \rho_{max}$ 时发生适筋破坏。其特点是纵向受拉区钢筋先达到屈服，而后受压区混凝土被压碎。这里 ρ_{min}、ρ_{max} 分别为纵向受拉钢筋的最小配筋率和最大配筋率。

发生适筋梁破坏时首先始于受拉区钢筋的屈服。在钢筋应力到达屈服强度之前，受压区边缘纤维的应变尚小于受弯时混凝土极限压应变值。从钢筋屈服到受压区混凝土压碎的过程中，钢筋要经历较大的塑性变形。如图 3.8 可知，弯矩 M_y^0 增大到 M_u^0 的增量 $\Delta M = M_u^0 - M_y^0$ 虽较小，但截面曲率增量 $\Delta \varphi = \varphi_u^0 - \varphi_y^0$ 却较大，这意味着适筋梁当弯矩超过 M_y^0 后，在截面承载力明显变化情况下，具有较大的变形能力，给人以明显的破坏预兆，这种破坏称为延性破坏，表明结构或构件后期变形能力。

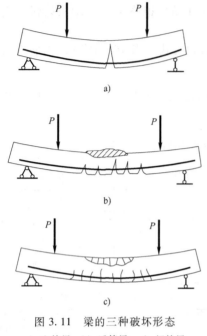

图 3.11 梁的三种破坏形态
a) 少筋梁 b) 适筋梁 c) 超筋梁

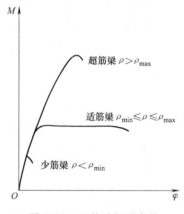

图 3.12 三种破坏形态的弯矩-曲率曲线

2. 少筋破坏

钢筋配置过少，即当纵筋的配筋在 $\rho<\rho_{min}$ 时发生少筋破坏。其特点是梁一开裂，钢筋就达到屈服，而受压区混凝土可能被压碎，也可能因变形时裂缝过宽而标志梁的破坏。其承载力取决于混凝土的抗拉强度，此时承载力 M_u^0 小于开裂弯矩 M_{cr}^0。破坏时无明显预兆，为脆性破坏，工程设计中不允许出现。

3. 超筋破坏

钢筋配置过多，即当纵筋的配筋在 $\rho>\rho_{max}$ 时发生超筋破坏。其特点是受压区混凝土被压碎，而受拉区钢筋未达到屈服，其承载力取决于混凝土的抗压强度。在没有明显预兆的情况下受压区混凝土被压碎而突然破坏，为脆性破坏，工程设计中不允许出现。

表 3.12 给出了超筋梁、适筋梁和少筋梁的破坏原因、破坏性质和材料利用情况的比较。

表 3.12 梁破坏形态的比较

破坏形态	少筋梁	适筋梁	超筋梁
破坏原因	混凝土开裂	钢筋达到屈服,受压区混凝土被压碎	受压区混凝土被压碎
破坏性质	脆性	延性	脆性
材料利用	不能利用	钢筋抗拉强度和混凝土抗压强度均能充分利用	钢筋抗拉强度未充分利用

3.4 正截面受弯承载力计算原理

3.4.1 正截面承载力计算的基本假定

混凝土受弯构件正截面受弯承载力计算是以适筋梁破坏的Ⅲ$_a$受力状态为依据。由于截面应变和应力分布的复杂性，《混凝土结构通用规范》规定，正截面承载力计算应采用符合工程需求的混凝土应力-应变本构关系，并应满足变形协调和静力平衡条件，采用基本假定进行简化计算：

1) 截面应变保持平面。试验表明：在纵向受拉钢筋的应力达到屈服强度前及达到屈服强度后的一定塑性转动范围内，截面的平均应变基本符合平截面假定。这个假定对单个截面不一定成立，但在一定标距内，即跨越若干条裂缝后，截面各点的混凝土和钢筋纵向应变沿截面高度方向呈直线变化按概率理论分布是正确的。引用平截面假定可以将各种类型截面在单向或双向受力情况下的正截面承载力计算贯穿起来，也用于电算混凝土构件正截面全过程分析。

2) 不考虑混凝土的抗拉强度。忽略中和轴以下混凝土抗拉作用主要是因为混凝土的抗拉强度很小，且其合力作用点离中和轴较近，内力矩的力臂很小，故对截面受弯承载力的影响很小。

3) 混凝土受压的应力-应变曲线按下列规定取用

当 $\varepsilon_c \leq \varepsilon_0$ 时
$$\sigma_c = f_c \left[1 - \left(1 - \frac{\varepsilon_c}{\varepsilon_0} \right)^n \right] \tag{3.6}$$

当 $\varepsilon_0 < \varepsilon_c \leq \varepsilon_{cu}$ 时
$$\sigma_c = f_c \tag{3.7}$$

$$n = 2 - \frac{1}{60}(f_{cu,k} - 50) \tag{3.8}$$

$$\varepsilon_0 = 0.002 + 0.5(f_{cu,k} - 50) \times 10^{-5} \tag{3.9}$$

$$\varepsilon_{cu} = 0.0033 - (f_{cu,k} - 50) \times 10^{-5} \tag{3.10}$$

式中 σ_c——混凝土压应变为 ε_c 时的混凝土压应力；

f_c——混凝土轴心抗压强度设计值；

ε_0——混凝土压应力刚达到 f_c 时的混凝土压应变，当计算值 ε_0 小于 0.002 时，取为 0.002；

ε_{cu}——正截面的混凝土极限压应变 [当处于非均匀受压时，按式 (3.10) 计算，如计算的值 ε_{cu} 大于 0.0033，取为 0.0033；当处于轴心受压时取为 ε_0]；

$f_{cu,k}$——混凝土立方体抗压强度标准值；

n——系数，当计算值 n 大于 2.0 时，取为 2.0。

实际上，混凝土的应力-应变关系与混凝土的强度、级配等材料性质有关，准确描述十分复杂。《混凝土结构设计规范》采用的混凝土受压应力-应变关系曲线由抛物线上升段和水平段所组成，如图 3.13 所示。但曲线方程随着混凝土强度等级不同而有所变化，压应力达到峰值时的应变和极限压应变的取值随混凝土强度等级的不同而不同。对于正截面处于非均匀受压时的混凝土，极限压应变的取值最大不超过 0.0033。规定极限压应变值 ε_{cu}，实际给定了混凝土单轴受压情况下的破坏准则。

4) 纵向钢筋的应力取钢筋应变与弹性模量的乘积，且满足 $-f_y' \leq \sigma_{si} \leq f_y$ 要求。纵向预应力筋的应力取预应力筋应变与弹性模量的乘积，且预应力筋应力应不大于其抗拉强度的设计值。

5) **受拉钢筋的极限拉应变取为 0.01**，如图 3.14 所示作为构件达到承载能力极限状态的标志之一，对有屈服强度点的钢筋，该值相当于钢筋应变进入了屈服台阶；对无屈服点的钢筋，设计所用的强度是以条件屈服点为依据。同时极限拉应变的规定限制钢筋的强化强度，也表示钢筋的极限拉应变不得小于 0.01，以保证结构构件具有必要的延性。

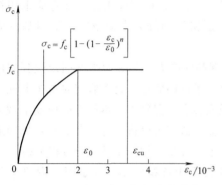
图 3.13 混凝土受压应力-应变曲线

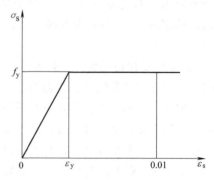
图 3.14 钢筋应力-应变曲线

3.4.2 受压区混凝土的压应力合力及其作用点

单筋矩形截面的适筋梁,如图 3.15 所示,此时截面受压区边缘达到了混凝土的极限压应变 $\varepsilon_{cu} = 0.0033$。

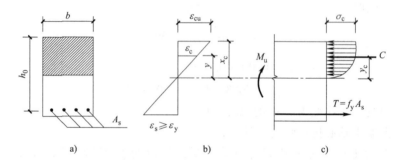

图 3.15 单筋矩形梁应力及应变分布

受压区混凝土压应力的合力 C 为

$$C = \int_0^{x_c} \sigma_c(\varepsilon_c) b \mathrm{d}y \tag{3.11}$$

受压区混凝土压应力的作用点 y_c 为

$$y_c = \frac{\int_0^{x_c} \sigma_c(\varepsilon_c) b y \mathrm{d}y}{C} \tag{3.12}$$

设受压区高度为 x_c,则距中和轴为 y 处的混凝土纤维压应变 ε_c 为

$$\varepsilon_c = \varepsilon_{cu} \frac{y}{x_c} \tag{3.13}$$

则 $y = \frac{x_c}{\varepsilon_{cu}} \varepsilon_c$,$\mathrm{d}y = \frac{x_c}{\varepsilon_{cu}} \mathrm{d}\varepsilon_c$,代入式(3.11)和式(3.12),得受压区压应力合力 C、合力到中和轴的距离 y_c 分别为

$$C = \int_0^{\varepsilon_{cu}} \sigma_c(\varepsilon_c) \cdot b \cdot \frac{x_c}{\varepsilon_{cu}} \cdot d\varepsilon_c = bx_c \int_0^{\varepsilon_{cu}} \frac{\sigma_c(\varepsilon_c)}{\varepsilon_{cu}} d\varepsilon_c = k_1 f_c bx_c \quad (3.11^*)$$

$$y_c = \frac{\int_0^{\varepsilon_{cu}} \sigma_c(\varepsilon_c) \cdot b \cdot \left(\frac{x_c}{\varepsilon_{cu}}\right)^2 \cdot \varepsilon_c \cdot d\varepsilon_c}{C} = x_c \frac{\int_0^{\varepsilon_{cu}} \frac{\sigma_c(\varepsilon_c) \cdot \varepsilon_c}{\varepsilon_{cu}^2} d\varepsilon_c}{\int_0^{\varepsilon_{cu}} \frac{\sigma_c(\varepsilon_c)}{\varepsilon_{cu}} d\varepsilon_c} = k_2 x_c \quad (3.12^*)$$

3.4.3 等效矩形应力图

由式（3.11*）、式（3.12*）知，合力 C 和作用位置 y_c 仅与混凝土应力-应变曲线系数 k_1、k_2 及受压区高度 x_c 有关，而在计算中也仅需知道 C 的大小和作用位置 y_c 就够了。因此，为了简化计算，可取等效矩形应力图代替混凝土的理论应力图形，如图 3.16 所示。两个图形等效的条件应满足：

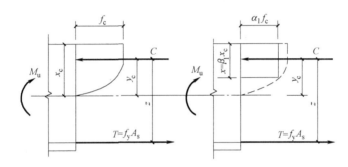

图 3.16　等效矩形应力

1）混凝土压应力合力 C 大小相等。
2）两图形中受压区合力 C 的作用点不变。

设等效矩形应力图为 $\alpha_1 f_c$，高度为 x，则按等效条件，由式（3.11*）、式（3.12*）知

$$C = \alpha_1 f_c b x \quad (3.14)$$
$$x = \beta_1 x_c \quad (3.15)$$

式中　α_1——受压区混凝土矩形应力图的应力值与混凝土轴心抗压强度设计值的比值（当混凝土强度等级不超过 C50 时，α_1 取 1.0；当混凝土强度等级为 C80 时，α_1 取 0.94；其间按线性内插法确定）；

β_1——矩形应力图受压区高度 x 与中和轴高度 x_c 的比值（当混凝土强度等级不超过 C50 时，β_1 取为 0.8；当混凝土强度等级为 C80 时，β_1 取为 0.74；其间按线性内插法确定）。

3.4.4 适筋梁与超筋梁的相对界限受压区高度 ξ_b 及最大配筋率 ρ_{max}

比较适筋梁和超筋梁的破坏，可以发现，两者的主要差异在于：前者破坏始自受拉钢筋屈服；后者则始自受压区混凝土压碎。显然，在适筋梁和超筋梁之间总存在一个分界点，称为界限破坏，即**受拉钢筋达到屈服强度的同时受压区混凝土边缘达到极限压应变**。根据适筋梁、超筋梁和界限破坏特点，钢筋应变和混凝土应变见表 3.13。

表 3.13 适筋梁、超筋梁、界限破坏时正截面平均应变

类别	适筋梁	界限破坏	超筋梁
钢筋应变 ε_s	$\varepsilon_s > \varepsilon_y$	$\varepsilon_s = \varepsilon_y$	$\varepsilon_s < \varepsilon_y$
混凝土应变 ε_c	$\varepsilon_c = \varepsilon_{cu}$	$\varepsilon_c = \varepsilon_{cu}$	$\varepsilon_c = \varepsilon_{cu}$

1. 相对界限受压区高度

如图 3.17 所示，为适筋梁、超筋梁与界限破坏时正截面平均应变分布图。现推导有明显屈服点钢筋的受弯构件的相对界限受压区高度 ξ_b 的计算方法：

设钢筋开始屈服时的应变为 ε_y，则 $\varepsilon_y = f_y/E_s$。设界限破坏时受压区的真实高度为 x_{cb}，则有

$$\frac{x_{cb}}{h_0} = \frac{\varepsilon_{cu}}{\varepsilon_{cu} + \varepsilon_y} \quad (3.16)$$

矩形应力分布图形的折算受压区高度 $x_b = \beta_1 x_{cb}$，则有

$$\frac{x_b}{\beta_1 h_0} = \frac{\varepsilon_{cu}}{\varepsilon_{cu} + \varepsilon_y} \quad (3.17)$$

设 $\xi_b = \dfrac{x_b}{h_0}$，则有

$$\xi_b = \frac{x_b}{h_0} = \frac{\beta_1 \varepsilon_{cu}}{\varepsilon_{cu} + \varepsilon_y} = \frac{\beta_1}{1 + \dfrac{\varepsilon_y}{\varepsilon_{cu}}} = \frac{\beta_1}{1 + \dfrac{f_y}{E_s \varepsilon_{cu}}} \quad \mathbf{(3.18a)}$$

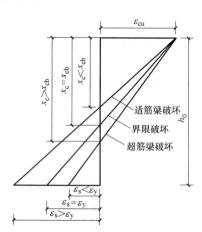

图 3.17 适筋梁、超筋梁、界限破坏时正截面平均应变

使用无明显屈服点钢筋的受弯构件，如钢绞线、预应力螺纹钢筋，取对应于残余应变为 0.002 时的名义屈服点应力 $\sigma_{0.2}$ 作为抗拉强度设计值。$\sigma_{0.2}$ 对应的钢筋应变为 $\varepsilon_s = 0.002 + \varepsilon_y$，将 ε_s 代替式（3.18a）中的 ε_y，可求出使用无明显屈服点钢筋的受弯构件的相对界限受压区高度 ξ_b 的计算式

$$\xi_b = \frac{x_b}{h_0} = \frac{\beta_1 \varepsilon_{cu}}{\varepsilon_{cu} + \varepsilon_y} = \frac{\beta_1}{1 + \dfrac{0.002}{\varepsilon_{cu}} + \dfrac{f_y}{E_s \varepsilon_{cu}}} \quad \mathbf{(3.18b)}$$

由图 3.17 可知：当 $\xi \leq \xi_b$ 或 $x \leq \xi_b h_0$ 时，属于适筋梁；当 $\xi > \xi_b$ 或 $x > \xi_b h_0$ 时，属于超筋梁。

式中 x_b——界限受压区高度；

h_0——截面有效高度，即纵向受拉钢筋合力点至截面受压边缘的距离；

ξ_b——相对界限受压区高度，指在界限破坏时，等效混凝土受压区高度 x_b 与截面有效高度 h_0 之比，见表 3.14；

f_y——普通钢筋抗拉强度设计值；

E_s——钢筋弹性模量；

ε_{cu}——非均匀受压时的混凝土极限压应变，按式（3.10）计算；

β_1——系数。

表 3.14　相对界限受压区高度 ξ_b 在计算中常用的参数值

混凝土强度等级	ξ_b		
	HPB300	HRB400 HRBF400 RRB400	HRB500 HRBF500
C25~C50	0.576	0.518	0.482

2. 最大配筋率 ρ_{max}

当 $\xi=\xi_b$ 时，可求出界限破坏时的特定配筋率，即适筋梁的最大配筋率 ρ_{max}。

由 $C=T=f_y A_s$（其中 $C=\alpha_1 f_c b x_b$，$A_s=\rho_{max} b h_0$），则 $\alpha_1 f_c b x_b = f_y \rho_{max} b h_0$，所以

$$\rho_{max}=\frac{\alpha_1 f_c x_b}{f_y h_0}=\xi_b \frac{\alpha_1 f_c}{f_y} \qquad (3.19)$$

为了方便，将配置具有明显屈服点钢筋的普通钢筋混凝土受弯构件的最大配筋率 ρ_{max} 进行整理，见表 3.15。

表 3.15　受弯构件的最大配筋率 ρ_{max}　　　（单位：%）

钢筋级别	混凝土强度等级					
	C25	C30	C35	C40	C45	C50
HPB300	2.54	3.05	3.56	4.07	4.50	4.93
HRB400、HRBF400 RRB400	1.71	2.06	2.40	2.75	3.04	3.32
HRB500、HRBF500	1.32	1.58	1.85	2.12	2.34	2.56

3.5　单筋矩形截面受弯构件的承载力计算

3.5.1　基本计算公式与适用条件

单筋矩形截面受弯构件的正截面受弯承载力计算简图，如图 3.18 所示。

1. 计算方法

$$\sum x=0, \alpha_1 f_c b x = f_y A_s \qquad (3.20)$$

$$\sum M=0, M \leq M_u = \alpha_1 f_c b x \left(h_0 - \frac{x}{2}\right) \qquad (3.21)$$

式中　M——弯矩设计值；
　　　M_u——截面极限弯矩值；
　　　α_1——系数，见式（3.14）规定；
　　　f_c——混凝土轴心抗压强度设计值；

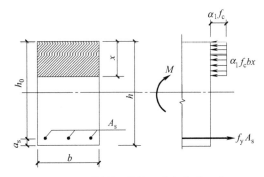

图 3.18　单筋矩形截面受弯构件正截面受弯承载力计算

f_y——钢筋抗拉强度设计值；

h_0——截面有效高度；

b——矩形截面的宽度；

x——按等效矩形应力图计算的混凝土受压区高度。

2. 适用条件

（1）为防止超筋破坏，应满足

$$\xi \leqslant \xi_b \text{ 或 } x \leqslant \xi_b h_0 \text{ 或 } \rho \leqslant \rho_{\max} = \xi_b \frac{\alpha_1 f_c}{f_y} \quad (3.22)$$

若取 $\xi = \xi_b$ 或 $x = \xi_b h_0$，则得到单筋矩形截面适筋梁最大受弯承载力

$$M_{u,\max} = \alpha_1 f_c b x_b \left(h_0 - \frac{x_b}{2} \right) = \alpha_1 f_c b \xi_b h_0^2 \left(1 - \frac{\xi_b}{2} \right) \quad (3.23)$$

（2）为防止少筋破坏，应满足最小配筋量要求

$$A_s \geqslant A_{s,\min} = \rho_{\min} b h \quad (3.24)$$

当按承载力计算时，若需要的 $A_s < A_{s,\min}$，应按构造配置 A_s，即取 $A_s = \rho_{\min} b h$。

3.5.2 计算算法

1. 第一种算法：数学计算法

由式（3.21）推出 $x = h_0 \left(1 - \sqrt{1 - \frac{2M}{\alpha_1 f_c b h_0^2}} \right)$，且满足 $x \leqslant \xi_b h_0$。将计算出的 x 值代入式（3.20），推出 $A_s = \frac{\alpha_1 f_c b x}{f_y}$，且满足 $A_s \geqslant \rho_{\min} b h$。

2. 第二种算法：系数法

将 $x = \xi h_0$ 代入式（3.20）、式（3.21）得

$$M \leqslant M_u = \alpha_1 f_c b x \left(h_0 - \frac{x}{2} \right) = \alpha_1 f_c b \xi h_0 \left(h_0 - \frac{\xi h_0}{2} \right) = \alpha_1 f_c b h_0^2 \xi (1 - 0.5\xi)$$

$$f_y A_s = \alpha_1 f_c b x = \alpha_1 f_c b \xi h_0$$

令 $\alpha_s = \frac{M}{\alpha_1 f_c b h_0^2}$，则 $\alpha_s = \xi(1 - 0.5\xi)$，解一元二次方程得

$$\xi = 1 - \sqrt{1 - 2\alpha_s}$$

则

$$A_s = \frac{\alpha_1 f_c b \xi h_0}{f_y}$$

式中 α_s——截面抵抗矩系数，配筋率 ρ 越大，α_s 越大。

3.5.3 截面承载力计算的两类问题

受弯构件正截面受弯承载力计算包括截面设计、截面复核两类问题。

第3章 受弯构件正截面承载力

1. 截面设计

已知弯矩设计值 M,截面尺寸 $b\times h$,材料强度 f_c、f_y,求纵向受拉钢筋 A_s。

解题步骤:

1) 计算抵抗矩系数 $\alpha_s=\dfrac{M}{\alpha_1 f_c b h_0^2}$。

2) 计算 $\xi=1-\sqrt{1-2\alpha_s}$,并验算 $\xi\leq\xi_b$,判断是否超筋。如果 $\xi>\xi_b$,说明截面尺寸偏小,应修改截面尺寸或提高混凝土强度等级或采用双筋截面梁重新计算。

3) 计算钢筋截面面积 $A_s=\dfrac{\alpha_1 f_c b\xi h_0}{f_y}$,并验算是否满足最小配筋量要求,即 $A_s\geq A_{s\min}=\rho_{\min}bh$。如果 $A_s<A_{s,\min}$,说明截面尺寸偏大,可修改后重新计算,或取 $A_s=A_{s,\min}$。

4) 选配钢筋,确定钢筋直径、根数或间距。

2. 截面复核

已知截面尺寸 $b\times h$,材料强度 f_c、f_y,纵向受拉钢筋 A_s,求极限弯矩 M_u 或验算截面是否安全。

解题步骤:

1) 验算对否满足最小配筋量要求,即 $A_s\geq A_{s\min}=\rho_{\min}bh$。

2) 计算混凝土受压区高度 x 或 ξ

$$x=\frac{f_y A_s}{\alpha_1 f_c b}\leq x_b=\xi_b h_0$$

或

$$\xi=\frac{f_y A_s}{\alpha_1 f_c b h_0}\leq\xi_b$$

3) 根据 x 或 ξ 范围,计算受弯承载力 M_u。若 $x\leq\xi_b h_0$ 或 $\xi\leq\xi_b$,则 $M_u=\alpha_1 f_c bx(h_0-0.5x)$ 或 $M_u=\alpha_1 f_c b h_0^2\xi(1-0.5\xi)$。若 $x>\xi_b h_0$ 或 $\xi>\xi_b$,说明该梁为超筋梁,可近似取 $x=x_b$ 或 $\xi=\xi_b$,则

$$M_u=\alpha_1 f_c b x_b(h_0-0.5x_b) \text{ 或 } M_u=\alpha_1 f_c b h_0^2\xi_b(1-0.5\xi_b)$$

4) 验算截面是否安全。如满足 $M\leq M_u$,截面安全;若 $M>M_u$,截面不安全。

【例 3.1】 某钢筋混凝土简支梁,截面尺寸 $b\times h=250\text{mm}\times 500\text{mm}$,承受的恒载标准值 $g_k=6\text{kN/m}$,活载标准值 $q_k=15\text{kN/m}$,计算跨度 $l_0=5\text{m}$。混凝土强度等级为 C25,HRB400 级钢筋。环境类别为一类,混凝土保护层厚度 $c=25\text{mm}$,假定箍筋直径为 10mm,则 $a_s=45\text{mm}$。求梁的纵向受拉钢筋 A_s。

【解】 1) C25 混凝土:$\alpha_1=1.0$;查附表 1.2,C25 混凝土 $f_c=11.9\text{N/mm}^2$;查附表 1.5,HRB400 级钢筋 $f_y=360\text{N/mm}^2$;查表 3.14 得,$\xi_b=0.518$;$\rho_{\min}=0.2\%$。

2) 荷载计算。

梁承受的均匀荷载设计值:$q=(1.3\times 6+1.5\times 15)\text{kN/m}=30.3\text{kN/m}$。

截面的弯矩值:

$$M=\frac{ql_0^2}{8}=\frac{30.3\times 5^2}{8}\text{kN}\cdot\text{m}=94.7\text{kN}\cdot\text{m}$$

设纵向受拉钢筋按一排放置,则梁的有效高度 $h_0 = h - a_s = (500-45)\text{mm} = 455\text{mm}$。

3) 求纵向受拉钢筋。

第一种算法:由式(3.21)得

$$94.7 \times 10^6 = 1.0 \times 11.9 \times 250 x (455 - 0.5x)$$

推出

$$x = h_0 \left(1 - \sqrt{1 - \frac{2M}{\alpha_1 f_c b h_0^2}}\right) = 455 \times \left(1 - \sqrt{1 - \frac{2 \times 94.7 \times 10^6}{1.0 \times 11.9 \times 250 \times 455^2}}\right)\text{mm} = 76.4\text{mm}$$

且 $x = 76.4\text{mm} \leqslant x_b = \xi_b h_0 = 0.518 \times 455\text{mm} = 235.7\text{mm}$,满足适筋梁的要求。

将 x 代入式(3.20)得,受拉钢筋的截面面积为

$$A_s = \frac{\alpha_1 f_c b x}{f_y} = \frac{1.0 \times 11.9 \times 250 \times 76.4}{360}\text{mm}^2 = 631.4\text{mm}^2$$

且 $A_s = 631.4\text{mm}^2 > \rho_{\min} b h = 0.2\% \times 250 \times 500\text{mm}^2 = 250\text{mm}^2$,满足要求。

第二种算法:

$$\alpha_s = \frac{M}{\alpha_1 f_c b h_0^2} = \frac{94.7 \times 10^6}{1.0 \times 11.9 \times 250 \times 455^2} = 0.154$$

$\xi = 1 - \sqrt{1 - 2\alpha_s} = 1 - \sqrt{1 - 2 \times 0.154} = 0.168 < \xi_b = 0.518$,满足适筋梁的要求。

$$A_s = \frac{\alpha_1 f_c b \xi h_0}{f_y} = \frac{1.0 \times 11.9 \times 250 \times 0.168 \times 455}{360}\text{mm}^2 = 631.7\text{mm}^2$$

$> \rho_{\min} b h = 0.2\% \times 250 \times 500\text{mm}^2 = 250\text{mm}^2$ 两种方法计算结果相近。

选用 2Φ16+1Φ18,实际钢筋截面面积 $A_s = 602\text{mm}^2 > 583.4\text{mm}^2$ 满足要求,配筋如图3.19所示。

【点评】①属单筋矩形梁的截面设计题,熟练掌握第二种方法求混凝土受压区高度 x;②注意公式的适用条件,满足 $x \leqslant \xi_b h_0$ 或 $\xi \leqslant \xi_b$ 和 $A_s \geqslant A_{s\min} = \rho_{\min} b h$;③注意弯矩的单位"kN·m",在计算抵抗矩系数 α_s 时,应将弯矩值乘以 10^6;④梁纵向受力钢筋的布置采用根数和直径的方式,需满足钢筋净距要求(图3.2),验算钢筋是否放一排,本题 [2×25(保护层厚度)+ 2×10(箍筋直径)+ 3×16(纵筋直径)+ 2×25(钢筋间距)] mm = 168mm < b = 250mm,能放下。

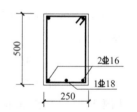

图3.19 例3.1配筋结果

【例3.2】 某教学楼的内廊为简支在砖墙上的现浇钢筋混凝土平板,板厚 $h = 80\text{mm}$,计算跨度 $l_0 = 2.38\text{m}$,板上作用的活载标准值为 $q_k = 2\text{kN/m}$,水磨石地面及细石混凝土垫层共 30mm 厚(重度为 22kN/m^3),板底粉刷白灰砂浆 12mm 厚(重度为 17kN/m^3),混凝土强度等级为 C25,纵向受力钢筋采用 HRB400 级。环境类别为一类,混凝土保护层厚度 $c = 20\text{mm}$,试确定受拉钢筋截面面积。

【解】 1) 确定截面尺寸。取 1m 宽板带计算,即 $b = 1000\text{mm}$。板的保护层厚取 $c = 20\text{mm}$,$a_s = 25\text{mm}$,则 $h_0 = 80 - 25 = 55\text{mm}$。

2) 荷载计算。

水磨石地面　$0.03 \times 22 \text{kN/m} = 0.66 \text{kN/m}$

钢筋混凝土板自重　$0.08 \times 25 \text{kN/m} = 2.0 \text{kN/m}$

白灰砂浆粉刷　$0.012 \times 17 \text{kN/m} = 0.204 \text{kN/m}$

总恒载标准值　$g_k = (0.66 + 2.0 + 0.204) \text{kN/m} = 2.864 \text{kN/m}$

活载标准值　$q_k = 2 \text{kN/m}$

荷载设计值　$q = (1.3 \times 2.864 + 1.5 \times 2) \text{kN/m} = 6.72 \text{kN/m}$

弯矩设计值　$M = \dfrac{q l_0^2}{8} = \dfrac{6.72 \times 2.38^2}{8} \text{kN} \cdot \text{m} = 4.76 \text{kN} \cdot \text{m}$

3) C25 混凝土 $\alpha_1 = 1.0$；查附表 1.2，C25 混凝土 $f_c = 11.9 \text{N/mm}^2$，$f_t = 1.27 \text{N/mm}^2$；查附表 1.5，HRB400 级钢筋 $f_y = 360 \text{N/mm}^2$，查表 3.14，$\xi_b = 0.518$；$\rho_{\min} = \max(0.2\%, 0.45 f_t / f_y) = \max(0.2\%, 0.45 \times 1.27/360) = 0.2\%$。

4) 求纵向受拉钢筋。

$$\alpha_s = \dfrac{M}{\alpha_1 f_c b h_0^2} = \dfrac{4.76 \times 10^6}{1.0 \times 11.9 \times 1000 \times 55^2} = 0.132$$

$$\xi = 1 - \sqrt{1 - 2\alpha_s} = 1 - \sqrt{1 - 2 \times 0.132} = 0.142 < \xi_b = 0.518 \text{（满足适筋要求）}$$

$$A_s = \dfrac{\alpha_1 f_c b \xi h_0}{f_y} = \dfrac{1.0 \times 11.9 \times 1000 \times 0.142 \times 55}{360} \text{mm}^2 = 258 \text{mm}^2$$

$> \rho_{\min} bh = 0.2\% \times 1000 \times 80 \text{mm}^2 = 160 \text{mm}^2$ 选筋结果：$\Phi 8@190$（实配 $A_s = 265 \text{mm}^2$）。

分布钢筋面积 $\geqslant \max\{0.15\% bh, 15\% A_s\} = \max\{0.15\% \times 1000 \times 80, 15\% \times 251\} = 120 \text{mm}^2$。

选筋结果：$\Phi 6@200$（实配钢筋为 141mm^2）。

配筋如图 3.20 所示。

【点评】①掌握求弯矩设计值的方法；②属板的截面设计题，关键求混凝土受压区高度；③板的受力钢筋需验算最小配筋率；④分布钢筋按构造配置；⑤板筋布置方式采用直径和间距表示，如受力筋为 $\Phi 8@190$。

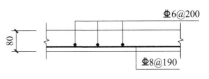

图 3.20　例 3.2 配筋结果

【例 3.3】　已知梁的截面尺寸为 $b \times h = 250 \text{mm} \times 500 \text{mm}$，受拉钢筋 $4 \Phi 16$（$A_s = 804 \text{mm}^2$），箍筋 $\Phi 10@200$，混凝土等级为 C30，钢筋采用 HRB400 级，承受弯矩设计值 $M = 89 \text{kN} \cdot \text{m}$。环境类别为一类，混凝土保护层厚度 $c = 20 \text{mm}$。试验算此梁是否安全。

【解】　1) C30 混凝土 $\alpha_1 = 1.0$；查附表 1.2，C30 混凝土 $f_c = 14.3 \text{N/mm}^2$，查附表 1.5，HRB400 级钢筋 $f_y = 360 \text{N/mm}^2$，查表 3.14，$\xi_b = 0.518$；$\rho_{\min} = 0.2\%$。

设纵向受拉钢筋按一排放置 $a_s = c + d_{\text{箍}} + d_{\text{纵}}/2 = (20 + 10 + 16/2) \text{mm} = 38 \text{mm}$

则梁的有效高度 $h_0 = h - a_s = (500 - 38) \text{mm} = 462 \text{mm}$

2) 求极限弯矩。

$$\rho = \frac{A_s}{bh_0} = \frac{804}{250\times 462} = 0.696\% > \rho_{\min} = 0.2\% \text{（满足要求）}$$

$$\xi = \frac{f_y A_s}{\alpha_1 f_c bh_0} = \frac{360\times 804}{1.0\times 14.3\times 250\times 462} = 0.175 < \xi_b = 0.518$$

$$M_u = \alpha_1 f_c bh_0^2 \xi(1-0.5\xi)$$
$$= 1.0\times 14.3\times 250\times 462^2\times 0.175\times(1-0.5\times 0.175)\times 10^{-6} \text{kN}\cdot\text{m} = 121.9 \text{kN}\cdot\text{m} > M \text{（梁安全）}$$

【点评】属单筋矩形截面梁的复核题，按实际配筋情况求 a_s，关键求混凝土受压区高度 x，再求出极限弯矩 M_u，并与外荷载作用的弯矩 M 相比，判断梁构件是否安全。

3.6 双筋矩形截面受弯构件的承载力计算

在单筋矩形截面梁中，受拉区配置纵向受力钢筋，受压区按构造配置纵向架立钢筋，由于架立钢筋对正截面受弯承载力的贡献很小，所以在计算中不予考虑。如果在截面受压区配置纵向受压钢筋代替架立钢筋，则称为双筋截面梁。

与单筋截面梁相比，双筋截面梁明显不经济，但其具有以下优点：双筋梁可以提高截面的延性，有利于结构抗震；受压钢筋的存在还可减小混凝土的徐变变形，减少受弯构件在长期荷载作用下的挠度。双筋截面梁还适用以下情况：

1) 当截面承受的弯矩设计值很大，超过了单筋矩形适筋梁所能承担的最大弯矩设计值 $M_u = \alpha_1 f_c bh_0^2 \xi_b(1-0.5\xi_b)$，而梁的截面尺寸及混凝土强度等级又受到限制，不能增大时，则可采用双筋矩形截面梁。

2) 当梁的同一截面承受异号弯矩时，如在风荷载或地震作用下的框架横梁，为了承受正负弯矩分别作用，截面出现的拉力需在梁截面的顶部及底部均配置纵向受力钢筋，则该梁为双筋截面梁。

3) 截面受压区已配有受压钢筋时，宜按双筋截面梁设计。

3.6.1 受压钢筋的应力

受压钢筋的强度能得到充分利用的充分条件是构件达到承载能力极限状态时，受压钢筋应有足够的应变，使其达到屈服强度。由图 3.21 可知，当截面受压区边缘混凝土的极限压应变为 ε_{cu} 时，根据应变平截面假定，可求得受压钢筋合力点处的压应变 ε'_s，即

$$\varepsilon'_s = \frac{x_c - a'_s}{x_c}\varepsilon_{cu} = \left(1 - \frac{\beta_1 a'_s}{x}\right)\varepsilon_{cu} \tag{3.25}$$

式中 a'_s——受压区纵向普通钢筋合力点至截面受压边缘的距离。

若取 $x = 2a'_s$，当混凝土强度 ≤C50 时，有 $\varepsilon_{cu} = 0.0033$，$\beta_1 = 0.8$，则受压钢筋应变为

$$\varepsilon'_s = 0.0033\times\left(1 - \frac{0.8 a'_s}{2 a'_s}\right) = 0.00198$$

采用 400 级钢筋，相应应力为 $\sigma'_s = E'_s \varepsilon'_s = 2.00\times 10^5\times 0.00198 \text{MPa} = 396 \text{MPa}$，达到屈服强度。采用 500 级钢筋，由于构件混凝土受到箍筋的约束，实际极限压应变大，受压钢筋也能达到屈服强度。因此为保证受压钢筋达到屈服强度的充分条件是

$$x \geqslant 2a'_s \quad (3.26)$$

若不满足式（3.26），则表明受压钢筋的应变 ε'_s 太小，在发生双筋截面破坏时，其应力达不到抗压强度设计值 f'_y。

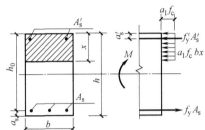

图 3.21 双筋矩形截面受弯构件正截面受弯承载力计算简图

3.6.2 基本计算公式与适用条件

双筋矩形截面受弯构件正截面受弯承载力计算简图如图 3.22 所示。

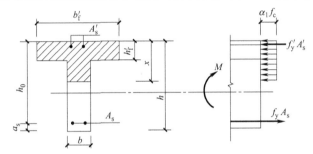

图 3.22 双筋矩形截面受弯构件正截面受弯承载力计算简图

1. 计算方法

$$\sum x = 0, \alpha_1 f_c b x + f'_y A'_s = f_y A_s \quad (3.27)$$

$$\sum M = 0, M \leqslant M_u = \alpha_1 f_c b x \left(h_0 - \frac{x}{2} \right) + f'_y A'_s (h_0 - a'_s) \quad (3.28)$$

式中 A'_s——受压区纵向普通钢筋的截面面积；

b——矩形截面的宽度或 T 形截面腹板宽度；

f'_y——钢筋抗压强度设计值。

2. 适用条件

1）为防止超筋破坏

$$x \leqslant \xi_b h_0 \quad 或 \quad \xi \leqslant \xi_b \quad (3.29)$$

2）为保证受压钢筋达到抗压设计强度，应满足式（3.26）。若不满足式（3.26）的条件，正截面受弯承载力应符合下列规定

$$M \leqslant f_y A_s (h_0 - a'_s) \quad (3.30)$$

3.6.3 截面承载力计算的两类问题

1. 截面设计

（1）情况 1 已知材料强度等级、截面尺寸及弯矩设计值 M，求受拉及受压钢筋面积 A'_s

及 A_s。

设计步骤：

1）补充方程。在基本公式（3.27）、式（3.28）中，有 A'_s、A_s 及 x 三个未知数，需补充一个条件。在实际计算中，考虑经济性，应尽量使截面的总的钢筋截面面积 ($A_s+A'_s$) 最小，这样，必须充分利用混凝土的抗压性能，则可取 $x=\xi_b h_0$。

2）计算钢筋面积。将 $x=\xi_b h_0$ 代入式（3.28），解得

$$A'_s = \frac{M-\alpha_1 f_c \xi_b (1-0.5\xi_b) b h_0^2}{f'_y(h_0-a'_s)} \geq A_{s,\min}$$

再由式（3.27），解得 $A_s = \dfrac{\alpha_1 f_c b h_0 \xi_b + f'_y A'_s}{f_y}$。如果 $A'_s < A_{s,\min}$，说明 $x \neq \xi_b h_0$，则取 $A'_s = A_{s,\min}$，然后按照已知 A'_s，求 A_s，即按情况2求解。

（2）情况2　已知材料强度等级、截面尺寸、弯矩设计值 M 及受压钢筋面积 A'_s。求受拉钢筋 A_s。

设计步骤：

1）计算受压区高度 x。

$$\alpha_s = \frac{M-f'_y A'_s(h_0-a'_s)}{\alpha_1 f_c b h_0^2}$$

$$\xi = 1-\sqrt{1-2\alpha_s} \leq \xi_b$$

$$x = \xi h_0$$

2）根据 x 的范围求 A_s。若 $x>\xi_b h_0$，说明 A'_s 太小，仍会出现超筋，应按 A'_s 未知的情况1，分别求 A_s 及 A'_s。若 $2a'_s \leq x \leq \xi_b h_0$，则满足基本公式的适用条件，可按基本公式求解 A_s

$$A_s = \frac{\alpha_1 f_c b x + f'_y A'_s}{f_y} \geq A_{s,\min}$$

若 $x<2a'_s$，则表示受压钢筋配置过多，破坏时不能达到屈服强度，此时不能用基本求解，可近似取 $x=2a'_s$，按式（3.30）求解 A_s

$$A_s = \frac{M}{f_y(h_0-a'_s)} > \rho_{\min} bh$$

双筋矩形截面设计的流程图如图3.23所示。

2. 截面复核

已知材料强度等级、截面尺寸、受拉和受压钢筋面积 A_s 和 A'_s，复核截面弯矩承载力 M_u。

基本思路：在基本公式中，有 x、M 两个未知数，两个方程，可直接求解。

解题步骤：

1）求受压区高度 x。由式（3.27）有 $x = \dfrac{f_y A_s - f'_y A'_s}{\alpha_1 f_c b}$。

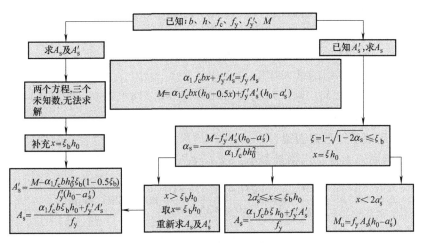

图 3.23 双筋矩形截面设计流程图

2）根据 x 的范围求 M_u。若 $x > \xi_b h_0$，则取 $x = \xi_b h_0$，用式（3.28）求解 M_u。

$$M_u = \alpha_1 f_c b x_b \left(h_0 - \frac{x_b}{2} \right) + f_y' A_s' (h_0 - a_s')$$

若 $2a_s' \leq x \leq \xi_b h_0$，则满足基本公式的适用条件，可按式（3.28）求解 M_u。
若 $x < 2a_s'$，则按式（3.30）求解 M_u

$$M_u = f_y A_s (h_0 - a_s')$$

双筋矩形截面复核的流程图如图 3.24 所示。

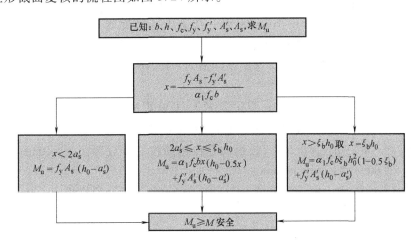

图 3.24 双筋矩形截面复核流程图

【例 3.4】 已知梁的截面尺寸为 $b \times h = 200\text{mm} \times 500\text{mm}$，混凝土强度等级为 C30，钢筋采用 HRB400 级，若梁承受弯矩设计值 $M = 250\text{kN} \cdot \text{m}$。环境类别为一类，混凝土保护层厚度 $c = 20\text{mm}$，求受压钢筋面积 A_s' 和受拉钢筋面积 A_s。

【解】 1）C30 混凝土 $\alpha_1 = 1.0$；查附表 1.2，C30 混凝土 $f_c = 14.3\text{N/mm}^2$；查附表 1.5，HRB400 级钢筋 $f_y = 360\text{N/mm}^2$；查表 3.14，$\xi_b = 0.518$；$\rho_{\min} = 0.2\%$。

2）验算是否需要采用双筋截面。因弯矩设计值较大，预计梁底钢筋需排成两排，$a_s = 65\text{mm}$，梁顶钢筋布置一排，$a'_s = 40\text{mm}$，故

$$h_0 = h - 65 = (500-65)\text{mm} = 435\text{mm}$$

单筋矩形截面所能承担的最大弯矩

$$M_{\max} = \alpha_1 f_c b h_0^2 \xi_b (1-0.5\xi_b) = 1.0 \times 14.3 \times 200 \times 435^2 \times 0.518 \times (1-0.5 \times 0.518) \times 10^6 \text{kN} \cdot \text{m}$$
$$= 207.7 \text{kN} \cdot \text{m} < M$$

说明需要采用双筋矩形截面梁。

3）求纵向钢筋。为使总用钢量最小，令 $x = \xi_b h_0$，代入式（3.28），解得

$$A'_s = \frac{M - M_{\max}}{f'_y(h_0 - a'_s)} = \frac{(250-207.7) \times 10^6}{360 \times (435-40)} \text{mm}^2 = 297.5 \text{mm}^2$$

$$> \rho_{\min} bh = 0.2\% \times 200 \times 500 \text{mm}^2 = 200 \text{mm}^2$$

由 $\alpha_1 f_c bx + f'_y A'_s = f_y A_s$ 可得

$$A_s = \frac{\alpha_1 f_c bx}{f_y} + A'_s = \left(\frac{1.0 \times 14.3 \times 200 \times 0.518 \times 435}{360} + 297.5 \right) \text{mm}^2 = 2087.6 \text{mm}^2$$

实际选用受压钢筋 2 ⚛ 14（$A'_s = 308 \text{mm}^2$），受拉钢筋 2 ⚛ 25 + 3 ⚛ 22（$A_s = 2122 \text{mm}^2$）。配筋如图 3.25 所示。

【点评】属双筋矩形截面梁截面设计。因受压钢筋 A'_s 和受拉钢筋 A_s 均未知，需补充 $x = \xi_b h_0$ 求解。

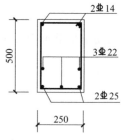

图 3.25 例 3.4 配筋结果

【例 3.5】 已知梁的截面尺寸为 $b \times h = 300\text{mm} \times 600\text{mm}$，混凝土强度等级为 C30，钢筋采用 HRB500 级，在受压区已配置 2 ⚛ 14（实配 $A'_s = 308 \text{mm}^2$）的 HRB500 级钢，环境类别为一类，混凝土保护层厚度 $c = 20\text{mm}$，梁承受弯矩设计值 $M = 150 \text{kN} \cdot \text{m}$，求受拉钢筋面积 A_s。

【解】 1）C30 混凝土 $\alpha_1 = 1.0$；查附表 1.2，C30 混凝土，$f_c = 14.3 \text{N/mm}^2$；查附表 1.5 HRB500 级钢筋 $f_y = f'_y = 435 \text{N/mm}^2$；查表 3.14，$\xi_b = 0.482$；$\rho_{\min} = 0.2\%$。设纵向受拉钢筋按一排放置，$a_s = 40\text{mm}$，则梁的有效高度 $h_0 = h - a_s = (600-40)\text{mm} = 560\text{mm}$。

2）受拉钢筋面积 A_s。由 $M_u = \alpha_1 f_c bx(h_0 - 0.5x) + f'_y A'_s (h_0 - a'_s)$ 推出

$$M_1 = \alpha_1 f_c bx (h_0 - 0.5x)$$
$$= M_u - f'_y A'_s (h_0 - a'_s)$$
$$= 150 \times 10^6 \text{N} \cdot \text{mm} - 435 \times 308 \times (560-40) \text{N} \cdot \text{mm}$$
$$= 80.33 \times 10^6 \text{N} \cdot \text{mm}$$

$$\alpha_s = \frac{M_1}{\alpha_1 f_c b h_0^2} = \frac{80.33 \times 10^6}{1.0 \times 14.3 \times 300 \times 560^2} = 0.06$$

$$\xi = 1 - \sqrt{1-2\alpha_s} = 1 - \sqrt{1-2 \times 0.06} = 0.062 < \xi_b = 0.482 \text{（满足适筋梁要求）}$$

$$x = \xi h_0 = 0.062 \times 560 = 34.7 \text{mm} < 2a'_s = 80 \text{mm}$$

则 $$A_s = \frac{M}{f_y(h_0-a_s')} = \frac{150\times10^6}{435\times(560-40)}\text{mm}^2 = 663.1\text{mm}^2$$

实际选用受拉钢筋 2 Φ 22（$A_s = 760\text{mm}^2$）。

由于 $h_w = 560\text{mm} > 450\text{mm}$，需在梁侧配制腰筋 4 Φ 12，满足一侧腰筋的面积不应小于腹板截面面积 bh_w 的 0.1%，且钢筋间距不宜大于 200mm 的要求。配筋如图 3.26 所示。

【点评】①属双筋矩形截面梁设计，因受拉钢筋 A_s 未知，故关键需求混凝土受压区高度 x；②因 $x < 2a_s'$，故对受压钢筋取矩，按 $M_u = f_y A_s(h_0-a_s')$ 计算受拉钢筋面积。

【例 3.6】 已知梁的截面尺寸为 $b\times h = 200\text{mm}\times400\text{mm}$，环境类别为一类，混凝土保护层厚度 $c = 25\text{mm}$。受拉钢筋 3 Φ 25（$A_s = 1473\text{mm}^2$），受压钢筋 2 Φ 16（$A_s' = 402\text{mm}^2$），箍筋直径为 8mm。混凝土等级为 C25，钢筋采用 HRB400 级，承受弯矩设计值 $M = 100\text{kN}\cdot\text{m}$，试验算此梁是否安全。

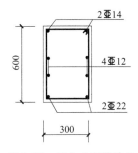

图 3.26 例 3.5 配筋结果

【解】 1）C25 混凝土 $\alpha_1 = 1.0$；查附表 1.2，C25 混凝土 $f_c = 11.9\text{N/mm}^2$；查附表 1.5，HRB400 级钢筋 $f_y = 360\text{N/mm}^2$；查表 3.14，$\xi_b = 0.518$。因纵向受拉钢筋按一排放置，$a_s = (25+8+25/2)\text{mm} = 45.5\text{mm}$，$a_s' = (25+8+16/2)$ mm = 41mm。则梁的有效高度 $h_0 = h - a_s = (400-45.5)\text{mm} = 354.5\text{mm}$。

2）求极限弯矩 M_u。

$$x = \frac{f_y A_s - f_y' A_s'}{\alpha_1 f_c b} = \frac{360\times1473 - 360\times402}{1\times11.9\times200}\text{mm} = 161.85\text{mm}$$

$2a_s' = 82\text{mm} < x < \xi_b h_0 = 0.518\times354.5\text{mm} = 183.63\text{mm}$（满足适筋梁要求）

$$\begin{aligned}M_u &= \alpha_1 f_c bx(h_0-0.5x) + f_y' A_s'(h_0-a_s')\\ &= [1.0\times11.9\times200\times161.85\times(354.5-0.5\times161.85)\text{kN}\cdot\text{m} + 360\\ &\quad\times402\times(354.5-41)]\times10^{-6}\text{kN}\cdot\text{m}\\ &= 150.8\text{kN}\cdot\text{m}\end{aligned}$$

3）结论。$M = 100\text{kN}\cdot\text{m} < M_u$，安全。

【点评】属双筋矩形截面梁的复核题，按实际配筋情况求 a_s 和 a_s'，关键是求混凝土受压区高度 x，再求出极限弯矩 M_u，并与外荷载作用的弯矩 M 相比，判断梁构件是否安全。

3.7 T 形截面受弯构件的承载力计算

矩形截面受弯构件在破坏时，受拉区混凝土早已开裂，在裂缝截面处，受拉区的混凝土不再承担拉力，对截面的抗弯承载力已不起作用，因此可将受拉区混凝土挖去一部分，将受拉钢筋集中布置在肋内，且钢筋截面重心高度不变，形成 T 形截面，它和原来的矩形截面所能承受的弯矩是相同的，既可节省混凝土，又可减轻构件自重，如图 3.27 所示。T 形截面伸出部分 $(b_f'-b)\times h_f'$ 称为受压翼缘，中间部分 $b\times h$ 称为腹板。对 I 形截面，位于受拉区的翼缘由于不考虑混凝土的抗拉强度，因此也按T形截面计算其受弯承载力，但计算其开裂弯矩和带裂缝工作的刚度和裂缝宽度时，应考虑受拉翼缘的作用。对倒T形截面梁，当受拉区的混凝土开裂后，受拉翼缘对承载力不再起作用，因此按肋宽b的矩形截面计算受弯承载力，如图3.27所示。

T形截面梁在工程中应用广泛。如在现浇肋梁楼盖中，楼板与梁浇筑一起形成T形截面梁。在预制构件中，为满足纵筋配筋等构造要求，有时也做成独立的T形、I形梁，如T形吊车梁、T形檩条，在承载力计算时均可按T形截面考虑。

现浇肋梁楼盖连续梁在支座和跨中截面受力形式如图3.28所示。支座附近的截面，由于承受负弯矩，翼缘（板部分）受拉，故仍按肋宽b的矩形截面计算；跨中截面，由于承受正弯矩，翼缘受压，故按T形截面计算。

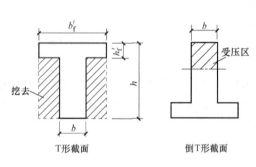

图3.27 T形截面和倒T形截面

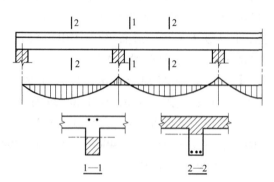

图3.28 连续梁跨中与支座截面

T形梁受弯后，翼缘中的纵向压应力的分布是不均匀的，靠近梁肋处的压应力较高，而离肋部越远压应力越小。故在设计中近似假定一定范围内的翼缘全部参与工作，其压应力呈均匀分布，此范围称为有效翼缘的计算宽度b_f'，如图3.29所示。

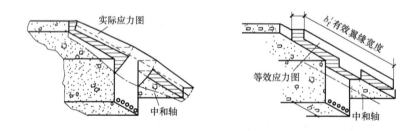

图3.29 T形截面梁受压区实际应力和计算应力图

《混凝土结构设计规范》规定：T形、I形及L形截面受弯构件位于受压区的有效翼缘计算宽度b_f'应按表3.16所列情况中的**最小值**取用。

3.7.1 基本计算公式及适用条件

1. T形截面分类

采用有效翼缘计算宽度后，T形截面受压区混凝土的应力分布仍可按等效矩形应力图形考虑。按照构件破坏时中和轴作用位置的不同，T形截面可分为两类：

第3章 受弯构件正截面承载力

表 3.16 受弯构件受压区有效翼缘计算宽度 b_f'

	情况		T形、I形截面		倒L形截面
			肋形梁(板)	独立梁	肋形梁(板)
1	按计算跨度 l_0 考虑		$l_0/3$	$l_0/3$	$l_0/6$
2	按梁(肋)净距 s_n 考虑		$b+s_n$	—	$b+s_n/2$
3	按翼缘高度 h_f' 考虑	$h_f'/h_0<0.05$	$b+12h_f'$	b	$b+5h_f'$
		$0.05 \leq h_f'/h_0 <0.1$	$b+12h_f'$	$b+6h_f'$	$b+5h_f'$
		$h_f'/h_0 \geq 0.1$	$b+12h_f'$	$b+12h_f'$	$b+5h_f'$

注：1. 表中 b 为腹板宽度。
2. 肋形梁在梁跨内设有间距小于纵肋间距的横肋时，可不考虑表中情况3的规定。
3. 加腋的T形、I形和倒L形截面，当受压区加腋的高度 h_h 不小于 h_f' 且加腋的长度 b_h 不大于 $3h_h$ 时，其翼缘计算宽度可按表中情况3的规定分别增加 $2b_h$（T形、I形截面）和 b_h（倒L形截面）。
4. 独立梁受压区的翼缘板在荷载作用下经验算沿纵肋方向可能产生裂缝时，其计算宽度应取腹板宽度 b。

第一类T形截面：中和轴在翼缘内，即 $x \leq h_f'$，受压区面积为矩形（图3.30a）。
第二类T形截面：中和轴在腹板内，即 $x > h_f'$，受压区面积为T形（图3.30b）。

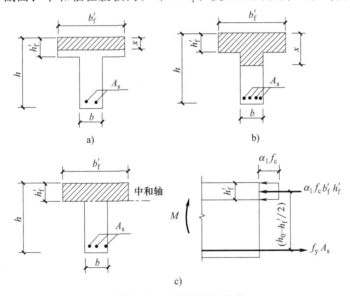

图 3.30 T形截面的分类
a) 第一类T形截面 b) 第二类T形截面 c) 两类T形截面的分界情况

截面中和轴刚好位于翼缘的下边缘，即 $x = h_f'$（图3.30c），为两类T形截面的分界情况，此时，根据截面平衡条件可得

$$f_y A_s = \alpha_1 f_c b_f' h_f' \tag{3.31}$$

$$M = \alpha_1 f_c b_f' h_f' \left(h_0 - \frac{h_f'}{2} \right) \tag{3.32}$$

式中　b_f'——T形截面受弯构件受压区的翼缘计算宽度，见表3.16；
　　　h_f'——T形截面受弯构件受压区的翼缘高度。

显然，当满足下列条件之一时，为第一类T形截面：

$$f_y A_s \leq \alpha_1 f_c b_f' h_f' \tag{3.33}$$

或

$$M \leqslant \alpha_1 f_c b'_f h'_f \left(h_0 - \frac{h'_f}{2}\right) \tag{3.34}$$

此时 $x \leqslant h'_f$。式（3.33）用于截面复核题（即已知 A_s），式（3.34）用于截面设计题（即已知 M）。

当满足下列条件之一时，为第二类 T 形截面

$$f_y A_s > \alpha_1 f_c b'_f h'_f \tag{3.35}$$

或

$$M > \alpha_1 f_c b'_f h'_f \left(h_0 - \frac{h'_f}{2}\right) \tag{3.36}$$

此时 $x > h'_f$。式（3.35）用于截面复核题（即已知 A_s），式（3.36）用于截面设计题（即已知 M）。

2. 第一类 T 形截面的基本计算公式及适用条件

由图 3.31 可知，混凝土受压区面积为 $b'_f \times x$ 的矩形，而受拉区形状与承载力计算无关，这种类型相当于按 $b'_f \times h$ 的矩形截面计算，建立平衡条件得

$$f_y A_s = \alpha_1 f_c b'_f x \tag{3.37}$$

$$M \leqslant \alpha_1 f_c b'_f x \left(h_0 - \frac{x}{2}\right) \tag{3.38}$$

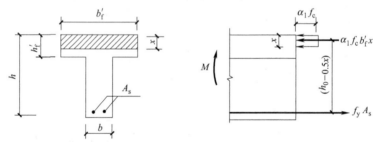

图 3.31 第一类 T 形截面计算

适用条件：

1) 防止超筋破坏：$x \leqslant \xi_b h_0$，因为第一类 T 形截面 $x \leqslant h'_f$，受压区高度较小，故通常能满足 $x \leqslant \xi_b h_0$，不必验算。

2) 防止少筋破坏：$A_s \geqslant A_{s,\min} = \rho_{\min} bh$，注意，此时受弯构件最小配筋量按 $A_{s,\min} = \rho_{\min} bh$ 计算，而不是按 $A_{s,\min} = \rho_{\min} b'_f h$ 计算。主要是因为最小配筋率是按照 $M_u = M_{cr}$ 的条件确定的，而开裂弯矩 M_{cr} 主要取决于受拉区混凝土的面积，即肋宽为 b 的 T 形截面开裂弯矩与宽度为 b 的矩形截面开裂弯矩是基本一致的。

3. 第二类 T 形截面的基本计算公式及适用条件

由图 3.32 可知，混凝土受压区面积为 T 形截面，建立平衡条件得

$$f_y A_s = \alpha_1 f_c bx + \alpha_1 f_c (b'_f - b) h'_f \tag{3.39}$$

$$M \leqslant \alpha_1 f_c bx \left(h_0 - \frac{x}{2}\right) + \alpha_1 f_c (b'_f - b) h'_f \left(h_0 - \frac{h'_f}{2}\right) \tag{3.40}$$

适用条件：

1) 防止超筋破坏：$x \leqslant \xi_b h_0$。

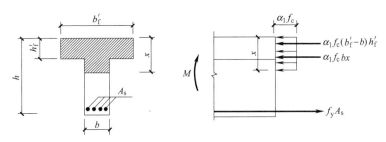

图 3.32 第二类 T 形截面计算

2）防止少筋破坏：$A_s \geq A_{s,\min} = \rho_{\min} bh$，能自然满足，可不验算。

为便于理解，可将第二类 T 形截面承受的弯矩分解成两部分来考虑，如图 3.33 所示。第一部分是由梁腹板受压混凝土承受的弯矩 M_1 与之对应的一部分受拉钢筋 A_{s1} 所组成；第二部分由翼缘伸出部分的受压混凝土承受的弯矩 M_2 与之对应的另一部分受拉钢筋 A_{s2} 所组成，然后由弯矩 $M = M_1 + M_2$ 建立平衡。

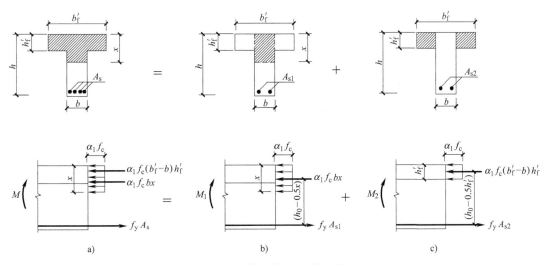

图 3.33 第二类 T 形截面分解

由图 3.33b

$$f_y A_{s1} = \alpha_1 f_c bx \tag{3.41}$$

$$M_1 \leq \alpha_1 f_c bx \left(h_0 - \frac{x}{2}\right) \tag{3.42}$$

由图 3.33c

$$f_y A_{s2} = \alpha_1 f_c (b'_f - b) h'_f \tag{3.43}$$

$$M_2 \leq \alpha_1 f_c (b'_f - b) h'_f \left(h_0 - \frac{h'_f}{2}\right) \tag{3.44}$$

由图 3.33a

$$A_s = A_{s1} + A_{s2} \tag{3.45}$$

$$M = M_1 + M_2 \tag{3.46}$$

3.7.2 计算方法

1. 截面设计

已知材料强度等级、截面尺寸及弯矩设计值 M，求受拉钢筋面积 A_s。

（1）第一种类型　满足下列判别条件：$M \leq \alpha_1 f_c b'_f h'_f \left(h_0 - \dfrac{h'_f}{2}\right)$，则其计算方法与 $b'_f \times h$ 的单筋矩形截面完全相同，即

$$\alpha_s = \dfrac{M}{\alpha_1 f_c b'_f h_0^2}$$

$$\xi = 1 - \sqrt{1 - 2\alpha_s}，且满足\ \xi \leq \xi_b$$

$$A_s = \dfrac{\alpha_1 f_c b'_f h_0 \xi}{f_y}，且满足\ A_s > A_{smin} = \rho_{min} bh$$

如果 $A_s < A_{smin}$，按 $A_s = A_{smin}$ 配筋。

（2）第二种类型　满足下列判别条件：$M > \alpha_1 f_c b'_f h'_f \left(h_0 - \dfrac{h'_f}{2}\right)$，则

$$\alpha_s = \dfrac{M - \alpha_1 f_c (b'_f - b) h'_f \left(h_0 - \dfrac{h'_f}{2}\right)}{\alpha_1 f_c b h_0^2}$$

$$\xi = 1 - \sqrt{1 - 2\alpha_s}，且满足\ \xi \leq \xi_b$$

$$A_s = \dfrac{\alpha_1 f_c b h_0 \xi + \alpha_1 f_c (b'_f - b) h'_f}{f_y}$$

如果 $\xi > \xi_b$，可修改截面尺寸或提高混凝土强度等级。

2. 截面复核

已知材料强度等级、截面尺寸及受拉钢筋面积 A_s，求承担弯矩设计值 M_u。

1) 满足判别条件 $f_y A_s \leq \alpha_1 f_c b'_f h'_f$ 时为第一类 T 形截面，按 $b'_f \times h$ 的单筋矩形截面复核。

$$x = \dfrac{f_y A_s}{\alpha_1 f_c b'_f}，且满足\ x \leq h'_f$$

$$M_u = \alpha_1 f_c b'_f x \left(h_0 - \dfrac{x}{2}\right)$$

2) 满足判别条件 $f_y A_s > \alpha_1 f_c b'_f h'_f$ 时为第二类 T 形截面。

$$x = \dfrac{f_y A_s - \alpha_1 f_c (b'_f - b) h'_f}{\alpha_1 f_c b}，且满足\ x \leq \xi_b h_0$$

$$M_u = \alpha_1 f_c b x \left(h_0 - \dfrac{x}{2}\right) + \alpha_1 f_c (b'_f - b) h'_f \left(h_0 - \dfrac{h'_f}{2}\right)$$

若 $M_u \geq M$，表明构件安全，否则，构件不安全。

【例 3.7】　已知某 T 形梁截面设计弯矩 $M = 410$ kN·m，梁的尺寸 $b = 300$ mm，$h = 600$ mm，$b'_f = 1000$ mm，$h'_f = 90$ mm。混凝土强度等级为 C25，钢筋采用 HRB400。环境类别为一类，混凝土保护层厚度 $c = 25$ mm，$a_s = 45$ mm，则 $h_0 = 555$ mm，求受拉钢筋截面面积 A_s。

【解】　1）C25 混凝土 $\alpha_1 = 1.0$；查附表 1.2，$f_c = 11.9$ N/mm²；查附表 1.5，HRB400 级钢筋 $f_y = 360$ N/mm²；查表 3.14，$\xi_b = 0.518$；$\rho_{min} = 0.2\%$。

2）判断截面类型。

$$\alpha_1 f_c b_f' h_f' \left(h_0 - \frac{h_f'}{2}\right) = 1.0 \times 11.9 \times 1000 \times 90 \times (555 - 90/2) \times 10^{-6} \text{kN} \cdot \text{m}$$
$$= 546.21 \text{kN} \cdot \text{m} > M = 410 \text{kN} \cdot \text{m}$$

属第一类 T 形截面。

3）求受拉钢筋截面面积 A_s。

$$\alpha_s = \frac{M}{\alpha_1 f_c b_f' h_0^2} = \frac{410 \times 10^6}{1.0 \times 11.9 \times 1000 \times 555^2} = 0.112$$

$$\xi = 1 - \sqrt{1 - 2\alpha_s} = 1 - \sqrt{1 - 2 \times 0.112} = 0.119 < \xi_b = 0.518 \text{（未超筋）}$$

$$A_s = \frac{\alpha_1 f_c b_f' \xi h_0}{f_y} = \frac{1.0 \times 11.9 \times 1000 \times 0.119 \times 555}{360} \text{mm}^2 = 2183.2 \text{mm}^2$$

$> \rho_{min} bh = 0.2\% \times 300 \times 600 \text{mm}^2 = 360 \text{mm}^2$ 选 6 Φ 22（实配 A_s = 2281mm²），采用并筋形式布置于一排，按下式验算钢筋间距。

$$\left\{\underbrace{2 \times (25+10)}_{\text{混凝土保护层+箍筋}} + \underbrace{2 \times 22}_{\text{角筋}} + \underbrace{2 \times 1.41 \times 22}_{\text{并筋}} + \underbrace{3 \times 1.41 \times 22}_{\text{钢筋间距}}\right\} \text{mm}$$
$$= 269 \text{mm} < b = 300 \text{mm}\text{（满足要求）}$$

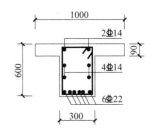

图 3.34 例 3.7 配筋结果

架立筋 2 Φ 14，由于 $h_w = (555-90) \text{mm} = 465 \text{mm} > 450 \text{mm}$，需在梁侧配制腰筋 4 Φ 14，满足一侧腰筋的面积不小于腹板截面面积 bh_w 的 0.1%，且钢筋间距不宜大于 200mm 的要求。配筋如图 3.34 所示。

【点评】①属 T 形截面梁的设计题，先判断为第一类 T 形截面，相当于按 $b_f' \times x$ 矩形截面设计；②梁侧 $h_w \geq 450 \text{mm}$，需配腰筋。

【例 3.8】 某 T 形梁，截面承受的设计弯矩 $M = 550 \text{kN} \cdot \text{m}$，梁的截面尺寸 $b = 300 \text{mm}$，$h = 700 \text{mm}$，$b_f' = 600 \text{mm}$，$h_f' = 100 \text{mm}$。混凝土强度等级为 C30，钢筋采用 HRB500 级。环境类别为一类，混凝土保护层厚度 $c = 20 \text{mm}$，$a_s = 40 \text{mm}$，则 $h_0 = 660 \text{mm}$。求受拉钢筋截面面积 A_s。

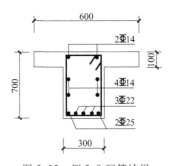

图 3.35 例 3.8 配筋结果

【解】1）C30 混凝土 $\alpha_1 = 1.0$；查附表 1.2，$f_c = 14.3 \text{N/mm}^2$；查附表 1.5，HRB500 级钢筋 $f_y = 435 \text{N/mm}^2$；查表 3.14，$\xi_b = 0.482$；$\rho_{min} = 0.2\%$。

2）判断截面类型。

$$\alpha_1 f_c b_f' h_f' \left(h_0 - \frac{h_f'}{2}\right) = 1.0 \times 14.3 \times 600 \times 100 \times (660 - 100/2) \times 10^{-6} \text{kN} \cdot \text{m}$$
$$= 523.4 \text{kN} \cdot \text{m} < M = 550 \text{kN} \cdot \text{m}$$

属第二类 T 形截面。

3）求受拉钢筋截面面积 A_s。

$$\alpha_s = \frac{M - \alpha_1 f_c (b_f' - b) h_f' (h_0 - 0.5 h_f')}{\alpha_1 f_c b h_0^2}$$

$$= \frac{550 \times 10^6 - 1.0 \times 14.3 \times 300 \times 100 \times (660 - 0.5 \times 100)}{1.0 \times 14.3 \times 300 \times 660^2} = 0.154$$

$$\xi = 1-\sqrt{1-2\alpha_s} = 1-\sqrt{1-2\times 0.154} = 0.168 < \xi_b = 0.482 \text{（未超筋）}$$

$$A_s = \frac{\alpha_1 f_c bh_0 \xi + \alpha_1 f_c (b'_f - b) h'_f}{f_y}$$

$$= \frac{1.0\times 14.3\times 300\times 660\times 0.168 + 1.0\times 14.3\times 300\times 100}{435} \text{mm}^2 = 2079.7 \text{mm}^2$$

选 2 Φ 25+3 Φ 22（实配 $A_s = 2122\text{mm}^2$）。

架立筋 2 Φ 14，由于 $h_w = (660-100)\text{mm} = 560\text{mm} > 450\text{mm}$，需在梁侧配置腰筋 4 Φ 14，满足一侧腰筋的面积不小于腹板截面面积 bh_w 的 0.1%，且钢筋间距不宜大于 200mm 的要求。配筋如图 3.35 所示。

【点评】①属 T 形截面梁的设计题，先判断为第二类 T 形截面，需计算受压翼缘 $(b'_f - b) h'_f$ 所承担的压力和力矩；②梁侧 $h_w \geq 450\text{mm}$，需配腰筋。

【例 3.9】 某 T 形梁，截面尺寸 $b = 250\text{mm}$，$h = 700\text{mm}$，$b'_f = 600\text{mm}$，$h'_f = 100\text{mm}$。配筋如图 3.36 所示，梁底采用 8 Φ 22（实配 $A_s = 3041\text{mm}^2$）HRB400 级钢筋，混凝土强度等级 C30，梁截面的最大弯矩设计值 $M = 500\text{kN}\cdot\text{m}$。环境类别为一类，混凝土保护层厚度 $c = 20\text{mm}$。试复核该梁是否安全？

【解】 1）C30 混凝土 $\alpha_1 = 1.0$；查附表 1.2，$f_c = 14.3\text{N/mm}^2$；查附表 1.5，HRB400 级钢筋 $f_y = 360\text{N/mm}^2$；查表 3.14，$\xi_b = 0.518$；$\rho_{\min} = 0.2\%$。因纵向受拉钢筋按二排放置，$a_s = 65\text{mm}$，则梁的有效高度 $h_0 = h - a_s = (700-65)\text{mm} = 635\text{mm}$。

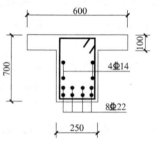

图 3.36 例 3.9 配筋结果

2）判别截面类型。

$$f_y A_s = 360\times 3041\text{N} = 1094760\text{N} > \alpha_1 f_c b'_f h'_f = 1.0\times 14.3\times 600\times 100\text{N} = 858000\text{N}$$

属第二类 T 形截面。

3）计算混凝土受压区高度 x。

$$x = \frac{f_y A_s - \alpha_1 f_c (b'_f - b) h'_f}{\alpha_1 f_c b}$$

$$= \frac{360\times 3041 - 1.0\times 14.3\times (600-250)\times 100}{1.0\times 14.3\times 250} \text{mm}$$

$$= 166.2\text{mm} < \xi_b h_0 = 0.518\times 635\text{mm} = 328.9\text{mm}$$

4）计算极限弯矩 M_u。

$$M_u = \alpha_1 f_c bx(h_0 - 0.5x) + \alpha_1 f_c (b'_f - b) h'_f (h_0 - 0.5 h'_f)$$
$$= \{1.0\times 14.3\times 250\times 166.2\times (635 - 0.5\times 166.2) +$$
$$\quad 1.0\times 14.3\times (600-250)\times 100\times (635 - 0.5\times 100)\}\times 10^{-6} \text{kN}\cdot\text{m}$$
$$= 620.7\text{kN}\cdot\text{m} > M = 500\text{kN}\cdot\text{m}\text{（梁安全）}$$

【点评】属 T 形截面梁的复核题，先判断 T 形截面类型，再求混凝土受压区高度 x，最后求出极限弯矩 M_u，并与外荷载作用的弯矩 M 相比，判断梁构件是否安全。

小结

1. 适筋梁正截面受弯的三个受力阶段是本章的重点，也是本章的难点，属于钢筋混凝土结构和构件的普通属性。整个过程经历未裂阶段、带裂缝工作阶段和破坏阶段。每一阶段都可分别关注受拉区混凝土应力、受压区混凝土应力、受拉钢筋应力和中和轴位置的变化等四个因素。适筋梁始于受拉钢筋先屈服,最终以受压区边缘压应变达到混凝土压应变的极限值 ε_{cu}^0 时,混凝土被压碎,构件破坏。

2. 配筋率对受弯构件正截面受弯性能影响较大,有适筋梁破坏、少筋梁破坏和超筋梁破坏三种形式。适筋梁为延性破坏,为工程所允许,其他两种破坏都为脆性破坏,工程应严格控制,不得出现这两类破坏。

3. 受弯构件正截面受弯承载力计算方法,分截面设计和截面复核两类。两类题型的关键都是要先求混凝土受压区高度 x,因此需掌握 x 的求解方法和公式的适用条件。

4. 单筋矩形截面梁的设计方法是基础,在此基础上在截面的受压区配置受压钢筋就演变为双筋矩形截面梁,当 $x \geq 2a_s'$ 时才能保证受压钢筋达到屈服强度。

5. 对 T 形截面,主要根据受压区混凝土受压形状为矩形或是 T 形,判断为第一类 T 形或是第二类 T 形,因此,截面设计和截面复核都需首先判断 T 形截面的类型,再采取相应的计算方法。

6. 梁的配筋结果采用直径和根数表示,如 4 ⌀ 22;板配筋结果采用直径和间距表示,如 ⌀ 10@150。因此,梁尽量采用粗钢筋,板尽量采用细钢筋布置方式。

7. 受弯构件正截面承载力知识框图如图 3.37 所示。

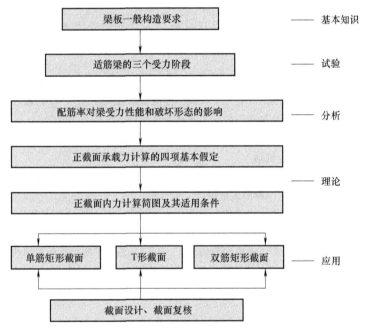

图 3.37 受弯构件正截面承载力知识框图

思考题

3.1 梁、板中混凝土保护层的作用是什么?室内正常环境中梁、板混凝土保护层最小厚度是多少?

3.2 适筋梁正截面受力全过程可划分为几个阶段?各阶段主要特点是什么?与计算有何联系?

3.3 试述适筋梁、超筋梁、少筋梁的破坏特征。在设计中如何防止超筋破坏和少筋破坏?

3.4 受弯构件正截面承载力计算中有哪些基本假定?

3.5 何为钢筋混凝土梁正截面相对界限受压区高度 ξ_b?写出有明显流幅钢筋的相对界限受压区高度 ξ_b 的计算式。当混凝土强度采用 C60,纵向受拉钢筋采用 HRB400 级时,求 ξ_b。

3.6 推导单筋矩形截面、双筋矩形截面的最大配筋率?

3.7 双筋矩形截面梁正截面受弯承载力计算时,为什么要求 $x \geq 2a_s'$? $x < 2a_s'$ 时应如何计算?

3.8 现浇楼盖中的连续梁,其跨中截面和支座截面分别按什么截面计算?为什么?

3.9 如图 3.38 所示,四种截面,当材料强度、截面宽度和高度、承受的弯矩(忽略自重影响)均相同时,其正截面受弯承载力所需 A_s 是否相同?为什么?

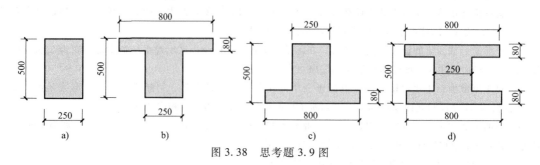

图 3.38 思考题 3.9 图

章节练习

3.1 填空题

1. 钢筋混凝土梁,可能出现_____、_____、少筋破坏三种正截面破坏形态。
2. 适筋梁从加荷至破坏,梁的受力存在三个阶段,分别为未裂阶段、_____阶段及_____阶段。
3. 适量配筋的钢筋混凝土梁,从加荷至破坏,其受力存在三个阶段,试填空:
A. Ⅰ   B. Ⅰ$_a$ C. Ⅱ   D. Ⅱ$_a$ E. Ⅲ   F. Ⅲ$_a$

1) 抗裂验算以_____阶段为依据。
2) 使用阶段裂缝宽度和变形验算以_____阶段为依据。
3) 正截面承载力计算以_____阶段为依据。

4. 在受弯构件正截面承载力计算公式的建立过程中,对构件破坏时受压区混凝土的不均匀应力分布,以等效矩形应力图形来代替,其等效原则是:①_____;②_____。
5. 受弯构件_____是为了防止出现少筋构件;_____是为了防止出现超筋构件。
6. 板内受弯构件(不包括悬臂板)的受拉钢筋,当采用强度等级 400MPa 的钢筋时,其最小配筋率应允许采用_____和_____的较大值。

3.2 选择题

1. 钢筋混凝土梁的混凝土保护层厚度是指(   )。
(A)箍筋外表面至混凝土外表面的距离
(B)外排纵向钢筋外表面至混凝土外表面的距离
(C)外排纵向钢筋截面形心至混凝土外表面的距离
(D)外排纵向钢筋内表面至混凝土外表面的距离

2. 受弯构件中,对受拉纵筋达到屈服强度,受压区边缘混凝土也同时达到极限压应变的情况,称为(   )。
(A)适筋破坏   (B)超筋破坏   (C)少筋破坏   (D)界限破坏

3. 某矩形截面简支梁截面尺寸为 250mm×500mm,混凝土强度等级为 C25,受拉区配置 3⏀18 钢筋,该梁沿截面破坏时为(   )。
(A)界限破坏   (B)适筋破坏   (C)少筋破坏   (D)超筋破坏

4. 受弯构件适筋梁破坏时,受拉钢筋应变 ε_s 和受压区边缘混凝土应变 ε_c 为(   )。

(A) $\varepsilon_s > \varepsilon_y$, $\varepsilon_c = \varepsilon_{cu}$ (B) $\varepsilon_s < \varepsilon_y$, $\varepsilon_c = \varepsilon_{cu}$ (C) $\varepsilon_s < \varepsilon_y$, $\varepsilon_c < \varepsilon_{cu}$ (D) $\varepsilon_s > \varepsilon_y$, $\varepsilon_c < \varepsilon_{cu}$

5. 有两根材料强度等级相同、混凝土截面尺寸相同的受弯构件，正截面受拉钢筋的配筋率 ρ 一根大，另一根小，均在适筋范围，M_{cr} 是正截面开裂弯矩，M_u 是正截面极限弯矩，则（　　）。

(A) ρ 大的 M_{cr}/M_u 大   (B) ρ 小的 M_{cr}/M_u 大   (C) 两者的 M_{cr}/M_u 相同   (D) 无法确定

6. 提高混凝土强度等级与提高钢筋强度等级相比，对受弯构件正截面承载力的影响（　　）。

(A) 提高钢筋强度等级的效果大   (B) 提高混凝土强度等级的效果大

(C) 两者等效   (D) 无法确定

7. 设计双筋梁时，当 A_s、A_s' 未知时，用钢量最节省的方法是（　　）。

(A) 取 $x = 2a_s'$ (B) 取 $A_s = A_s'$ (C) 取 $\xi = \xi_b$ (D) 使 A_s 尽量小

8. T形截面梁，$b = 200\text{mm}$，$h = 500\text{mm}$，$b_f' = 800\text{mm}$，$h_f' = 100\text{mm}$，截面有效高度 $h_0 = 460\text{mm}$。因外荷较小，仅按最小配筋率 $\rho_{min} = 0.2\%$ 配纵筋 A_s，下面正确的是（　　）。

(A) $A_s = 800 \times 465 \times 0.2\% \text{ mm}^2 = 744\text{mm}^2$

(B) $A_s = 800 \times 500 \times 0.2\% \text{ mm}^2 = 800\text{mm}^2$

(C) $A_s = 200 \times 500 \times 0.2\% \text{ mm}^2 = 200\text{mm}^2$

(D) $A_s = [200 \times 500 + (800 - 200) \times 100] \times 0.2\% \text{ mm}^2 = 320\text{mm}^2$

9. 在截面设计时，满足条件（　　）的为第二类 T 形截面。

(A) $\alpha_1 f_c b_f' h_f' \geq f_y A_s$ (B) $M \leq \alpha_1 f_c b_f' h_f' \left(h_0 - \dfrac{h_f'}{2} \right)$

(C) $\alpha_1 f_c b_f' h_f' < f_y A_s$ (D) $M > \alpha_1 f_c b_f' h_f' \left(h_0 - \dfrac{h_f'}{2} \right)$

10. 一类环境中，设计使用年限为 100 年的预应力混凝土梁，混凝土强度等级为 C40，混凝土保护层厚度取（　　）。

(A) 28mm   (B) 25mm   (C) 35mm   (D) 20mm

3.3 判断题

1. 板中分布钢筋的作用：①将荷载均匀地传给受力钢筋；②抵抗因混凝土收缩及温度变化在垂直受力钢筋方向产生的拉力；③浇筑混凝土时保证受力钢筋的位置。（　　）

2. 超筋梁的破坏是受拉钢筋应力未达到屈服，而受压区混凝土发生破坏，故破坏带有一定的突然性，缺乏必要的预兆，具有脆性破坏的性质。（　　）

3. 由于受拉钢筋首先到达屈服，然后混凝土受压破坏的梁，称为适筋梁，梁的破坏具有延性破坏的特征。（　　）

4. 当配筋率达到使钢筋的屈服与受压区混凝土破坏同时发生，此配筋率是保证受拉钢筋达到屈服的最大配筋率。（　　）

5. 应用双筋矩形截面受弯构件正截面承载力公式时必须满足适用条件 $x \leq \xi_b h_0$，是为了防止发生超筋破坏；满足适用条件 $x \geq 2a_s'$ 是为了保证构件破坏时受压钢筋能够充分利用（能够达到屈服）。（　　）

6. 第一类 T 形截面梁和第二类 T 形截面梁的适用条件中，不必验算的条件分别是 $x \leq \xi_b h_0$ 和 $\rho \geq \rho_{min}$。（　　）

7. 单筋矩形截面梁最大配筋率 ρ_{max}，在相同混凝土强度时，钢筋强度越低，其 ρ_{max} 越小。（　　）

3.4 计算题

1. 某钢筋混凝土简支梁，承受的设计弯矩值 $M = 125\text{kN} \cdot \text{m}$，截面尺寸 $b \times h = 250\text{mm} \times 500\text{mm}$，混凝土强度等级为 C30，采用 HRB400 级钢筋。环境类别为一类，混凝土保护层厚度 $c = 20\text{mm}$，$a_s = 40\text{mm}$。求梁的纵向受拉钢筋 A_s。

2. 试设计图 3.39 所示钢筋混凝土悬臂板，需配置纵向受拉钢筋和分布钢筋。已知悬臂板根部高 $h =$

120mm，承受负弯矩设计值 $M = 20\text{kN}\cdot\text{m}$，板采用混凝土强度等级为 C30，钢筋为 HRB400 级，环境类别为二 a 类，混凝土保护层厚度 $c = 25\text{mm}$，$a_s = 30\text{mm}$。

3. 梁的截面尺寸 $b\times h = 200\text{mm}\times 450\text{mm}$，混凝土强度等级为 C30，钢筋采用 HRB500 级，配有 3 ⌽ 18 纵向受拉钢筋（$A_s = 763\text{mm}^2$），箍筋采用 ⌽ 8@200，环境类别为一类，混凝土保护层厚度 $c = 20\text{mm}$。若承受弯矩设计值 $M = 84\text{kN}\cdot\text{m}$，试验算此梁正截面受弯承载力是否安全。

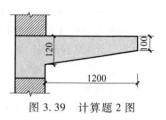

图 3.39 计算题 2 图

4. 某双筋矩形截面梁，$b\times h = 200\text{mm}\times 500\text{mm}$，承受弯矩设计值 $M = 180\text{kN}\cdot\text{m}$，采用混凝土强度等级为 C30，钢筋为 HRB400 级，环境类别为一类，混凝土保护层厚度 $c = 25\text{mm}$，$a_s' = 45\text{mm}$，$a_s = 45\text{mm}$，已配有受压钢筋 2 ⌽ 14（$A_s' = 308\text{mm}^2$）。试求梁的纵向受拉钢筋的截面面积。

5. 某 T 形梁，承受的设计弯矩值 $M = 500\text{kN}\cdot\text{m}$，截面尺寸 $b = 250\text{mm}$，$h = 750\text{mm}$，$b_f' = 550\text{mm}$，$h_f' = 100\text{mm}$。混凝土强度等级为 C40，HRB400 级钢筋，环境类别为二 a 类，混凝土保护层厚度 $c = 30\text{mm}$，$a_s = 50\text{mm}$，$h_0 = 700\text{mm}$。试求梁的纵向受拉钢筋的截面面积。

6. 某 T 形梁，承受的设计弯矩值 $M = 300\text{kN}\cdot\text{m}$，梁的截面尺寸 $b = 200\text{mm}$，$h = 600\text{mm}$，$b_f' = 400\text{mm}$，$h_f' = 80\text{mm}$；混凝土强度等级为 C30，钢筋采用 HRB400 级。环境类别为一类，混凝土保护层厚度 $c = 20\text{mm}$，$h_0 = 535\text{mm}$（考虑两排布置纵筋），求梁的纵向受拉钢筋的截面面积 A_s。

受弯构件斜截面承载力 第4章

本章提要

1. 理解斜截面受剪破坏的三种主要形态、受剪机理和主要影响因素。
2. 明确剪跨比概念,熟练掌握斜截面受剪承载力的计算和适用条件。
3. 熟练绘制材料抵抗图,理解纵向钢筋的弯起、截断、锚固,以及箍筋间距等构造措施来保证斜截面受弯承载力。

4.1 概述

钢筋混凝土梁,除承受弯矩 M 作用外,通常还承受剪力 V 的作用。在主要承受弯矩的区段内,产生竖向裂缝,发生正截面破坏;而在弯矩和剪力共同作用的区段内,发生沿着与梁轴线成一定角度的斜截面受剪破坏或斜截面受弯破坏。因此,受弯构件除了要保证正截面受弯承载力以外,还应保证斜截面的受剪和受弯承载力。工程设计中,**斜截面受剪承载力一般通过计算和构造来保证,斜截面受弯承载力则主要通过纵向钢筋的弯起、截断、锚固,以及箍筋间距等构造措施来满足**。

材料力学中,均质弹性简支梁在两个对称集中荷载作用下,已知任一截面上的正应力 $\sigma = \dfrac{My}{I_0}$ 和剪应力 $\tau = \dfrac{VS_0}{I_0 b}$,则可求出 σ 与 τ 共同作用下产生的主拉应力 $\sigma_{tp} = \dfrac{\sigma}{2} + \sqrt{\dfrac{\sigma^2}{4} + \tau^2}$,主压应力 $\sigma_{cp} = \dfrac{\sigma}{2} - \sqrt{\dfrac{\sigma^2}{4} + \tau^2}$,主应力与梁纵轴的夹角 $\alpha = \dfrac{1}{2}\arctan\left(\dfrac{-2\tau}{\sigma}\right)$;在求出截面任一点的主应力方向后,用平滑曲线连接各主应力方向,就绘制成主应力迹线,如图4.1所示。图中实线是主拉应力迹线,虚线是主压应力迹线。

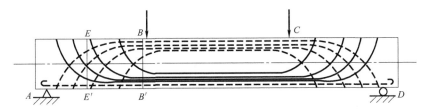

图 4.1 无腹筋简支梁在集中荷载作用下的主应力迹线

随着荷载的增加,梁内各截面上的主应力也相应增加,当主拉应力超过混凝土的抗拉强度时,出现与主拉应力迹线大致垂直的裂缝。除纯弯区的裂缝与梁纵轴垂直外,其他处的裂缝都与梁纵轴成 α 角,故称为斜裂缝。斜裂缝按其出现的位置不同,分为腹剪斜裂缝和弯剪斜裂缝。

1）腹剪斜裂缝。当剪力作用较大时，或梁腹较薄时（如I形、T形梁），在梁腹中部首先开裂，并向支座、集中力方向倾斜延伸，**裂缝中间宽两头细，呈枣核形**，称为腹剪斜裂缝，如图4.2a所示。

2）弯剪斜裂缝。在 M、V 共同作用下，首先在梁底出现竖向裂缝，随着荷载的增加，初始竖向裂缝逐渐向上发展，并随着主拉应力方向的改变而发生倾斜，向集中荷载作用点延伸，**裂缝下宽上细**，称为弯剪斜裂缝，是最常见的斜裂缝形式，如图4.2b所示。

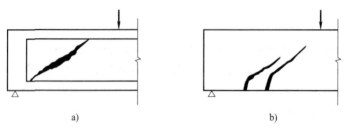

图 4.2 斜裂缝形式
a）腹剪斜裂缝 b）弯剪斜裂缝

为防止梁沿斜裂缝破坏，梁应具有合理的截面尺寸，并配置箍筋和弯起钢筋以抵抗斜裂缝的开展。箍筋、弯起钢筋统称为腹筋，它们与纵筋、架立筋共同形成钢筋骨架，称为有腹筋梁，如图4.3所示。工程设计中应优先选用箍筋进行抗剪，其对抑制斜裂缝开展远比弯起钢筋要好，也方便施工。仅配有纵向钢筋而无腹筋的梁，称为无腹筋梁。

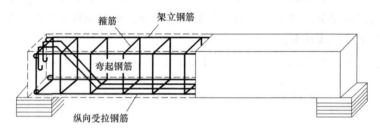

图 4.3 纵筋、架立筋、箍筋和弯起钢筋形成钢筋骨架

4.2 斜截面的受剪机理

4.2.1 无腹筋梁的抗剪性能

无腹筋梁出现斜裂缝后，其应力状态发生显著变化，这时已不再将其视作匀质弹性梁，截面上的应力也不再适用材料力学公式进行计算。现以图4.4中的斜裂缝 $AA'B$ 为界取出脱离体进行内力分析，其脱离体上的内力包括：荷载产生的支座剪力 V_u；斜裂缝上端混凝土截面承受的剪力 V_c 和压力 D_c（即截面 AA' 区段，又称为混凝土的剪压区）；纵向钢筋的拉力 T_s；纵向钢筋的销栓作用传递的剪力 V_d；斜裂缝交界面集料的咬合与摩擦作用传递的剪力 V_a。

现分析斜裂缝出现后，脱离体上的内力发生的变化，主要表现为：

1) 开裂前的剪力是由全截面承担的,开裂后则主要由剪压区混凝土承担,剪压区面积因斜裂缝的出现和发展而逐渐减小,导致剪压区内的混凝土压应力将增大。

2) 随着荷载的增大,斜裂缝宽度增加,集料咬合力 V_a 也迅速减小。

3) 与斜裂缝相交处的纵向钢筋拉力 T_s 在斜裂缝出现前是由截面 B 处弯矩 M_B 决定的,如图 4.4 所示;在斜裂缝出现后,纵向钢筋的拉力 T_s 则是由斜裂缝端点处截面 AA' 的弯矩 M_A 所决定,而 $M_A>M_B$。所以斜裂缝形成后,穿过斜裂缝的纵筋拉应力将增大。

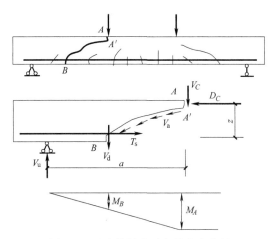

图 4.4 无腹筋梁的脱离体内力分析

4) 由于混凝土保护层厚度不大,难以阻止纵向钢筋在剪力作用下产生的剪切变形,故纵向钢筋的销栓作用 V_d 是很脆弱的。

因此,无腹筋梁的受剪特点,此时,如同"带拉杆的梳状拱模型",如图 4.5 所示。随着荷载增加,无腹筋梁斜裂缝中的一条发展成为主要斜裂缝,梁的上部与纵向受拉钢筋形成带有拉杆的变截面两铰拱;梁的下部则被斜裂缝和竖向裂缝分割成一个个具有自由端的梳状齿。

随着荷载进一步增加,斜裂缝数量的增多和裂缝宽度增大,集料咬合力下降;沿纵向钢筋的混凝土保护层也有可能被撕裂、纵向钢筋的销栓力也逐渐减弱;由于黏结力的逐步破坏,这时梳状齿的作用将相应减小,梁上的荷载绝大部分由拱结构承担,因此无腹筋梁的受剪机理,可看作"带拉杆的梳状拱结构",如图 4.6 所示。斜裂缝以上的残余剪压区为拱顶,纵向钢筋成为拱的拉杆,拱顶到支座间的斜向受压混凝土则为拱身。斜裂缝的发展导致拱顶不断减小,最后在剪应力和压应力的共同作用下,拱顶被压碎而破坏。

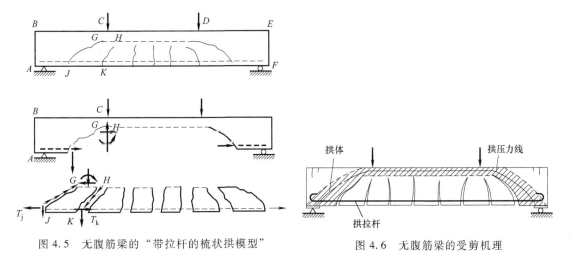

图 4.5 无腹筋梁的"带拉杆的梳状拱模型"　　图 4.6 无腹筋梁的受剪机理

4.2.2 有腹筋梁的抗剪性能

有腹筋梁,仍采用分析脱离体的方法,如图 4.7 所示,其脱离体上的内力包括:支座剪

力 V_u；斜裂缝上端混凝土截面承受的剪力 V_c 和压力 D_c（又称混凝土的剪压区）；纵向钢筋的拉力 T_s；纵向钢筋的销栓作用传递的剪力 V_d；斜裂缝交界面骨料的咬合与摩擦作用传递的剪力 V_a；箍筋抗剪合力 V_{sv}；弯起钢筋承受的剪力 V_{sb}。

对于有腹筋梁，在荷载较小，斜裂缝出现之前，腹筋中的应力很小，腹筋作用不大，其受力性能与无腹筋梁相近。然而，在斜裂缝出现后，有腹筋梁的受力性能与无腹筋梁相比，将有显著的不同。此时，有腹筋梁受剪机理如同"桁架—拱模型"，如图 4.8 所示。图中剪压区混凝土拱体为上弦杆，受拉纵筋为下弦杆，斜裂缝间混凝土为受压腹杆，箍筋为受拉腹杆。由此可知，箍筋作为桁架受拉腹杆，大大增加斜截面的抗剪强度：首先是箍筋本身可直接承担剪力；其次箍筋能限制裂缝开

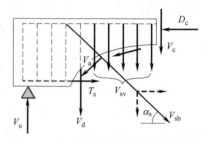

图 4.7 有腹筋梁的脱离体内力分析

展，增大剪压区高度，从而提高混凝土的抗剪能力；箍筋还将提高斜裂缝交界面上的集料咬合力和摩阻力，延缓沿纵筋劈裂裂缝的发展，防止保护层的突然撕裂，提高纵筋的销栓作用。

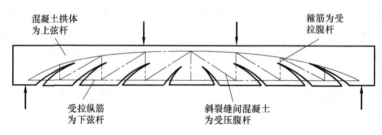

图 4.8 有腹筋梁的"桁架—拱模型"

4.3 斜截面破坏的主要形态

4.3.1 剪跨比

由斜裂缝出现后的受力分析可知，无腹筋梁斜截面破坏形态与截面正应力 σ 与剪应力 τ 的比值有很大关系。σ 与 τ 的比值可用剪跨比 λ 来反映。

对于承受集中荷载的梁，剪跨比 λ 指剪跨 a 与截面有效高度 h_0 的比值，又称计算剪跨比，即

$$\lambda = \frac{a}{h_0} \tag{4.1}$$

式中 a——剪跨，指离支座最近的那个集中力到支座的距离，如图 4.9 中的 a_1、a_2。

对于连续梁，可用广义剪跨比 $\lambda = \dfrac{M}{Vh_0} = \dfrac{a}{h_0} \cdot \dfrac{1}{1+\left|\dfrac{M^-}{M^+}\right|}$ 来反映截面上弯矩与剪力的相对比值，其值小于计算剪跨比 a/h_0，式中 M^- 为支座负弯矩，M^+ 为跨中正弯矩。

由于剪压区混凝土截面上的正应力大致与弯矩 M 成正比，剪应力大致与剪力 V 成正比。因此，剪跨比或广义剪跨比实质上反映了截面上正应力 σ 与剪应力 τ 的相对比值，它对梁的斜截面受剪破坏形态和斜截面受剪承载力有着极为重要的影响。

4.3.2 无腹筋梁的破坏形态

大量试验表明，无腹筋梁有三种破坏形态。

（1）**斜压破坏** $\lambda<1$ 时，由于受到支座反力和荷载引起的单向直接压力的影响，在梁腹部总出现若干条大体相互平行的腹剪斜裂缝。随着荷载增加，梁腹部被这些斜裂缝分割成的几个斜向的受压短柱被压碎而破坏，称为斜压破坏，如图 4.10a 所示，该破坏具有脆性性质。

（2）**剪压破坏** 当 $1\leqslant\lambda\leqslant3$ 时，在剪弯区段的受拉区边缘先出现一些竖向裂缝，沿竖向延伸一小段长度后，沿斜向延伸形成多条弯剪斜裂缝。随着荷载增加，形成一条贯穿的较宽的主要斜裂缝，称为临界斜裂缝，临界斜裂缝出现后迅速延伸，使剪压区的混凝土高度缩小，最后导致剪压区的混凝土被压碎而破坏，称为剪压破坏，如图 4.10b 所示。这是斜截面破坏最典型的一种，该破坏仍具有脆性性质。

（3）**斜拉破坏** 当 $\lambda>3$ 时，竖向裂缝一旦出现，就迅速向受压区斜向伸展，破坏荷载与开裂荷载很接近，承载力随之丧失，称为斜拉破坏，如图 4.10c 所示。该破坏过程发展急骤且突然，具有明显的脆性性质。

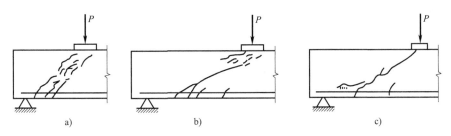

图 4.10 斜截面破坏形态
a）斜压破坏 b）剪压破坏 c）斜拉破坏

4.3.3 有腹筋梁的破坏形态

与无腹筋梁类似，有腹筋梁斜截面受剪破坏也主要分为**斜压破坏、剪压破坏和斜拉破坏三种破坏形态**。这时，除了剪跨比对斜截面破坏形态有着重要影响以外，箍筋的配置数量对破坏形态也有很大的影响。

（1）**斜压破坏** 当剪跨比较小或腹筋配置过多，则在腹筋尚未屈服时，斜裂缝间混凝土因主压应力过大被压碎而破坏，称为斜压破坏。破坏时没有充分利用钢筋的强度，工程设计中不允许出现。

（2）**剪压破坏** 当腹筋的配置适当，在斜裂缝出现后，原来由混凝土承受的拉力转由斜裂缝相交的腹筋承受。在腹筋尚未屈服时，腹筋的存在限制了斜裂缝的开展。随着荷载增加，直到腹筋屈服，裂缝迅速展开与发展；最后剪压区的混凝土在复合应力作用下达到极限强度被压碎而破坏，称为剪压破坏。这种破坏形态在破坏时能够充分利用混凝土和箍筋的强度，故工程设计中采用剪压破坏建立力学模型。

（3）斜拉破坏　当剪跨比较大且腹筋配置过少时，在斜裂缝出现后，腹筋很快达到屈服，不能起到限制斜裂缝的作用，此时梁的破坏形态与无腹筋梁相似，称为斜拉破坏，工程设计中不允许出现。

图 4.11 所示为三种破坏形态的荷载-挠度曲线图（P-f 曲线图）。可见，三种破坏形态的斜截面承载力是不同的，斜压破坏时最大，剪压破坏次之，斜拉破坏最小。它们达到峰值荷载时，跨中挠度都不大，破坏时荷载迅速下降，曲线陡峭，均属脆性破坏类型。在工程设计中应尽量避免，但三者脆性程度是不同的，故工程采取的措施也不尽相同。《混凝土结构设计规范》规定：**通过限制截面尺寸来防止斜压破坏；通过箍筋的最小配箍率和箍筋的最大间距来防止斜拉破坏；通过斜截面受剪承载力的计算并配置适量的腹筋来防止剪压破坏。**

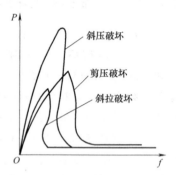

图 4.11　斜截面破坏 P-f 的曲线

4.4　影响斜裂缝受力性能的主要因素

1. 剪跨比

随着剪跨比 λ 的增加，梁的破坏形态按斜压（$\lambda<1$）、剪压（$1\leqslant\lambda\leqslant3$）和斜拉（$\lambda>3$）的顺序，其受剪承载力逐渐下降。

2. 混凝土强度

清华大学试验表明，对同一剪跨比，梁的受剪承载力与混凝土立方体强度近似呈线性关系：λ 越小，直线斜率越大，表明越接近斜压破坏，与混凝土抗压强度的关系越大；当 $\lambda>3$ 时，直线斜率越小，表明越接近斜拉破坏，其承载力取决于混凝土的抗拉强度。

因此，斜压破坏时，受剪承载力取决于混凝土的抗压强度；斜拉破坏时，抗剪承载力取决于混凝土的抗拉强度；剪压破坏时，受剪承载力与混凝土压剪复合受力强度有关，居于上述两者之间。

3. 纵向钢筋配筋率

研究表明，在其他条件相同的情况下，梁的受剪承载力随纵筋配筋率 ρ 的增加而提高，两者大致呈线性关系，如图 4.12 所示。这是因为纵筋受剪产生的销栓力能抑制裂缝的开展和延伸，从而使剪压区高度增大，提高了剪压区混凝土承受的剪力。

根据试验分析，当 $\rho\approx1\%$ 时，ρ 的影响较小。这是由于当 ρ 很小时，纵筋的销栓作用小，限制斜裂缝宽度的作用也小，从而使集料咬合力减小，这些都不利于斜截面抗剪。ρ 对无腹筋梁受剪承载力的影响可用系数 $\beta_\rho=(0.7+20\rho)$ 来表示；通常当 $\rho>1.5\%$ 时，ρ 对无腹筋梁受剪承载力影响较为明显，所以我国现行规范对无腹筋梁受剪承载力未列入 β_ρ 的影响。此外，当 $\lambda>3$ 时，纵筋的影响不大，这是由于剪跨比较大时易产生撕裂裂缝，从而降低了纵筋的销栓作用。

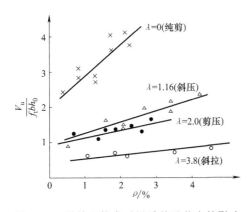
图 4.12 纵筋配筋率对梁受剪承载力的影响

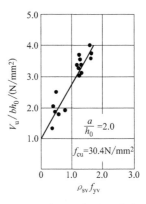
图 4.13 配箍率对梁抗剪承载力的影响

4. 箍筋的配筋率 ρ_{sv} 和箍筋强度 f_{yv}

有腹筋梁出现斜裂缝后,箍筋不仅直接承受相当部分的剪力,而且有效地抑制斜裂缝的开展和延伸,对提高剪压区混凝土的抗剪能力和纵向钢筋的销栓作用有着积极影响。试验表明,在配置箍筋适当的范围内,随配箍量 ρ_{sv} 的增多、箍筋强度的提高,梁的受剪承载力 f_{yv} 有较大幅度的增长。如图 4.13 所示,ρ_{sv}、f_{yv} 对梁抗剪承载力的影响,在其他条件相同时,两者大致呈线性关系。

箍筋的配筋率 ρ_{sv}(简称配箍率)是指沿梁长,在箍筋的一个间距范围内,箍筋各肢的全部截面面积与混凝土水平截面面积的比值,即

$$\rho_{sv} = \frac{A_{sv}}{bs} = \frac{nA_{sv1}}{bs} \tag{4.2}$$

式中 n——在同一截面内箍筋的肢数,如图 4.14 所示;

A_{sv1}——单肢箍筋的截面面积;

b——截面宽度;

s——沿构件轴线方向箍筋的间距。

如上所述,由于斜截面受剪破坏属脆性破坏,为了提高斜截面的延性,箍筋强度不宜采用高强度钢筋。《混凝土结构设计规范》规定:**500 级的钢筋在进行抗剪计算时,$f_{yv} = 360 \text{N/mm}^2$。**

5. 截面尺寸和截面形状

1)截面尺寸的影响。截面尺寸对无腹筋梁的受剪承载力有较大影响。破坏时产生的平均剪应力值,尺寸大的构件比尺寸小的构件要低。有试验表明,

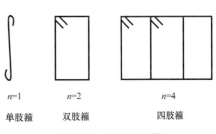
图 4.14 箍筋的肢数

在其他参数(混凝土强度、纵筋配筋率、剪跨比)保持不变时,梁高扩大 4 倍,受剪承载力可下降 25%~30%。对于有腹筋梁,截面尺寸的影响不明显。

2)截面形状的影响。这主要是指 T 形截面梁,其翼缘大小对抗剪承载力起有利作用。适当增加翼缘宽度,可提高受剪承载力;但翼缘过大,增大作用就趋于平缓。另外,梁宽增厚也可提高抗剪承载力。

4.5 斜截面受剪承载力的计算

4.5.1 基本假定

由于混凝土受弯构件受剪破坏的影响因素众多，破坏形态复杂，对混凝土构件受剪机理的研究仍在进一步研究，至今未能像正截面承载力计算一样建立一套较完整的理论体系，国内外各主要设计规范采用的斜截面承载力计算方法差异较大，计算模式也不尽相同。目前我国《混凝土结构设计规范》仍采用半理论半经验的实用计算公式。

如前所述，钢筋混凝土梁沿斜截面的主要破坏形态有：斜压破坏，斜拉破坏和剪压破坏。我国《混凝土结构设计规范》中规定的计算公式是根据剪压破坏，考虑竖向力（$\sum Y=0$）的平衡，同时引入一些试验参数采用半理论半经验的方法建立的。

如图 4.15 所示，梁的斜截面抗剪承载力 V_u 由斜裂缝上剪压区承受的剪力 V_c，与斜裂缝相交的箍筋承受的剪力 V_{sv} 和与斜裂缝相交的弯起钢筋承受的剪力 V_{sb} 三部分组成，忽略了斜裂缝处的集料咬合力在竖向分力的总和 V_a 和纵筋的销栓力 V_d。由竖向力的平衡条件 $\sum Y=0$ 可得

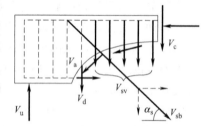

图 4.15 斜截面受剪承载力计算简图

$$V_u = V_c + V_{sv} + V_{sb} \quad (4.3)$$

当不配置弯起钢筋时，则有

$$V_u = V_c + V_{sv} = V_{cs} \quad (4.4)$$

式中 V_{cs}——箍筋和混凝土共同承受的剪力。

规范采用上述公式建立抗剪承载力，是基于下列基本假定：

1）剪压破坏时，与斜裂缝相交的箍筋和弯起钢筋均应达到屈服强度，但考虑到弯起钢筋与破坏斜截面相交位置的不定性，其应力可能达不到屈服强度，因此公式中引入了弯起钢筋应力不均匀系数 0.8。

2）斜裂缝处的集料咬合力和纵筋的销栓力，在有腹筋梁中，由于箍筋的存在，虽然使集料咬合力和销栓力都有一定程度的提高，但它们的抗剪作用已大都被箍筋代替。所以为了计算简便，式（4.3）中未列入此项内容。

3）截面尺寸的影响主要针对无腹筋的受弯构件，故仅在不配箍筋和弯起钢筋的厚板计算时才予以考虑。

4）剪跨比是影响斜截面承载力的重要因素之一，但为了计算公式应用简便，仅在计算受集中荷载为主的独立梁时才考虑 λ 的影响。

5）T 形和 I 形截面，翼缘加大了剪压区混凝土的面积，提高了梁的抗剪承载力，但当翼缘加大到一定程度后，再加大翼缘截面，也不能提高梁的抗剪承载力。其次，对梁腹板相对较窄的 T 形和 I 形截面，剪切破坏常发生在腹板上，其翼缘的大小对在腹板破坏时的承载力影响不大。因此，对 T 形和 I 形截面梁仍按肋宽为 b 的矩形截面梁的受剪承载力计算公式来计算。

4.5.2 斜截面受剪承载力的计算公式

1) 对矩形、T形和I形截面的受弯构件，当仅配箍筋时，其斜截面的受剪承载力应按下式计算

$$V \leqslant V_{cs} = \alpha_{cv} f_t b h_0 + \frac{f_{yv} A_{sv}}{s} h_0 \tag{4.5}$$

式中 V——构件斜截面上的最大剪力设计值，详见 4.5.5 节；

f_t——混凝土轴心抗拉强度设计值；

α_{cv}——斜截面混凝土受剪承载力系数，对于一般受弯构件取 0.7；对集中荷载作用下的独立梁（包括作用有多种荷载，其中集中荷载对支座截面或节点边缘产生的剪力值占总剪力值的 75% 以上的情况），取 $\alpha_{cv} = \frac{1.75}{\lambda + 1.0}$（$\lambda$ 为计算截面的剪跨比，按 $\lambda = \frac{a}{h_0}$ 计算，当 $\lambda < 1.5$ 时，取 $\lambda = 1.5$；当 $\lambda > 3$ 时，取 $\lambda = 3$。a 取集中荷载作用点到支座截面或节点边缘的距离）；

A_{sv}——配置在同一截面内箍筋各肢的全部截面面积，即 $A_{sv} = n A_{sv1}$，（n 为在同一个截面内箍筋的肢数，A_{sv1} 为单肢箍筋的截面面积）；

s——沿构件轴线方向上箍筋的间距；

f_{yv}——箍筋抗拉强度设计值。

在进行斜截面受剪承载力计算前，必须先判断该梁受何种荷载为主，以确定采用以 $\alpha_{cv} = 0.7$ 的一般受弯构件的公式或是以 $\alpha_{cv} = \frac{1.75}{\lambda + 1.0}$ 的以集中荷载为主的独立梁的公式。所谓"独立梁"是指没有和楼板整浇在一起的梁，如预制梁、吊车梁等。在我国实际工程中，除吊车梁少数构件外，大多种情况都不是"集中荷载为主的独立梁"。

式（4.5）中混凝土抗剪采用 f_t 而不是 f_c，这是因为斜截面受剪承载力是随混凝土强度等级的提高而增大，如果用 f_c 来表达的话，在高强度混凝土范围内，f_c 随混凝土强度等级的提高而增大得太快，对于属于脆性破坏的斜截面抗剪承载力是偏于不安全；虽然 f_t 也随混凝土强度等级的提高而增大，但从 C20 到 C80 过程中，f_t 的增大一直比较缓和，所以用 f_t 反映混凝土抗剪承载力比较妥当。

2) 对矩形、T形和I形截面的一般受弯构件，当配置箍筋和弯起钢筋时，其斜截面的受剪承载力应按下式计算

$$V \leqslant V_{cs} + V_{sb} = \alpha_{cv} f_t b h_0 + \frac{f_{yv} A_{sv} h_0}{s} + 0.8 f_{yv} A_{sb} \sin\alpha_s \tag{4.6}$$

式中 A_{sb}——同一弯起平面内弯起钢筋的截面面积；

α_s——斜截面上弯起钢筋与构件纵轴线的夹角，一般可取 $\alpha_s = 45°$，当梁高 $h \geqslant 800\text{mm}$ 时，可取 $\alpha_s = 60°$；

V——配置弯起钢筋处截面剪力设计值［当计算第一排（对支座而言）弯起钢筋时，取支座边缘处的剪力值；当计算以后的每一排弯起钢筋时，取用前一排（对支座而言）弯起钢筋弯起点处的剪力值］。

3）**对无腹筋梁以及不配置箍筋和弯起钢筋的一般板类受弯构件**。通常,板的跨高比较大,且多承受均布荷载,因此相对于正截面承载力来讲,其斜截面承载力往往是足够的,故受弯构件斜截面承载力主要针对梁和厚板而言进行设计,板一般可不进行斜截面抗剪计算。这里指的厚板,如高层建筑中基础底板或板式转换层等,厚度可达 1~3m。对于厚板,除应计算正截面受弯承载力外,还必须计算斜截面受剪承载力,其中截面的尺寸效应是影响厚板抗剪承载力的重要因素。因为随着板厚的增加,斜裂缝的宽度也相应增大,使裂缝两侧的集料咬合力减弱,传递剪力的能力相对较低,因此在《混凝土结构设计规范》中引入 β_h 系数以考虑截面尺寸效应

$$V \leqslant V_c = 0.7\beta_h f_t b h_0 \tag{4.7}$$

$$\beta_h = \left(\frac{800}{h_0}\right)^{\frac{1}{4}} \tag{4.8}$$

式中 β_h——截面高度影响系数,当 $h_0 < 800\text{mm}$ 时,取 $h_0 = 800\text{mm}$;当 $h_0 > 2000\text{mm}$ 时,取 $h_0 = 2000\text{mm}$。

4）**构造配筋**。对矩形、T 形和 I 形截面的一般受弯构件,当符合下式的要求时

$$V \leqslant \alpha_{cv} f_t b h_0 \tag{4.9}$$

可不进行斜截面受剪承载力计算,但仍需要按构造要求配置箍筋。

当 $V \leqslant \alpha_{cv} f_t b h_0$,说明混凝土一项已能抵抗剪力设计值,不需要由计算配置箍筋,但并不意味着梁内不需要配置箍筋。这是因为,影响斜截面受剪承载力的因素不止公式中考虑的几项,还受到温度收缩、不均匀沉降等因素影响,使计算简图与实际结构之间存在一定误差;同时,还考虑到无腹筋梁一旦发生受剪破坏,它的脆性性质具有较大的危险。因此对满足式(4.9)的梁仍要按构造要求配置箍筋。

4.5.3 公式的适用范围

1. 上限值——最小截面尺寸（防止斜压破坏）

当发生斜压破坏时,梁腹部的混凝土被压碎、箍筋不屈服,其受剪承载力主要取决于构件的腹板宽度、梁截面高度及混凝土强度。因此,只要保证构件截面尺寸不太小,就可防止斜压破坏的发生,同时也是为了限制在使用阶段斜裂缝过宽和满足斜截面受剪破坏的箍筋最大配箍率要求。

当 $\dfrac{h_w}{b} \leqslant 4$ 时 $\qquad V \leqslant 0.25\beta_c f_c b h_0 \tag{4.10}$

当 $\dfrac{h_w}{b} \geqslant 6$ 时 $\qquad V \leqslant 0.2\beta_c f_c b h_0 \tag{4.11}$

当 $4 < \dfrac{h_w}{b} < 6$ 时,按线性内插法确定。

式中 β_c——混凝土强度影响系数（当混凝土强度等级不超过 C50 时,取 $\beta_c = 1.0$；当混凝土强度等级为 C80 时,取 $\beta_c = 0.8$；其间按线性内插法确定）;

b——矩形截面的宽度,T 形截面或 I 形截面的腹板宽度;

h_0——截面的有效高度;

h_w——截面的腹板高度,如图 4.16 所示(对矩形截面,取有效高度 h_0;对 T 形截面,取有效高度减去翼缘高度,即 $h_w = h_0 - h'_f$;对 I 形截面,取腹板净高,即 $h_w = h - h_f - h'_f$)。

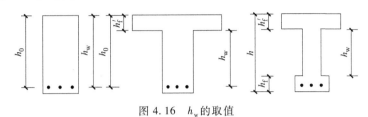

图 4.16 h_w 的取值

2. 下限值——最小配箍率(防止斜拉破坏)

试验表明,在混凝土出现斜裂缝前,斜截面上的应力主要由混凝土承担,当出现斜裂缝后,斜裂缝处的拉应力全部转移给箍筋,箍筋拉应力突然增大,如果箍筋配置过少,则箍筋不能承担原来由混凝土承担的拉力,斜裂缝一出现,箍筋拉应力会立即达到屈服强度,甚至被拉断而导致斜拉的脆性破坏。

为避免这类破坏,要求在梁内配置一定数量的箍筋,且箍筋的间距又不能过大,以保证每一道斜裂缝均能与箍筋相交,就可避免发生斜拉破坏。《混凝土结构设计规范》规定,箍筋最小配筋率为

当 $V > 0.7 f_t b h_0$ 时 $\quad\quad \rho_{sv} = \dfrac{A_{sv}}{bs} \geqslant \rho_{sv,\min} = 0.24 \dfrac{f_t}{f_{yv}}$ (4.12)

梁中箍筋最小配筋百分率见表 4.1。

表 4.1 梁中箍筋最小配筋百分率 (%)

钢筋牌号	混凝土强度等级							
	C25	C30	C35	C40	C45	C50	C55	C60
HPB300	0.113	0.127	0.140	0.152	0.160	0.168	0.174	0.181
HRB400 HRBF400 HRB500 HRBF500	0.085	0.095	0.105	0.114	0.120	0.126	0.131	0.136

4.5.4 箍筋构造

计算出来的箍筋还需满足箍筋最大间距、最小直径要求。

(1) 梁中箍筋的最大间距 见表 4.2。

表 4.2 箍筋的最大间距 $s_{\max}$ (单位:mm)

梁高 h	$V > 0.7 f_t b h_0$	$V \leqslant 0.7 f_t b h_0$
$150 < h \leqslant 300$	150	200
$300 < h \leqslant 500$	200	300
$500 < h \leqslant 800$	250	350
$h > 800$	300	400

（2）箍筋最小直径

1）对截面高度 $h>800\mathrm{mm}$ 的梁，其箍筋直径不宜小于 8mm。

2）对截面高度 $h\leqslant 800\mathrm{mm}$ 的梁，其箍筋直径不宜小于 6mm。

3）梁中配有计算需要的纵向受压钢筋时，箍筋直径尚不应小于 $d/4$，d 为纵向受压钢筋最大直径。

（3）箍筋其他要求

1）当梁中配有按计算需要的纵向受压钢筋时，箍筋应做成封闭式，且弯钩直线段长度不应小于 $5d$；此时，箍筋的间距不应大于 $15d$（d 为纵向受压钢筋的最小直径），且不应大于 400mm。

2）当一层内的纵向受压钢筋多于 5 根且直径大于 18mm 时，箍筋间距不应大于 $10d$（d 为纵向受压钢筋的最小直径）。

3）当梁的宽度大于 400mm 且一层内的纵向受压钢筋多于 3 根时，或当梁的宽度不大于 400mm 但一层内的纵向受压钢筋多于 4 根时，应设复合箍筋。

（4）箍筋的布置

1）当截面高度 $h>300\mathrm{mm}$ 时，应沿梁全长设置箍筋。

2）当截面高度 $h=150\sim300\mathrm{mm}$ 时，可仅在构件端部各 $l_0/4$ 跨度范围内设置构造箍筋；但当在构件中部 $l_0/2$ 跨度范围内有集中荷载作用时，则应沿梁全长设置箍筋。

3）当梁截面高度 $h<150\mathrm{mm}$ 时，可不设置箍筋。

4.5.5 荷载取值的计算截面

每个构件发生斜截面剪切破坏的位置受荷载、构件形状、支座条件、腹筋配置方法和数量等因素的影响不尽相同，故斜截面破坏可能在同一构件的多处位置发生。

《混凝土结构设计规范》规定：计算斜截面的受剪承载力时，剪力设计值的计算截面应按下列规定采用：

1）支座边缘处的截面（图 4.17 截面 1—1）。

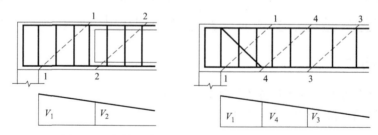

图 4.17 斜截面受剪承载力剪力设计值的计算截面

2）受拉区弯起钢筋弯起点处的截面（图 4.17 截面 4—4）。为防止弯筋间距太大，出现不与弯起钢筋相交的斜裂缝，使弯起钢筋不能发挥作用，《混凝土结构设计规范》规定当按计算要求配置弯起钢筋时，前一排弯起点至后一排弯终点的距离不应大于表 4.2 中 $V>0.7f_tbh_0$ 栏的最大箍筋间距 $s_{\max}$，如图 4.18 所示。

3）箍筋截面面积或间距改变处的截面（图 4.17 截面 3—3）。

4）截面尺寸改变处的截面（图 4.17 截面 2—2）。

计算弯起钢筋时，截面剪力设计值按下述方法采用：计算第一排（对支座而言）弯起钢筋时，取支座边缘处的剪力值；计算以后每一排弯起钢筋时，取前一排（对支座而言）弯起钢筋弯起点处的剪力值。

4.5.6 连续梁斜截面抗剪性能

集中荷载作用下，分析得连续梁的剪跨比 $\lambda = \dfrac{M^+}{Vh_0} = \dfrac{a}{(1+\psi)h_0}$ 小于简支梁的计算剪跨比 $\lambda = a/h_0$，其剪跨比还与弯矩比 ψ 值有关，其中 $\psi = \left|\dfrac{M^-}{M^+}\right|$，式中

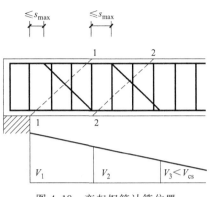

图 4.18 弯起钢筋计算位置

M^- 与 M^+ 为在剪跨区段内作用有正负两个方向的弯矩，如图 4.19a 所示。在 M^- 与 M^+ 之间存在反弯点。现分析这类梁抗剪承载力降低的原因：连续梁在正负弯矩及剪力作用下，在反弯点附近可能出现两条临界斜裂缝，分别指向中间支座和加载点，如图 4.19b 所示。此时，在斜裂缝处由于混凝土开裂产生内力重分布而使纵向钢筋的拉应力增大，当纵向受拉钢筋自斜裂缝处延伸至反弯点时，这一区段钢筋内拉力差过大，从而引起黏结力的破坏，致使沿纵向钢筋与混凝土之间出现一批针脚状的黏结裂缝，如图 4.19b 所示。在黏结裂缝出现前，受压区混凝土和钢筋所受的压力分别为 D_c 和 T_s，与下部钢筋所受的拉力 T 平衡，如图 4.19c 所示。当黏结裂缝出现后，纵向钢筋受拉区延伸，纵筋的应力发生重分布，使原先受压的钢筋变成受拉钢筋，如图 4.19d 所示。此外，黏结裂缝和纵筋应力重分布的充分发展，将形成沿纵筋的撕裂裂缝，使纵筋外侧原来受压的混凝土基本上不起作用。由此可见，与具有相同条件的简支梁相比，连续梁的混凝土受压区高度减小，只有中间部分承受压力和剪力，如图 4.19d 所示，相应的压应力和剪应力增大，从而降低了连续梁的抗剪承载力。

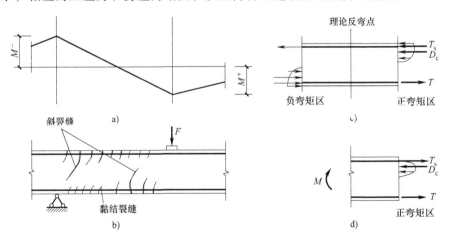

图 4.19 连续梁两条临界斜裂缝和应力重分布

均布荷载作用下，由于梁上部混凝土受到均匀荷载产生的竖向压应力的影响，加强了钢筋与混凝土间的黏结强度，因此在受拉纵筋达到屈服强度前，一般不会沿受拉纵筋位置出现

严重的黏结开裂裂缝,故其抗剪承载力与具有相同条件的简支梁相当。

为简化计算,连续梁斜截面抗剪承载力仍用式(4.5)进行计算,但剪跨比采用计算剪跨比($\lambda = a/h_0$)。此外,连续梁的截面尺寸限制条件和配箍构造要求同简支梁。

4.6 斜截面受剪承载力的计算方法

4.6.1 截面设计

截面设计时,腹筋的配置可以仅配箍筋,也可以箍筋和弯起钢筋同时配置。当仅配箍筋时,可直接由式(4.5)计算箍筋用量。当箍筋和弯起钢筋同时配置时,有两种情况,一是选择的箍筋数量不能满足承载力要求,则按 $V_{sb} = V - V_{cs}$ 计算所需弯起钢筋;另一是已配弯起钢筋,不足部分由箍筋和混凝土承担,按 $V_{cs} = V - V_{sb}$ 计算所需箍筋。详细的计算步骤如下:

已知剪力设计值 V、材料强度、截面尺寸,确定箍筋和弯起钢筋的数量。

(1) 内力计算　求内力,绘制弯矩图或剪力图。

(2) 截面尺寸验算　按式(4.10)~式(4.11)验算是否满足截面限制条件,如不满足,则应加大截面尺寸或提高混凝土的强度等级。

(3) 验算是否需要按计算配置腹筋　当 $V \leq \alpha_{cv} f_t b h_0$ 时,按构造配置箍筋,即箍筋的最大间距和最小直径宜满足4.5.4节的箍筋的构造要求。否则,应按计算配置箍筋。

(4) 计算腹筋

1) 仅配置箍筋的矩形、T形和工字形截面的一般受弯构件,可按下式计算:

$$\frac{nA_{sv1}}{s} \geq \frac{V - \alpha_{cv} f_t b h_0}{f_{yv} h_0} \tag{4.13}$$

式(4.13)中含有箍筋肢数 n、单肢箍筋截面面积 A_{sv1}、箍筋间距 s 三个未知量。**设计时一般先假定箍筋直径 d 和箍筋的肢数 n,然后计算箍筋的间距 s。选择箍筋的最大间距和最小直径时宜满足 4.5.4 节的箍筋的构造要求,同时应满足最小配箍率要求。**或同时假定 n、A_{sv1}、s,满足式(4.13)即可,只是注意假定 A_{sv1}、s 时宜满足4.5.4节的箍筋的构造要求。

2) 同时配置箍筋和弯起钢筋,可以根据经验和构造要求先配置箍筋,然后按下式计算弯起钢筋的面积

$$A_{sb} = \frac{V - \alpha_{cv} f_t b h_0 - \dfrac{f_{yv} A_{sv}}{s} h_0}{0.8 f_{yv} \sin\alpha_s} \tag{4.14}$$

也可以根据受弯正截面承载力的要求,先选定弯起钢筋,再按下式计算所需箍筋

$$\frac{nA_{sv1}}{s} \geq \frac{V - \alpha_{cv} f_t b h_0 - 0.8 f_{yv} A_{sb} \sin\alpha_s}{f_{yv} h_0} \tag{4.15}$$

然后验算弯起点的位置是否满足斜截面承载力的要求。如果不满足要求,应增大箍筋用量,增加弯起钢筋排数或调整弯起钢筋位置等,使其满足要求。

(5) 验算最小配箍率　按 $\rho_{sv} = \dfrac{A_{sv}}{bs} \geq \rho_{sv,\min} = 0.24 \dfrac{f_t}{f_{yv}}$ 验算。若不满足,**减小箍筋间距或**

增大箍筋直径。

4.6.2 截面复核

已知材料强度、截面尺寸、箍筋和弯起钢筋数量，要求校核斜截面承受剪力 V_u。只需将已知数据代入式（4.5）或式（4.6），要求 $V \leq V_u$。但应注意还需按式（4.10）~式（4.11）复核截面尺寸，按式（4.12）复核配箍率，并检验已配的箍筋直径和间距是否满足构造要求。

【例 4.1】 某钢筋混凝土矩形截面简支梁，承受均布荷载，梁净跨 $l_n = 3660\mathrm{mm}$。支座边缘处的剪力设计值 $V = 152.3\mathrm{kN}$，梁截面尺寸 $b \times h = 200\mathrm{mm} \times 500\mathrm{mm}$。混凝土强度等级为 C30（$f_c = 14.3\mathrm{N/mm^2}$，$f_t = 1.43\mathrm{N/mm^2}$），箍筋为 HRB400 级钢筋（$f_{yv} = 360\mathrm{N/mm^2}$），按正截面受弯承载力计算已选配 HRB400 钢筋 3 ⌀ 18 为纵向受力钢筋（$f_y = 360\mathrm{N/mm^2}$）。环境类别为一类，$a_s = 40\mathrm{mm}$，$h_0 = 460\mathrm{mm}$。试根据斜截面受剪承载力公式确定腹筋：

(1) 仅配箍筋。
(2) 当箍筋为双肢⌀6@200 时，根据纵筋结果配置弯起钢筋。

【解】 (1) 验算截面尺寸

$$h_w = h_0 = 460\mathrm{mm}, \quad \frac{h_w}{b} = \frac{460}{200} = 2.3 < 4$$

$$0.25\beta_c f_c b h_0 = 0.25 \times 1.0 \times 14.3 \times 200 \times 460 \times 10^{-3}\mathrm{kN} = 328.9\mathrm{kN} > V = 152.3\mathrm{kN}$$

截面尺寸满足要求。

(2) 验算是否需要按计算配置腹筋

$$0.7 f_t b h_0 = 0.7 \times 1.43 \times 200 \times 460 \times 10^{-3}\mathrm{kN} = 92.1\mathrm{kN} < V = 152.3\mathrm{kN}$$

应按计算配置腹筋。

(3) 腹筋计算

1) 仅配箍筋。由 $V \leq 0.7 f_t b h_0 + f_{yv} \cdot \frac{n A_{sv1}}{s} \cdot h_0$ 得

$$\frac{n A_{sv1}}{s} \geq \frac{V - 0.7 f_t b h_0}{f_{yv} h_0} = \frac{(152.3 - 92.1) \times 10^3}{360 \times 460} \mathrm{mm^2/mm} = 0.364 \mathrm{mm^2/mm}$$

选用双肢箍筋⌀8@200（满足构造要求）。

$$\frac{n A_{sv1}}{s} = \frac{2 \times 50.3}{200} \mathrm{mm^2/mm} = 0.503 \mathrm{mm^2/mm} > 0.364 \mathrm{mm^2/mm}（满足要求）$$

或者选用双肢箍⌀8，则 $A_{sv1} = 50.3 \mathrm{mm^2}$，可求得

$$s \leq \frac{2 \times 50.3}{0.364} \mathrm{mm} = 276.4 \mathrm{mm}$$

取 $s = 200\mathrm{mm}$，满足构造要求，箍筋沿梁长均匀布置，如图 4.20a 所示。

配箍率 $$\rho_{sv} = \frac{n A_{sv1}}{bs} = \frac{2 \times 50.3}{200 \times 200} = 0.252\%$$

最小配箍率 $$\rho_{svmin} = 0.24 \frac{f_t}{f_{yv}} = 0.24 \times \frac{1.43}{360} = 0.095\%$$

满足 $\rho_{svmin} < \rho_{sv}$ 要求。

2) 配置箍筋又配弯起钢筋。按构造要求选Φ6@200双肢箍，则

$$\rho_{sv} = \frac{nA_{sv1}}{bs} = \frac{2 \times 28.3}{200 \times 200} = 0.142\% > \rho_{svmin} = 0.095\%$$

$$V_{cs} = 0.7 f_t b h_0 + f_{yv} \cdot \frac{A_{sv}}{s} \cdot h_0$$

$$= \left(0.7 \times 1.43 \times 200 \times 460 + 360 \times \frac{2 \times 28.3}{200} \times 460 \right) \times 10^{-3} \text{kN} = 138.96 \text{kN}$$

则有

$$A_{sb} = \frac{V - V_{cs}}{0.8 f_{yv} \sin\alpha_s} = \frac{(152.3 - 138.96) \times 10^3}{0.8 \times 360 \times \sin 45°} \text{mm}^2 = 65.5 \text{mm}^2$$

选用 1Φ18 纵筋做弯起钢筋，$A_{sb} = 254 \text{mm}^2$，满足计算要求。

核算是否需要第二排弯起钢筋：

支座边缘到第一排弯起钢筋弯起点的距离 = 470mm，则该截面处的剪力可由相似三角形关系求得

$$V_2 = V \times \left(1 - \frac{470}{0.5 \times 3660} \right) = 113.2 \text{kN} < V_{cs} = 138.96 \text{kN}$$

故不需要第二排弯起钢筋，其配筋如图 4.20b 所示。

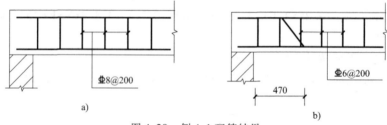

图 4.20 例 4.1 配筋结果

【点评】①属斜截面受剪承载力设计题，采用仅配箍筋抗剪或箍筋和弯起钢筋共同抗剪两种形式，实际工程中应优选仅配箍筋抗剪；②计算箍筋时，$nA_{sv1}/s \geq$ 定值，含三个未知数，通常按构造假定肢数 n 和箍筋直径 d，再求箍筋间距 s。

【例 4.2】 某钢筋混凝土独立简支T形梁，两端支撑在砖墙上，净跨 $l_n = 5760 \text{mm}$，承受荷载设计值如图 4.21 所示，其中集中荷载 $F = 92 \text{kN}$，均布荷载 $g + q = 7.5 \text{kN/m}$（包括自重）。梁截面尺寸 $b'_f = 500 \text{mm}$，$h'_f = 80 \text{mm}$，$b = 250 \text{mm}$，$h = 600 \text{mm}$，混凝土强度等级为 C25（$f_c = 11.9 \text{N/mm}^2$，$f_t = 1.27 \text{N/mm}^2$），梁底配置纵筋为 HRB400 级（$f_y = 360 \text{N/mm}^2$）4Φ25，箍筋为 HPB300 级（$f_{yv} = 270 \text{N/mm}^2$）。环境类别为一类，$a_s = 45 \text{mm}$。试计算该梁的箍筋用量。

【解】 取 $a_s = 45 \text{mm}$，则

$$h_0 = h - a_s = (600 - 45) \text{mm} = 555 \text{mm}$$

$$h_w = h_0 - h'_f = (555 - 80) \text{mm} = 475 \text{mm}$$

（1）计算截面的确定和剪力设计值的计算

支座边缘处剪力最大，故选择该截面进行斜截面受剪承载力计算，该截面的剪力设计值为

$$V = \frac{1}{2}(g + q)l_n + F = \left(\frac{1}{2} \times 7.5 \times 5.76 + 92 \right) \text{kN} = 113.6 \text{kN}$$

其中，集中荷载对支座截面产生的剪力 $V_F=92\text{kN}$，则集中荷载引起的剪力占总剪力的 $92/113.6=81\%>75\%$，故对该T形截面简支梁考虑剪跨比的影响，$a=1880\text{mm}$，得

$$\lambda=\frac{a}{h_0}=\frac{1880}{555}=3.39>3(\text{取 }\lambda=3)$$

（2）复核截面尺寸

$$\frac{h_w}{b}=\frac{h_0-h_f'}{b}=\frac{555-80}{250}=1.9<4$$

$0.25\beta_c f_c b h_0 = 0.25\times1.0\times11.9\times250\times555\times10^{-3}\text{kN}=412.8\text{kN}>V=113.6\text{kN}$

截面尺寸符合要求。

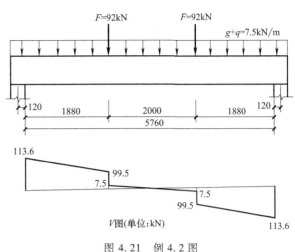

图 4.21　例 4.2 图

（3）验算是否需要按计算配置腹筋

$$\frac{1.75}{\lambda+1.0}f_t b h_0 = \frac{1.75}{3+1}\times1.27\times250\times555\times10^{-3}\text{kN}=77.09\text{kN}<V=113.6\text{kN}$$

应按计算配箍。

（4）计算箍筋用量

选用双肢Φ8箍筋，则 $A_{sv}=nA_{sv1}=2\times50.3\text{mm}^2=100.6\text{mm}^2$，可得箍筋间距为

$$s\leqslant\frac{f_{yv}A_{sv}h_0}{V-\frac{1.75}{\lambda+1}f_t b h_0}=\frac{270\times100.6\times555}{113600-77090}\text{mm}=413\text{mm}$$

选 $s=250\text{mm}$，符合箍筋间距的构造要求。

（5）验算最小配箍率

$$\rho_{sv}=\frac{nA_{sv1}}{bs}=\frac{2\times50.3}{250\times250}=0.161\%>\rho_{sv\min}=0.24\frac{f_t}{f_{yv}}=0.24\times\frac{1.27}{270}=0.113\%(\text{满足要求})$$

配筋结果：该梁箍筋按Φ8@250沿梁全长均匀配置。

【点评】对独立梁上作用集中荷载，注意公式的选取，是否考虑剪跨比的影响。

【例4.3】图4.22所示简支梁，求其能承受的最大均布荷载设计值 q。混凝土为C30（$f_c=14.3\text{N/mm}^2$，$f_t=1.43\text{N/mm}^2$），箍筋采用HPB300级，$f_{yv}=270\text{N/mm}^2$。截面尺寸 $b\times h=250\text{mm}\times550\text{mm}$，环境类别为一类，$a_s=40\text{mm}$，

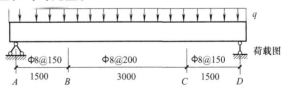

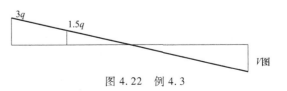

图 4.22　例 4.3

$h_0 = 510$mm，忽略梁的自重，并认为该梁正截面受弯承载力足够大。

【解】（1）计算控制截面处的剪力值

$V_A = V_D = 3q$，$V_B = V_C = 1.5q$

（2）验算 AB 段（或 CD 段）、BC 段最小配箍率

AB 段 $\rho_{sv} = \dfrac{nA_{sv1}}{bs} = \dfrac{2 \times 50.3}{250 \times 150} = 0.268\% > \rho_{svmin} = 0.24 \dfrac{f_t}{f_{yv}} = 0.24 \times \dfrac{1.43}{270} = 0.127\%$（满足要求）

BC 段 $\rho_{sv} = \dfrac{nA_{sv1}}{bs} = \dfrac{2 \times 50.3}{250 \times 200} = 0.201\% > \rho_{svmin} = 0.127\%$（满足要求）

（3）验算 V_u

1）AB 段（或 CD 段），实配 Φ8@150 双肢箍。则

$$V_u \leqslant 0.7 f_t b h_0 + f_{yv} \dfrac{A_{sv}}{s} h_0$$

$$= \left(0.7 \times 1.43 \times 250 \times 510 + 270 \times \dfrac{2 \times 50.3}{150} \times 510\right) \times 10^{-3} \text{kN} = 219.98 \text{kN}$$

由 $3q \leqslant 219.98$ kN/m，得均布线荷载 $q \leqslant 73.3$ kN/m。

2）BC 段，实配 Φ8@200 双肢箍。则

$$V_u \leqslant 0.7 f_t b h_0 + f_{yv} \dfrac{A_{sv}}{s} h_0$$

$$= \left(0.7 \times 1.43 \times 250 \times 510 + 270 \times \dfrac{2 \times 50.3}{200} \times 510\right) \times 10^{-3} \text{kN} = 196.89 \text{kN}$$

由 $1.5q \leqslant 196.89$ kN/m，得均布线荷载 $q \leqslant 131.3$ kN/m。

（4）复核截面尺寸是否满足要求

$$h_w = h_0 = 510 \text{mm}，\dfrac{h_w}{b} = \dfrac{510}{250} = 2.04 < 4$$

$$0.25 \beta_c f_c b h_0 = 0.25 \times 1.0 \times 14.3 \times 250 \times 510 \times 10^{-3} \text{kN} = 455.8 \text{kN} > V_{umax} = 219.98 \text{kN}$$

截面尺寸符合要求。

（5）结论。要求梁既要满足 AB 段的抗剪承载力，又要满足 BC 段的抗剪承载力，故该梁所能承受的最大线荷载设计值取两者的小值 $q = 73.3$ kN/m。

【点评】①属斜截面受剪承载力复核题，计算截面剪力值有两处，一处为支座边缘 A（或 D）截面，配箍为 Φ8@150；一处为 B（或 C）截面，配箍为 Φ8@200。分别求出 q 后，取两者的小值。②仍需复核截面尺寸，避免发生斜压破坏。

4.7 斜截面受弯承载力的构造要求

前面介绍了梁的斜截面受剪承载力，而梁的斜截面受弯承载力是指斜截面破坏时纵向受拉钢筋、弯起钢筋、箍筋各自提供的拉力对剪压区的内力矩之和，如图 4.23 所示。

$$M \leqslant f_y A_s z + \sum f_y A_{sb} z_{sb} + \sum f_{yv} A_{sv} z_{sv} \tag{4.16}$$

因此在设计中，除了保证梁的正截面受弯承载力和斜截面受剪承载力外，应**考虑纵向钢筋弯起、截断、钢筋锚固及箍筋的间距等构造措施来保证梁的斜截面受弯承载力**。

4.7.1 抵抗弯矩图的概念及绘制方法

抵抗弯矩图又称材料抵抗图，它是以梁在各截面实际配置的纵向受拉钢筋所能承受的弯矩为纵坐标，以相应的截面位置为横坐标作出的弯矩图，简称 M_u 图。对单筋矩形截面梁而言，当梁的截面尺寸、材料强度及钢筋截面面积确定后，其抵抗弯矩值可由下式确定

$$M_u = f_y A_s \left(h_0 - \frac{f_y A_s}{2\alpha_1 f_c b} \right) \quad (4.17)$$

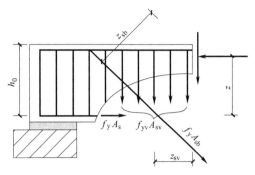

图 4.23 斜截面受弯承载力

每根钢筋抵抗的弯矩 M_{ui} 可近似地按该根钢筋的面积 A_{si} 与钢筋总面积 A_s 的比值乘以总抵抗弯矩 M_u 求得

$$M_{ui} = \frac{A_{si}}{A_s} M_u \quad (4.18)$$

如图 4.24 所示，承受均布荷载的简支梁。若按跨中最大弯矩计算，需配纵筋 2⌀25+1⌀22。假定③号筋 1⌀22 弯起，①号筋 1⌀25 与②号筋 1⌀25 全部伸入支座，讨论如何绘制材料抵抗图。

1. 纵向受力钢筋全部伸入支座时的抵抗弯矩图

按式（4.17）计算 M_u。如果全部纵筋伸入支座，并在支座处有足够的锚固长度，则沿梁全长各个正截面抵抗弯矩的能力相等，因而梁抵抗弯矩图为矩形 $abcd$。每根钢筋能抵抗的弯矩按式（4.18）计算，并按比例绘制在图 4.24 中。

如图 4.24 所示，③号钢筋在截面 1 处被充分利用，②号钢筋在截面 2 处被充分利用，①号钢筋在截面 3 处被充分利用，因此可以把截面 1、2、3 处分别称为③、②、①号钢筋的充分利用截面。过了截面 2 以后，就不再需要③号钢筋；过了截面 3 以后，就不再需要②号钢筋；过了截面 4 以后，就不再需要①号钢筋。因此可以把截面 2、3、4 分别称为③、②、①号钢筋的不需要截面。

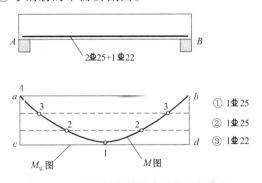

图 4.24 配通长直筋简支梁的抵抗弯矩

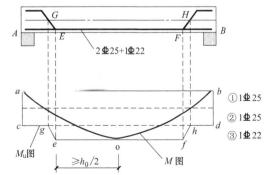

图 4.25 有纵筋弯起的简支梁的抵抗弯矩

2. 纵向受力钢筋弯起时的抵抗弯矩图

如图 4.25 所示，为纵向钢筋弯起的材料抵抗弯矩图。现以③号弯起钢筋为例说明绘制的方法。图中 G、H 点为③号钢筋和梁轴线的交点；E、F 点为③号钢筋的弯起点。先从 E、F 两点作垂直投影线与 M_u 图的基线相交于点 e、f；再从 G、H 两点作垂直投影线与 M_u 图的

基线 cd 相交于点 g、h，则连线 $cgefhd$ 表示③号钢筋弯起后的抵抗弯矩图。由于弯起时弯起钢筋对受压区合力点的力臂逐渐减小，相应的抵抗弯矩图的倾斜连线 eg、fh 就表明了随着钢筋的弯起其相应的抵抗弯矩值在逐渐减小，直到 G、H 处弯筋穿过梁轴线进入受压区后，其正截面抗弯作用才消失。

3. 纵向受力钢筋被截断时的抵抗弯矩图

图 4.26 所示为一钢筋混凝土连续梁中间支座的纵向受力钢筋被截断时的抵抗弯矩图。根据支座负弯矩计算求得的纵向受力钢筋实际配筋假定为 2⌀22+1⌀20（其中①号筋 2⌀22 为贯通钢筋；②号筋 1⌀20 为截断钢筋，长度为 AF）。首先按式（4.17）计算 M_u，每根钢筋能抵抗的弯矩按式（4.18）计算，并按比例绘制在图 4.26 中；然后从②号筋的理论截断点 b、e 点分别向上作垂直投影线交于 c、d 点；最后从②号筋的实际截断点 A、F 点分别向上作垂直投影线交于 a、f 点，则 $acdf$ 为②号筋被截断时的抵抗弯矩图。

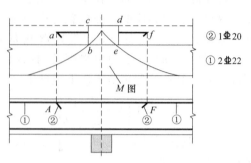

图 4.26 连续梁中间支座负弯矩钢筋被截断时的抵抗弯矩

4.7.2 纵向钢筋的弯起

对于斜截面受弯承载力，一般不需计算而是通过构造要求，使其斜截面的受弯承载力不低于相应正截面受弯承载力。

1. 纵向钢筋的弯起

如图 4.27 所示，设梁跨中全部纵向受拉钢筋截面面积为 A_s，弯起钢筋截面面积为 A_{sb}，则伸入支座的纵向钢筋面积为 $(A_s - A_{sb})$。

弯起前，纵向钢筋在充分利用的正截面Ⅰ—Ⅰ处提供的受弯承载力为

$$M_{uⅠ} = f_y A_s z \tag{4.19}$$

弯起后，它在斜截面Ⅱ—Ⅱ处提供的受弯承载力为

$$M_{uⅡ} = f_{yv} A_{sb} z_b + f_y (A_s - A_{sb}) z \tag{4.20}$$

由图 4.27 可知，斜截面承担的弯矩设计值就是斜截面末端剪压区处正截面Ⅰ—Ⅰ承担的弯矩设计值，所以不能因为纵向钢筋弯起而使受弯承载力降低，也就是说为了保证斜截面的受弯承载力，至少要求斜截面受弯承载力与正截面受弯承载力相等，即 $M_{uⅠ} = M_{uⅡ}$。钢筋牌号相同，令 $f_y = f_{yv}$，由式（4.19）、式（4.20）得，$z_b = z$。

设弯起点离弯筋充分利用的截面Ⅰ—Ⅰ的距离为 s，由图 4.27 可见

$$\frac{z_b}{\sin\alpha_s} = z\cot\alpha_s + s \tag{4.21}$$

则

$$s = \frac{1-\cos\alpha_s}{\sin\alpha_s} \cdot z \tag{4.22}$$

通常 $\alpha_s = 45°$ 或 $60°$，近似取 $z = 0.9h_0$，则可得

$$s = (0.373 \sim 0.52)h_0 \tag{4.23}$$

因此《混凝土结构设计规范》规定，**弯起点与按计算充分利用该钢筋截面之间的距离，不应小于 $0.5h_0$**，即弯起点应在该钢筋充分利用截面以外，大于或等于 $0.5h_0$。

因此在截面设计中，**梁纵向钢筋的弯起必须满足三个要求：**

1)保证正截面的受弯承载力,必须使材料抵抗弯矩图 M_u 不小于相应的荷载计算得到弯矩图 M_u。

2)保证斜截面的受剪承载力,即从支座起前一排的弯起点至后一排的弯终点的距离不应大于箍筋的最大间距 s_{max},以防止出现不与弯起钢筋相交的斜裂缝,如图 4.28 所示。

3)保证斜截面的受弯承载力,即弯起点应在按正截面受弯承载力计算不需要该钢筋的截面(充分利用点)以外,其距离 s 不应小于 $0.5h_0$。同时,弯起钢筋与梁纵轴线的交点应位于按计算不需要该钢筋的截面以外。

2. 弯起钢筋的构造要求

1)弯起钢筋的间距。当按计算需要设置弯起钢筋时,从支座起前一排的弯起点至后一排的弯终点的距离不应大于表 4.2 中 $V>0.7f_tbh_0$ 时的箍筋的最大间距 s_{max}。同时为了更好地发挥靠近梁端的第一根弯起钢筋的抗剪承载力,工程设计中要求该钢筋上弯点到支座边缘的距离不小于 50mm,如图 4.28 所示。

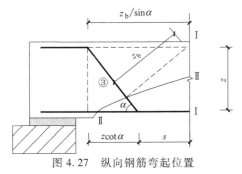

图 4.27 纵向钢筋弯起位置

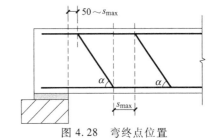

图 4.28 弯终点位置

2)弯起钢筋在平行梁轴线的锚固长度在受拉区不应小于 $20d$,在受压区不应小于 $10d$,d 为弯起钢筋的直径,如图 4.29 所示。

3)弯起钢筋的弯起角度一般为 45°;当梁高 $h \geq 800$mm 时,取 60°。

4)受剪弯起的钢筋形式应采用"鸭筋",不得采用"浮筋"。否则一旦弯起钢筋滑动,斜裂缝将开展过大,如图 4.30 所示。

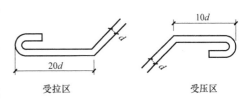

图 4.29 弯起钢筋端部构造

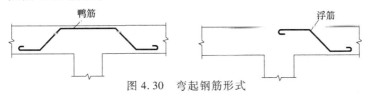

图 4.30 弯起钢筋形式

5)梁底层钢筋中的角部钢筋不应弯起;顶层钢筋中的角部钢筋不应弯下,以避免引起弯起处混凝土发生劈裂裂缝。

4.7.3 纵向钢筋的截断

1. 支座负弯矩钢筋的截断

梁内纵向钢筋是根据跨中或支座弯矩设计值按正截面受弯承载力计算配置的,但两处纵筋采取的构造措施却不相同。通常，梁的正弯矩图形范围较大，受拉区几乎覆盖整个跨度，故跨中正弯矩区段内梁底的纵向受拉钢筋不宜截断。对于在支座附近的负弯矩区段内梁顶部的纵向受拉钢筋，因为负弯矩区段的范围不大，故采用截断方式来减少纵筋的数量，如图4.31中的③号筋为截断钢筋。

从理论上讲，某一纵筋在其不需要点（称为理论截断点）处截断无可非议。但事实上，当在理论截断点处切断钢筋后，相应于该处的混凝土拉应力会突增，有可能在切断处过早地出现斜裂缝。斜裂缝的出现，使斜裂缝顶端截面处承担的弯矩增大，未切断纵筋的应力就有可能超过其抗拉强度，造成梁的斜截面受弯破坏。

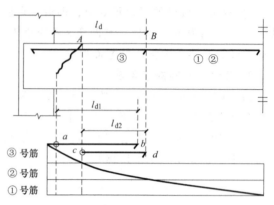

图4.31 负弯矩区段纵向受拉钢筋截断示意

在设计时，为了避免发生上述斜截面受弯破坏，使每一根纵向受力钢筋在结构中发挥其承载力的作用，应从按正截面承载力计算的"强度充分利用截面"外伸一定的长度 l_{d1}，如图4.31中 ab 段，依靠这段长度与混凝土的黏结锚固作用来维持钢筋承担足够的抗力。同时，当一根钢筋由于弯矩图变化，不考虑其抗力而切断时，按正截面承载力计算的"不需要该钢筋的截面"也须外伸一定的长度 l_{d2}，如图4.31中 cd 段，作为受力钢筋应有的构造措施。如果按上述规定确定的截断点仍位于负弯矩受拉区内，则应增大充分利用截面伸出长度值和计算不需要截面伸出长度值，详见表4.3。

表4.3 负弯矩钢筋的延伸长度 l_d

截面条件	充分利用截面伸出长度 l_{d1}	计算不需要截面伸出长度 l_{d2}
$V \leq 0.7f_t bh_0$	$1.2l_a$	$20d$
$V > 0.7f_t bh_0$	$1.2l_a + h_0$	h_0 且 $20d$
$V > 0.7f_t bh_0$ 且截断点仍在负弯矩对应的受拉区内	$1.2l_a + 1.7h_0$	$1.3h_0$ 且 $20d$

在结构设计中，应从上述两个条件中确定较大的外伸长度作为纵向受力钢筋的实际延伸长度 l_d，作为其真正的切断点，如图4.31中 B 点。其中 l_{d1} 是从"充分利用该钢筋强度的截面"延伸出的长度；而 l_{d2} 是从"不需要该钢筋的截面"延伸出的长度。

钢筋混凝土连续梁、框架梁支座负弯矩，当 $V > 0.7f_t bh_0$ 时，纵向钢筋截断，如图4.32所示。

2. 悬臂梁的负弯矩钢筋

悬臂梁是全部承受负弯矩的构件，其根部弯矩最大，并迅速向悬臂端减弱。因此，

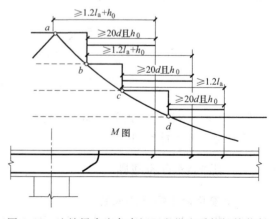

图4.32 连续梁支座负弯矩区段纵向受拉钢筋截断

理论上抵抗负弯矩的钢筋可根据弯矩图的变化逐渐减少。但是,由于悬臂梁中存在着比一般梁更为严重的因斜弯作用和黏结退化引起的应力延伸,所以在梁中截断钢筋会引起斜弯失效。因此《混凝土结构设计规范》规定,悬臂梁中负弯矩钢筋配置:在钢筋混凝土悬臂梁中,应有不少于2根上部钢筋伸至悬臂梁外端,并向下弯折不小于12d;其余钢筋不应在梁的上部截断,可分批向下弯折,锚固在梁的受压区内,其锚固长度为10d,如图4.33所示。

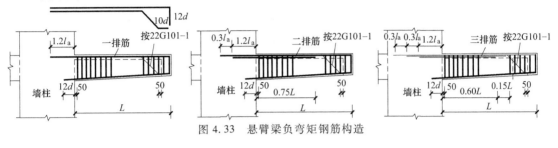

图4.33 悬臂梁负弯矩钢筋构造

小结

1. 斜裂缝有腹剪斜裂缝和弯剪斜裂缝两类。腹剪斜裂缝中间宽两头细,呈枣核形,常见于薄腹梁中。弯剪斜裂缝上细下宽,是最常见的形式。

2. 无腹筋梁的受剪机理为带拉杆的梳状拱模型,有腹筋梁的受剪机理为桁架—拱模型。

3. 斜截面受剪破坏形态主要有三种:斜压破坏、剪压破坏、斜拉破坏,都属于脆性破坏类型。通过限制截面尺寸来防止斜压破坏;通过箍筋的最小配箍率和箍筋的最大间距来防止斜拉破坏;通过斜截面受剪承载力的计算并配置适量的腹筋来防止剪压破坏。

4. 计算截面一般选在剪力最大的支座边缘处、弯起钢筋弯起点处、箍筋截面面积或间距改变处,以及截面尺寸改变处等关键部位。

5. 斜截面受弯承载力通常是依靠梁内纵筋的弯起、锚固、截断及箍筋间距等构造措施来保证。纵筋的弯起与截断位置一般由绘制正截面受弯承载力图确定,反映了沿梁长各正截面受弯承载力的设计值,即截面的抵抗弯矩变化情况。

6. 受弯构件斜截面承载力知识框图如图4.34所示。

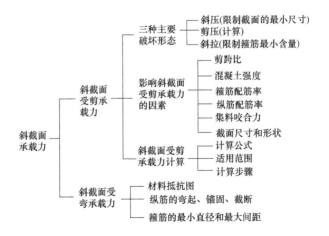

图4.34 受弯构件斜截面承载力知识框图

思考题

4.1 什么是计算剪跨比？简述剪跨比对无腹筋梁斜截面破坏形态的影响。
4.2 影响钢筋混凝土梁斜截面受剪承载力的主要因素有哪些？
4.3 写出矩形、T形、I形梁斜截面受剪承载力计算公式。
4.4 受弯构件斜截面破坏的主要形态有几种？各发生在什么情况下？设计中如何避免？
4.5 在进行梁斜截面受剪承载力设计时，计算截面如何选取？
4.6 什么是材料的抵抗弯矩图？它与设计弯矩图的关系怎样？什么是纵筋的充分利用点和理论截断点？
4.7 如何保证梁斜截面受弯承载力？有哪些措施？

章节练习

4.1 填空题

1. 钢筋混凝土无腹筋梁斜截面受剪破坏，主要与_____有关。集中荷载作用下无腹筋梁的受剪破坏形态主要有_____、_____和_____三种。
2. 梁的受剪性能与剪跨比有关，实质上是与_____和_____的相对比值有关。
3. 影响梁斜截面受剪承载力的因素很多，除截面尺寸外，对钢筋混凝土无腹筋梁，其影响因素主要有_____、_____和_____。
4. 一般情况下，对钢筋混凝土梁，纵筋配筋率越大，梁的受剪承载力越大；纵筋对梁的受剪承载力主要有_____和_____两个作用。
5. 当梁高超过_____时，必须沿梁全长配置箍筋。
6. 满足梁斜截面受弯承载力的要求时，弯起钢筋的弯起点距离该钢筋的充分利用点至少有_____的距离。

4.2 判断题

1. 钢筋混凝土梁的斜截面破坏全部是由剪力引起的。（　）
2. 薄腹梁的腹板中往往会出现弯剪斜裂缝。（　）
3. 控制梁中箍筋的最小配筋率，是为了防止梁的斜拉破坏。（　）
4. 为防止梁的斜压破坏，要求受剪截面必须满足 $V>0.25\beta_c f_c b h_0$ 的条件。（　）
5. 虽然箍筋和弯起钢筋都能提高梁的斜截面受剪承载力，但设计时应优先考虑配置箍筋。（　）
6. 集中荷载作用下（包括作用有多种荷载，其中集中荷载对支座截面或节点边缘产生的剪力值占总剪力的75%以上的情况）的钢筋混凝土独立梁斜截面受剪承载力计算公式与一般荷载作用下梁的斜截面受剪承载力计算公式不同。（　）
7. 受弯构件斜截面破坏的主要形态中：斜拉破坏和斜压破坏为脆性破坏，剪压破坏为塑性破坏，因此受弯构件斜截面承载能力计算公式是按剪压破坏的受力特征建立的。（　）
8. 当梁的剪跨比较大（$\lambda>3$）时，梁发生斜拉破坏，因此，设计时必须限制梁的剪跨比 $\lambda \leqslant 3$。（　）
9. 纵向钢筋的多少只影响钢筋混凝土构件的正截面承载能力，不会影响斜截面的承载能力。（　）
10. 为防止钢筋混凝土梁发生斜截面承载能力不足，应在梁中布置箍筋或箍筋和弯起钢筋。（　）
11. 受弯构件斜截面承载力是指构件的斜截面受剪承载力。（　）
12. 钢筋混凝土梁中纵筋的截断位置为，在钢筋的理论不需要点处截断。（　）
13. 箍筋的构造设置应同时满足箍筋最大间距和最小直径要求及最小配箍率要求。（　）

14. 当 $V \leq 0.7f_tbh_0$ 时，钢筋实际截断点到其充分利用点的延伸长度不应小于 $1.2l_a$，钢筋实际截断点到理论截断点的距离不应小于 $20d$。( )

4.3 计算题

1. 某矩形截面独立简支梁，如图 4.35 所示，截面尺寸 $b×h = 250\text{mm}×500\text{mm}$。两端支承在砖墙上，净跨 $l_n = 5.76\text{m}$。梁承受均布荷载设计值 40kN/m（包括梁自重），集中荷载 $F = 20\text{kN}$。混凝土强度等级为 C30（$f_c = 14.3\text{N/mm}^2$，$f_t = 1.43\text{N/mm}^2$），箍筋为 HPB300 级（$f_{yv} = 270\text{N/mm}^2$）。环境类别为一类，$a_s = 40\text{mm}$，$h_0 = 460\text{mm}$。

（1）求支座边缘处剪力设计值。

（2）仅配置箍筋，求箍筋的直径和间距。

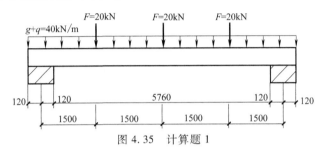

图 4.35 计算题 1

2. 承受均布荷载作用的钢筋混凝土外伸梁，荷载作用如图 4.36 所示。截面尺寸 $b×h = 250\text{mm}×600\text{mm}$。箍筋均采用 HRB400 级（$f_{yv} = 360\text{N/mm}^2$），混凝土强度等级为 C30（$f_c = 14.3\text{N/mm}^2$，$f_t = 1.43\text{N/mm}^2$），环境类别为一类，$a_s = 40\text{mm}$，$h_0 = 560\text{mm}$。

（1）求 A 支座、B 支座处剪力设计值。

（2）仅配置箍筋，求 A 支座、B 支座处箍筋的直径和间距。

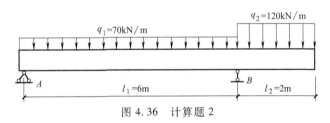

图 4.36 计算题 2

3. 某两端支承于砖墙上的钢筋混凝土 T 形截面简支梁，截面尺寸及配筋如图 4.37 所示。混凝土强度等级为 C30，纵筋采用 HRB400 级，箍筋采用 HPB300 级。环境类别为一类，$h_0 = 560\text{mm}$。忽略梁的自重，试按斜截面受剪承载力计算梁能承受的均布荷载设计值。已知此梁不会发生斜拉和斜压破坏。

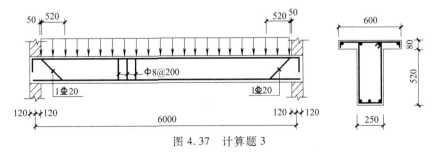

图 4.37 计算题 3

受压构件截面承载力 第 5 章

本章提要

1. 掌握受压构件的一般构造。
2. 理解轴心受压短柱和长柱的受力特点,以及螺旋式间接钢筋柱的受力性能,特别是"间接钢筋"的概念;掌握轴心受压构件正截面受压承载力的计算方法。
3. 深入理解偏心受压构件正截面的两种破坏形态及判别方法,熟悉二阶效应及计算方法;掌握偏心受压构件正截面承载力计算。
4. 掌握正截面承载力 N_u—M_u 相关曲线及其应用。
5. 熟悉偏心受压构件斜截面受剪承载力的计算。
6. 了解双偏心受压构件正截面承载力计算方法。

受压构件是承受轴向压力 N 或同时承受轴向压力 N 与弯矩 M 作用的竖向构件,相比水平构件而言,在建筑结构中起更重要的作用。一旦受压构件发生破坏,如图 5.1 所示,影响结构安全,严重时甚至出现结构连续倒塌,危及人们的生命财产安全。建筑工程中常见的受压构件有钢筋混凝土排架柱、框架柱、桁架上弦杆或受压腹杆、钢筋混凝土墙、基桩等,以及构筑物中的烟囱、电线杆等。

图 5.1 工程中受压柱破坏实例

由于混凝土为非匀质材料,忽略混凝土的不均匀性与制作安装误差等影响,近似用轴向压力的作用点与截面几何形心的相对位置来划分受压构件的类型,如图 5.2 所示。当轴向压力的作用点与构件截面形心轴重合时为轴心受压构件,如梯形屋架的受压腹杆、以恒载为主的等跨钢筋混凝土框架中柱;当轴向压力的作用点与截面形心轴平行且偏离其中一个主轴时为单向偏心受压构件,如一般框架柱、厂房排架柱、烟囱等;当轴向压力的作用点与截面形心轴平行且偏离两个主轴时为双向偏心受压构件,如框架结构的角柱。

轴心受压构件按长细比不同,分为短柱和长柱。偏心受压构件按偏心距大小不同,分为大偏心受压构件和小偏心受压构件,其破坏机理仍符合应变平截面假定。同时偏心受压构件

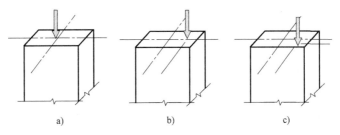

图 5.2 轴心受压构件和偏心受压构件
a) 轴心受压 b) 单向偏心受压 c) 双向偏心受压

还存在剪力,故还需进行受压构件的斜截面受剪承载力计算。

5.1 受压构件的一般构造

1. 材料强度等级

为充分发挥混凝土材料的抗压性能,减小构件的截面尺寸,节约钢筋,宜采用强度等级较高的混凝土,一般采用 C25、C30、C35、C40、C45、C50。对于高层建筑的底层柱,可采用强度等级更高的混凝土,目前规范规定混凝土强度等级可做到 C80,如上海环球金融中心底层区域的竖向构件采用 C60 混凝土,上海中心底层区域的竖向构件采用 C70 自密实和高流态高强度混凝土。

柱中纵向受力钢筋应采用 HRB400 级、HRBF400 级、HRB500 级、HRBF500 级的热轧钢筋,箍筋宜采用 HRB400 级、HRBF400 级、HRB500 级、HRBF500 级、HPB300 级的热轧钢筋。

2. 截面形式和尺寸

受压构件的截面形式应考虑受力合理和制作方便。轴心受压构件截面一般为正方形、圆形或多边形;偏心受压构件截面一般为矩形,但为了节省混凝土及减轻结构自重,也常采用 I 形或双肢形;采用离心法制作的柱或基桩也常采用环形或圆形截面。

钢筋混凝土矩形截面柱尺寸不应小于 300mm×300mm,以避免长细比过大,受压构件失稳破坏,一般宜控制 $l_0/b \leq 30$、$l_0/h \leq 25$、$h/b \leq 3$(l_0 为柱的计算长度,b、h 分别为矩形柱的短边、长边尺寸)。圆柱最小截面尺寸不应小于 350mm,$l_0/d \leq 25$(d 为圆形柱的直径)。I 形截面柱的翼缘厚度不宜小于 120mm,腹板厚度不宜小于 100mm,以免翼缘太薄使构件过早出现裂缝,或腹板太薄影响混凝土浇筑。在施工制作时,800mm 以内时宜取 50mm 为模数,800mm 以上时宜取 100mm 为模数。

3. 纵向钢筋

纵向钢筋的作用是与混凝土共同承担外荷载引起的内力,防止构件发生脆性破坏,减少混凝土不匀质性引起的影响;同时,纵向钢筋还可以承担构件失稳破坏时凸面出现的拉力,由荷载的初始偏心、温度变形等因素引起的内力,以及长期荷载作用下混凝土收缩、徐变带来的不利影响。具体构造要求如下:

1) 纵向受力钢筋宜采用粗钢筋,以增强钢筋骨架的刚度,减小钢筋在施工时的纵向弯曲。纵向受力钢筋直径不宜小于 12mm,一般在 16~32mm 内选用。全部纵向钢筋的配筋率不宜大于5%。

2）圆柱中纵向钢筋不宜少于8根，不应少于6根，且宜沿周边均匀布置。

3）偏心受压构件的截面高度 $h \geqslant 600mm$ 时，在柱的侧面上应设置不小于10mm的纵向构造钢筋，以防止构件因温度和混凝土收缩应力而产生裂缝，并相应地设置复合箍筋或拉筋。

4）柱中纵向钢筋的净间距不应小于50mm，且不宜大于300mm。

5）在偏心受压柱中，垂直于弯矩作用平面的侧面上的纵向受力钢筋及轴心受压柱中各边的纵向受力钢筋，其中距不宜大于300mm。

6）纵向受力钢筋的最小配筋百分率应符合表5.1要求。

表5.1 受压构件纵向受力钢筋的最小配筋百分率 ρ_{min}

受力类型			最小配筋百分率（%）
受压构件	全部纵向钢筋	强度等级500MPa	0.50
		强度等级400MPa	0.55
		强度等级300MPa	0.60
	一侧纵向钢筋		0.20

注：1. 当采用C60以上强度等级的混凝土时，受压构件全部纵向钢筋最小配筋百分率应按表中规定增加0.10。
2. 受压构件的全部纵向钢筋和一侧纵向钢筋的配筋率均应按构件的全截面面积计算。
3. 当钢筋沿构件截面周边布置时，"一侧纵向钢筋"指沿受力方向两个对边中一边布置的纵向钢筋。

4. 箍筋

箍筋的作用是为了防止纵向钢筋受压后外凸；同时约束核心混凝土，提高极限压应变；保证纵向钢筋的正确位置，并与纵向钢筋形成整体骨架以及抵抗柱中水平剪力。具体构造要求如下：

1）箍筋间距不应大于400mm及构件截面的短边尺寸，且不应大于 $15d$，d 为纵向钢筋的最小直径。

2）箍筋直径不应小于 $d/4$，且不应小于6mm，d 为纵向钢筋的最大直径。

3）柱中全部纵向受力钢筋的配筋率大于3%时，箍筋直径不应小于8mm，间距不应大于 $10d$，且不应大于200mm，d 为纵向受力钢筋的最小直径。箍筋末端应做成135°弯钩，且弯钩末端平直段长度不应小于10倍箍筋直径。

4）当柱截面的短边尺寸大于400mm且各边纵向钢筋多于3根时，或当柱截面的短边尺寸不大于400mm，但各边纵向钢筋多于4根时，应设置复合箍筋，如图5.3所示。

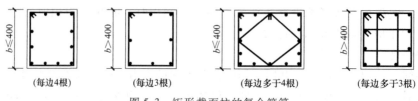

图5.3 矩形截面柱的复合箍筋

5）柱或其他受压构件中的周边箍筋应做成封闭式；对圆柱中的箍筋，搭接长度不应小于锚固长度，末端应做成135°弯钩，且弯钩末端平直段长度不应小于5倍箍筋直径。

对于截面形状复杂的构件，不应采用具有内折角的箍筋，避免产生向外的拉力，导致折角处混凝土破坏。可将复杂截面划分成若干简单矩形截面，分别配置箍筋，如图 5.4 所示。

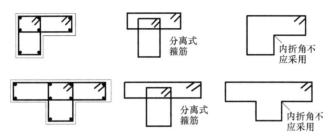

图 5.4 复杂截面的箍筋形式

5. 混凝土保护层厚度

受压构件混凝土保护层厚度与结构所处环境类别和设计使用年限有关。构件中受力钢筋的保护层厚度不应小于钢筋的公称直径 d。当设计使用年限为 50 年，混凝土强度等级 ≥C30 时，一类环境，柱的混凝土保护层厚度为 20mm，墙的混凝土保护层厚度为 15mm；二 a 类环境，柱的混凝土保护层厚度为 25mm，墙的混凝土保护层厚度为 20mm。当设计使用年限为 100 年，混凝土强度等级 ≥C30 时，柱、墙混凝土保护层厚度为上述数值的 1.4 倍。

5.2 轴心受压构件正截面承载力

轴心受压指轴向压力作用点与构件截面形心轴重合。在实际工程中几乎没有真正的轴心受压构件，但以恒载为主的等跨多层钢筋混凝土框架中柱、桁架的受压弦杆或受压腹杆、圆形池壁可近似按轴心受压构件计算。另外，轴心受压构件正截面承载力计算还用于偏心受压构件中垂直弯矩平面的承载力验算。

一般轴心受压柱按箍筋配置方式不同分为两种：普通箍筋柱与螺旋式或焊接环式箍筋柱（后者统称为螺旋箍筋柱），如图 5.5 所示。

图 5.5 普通箍筋柱和螺旋箍筋柱

5.2.1 轴心受压普通箍筋柱的正截面受压承载力

根据柱的长细比不同，轴心受压柱构件可分为长柱和短柱，短柱指 $l_0/b \leq 8$ 或 $l_0/d \leq 7$

或 $l_0/i \leq 28$，以材料破坏为主；长柱指 $l_0/b>8$ 或 $l_0/d>7$ 或 $l_0/i>28$，以失稳破坏为主，两者破坏机理不完全相同。其中，b 为矩形截面的短边尺寸，d 为圆形截面直径，i 为任意截面的最小回转半径。

1. 轴心受压短柱受力分析及破坏形态

对于钢筋混凝土轴心受压短柱，在荷载 N 作用下，整个截面上应变分布基本上是均匀的，且由于钢筋与混凝土之间存在黏结力，两者的压应变相等。当荷载较小时，钢筋和混凝土都处于弹性阶段，钢筋应力 σ_s' 和混凝土应力 σ_c 与荷载成比例增加。当荷载较大时，构件处于弹塑性阶段，由于混凝土塑性变形的发展，在相同荷载增量下，钢筋的压应力增长明显比混凝土的压应力增长得快，如图 5.6 所示。随着荷载继续增加，柱中开始出现竖向细微裂缝，在临近破坏时，柱四周出现明显的纵向裂缝，混凝土保护层剥落，箍筋间的纵向钢筋压屈，向外凸出呈灯笼状，混凝土被压碎而破坏，如图 5.7 所示。

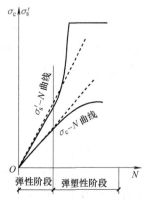

图 5.6 荷载-应力曲线示意图

图 5.7 短柱的破坏形态

轴心受压构件，钢筋与混凝土共同承压，两者变形保持一致，并受混凝土峰值压应变控制。当混凝土达到轴心抗压强度 f_c 时，混凝土峰值压应变 ε_c 取 0.002；400 级、500 级钢筋的弹性模量 $E_s = 2.0 \times 10^5 \text{N/mm}^2$，此时得到钢筋应力 $\sigma_s' = E_s \varepsilon_s' = 2.0 \times 10^5 \times 0.002 \text{N/mm}^2 = 400 \text{N/mm}^2$。因此对轴心受压构件，当采用 HRB400、HRBF400 和 RRB400 级钢筋时，钢筋的抗压强度设计值取 $f_y' = 360 \text{N/mm}^2$；当采用 HRB500、HRBF500 级钢筋时，钢筋的抗压强度设计值取 $f_y' = 400 \text{N/mm}^2$。

2. 轴心受压长柱受力分析及破坏形态

对于长细比较大的柱子，各种偶然因素造成的初始偏心距的影响是不可忽略的。柱子施加荷载后，初始偏心距导致产生附加弯矩和相应的侧向挠度，而侧向挠度反过来又进一步增大了荷载的偏心距；随着荷载继续增加，附加弯矩和侧向挠度将不断增大，两者相互影响的结果使长柱在轴向压力和附加弯矩的共同作用下最终发生破坏。

试验表明，当长柱在临近破坏荷载时，首先在凹侧出现纵向裂缝，凸侧混凝土出现垂直于纵轴方向的横向裂缝，侧向挠度急剧增大，纵向钢筋被压屈向外凸出，随后混凝土被压碎导致柱破

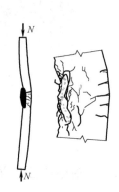

图 5.8 长柱的破坏形态

坏，如图5.8所示。

试验表明，长柱的承载力低于其他条件相同的短柱的承载力，是因为在长期荷载作用下轴心受压构件中钢筋与混凝土之间还会发生应力重分布。混凝土产生徐变，使钢筋压应力逐渐增大，而混凝土压应力却逐渐降低。同时混凝土的徐变会进一步加大柱子的侧向挠度，导致长柱的承载力进一步降低。长期荷载在全部荷载中所占的比例越多，其承载力降低就越多。《混凝土结构设计规范》采用稳定系数 φ 来表示长柱承载力的降低程度

$$\phi = \frac{N_u^l}{N_u^s} \tag{5.1}$$

式中 N_u^l、N_u^s——长柱和短柱的承载力。

根据对国内外试验资料的研究分析，稳定系数 φ 主要与构件的长细比有关。随着长细比的增大 φ 值减小。对于具有相同长细比的柱，当混凝土强度等级、钢筋的种类及配筋率不同时，φ 值的大小还略有变化。表5.2为《混凝土结构设计规范》根据试验研究结果并考虑以往使用经验给出的 φ 值。

表5.2 钢筋混凝土轴心受压构件的稳定系数 φ

l_0/b	≤8	10	12	14	16	18	20	22	24	26	28
l_0/d	≤7	8.5	10.5	12	14	15.5	17	19	21	22.5	24
l_0/i	≤28	35	42	48	55	62	69	76	83	90	97
φ	1.00	0.98	0.95	0.92	0.87	0.81	0.75	0.70	0.65	0.60	0.56
l_0/b	30	32	34	36	38	40	42	44	46	48	50
l_0/d	26	28	29.5	31	33	34.5	36.5	38	40	41.5	43
l_0/i	104	111	118	125	132	139	146	153	160	167	174
φ	0.52	0.48	0.44	0.40	0.36	0.32	0.29	0.26	0.23	0.21	0.19

注：1. 表中 b 为矩形截面的短边尺寸，d 为圆形截面的直径，i 为截面的最小回转半径，l_0 为构件的计算长度（对钢筋混凝土框架结构各层柱可按表5.3规定取用）。

2. 当需要计算 φ 值时，对矩形截面也可近似用 $\varphi = \left[1 + 0.002\left(\dfrac{l_0}{b} - 8\right)^2\right]^{-1}$ 代替表5.2中的值，其误差与表中数值不超过3.5%。对任意截面 $b = \sqrt{12}i$，圆形截面 $b = \sqrt{3}d/2$。

表5.3 框架结构各层柱的计算长度 l_0

l_0	现浇楼盖	装配式楼盖
底层柱	$l_0 = 1.0H$	$l_0 = 1.25H$
其余各层柱	$l_0 = 1.25H$	$l_0 = 1.5H$

注：表中 H 对底层柱为从基础顶面到一层楼盖顶面的高度；对其余各层柱为上下两层楼盖顶面之间的高度。

3. 承载力计算式

根据轴心受压短柱破坏时的截面应力图形，如图5.9所示，考虑长柱承载力的降低和可靠度调整等因素后，《混凝土结构设计规范》给出轴心受压构件承载力计算公式

$$N \leq 0.9\varphi(f_c A + f_y' A_s') \tag{5.2}$$

式中 N——轴向压力设计值；

　　　0.9——可靠度调整系数；

　　　φ——钢筋混凝土构件的稳定系数，见表5.2；

f_c——混凝土轴心抗压强度设计值；

A——构件截面面积，当纵向钢筋配筋率 $\rho'>3\%$ 时，式中 A 应用 ($A-A'_s$) 代替；

A'_s——全部纵向钢筋的截面面积。

4. 柱中全部纵向钢筋配筋率的限值

（1）全部纵向钢筋的配筋率不能超过5% 轴心受压构件在加载后荷载维持不变的情况下，由于混凝土的徐变，混凝土的压应力随荷载作用时间的增加而逐渐变小，钢筋的压应力逐渐变大。开始变化较快，经过一定时间后趋于稳定。当突然卸荷时，构件纵向压缩回弹，由于混凝土的徐变变形大部分不可恢复，当卸载幅度较大时，钢筋的回弹量将大于混凝土的回弹量，当荷载为零时，柱中钢筋受压而混凝土受拉。若柱的配筋率过大就有可能将混凝土拉裂，当柱中纵向

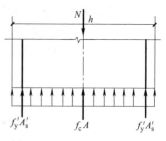

图 5.9 普通箍筋柱受力示意

钢筋和混凝土黏结很强时，还会产生纵向裂缝，这种裂缝更危险。为了防止这种情况出现，要求全部纵向钢筋配筋率不宜超过5%。

（2）全部纵向钢筋的配筋率不应小于最小配筋率 纵向钢筋的配筋率太少，纵向钢筋对轴向压力的影响较小，此时构件破坏接近素混凝土柱；长期荷载用下，混凝土的徐变使混凝土的应力降低幅度减小，纵向钢筋起不到防止构件脆性破坏的缓冲作用；同时配置一定数量的纵向钢筋还可以承受较小弯矩、混凝土收缩、温度变形引起的拉应力。最小配筋率见表5.1。

【例5.1】 某钢筋混凝土轴心受压柱，截面尺寸为400mm×400mm，承受轴向压力设计值 $N=2540\mathrm{kN}$，柱的计算长度 $l_0=4.4\mathrm{m}$，混凝土强度等级为C30，纵向钢筋采用HRB400级。试确定纵向钢筋面积。

【解】（1）基本参数 查附表1.2得C30混凝土 $f_c=14.3\mathrm{N/mm^2}$；查附表1.5得HRB400级钢筋 $f'_y=360\mathrm{N/mm^2}$。查表5.1得 $\rho'_{\min}=0.55\%$。

（2）求稳定系数 φ 由 $l_0/h=4400/400=11$，查表5.2得 $\varphi=0.965$。

（3）计算纵向钢筋面积 A'_s 由式（5.2）得

$$A'_s = \frac{1}{f'_y}\left(\frac{N}{0.9\varphi}-f_c A\right) = \frac{1}{360}\times\left(\frac{2540\times 10^3}{0.9\times 0.965}-14.3\times 400\times 400\right)\mathrm{mm^2}=1768\mathrm{mm^2}$$

选用 6⊈20，$A'_s=1884\mathrm{mm^2}$，如图5.10所示。

因轴心受压柱中纵向钢筋的净间距不应小于50mm，且不宜大于300mm，故在 h 边配置 2⊈12（面积为226mm²）纵向构造钢筋。

全部配筋率 $\rho' = \dfrac{A'_s}{A} = \dfrac{1884+226}{400\times 400}=1.32\%$

$\rho'_{\min}=0.55\%<\rho'=1.32\%<5\%$（满足要求）

一侧最小配筋率 $\rho'=\dfrac{942}{400\times 400}=0.589\%>0.2\%$（满足要求）

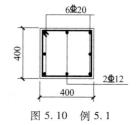

图 5.10 例 5.1

【点评】①应验算纵向钢筋配筋率 ρ'，包括全部纵向钢筋和一侧纵向钢筋的配筋率，若全部纵向钢筋 $\rho'>3\%$，A 应扣去纵向钢筋的截面面积；②验算 ρ' 时，用实际配置的纵向钢筋

截面面积，而不是计算的纵向钢筋截面面积进行计算。

5.2.2 螺旋箍筋柱的正截面受压承载力

当普通箍筋柱承受很大轴心压力，且柱的截面尺寸由于建筑使用功能要求受到限制，即使采用提高混凝土强度等级或增大钢筋用量也不能满足承载力要求时，可以考虑采用螺旋箍筋或焊接环筋来提高柱的承载力。这是因为螺旋箍筋或焊接环筋包围的核心混凝土受到约束，有效限制混凝土的横向变形，使核心混凝土在三向压应力作用下工作，从而提高轴心受压构件的正截面承载力和构件变形性能。螺旋箍筋或焊接环筋也称为"间接钢筋"，间接钢筋对核心混凝土的约束称为"套箍作用"。此时，柱的截面形状一般为圆形或正多边形。

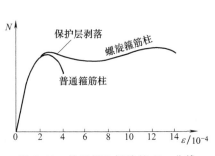

图 5.11 普通箍和螺旋箍 N-ε 曲线

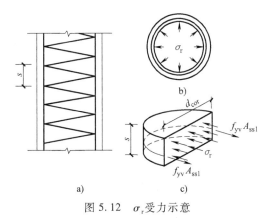

图 5.12 σ_r 受力示意

当竖向荷载较小时，混凝土横向变形小，间接钢筋对核心混凝土基本不起横向约束作用；随着荷载增大，混凝土也随之发生较大的横向变形，相应的间接钢筋也发生较大的环向拉力，其环向拉力反作用于核心混凝土，使核心混凝土受到横向约束而处于三向受压状态，从而提高混凝土的抗压强度；当间接钢筋应力达到抗拉屈服强度时，就不再约束核心混凝土的横向变形，混凝土的抗压强度也就不再提高，之后核心混凝土被压碎，柱随即破坏，如图 5.11 所示。构件的混凝土保护层在间接钢筋受到较大拉应力时发生剥落，故在计算构件承载力时不考虑混凝土保护层范围的抗压能力，按核心混凝土截面面积计算。

根据上述分析可知，配有螺旋箍筋或焊接环筋柱的正截面承载力计算时，与普通箍筋不同的是还要考虑间接钢筋的套箍作用。依据圆柱体混凝土三向受压的公式 $f_{cc}=f_c+4\omega\sigma_r$ 计算被约束混凝土的轴心抗压强度 f_{cc}，其中，σ_r 为螺旋箍筋与混凝土之间的相互作用力，即混凝土所受到的径向压应力。在一个螺旋箍筋间距 s 范围内，σ_r 在水平方向的合力为 $2\int_0^{\frac{\pi}{2}} \sigma_r s \frac{d_{cor}}{2}\sin\theta d\theta = \sigma_r s d_{cor}$，如图 5.12c 所示。根据核心混凝土受到径向压应力 σ_r 的合力与间接钢筋所受到的拉力两者相互平衡，可得

$$\sigma_r = \frac{2f_{yv}A_{ss1}}{sd_{cor}} = \frac{2f_{yv}A_{ss1}d_{cor}\pi}{\dfrac{\pi d_{cor}^2}{4}s \cdot 4} = \frac{f_{yv}A_{ss0}}{2A_{cor}} \tag{5.3}$$

其中，$A_{ss0}=\dfrac{\pi d_{cor}A_{ss1}}{s}$，$A_{ss1}$为螺旋式或焊接环式单根间接钢筋的截面面积。

根据力的平衡条件，如图5.13所示，将式（5-3）代入得

$$N_u = f_{cc}A_{cor} + f'_y A'_s$$
$$= (f_c + 4\alpha\sigma_r)A_{cor} + f'_y A'_s$$
$$= f_c A_{cor} + 2\alpha f_{yv} A_{ss0} + f'_y A'_s$$

同时考虑可靠度调整系数0.9，规定螺旋式或焊接环式间接钢筋柱的承载力计算公式为

$$N \leqslant 0.9(f_c A_{cor} + f'_y A'_s + 2\alpha f_{yv} A_{ss0}) \quad (5.4)$$

式中 f_{yv}——间接钢筋的抗拉强度设计值；

A_{cor}——构件的核心截面面积，取间接钢筋内表面范围内的混凝土截面面积；

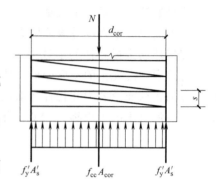

图5.13 螺旋箍筋柱受力示意

A_{ss0}——螺旋式或焊接式间接钢筋的换算截面面积，按 $A_{ss0}=\dfrac{\pi d_{cor}A_{ss1}}{s}$ 计算；

d_{cor}——构件的核心截面直径，取间接钢筋内表面之间的距离；

s——间接钢筋沿构件轴线方向的间距；

α——间接钢筋对混凝土约束的折减系数（当混凝土强度等级不超过C50时，取1.0；当混凝土强度等级为C80时，取0.85；其间按线性内插法确定）。

当按式（5.4）计算螺旋箍筋或焊接环形箍筋柱的受压承载力时，必须满足一定条件，《混凝土结构设计规范》规定，凡属下列情况之一者，不考虑间接钢筋的影响而按式（5.2）计算构件的承载力：

1）当 $l_0/d > 12$ 时，因构件长细比较大，有可能因纵向弯曲在螺旋筋尚未屈服时，构件已经破坏。

2）当按式（5.4）计算的受压承载力小于按式（5.2）计算的受压承载力时。

3）当间接钢筋换算截面面积 A_{ss0} 小于纵向普通钢筋的全部截面面积的25%时，可以认为间接钢筋配置太少，间接钢筋对核心混凝土的约束作用不明显。

此外，为了防止间接钢筋外面的混凝土保护层过早脱落，按式（5.4）算得的构件受压承载力不应大于按式（5.2）算得的构件受压承载力的1.5倍。

构造要求：在配有螺旋式可焊接环式箍筋的柱中，当在正截面受压承载力计算中考虑间接钢筋的作用时，箍筋间距不应大于80mm及 $d_{cor}/5$，且不宜小于40mm。

【例5.2】 某底层门厅采用现浇钢筋混凝土圆柱，直径 $d = 450$mm。承受轴向压力设计值 $N = 4800$kN，计算长度 $l_0 = 4.8$m，混凝土强度等级为C30。纵向钢筋采用HRB400级，箍筋采用HPB300级。环境类别为一类，混凝土保护层厚度20mm。试进行圆柱的受压承载力计算。

【解】 （1）先按普通箍筋柱计算 查附表1.2得，混凝土C30 $f_c = 14.3$N/mm²。查附表1.5得，纵向钢筋HRB400级 $f'_y = 360$N/mm²；箍筋HPB300级 $f_{yv} = 270$N/mm²。

1）计算稳定系数 φ。$l_0/d = 4800/450 = 10.7$，查表5.2得，$\varphi = 0.946$。

2）计算纵向钢筋截面面积 A'_s。圆柱截面面积 $A = \pi d^2/4 = 3.14 \times 450^2/4$ mm² =

158962.5mm²。由式（5.2）得

$$A'_s = \frac{1}{f'_y}\left(\frac{N}{0.9\varphi} - f_c A\right) = \frac{1}{360} \times \left(\frac{4800 \times 10^3}{0.9 \times 0.946} - 14.3 \times 158962.5\right) \text{mm}^2 = 9346 \text{mm}^2$$

3）验算配筋率。

$$\rho' = A'_s/A = 9346/158962.5 = 5.88\% > \rho_{max} = 5\%$$

钢筋用量超过最大配筋率，需增大截面尺寸或提高混凝土强度重新设计。由于 $l_0/d = 10.7 < 12$，在不考虑混凝土及钢筋强度提高的情况下，可考虑采用螺旋箍筋柱重新设计。

（2）按螺旋箍筋柱计算

1）假定纵向钢筋配筋率 $\rho' = 4\%$，则 $A'_s = \rho' A = 4\% \times 158962.5 \text{mm}^2 = 6359 \text{mm}^2$。选用 14 ⚿ 25，$A'_s = 6873 \text{mm}^2$。由于混凝土保护层厚度为 20mm，取截面边缘到间接钢筋内表面的距离为 30mm。

$$d_{cor} = d - 30\text{mm} \times 2 = (450 - 60)\text{mm} = 390\text{mm}$$

$$A_{cor} = \frac{1}{4}\pi d_{cor}^2 = \frac{1}{4} \times 3.14 \times 390^2 \text{mm}^2 = 119398.5 \text{mm}^2$$

2）计算螺旋箍筋的换算截面面积。混凝土强度等级<C50，$\alpha = 1.0$，由式（5.4）可得

$$A_{ss0} = \frac{\dfrac{N}{0.9} - (f_c A_{cor} + f'_y A'_s)}{2\alpha f_{yv}}$$

$$= \frac{\dfrac{4800 \times 10^3}{0.9} - (14.3 \times 119398.5 + 360 \times 6873)}{2 \times 1.0 \times 270} \text{mm}^2 = 2132.7 \text{mm}^2$$

$A_{ss0} > 0.25 A'_s = 0.25 \times 6873 \text{mm}^2 = 1718.3 \text{mm}^2$（满足构造要求）

3）假定螺旋箍筋直径 $d = 10\text{mm}$，则单肢螺旋箍筋面积 $A_{ss1} = 78.5 \text{mm}^2$。螺旋箍筋的间距可由 $A_{ss0} = \dfrac{\pi d_{cor} A_{ss1}}{s}$ 求得

$$s = \pi d_{cor} A_{ss1}/A_{ss0} = 3.14 \times 390 \times 78.5/2132.7 \text{mm} = 45.1 \text{mm}$$

取 $s = 45\text{mm}$，满足间接钢筋间距不应大于 80mm 及 $d_{cor}/5 = 390/5 = 78\text{mm}$，也不小于 40mm 的构造要求。

4）验算承载力，按式（5.4）得

$$A_{ss0} = \frac{\pi d_{cor} A_{ss1}}{s} = \frac{3.14 \times 390 \times 78.5}{45} \text{mm}^2 = 2136.2 \text{mm}^2$$

$$N_{螺} = 0.9(f_c A_{cor} + 2\alpha f_{yv} A_{ss0} + f'_y A'_s)$$
$$= 0.9 \times (14.3 \times 119398.5 + 2 \times 1.0 \times 270 \times 2136.2 + 360 \times 6873) \times 10^{-3} \text{kN}$$
$$= 4801.7 \text{kN}$$

由式（5.2）得

$$N_{普} = 0.9\varphi(f_c A + f'_y A'_s)$$
$$= 0.9 \times 0.946 \times [14.3 \times (158962.5 - 6873) + 360 \times 6873] \times 10^{-3} \text{kN} = 3958.3 \text{kN}$$

满足 3958.3kN < 4801.7kN < 1.5 × 3958.3kN = 5937.5kN 的要求。

圆柱实际配置纵向钢筋 14 Φ 25，螺旋箍筋 Φ 10@45，如图 5.14 所示。

【点评】 ①计算螺旋箍筋柱时，必须满足三个条件，才能考虑间接钢筋的作用：$l_0/d < 12$；$A_{ss0} > 0.25 A'_s$；承载力 $N_普 \leq N_螺 \leq 1.5 N_普$。②采用扣除混凝土保护层的核心混凝土截面面积而不是全截面面积。③此类题的求解思路：先按纵向钢筋配筋率 $\rho = 2\% \sim 4\%$ 假定纵向钢筋面积，再求螺旋箍筋。

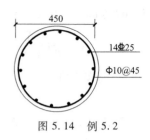

图 5.14 例 5.2

5.3 偏心受压构件正截面受力性能分析

5.3.1 偏心受压短柱破坏形态

钢筋混凝土偏心受压构件中的纵向钢筋通常布置在截面偏心方向的两侧，离偏心压力较近一侧的纵向钢筋为受压钢筋，用 A'_s 表示；离偏心压力较远一侧的纵向钢筋，可能为受拉钢筋，也可能为受压钢筋，用 A_s 表示。随着偏心距和纵向钢筋配筋率的变化，偏心受压构件可能发生大偏心受压破坏或小偏心受压破坏。

1. 大偏心受压破坏（又称受拉破坏）

当轴向压力 N 的相对偏心距 e_0/h_0 较大，且受拉钢筋 A_s 配置不太多时，会发生大偏心受压破坏。在偏心距作用下，与 N 较近一侧，截面受压；与 N 较远一侧，截面受拉。这类构件由于相对偏心距较大，弯矩影响明显，具有与适筋梁类似的受力特点。即随着荷载的增加，首先在受拉区产生横向裂缝；荷载继续增加，受拉区的裂缝不断开展；临近破坏荷载时，主裂缝逐渐明显，受拉钢筋的应力首先达到屈服强度，并进入流幅阶段，中性轴上移，使受压区高度进一步减小，混凝土压应变增大，最后压区边缘混凝土达到极限压应变，出现纵向裂缝，受压区混凝土被压碎而破坏，此时受压钢筋也能达到屈服强度。构件破坏时截面上的应力、应变状态如图 5.15a 所示。

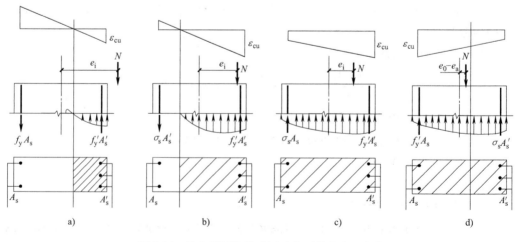

图 5-15 偏心受压构件破坏时截面的应力、应变

总之，大偏心受压破坏的主要特征是破坏从受拉区开始，受拉钢筋首先屈服，而后受压区混凝土被压碎而破坏。破坏有明显预兆，属延性破坏，破坏形态如图 5.16a 所示。

2. 小偏心受压破坏（又称受压破坏）

1）当相对偏心距 e_0/h_0 较小，或相对偏心距较大，但受拉钢筋 A_s 配置较多时，会出现小偏心受压破坏。构件截面部分受压如图 5.15b 所示，构件截面全部受压如图 5.15c 所示。一般这两种情况下截面破坏都是从靠近轴向力一侧受压区边缘处的压应变达到混凝土极限压应变值开始，破坏时，受压应力较大一侧的混凝土被压坏，同侧的受压钢筋也达到屈服强度；而离轴向力较远一侧的钢筋，可能受拉也可能受压，但都不屈服。

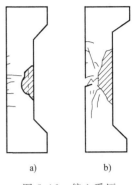

图 5.16 偏心受压构件破坏形态

2）当偏心距很小，而轴向力 N 又较大（$N>f_cA$），而远侧钢筋 A_s 远小于 A_s' 时，也会出现小偏心受压破坏。另外，当相对偏心距 e_0/h_0 很小时，由于截面的实际形心和构件的几何中心不重合，也可能发生离纵向力较远一侧的混凝土先被压碎情况，如图 5.15d 所示。这种情况称为"反向破坏"。

总之，小偏心受压破坏的主要特征是混凝土先被压碎，近侧钢筋能达到屈服强度，而远侧钢筋可能受拉也可能受压，但基本上都不屈服。破坏无明显预兆，属脆性破坏，破坏形态如图 5.16b 所示。

汇总偏心受压构件破坏形态的主要特点，见表 5.4。

表 5.4 偏心受压构件破坏形态分析

破坏形态	大偏心受压破坏	小偏心受压破坏
习称	受拉破坏	受压破坏
条件	偏心距较大，且 A_s 配置适当	偏心距较小或偏心距较大但 A_s 配置很多
截面受力	离轴向力较近一侧受压，较远一侧受拉。混凝土部分受压，部分受拉	离轴向力较近一侧受压；较远一侧可能受拉，也可能受压。混凝土部分受压，部分受拉或全截面受压
破坏过程	受拉区混凝土先出现横向裂缝，随荷载增加，裂缝宽度加大，且向受压区延伸，远离轴向力一侧的钢筋屈服，最后受压区混凝土被压碎，构件破坏	靠近轴向力一侧的钢筋受压屈服，混凝土被压碎，而构件破坏时远离一侧的钢筋无论受压还是受拉，均未屈服
破坏性质	延性破坏	脆性破坏
根本区别	远离轴向力一侧的钢筋受拉屈服	远离轴向力一侧的钢筋未屈服，强度为 $\sigma_s = \dfrac{\xi-\beta_1}{\xi_b-\beta_1}f_y$
相同点	截面最终破坏都是由于受压区边缘混凝土达到极限压应变被压碎而破坏，并且离轴向力较近一侧的钢筋受压且屈服（不含反向破坏）	

3. 两类偏心受压构件的界限破坏

从上述两种破坏形态可以看出，两类偏心受压构件的根本区别在于破坏时远侧钢筋应力是否达到屈服强度。远侧钢筋为受拉钢筋且先达到屈服强度而后受压区混凝土被压碎为受拉破坏；远侧钢筋为受拉钢筋或受压钢筋且都达不到屈服强度，破坏时受压区混凝土被压碎为受压破坏。因此在受拉破坏与受压破坏之间存在**界限破坏**，即远侧钢筋为受拉钢筋且达到屈服强度的同时受压区混凝土被压碎。界限破坏也属于受拉破坏。试验表明，从加载开始到构件破坏，偏心受压构件的截面平均应变都较好地符合平截面假定，因此界限状态时的截面应变如图5.17所示。从图5.17可看出，图中 ac 直线段为界限破坏，破坏时 $\varepsilon_s = \varepsilon_y$，$\varepsilon_c = \varepsilon_{cu}$，对应混凝土受压区高度为 x_{cb}；图中 ab 直线段为大偏心受压构件，破坏时 $\varepsilon_s > \varepsilon_y$，$\varepsilon_c = \varepsilon_{cu}$，对应混凝土受压区高度 $x < x_{cb}$；图中 ad 直线段为小偏心受压构件，破坏时 $\varepsilon_s < \varepsilon_y$，$\varepsilon_c = \varepsilon_{cu}$，对应混凝土受压区高度 $x > x_{cb}$。

因此可以得到大、小偏心受压构件的判别条件：当 $x \leq x_b$ 或 $\xi \leq \xi_b$ 时，为大偏心受压构件；当 $x > x_b$ 或 $\xi > \xi_b$ 时，为小偏心受压构件。

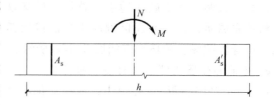
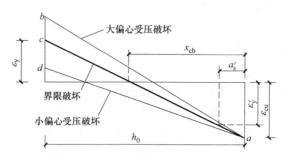

图5.17 偏心受压构件正截面在各种破坏情况时沿截面高度的平均应变分布

4. 附加偏心距 e_a、初始偏心距 e_i

当截面上作用的弯矩设计值 M、轴向压力设计值 N 时，其偏心距 $e_0 = M/N$。工程中实际存在着荷载作用位置的不定性、混凝土质量的不均匀性及施工偏差等因素，都可能产生附加偏心距 e_a。《混凝土结构设计规范》规定：**在两类偏心受压构件的正截面承载力计算中，均应计入轴向压力在偏心方向存在的附加偏心距 e_a，其值取 20mm 和偏心方向截面尺寸的 1/30 的两者中的较大值。**

因此，考虑了附加偏心距 e_a 后，轴向压力的偏心距用 e_i 表示，称为初始偏心距，如图5.18所示，按下式计算

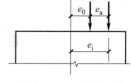

图5.18 初始偏心距

$$e_i = e_0 + e_a \tag{5.5}$$

5.3.2 偏心受压长柱的正截面受压破坏

试验表明，偏心受压钢筋混凝土柱会产生纵向弯曲。对于长细比较小的柱而言，其纵向弯曲很小，可以忽略不计。但对长细比较大的柱，其纵向弯曲较大，从而使柱产生二阶弯矩，降低柱的承载能力，设计时必须予以充分考虑。

图5.19反映了三个截面尺寸、材料、配筋、轴向压力的初始偏心距等其他条件完全相同，仅长细比不同的柱，从加载直到破坏的示意图，其中曲线 $ABCDE$ 为偏心受压构件截面破坏时承载力 N_u 与 M_u 的相关曲线。

当为短柱时，由于柱的纵向弯曲很小，可以认为偏心距从开始加载到破坏始终不变，也就是说 $M/N = e_0$ 为常数，M 与 N 成比例增加，如图5.19中的直线 OB 段。构件的破坏属于"材料破坏"，所能承受的压力为 N_0。

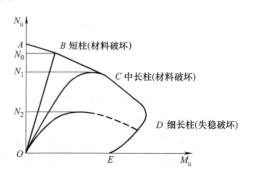

图5.19 不同长细比的柱从加载到破坏时 N-M 曲线

对于长细比较大的柱，当荷载加大到一定数值时，M 与 N 不再成比例增加，其变化轨迹偏离直线，M 的增长快于 N 的增长，这是由于长柱在偏心压力作用下产生了不可忽略的纵向弯曲，但仍属于"材料破坏"，承载力能达到 N_u 与 M_u 的相关曲线。所能承受的压力为 N_1，如图 5.19 中的曲线 OC 段。

对于长细比更大的细长柱，加载初期与长柱类似，但 M 增长速度更快，在尚未达到材料破坏关系曲线之前，纵向力的微小增量 ΔN 可引起构件不收敛的弯矩 M 的增加而导致破坏，构件能够承受的纵向压力 N_2 远小于短柱时的承载力 N_0，这类构件的破坏属于"失稳破坏"，如图 5.19 中的曲线 OD 段。此时钢筋和混凝土强度均未充分发挥。

因此从图 5.19 可知，短柱承载力最大，其次是中长柱的材料破坏，承载力最低是细长柱的失稳破坏，这是由于长细比较大时产生了附加弯矩，降低了受压构件柱的承载力。

5.3.3 偏心受压长柱的二阶弯矩

在结构分析中求得的是构件两端截面的弯矩与轴力，考虑二阶效应后，构件的某个截面的弯矩可能大于两端截面的弯矩，设计时应取弯矩最大的截面进行计算。

偏心受压构件考虑二阶效应通常由结构无侧移和有侧移两种情况引起。在轴向压力 N 和杆端弯矩 M_1、M_2 共同作用下，杆件发生纵向弯曲，Ne_a 为考虑附加偏心距产生的弯矩，M_1+Ne_a（或 M_2+Ne_a）称为一阶弯矩；Nf 为纵向弯曲引起的附加弯矩，称为二阶弯矩。

图 5.20 所示为结构无侧移时构件两端弯矩值相等且单曲率弯曲的二阶弯矩，结果使得任一点的弯矩大于端部弯矩；图 5.21 所示为构件两端弯矩值不相等且单曲率弯曲的二阶弯矩，即两端弯矩均使构件同一侧受拉，结果使得截面上任一点的弯矩大于端部弯矩；图 5.22 所示为构件两端弯矩值不相等且双曲率弯曲的二阶弯矩，即两端弯矩使构件在不同侧受拉，沿构件产生一个反弯点，结果使得截面上任一点的弯矩增加较小或不超过端部弯矩；图 5.23 所示为单层框架结构在竖向荷载 N 和水平荷载 F 共同作用下，发生侧移时偏心受压构件的二阶弯矩，其值等于水平荷载 F 引起的结构侧移和竖向荷载 N 引起的变形所产生的弯矩之和。

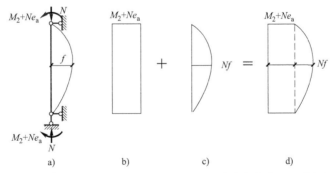

图 5.20　无侧移时构件两端弯矩值相等且单曲率弯曲的二阶弯矩

总之，结构工程中的二阶效应泛指在产生了挠曲变形或层间位移的结构构件中，由轴向压力引起的附加内力。对无侧移结构，二阶效应通常称为 P-δ 效应，它指轴向压力在产生挠曲变形的柱段中引起的附加内力，可能增大柱段中部弯矩，一般不增大柱端弯矩；对有侧移结构，二阶效应通常称为 P-Δ 效应，它指竖向荷载在产生侧移的结构中引起的

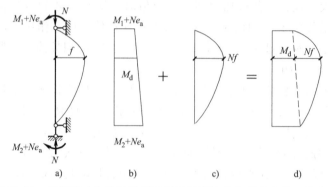

图 5.21 无侧移时构件两端弯矩值不相等且单曲率弯曲的二阶弯矩

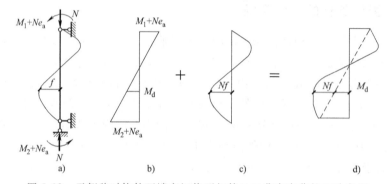

图 5.22 无侧移时构件两端弯矩值不相等且双曲率弯曲的二阶弯矩

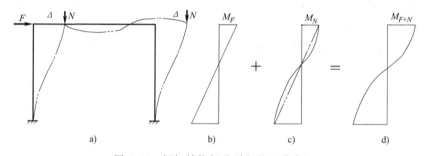

图 5.23 框架结构侧移引起的二阶弯矩
a) 计算简图 b) F 引起的弯矩 c) N 引起的弯矩 d) ($F+N$) 引起的弯矩

附加内力。

由图 5.20~图 5.23 可见,当受压构件产生侧向位移和挠曲变形时,轴向压力将在构件中引起附加内力,在设计中必须充分考虑。《混凝土结构设计规范》对重力二阶效应的考虑如下。

1. 构件截面承载力计算中挠曲二阶效应的考虑

弯矩作用平面内截面对称的偏心受压构件,下列三个条件同时满足时,不考虑该方向构件自身挠曲产生的附加弯矩影响,取弯矩增大系数 $\eta_{ns}=1.0$。当其中一个条件不满足时,应考虑自身挠曲产生的附加弯矩影响。

同一主轴方向的杆端弯矩比 $\qquad M_1/M_2 \leqslant 0.9 \qquad$ (5.6a)

轴压比 $\quad N/f_cA \leqslant 0.9 \quad$ (5.6b)

长细比 $\quad l_c/i \leqslant 34-12(M_1/M_2) \quad$ (5.6c)

式中 l_c——构件的计算长度，可近似取偏心受压构件相应主轴方向上下支撑点之间的距离；

i——偏心方向的截面回转半径；

M_1、M_2——考虑侧移影响的偏心受压构件两端截面按结构弹性分析确定的对同一主轴的组合弯矩设计值，绝对值较大端取 M_2，绝对值较小端取 M_1。当构件按单曲率弯曲时，M_1/M_2 取正值，否则取负值。

对图 5.20~图 5.22 所示的压弯构件，按弹性理论分析结果表明，考虑二阶效应的构件临界截面的最大挠度 y 和弯矩 M 可分别表示为

$$y = y_0 \frac{1}{1-\dfrac{N}{N_c}}, \quad M = M_0 \frac{1}{1-\dfrac{N}{N_c}} \quad (5.7a)$$

式中 y_0、M_0——阶挠度和一阶弯矩；

N、N_c——轴向压力及临界值。

由图 5.20~图 5.22 可知，构件临界截面弯矩的增大与两端弯矩的相对值有关，式(5.7a) 中 M 的公式是根据构件两端截面弯矩相等且单向挠曲，以及假定材料为完全弹性而得，而承载能力极限状态的混凝土偏心受压构件具有显著的非弹性性能，且构件两端弯矩不一定相等，故 M 应按下式修正

$$M = M_0 \frac{C_m}{1-\dfrac{N}{N_c}} = C_m \eta_{ns} M_2 \quad (5.7b)$$

$$C_m = 0.7 + 0.3 \frac{M_1}{M_2} \geqslant 0.7 \quad (5.8)$$

式中 C_m——柱端截面偏心距调节系数，它反映了柱两端截面弯矩的差异；

η_{ns}——弯矩增大系数；

按弹性理论分析，式(5.7b) 中的 $\eta_{ns} = 1/(1-N/N_c)$，这是用轴力表达的增大系数，为沿用《混凝土结构设计规范》将 η_{ns} 转换为理论上完全等效的"曲率表达式"，如下所述。

二阶弯矩 $\quad M = M_2 + Nf = \left(1 + \dfrac{f}{M_2/N}\right) M_2 = \eta_{ns} M_2$

在偏心距 M_2/N 基础上，考虑附加偏心距 e_a，得

$$\eta_{ns} = 1 + \frac{f}{M_2/N + e_a} \quad (5.9a)$$

下面对标准偏心受压柱（两端弯矩值相等且单向挠曲），即图 5.20 所示的偏压柱进行分析，并将其结果推广到其他柱。

试验表明,偏心受压柱达到或接近极限承载力时,挠曲线与正弦曲线吻合,故可取 $y = f \cdot \sin\frac{\pi}{l_c}x$,于是 $y'' = -f \cdot \left(\frac{\pi}{l_c}\right)^2 \sin\frac{\pi}{l_c}x$。当 $x = \frac{l_c}{2}$ 时,$y''|_{x=\frac{l_c}{2}} = -f \cdot \left(\frac{\pi}{l_c}\right)^2$。曲率半径 $\frac{1}{r_c} = -y'' = f \cdot \left(\frac{\pi}{l_c}\right)^2$,由此得到偏心受压柱高度中点处的侧向挠度

$$f = \left(\frac{l_c}{\pi}\right)^2 \frac{1}{r_c} \tag{5.9b}$$

偏心受压构件控制截面的极限曲率 $\frac{1}{r_c}$ 取决于控制截面上受拉钢筋和受压边缘混凝土的应变值,可由承载能力极限状态时控制截面平截面假定确定,即

$$\frac{1}{r_c} = \frac{\phi \varepsilon_{cu} + \varepsilon_s}{h_0} \tag{5.9c}$$

式中 ε_{cu}——受压区边缘混凝土的极限压应变;

ε_s——受拉钢筋的应变;

ϕ——徐变系数,考虑荷载长期作用的影响。

但是,大小偏心受压构件承载能力极限状态时截面的曲率并不相同,所以,先按界限状态时偏心受压构件控制截面的极限曲率进行分析,然后引入偏心受压构件的截面曲率修正系数 ζ_c,对界限状态时的截面曲率加以修正。

当偏心受压构件处于界限状态时,统一取 $\varepsilon_{cu} = 0.0033$,$\varepsilon_s = \varepsilon_y = 0.002$,$\phi = 1.25$,代入式(5.9c)得

$$\frac{1}{r_c} = \frac{1.25 \times 0.0033 + 0.002}{h_0}\zeta_c = \frac{1}{163.27 h_0}\zeta_c$$

再将上式代入式(5.9b)得

$$f = \left(\frac{l_c}{\pi}\right)^2 \frac{1}{163.27 h_0}\zeta_c$$

于是 $\eta_{ns} = 1 + \dfrac{f}{M_2/N + e_a} = 1 + \dfrac{1}{\pi^2 \times \dfrac{163.27(M_2/N + e_a)}{h_0}}\left(\dfrac{h}{h_0}\right)^2\left(\dfrac{l_c}{h}\right)^2 \zeta_c$

近似取 $h/h_0 = 1.1$,得

$$\eta_{ns} = 1 + \frac{h_0}{1300\left(\dfrac{M_2}{N} + e_a\right)}\left(\frac{l_c}{h}\right)^2 \zeta_c \tag{5.9}$$

式中 N——与弯矩设计值 M_2 相应的轴向压力设计值;

ζ_c——截面曲率修正系数,$\zeta_c = \dfrac{0.5 f_c A}{N}$,当 $\zeta_c > 1$ 时,取 $\zeta_c = 1$;

e_a——附加偏心距,取偏心方向截面尺寸 $h/30$ 且大于 20mm。

考虑构件自身挠曲影响后,对于计算截面所用的 M,规范采用的公式为

$$M = C_m \eta_{ns} M_2 \geqslant M_2 \tag{5.10}$$

2. 构件侧移二阶效应（P-Δ 效应）的增大系数法

由侧移产生的二阶效应,可采用增大系数法近似计算。增大系数法是对未考虑 P-Δ 效应的一阶弹性分析所得的构件端弯矩以及层间位移分别乘以增大系数 η_s,即

$$M = M_{ns} + \eta_s M_s \tag{5.11}$$

$$\Delta = \eta_s \Delta_1 \tag{5.12}$$

式中 M_s——引起结构侧移荷载的一阶弹性分析构件弯矩设计值;

M_{ns}——不引起结构侧移荷载的一阶弹性分析构件弯矩设计值;

Δ_1——一阶弹性分析的层间位移;

η_s——P-Δ 效应增大系数。

1）框架柱的 η_s。

$$\eta_s = \cfrac{1}{1 - \cfrac{\sum N_j}{Dh}} \tag{5.13}$$

式中 N_j——计算楼层第 j 列柱轴力设计值;

D——计算楼层的侧向刚度;

h——计算楼层的层高。

2）排架柱的 η_s。排架柱考虑二阶效应的弯矩设计值可按下式计算

$$M = \eta_s M_0 \tag{5.14}$$

$$\eta_s = 1 + \cfrac{h_0}{1500\left(\cfrac{M_0}{N} + e_a\right)} \left(\cfrac{l_0}{h}\right)^2 \zeta_c \tag{5.15}$$

式中 η_s——P-Δ 效应增大系数;

M_0——一阶弹性分析柱端弯矩设计值。

5.3.4 小偏心受压构件中远离纵向偏心力一侧的钢筋应力 σ_s

由于小偏心受压构件中远离纵向偏心力一侧的钢筋 A_s 的应力无论受拉或受压均未达到屈服强度,用 σ_s 表示。其值可根据应变平截面假定近似计算,如图 5.24 所示。

根据应变平截面假定

$$\frac{\varepsilon_{cu}}{\varepsilon_s + \varepsilon_{cu}} = \frac{x_c}{h_0} \tag{5.16a}$$

而 $\sigma_s = E_s \varepsilon_s$,将 $x = \beta_1 x_c$ 代入式（5.16a）,得

$$\sigma_s = \left(\frac{\beta_1}{\xi} - 1\right) E_s \varepsilon_{cu} \tag{5.16b}$$

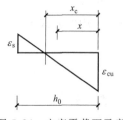
图 5.24 应变平截面示意

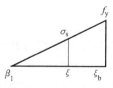
图 5.25 σ_s 近似计算

若将式（5.16b）代入小偏心受压构件进行计算，就必须解 ξ 的三次方程，给手算带来困难。通过大量数据进行数理统计分析发现 σ_s 与 ξ 之间近似符合直线关系，如图 5.25 所示。故《混凝土结构设计规范》规定：当界限状态下 $\xi = \xi_b$ 时，$\sigma_s = f_y$；当 $\xi = \beta_1$ 时，由式（5.16b）得 $\sigma_s = 0$。按图 5.25 的三角形相似定律建立 σ_s 公式，得

$$\sigma_s = \frac{f_y}{\xi_b - \beta_1}\left(\frac{x}{h_0} - \beta_1\right) = \frac{\xi - \beta_1}{\xi_b - \beta_1} f_y \tag{5.17}$$

同时应满足 $-f_y' \leq \sigma_s \leq f_y$，相应地，$\xi_b \leq \xi \leq 2\beta_1 - \xi_b$。

式中 β_1——系数，当混凝土强度等级不超过 C50 时，β_1 取为 0.8；当混凝土强度等级为 C80 时，β_1 取为 0.74；其间按线性内插法确定。

5.4 非对称配筋矩形截面偏心受压构件正截面承载力计算

5.4.1 大偏心受压构件

由大偏心受压构件破坏可知，破坏时近侧钢筋 A_s'、远侧钢筋 A_s 均达到屈服强度设计值。采用与受弯构件正截面承载力相同的基本假定和分析方法，受压区混凝土采用等效矩形应力图，建立矩形截面大偏心受压构件正截面受压承载力计算，如图 5.26 所示。

1. 计算公式

$$N \leq \alpha_1 f_c b x + f_y' A_s' - f_y A_s \tag{5.18}$$

$$Ne \leq \alpha_1 f_c b x \left(h_0 - \frac{x}{2}\right) + f_y' A_s'(h_0 - a_s') \tag{5.19}$$

式中 e——轴向压力作用点至受拉钢筋 A_s 合力点之间的距离。

$$e = e_i + \frac{h}{2} - a_s \tag{5.20}$$

2. 适用条件

1）为了保证构件破坏时受拉钢筋先达到屈服强度，要求

$$\xi = \frac{x}{h_0} \leq \xi_b \tag{5.21}$$

式中 ξ_b——相对界限受压区高度，同受弯构件，见表 3.14。

2）为了保证构件破坏时受压钢筋也能达到屈服强度，要求

$$x \geq 2a_s' \tag{5.22}$$

式中 a_s'——纵向受压钢筋合力点至受压区边缘的距离。

若计算中出现 $x<2a_s'$ 的情况，说明破坏时纵向受压钢筋的应力没有达到抗压强度设计值 f_y'，此时可近似取 $x = 2a_s'$，并对受压钢筋 A_s' 的合力点取力矩，得

$$Ne' = f_y A_s (h_0 - a_s') \tag{5.23}$$

式中 e'——轴向压力作用点至受压区纵向钢筋 A_s' 合力点的距离。

$$e' = e_i - \frac{h}{2} + a_s' \tag{5.24}$$

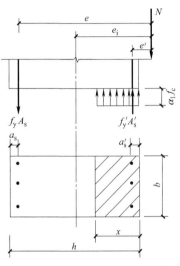

图 5.26 矩形截面大偏心受压构件正截面受压承载力计算

5.4.2 小偏心受压构件

由小偏心受压构件破坏可知，破坏时近侧钢筋 A_s' 达到屈服强度设计值；而远侧钢筋 A_s 无论受拉或受压均未达到屈服强度设计值，用 σ_s 表示，详见式（5.17）。采用与受弯构件正截面承载力相同的基本假定和分析方法，受压区混凝土采用等效矩形应力图，建立矩形截面小偏心受压构件正截面受压承载力计算，如图 5.27a 所示。

1. 计算公式

根据力的平衡条件及力矩平衡条件可得

$$N \leq \alpha_1 f_c bx + f_y' A_s' - \sigma_s A_s \tag{5.25}$$

$$Ne \leq \alpha_1 f_c bx \left(h_0 - \frac{x}{2}\right) + f_y' A_s' (h_0 - a_s') \tag{5.26}$$

或

$$Ne' \leq \alpha_1 f_c bx \left(\frac{x}{2} - a_s'\right) - \sigma_s A_s (h_0 - a_s') \tag{5.27}$$

式中 σ_s——远侧钢筋应力，$\sigma_s = \dfrac{\xi - \beta_1}{\xi_b - \beta_1} f_y$，且满足 $-f_y' \leq \sigma_s \leq f_y$；

x——混凝土受压区计算高度，当 $x>h$ 时，取 $x=h$；

ξ、ξ_b——混凝土相对受压区计算高度、混凝土相对界限受压区计算高度；

e、e'——轴向力作用点至受拉钢筋 A_s 合力点，或至受压钢筋 A_s' 合力点之间的距离。

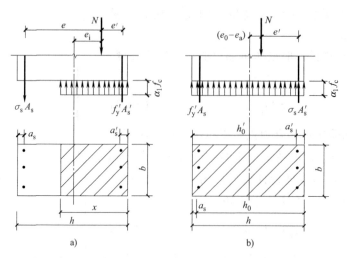

图 5.27 矩形截面小偏心受压构件正截面受压承载力计算

a）小偏心受压 b）反向破坏

$$e = e_i + \frac{h}{2} - a_s \tag{5.28}$$

$$e' = \frac{h}{2} - e_i - a_s' \tag{5.29}$$

当 $N > f_c bh$ 时，也可能发生离轴向力较远一侧混凝土先压碎的破坏，如图 5.27b 所示，这种破坏称为反向破坏。为了防止这种反向破坏的发生，《混凝土结构设计规范》规定，对于小偏心受压构件，除应按式（5.25）、式（5.26）或式（5.27）进行计算外，还应满足下式要求

$$N\left[\frac{h}{2} - a_s' - (e_0 - e_a)\right] = f_c bh\left(h_0' - \frac{h}{2}\right) + f_y' A_s (h_0' - a_s) \tag{5.30}$$

式中 h_0'——钢筋合力点至离纵向力较远一侧边缘的距离，$h_0' = h - a_s$。

式（5.30）是根据 N 对 $\sigma_s A_s'$ 取矩建立方程。计算时取初始偏心距 $e_i = e_0 - e_a$，这是考虑了不利方向的附加偏心距，由于 e_i 减小，使偏心距增大，从而使 A_s 用量增加，结果偏于安全。

2. 适用条件

1）$x > \xi_b h_0$。

2）$x \leqslant h$；若 $x > h$，取 $x = h$ 进行计算。

5.4.3 界限偏心距 e_{ib}

偏心受压构件的截面设计时，需要判别构件的偏心类型，以便采用相应的计算式。当构件的材料、截面尺寸和配筋为已知，并且配筋量适当时，纵向力的偏心距 e_i 是影响受压构件破坏形态的主要因素。当纵向力的偏心距从大到小变化到临界数值 e_{ib} 时，构件从"受拉破坏"转化为"受压破坏"。只要能找到 e_{ib},就可作为大、小偏心受压构件的划分条件,即当偏心距 $e_i \geqslant e_{ib}$ 时,为大偏心受压情况;当偏心距 $e_i < e_{ib}$ 时,为小偏心受压情况。现对界限破坏时的应力状态进行分析,取 $x = \xi_b h_0$ 代入大偏心受压的公式,并取 $a_s = a_s'$,得到与界限状态对应的平衡方程

$$N_b = \alpha_1 f_c b \xi_b h_0 + f_y' A_s' - f_y A_s \tag{5.31a}$$

$$N_b \left(e_{ib} + \frac{h}{2} - a_s \right) = \alpha_1 f_c b h_0^2 \xi_b \left(1 - \frac{\xi_b}{2} \right) + f_y' A_s' (h_0 - a_s') \tag{5.31b}$$

推出

$$e_{ib} = \frac{\alpha_1 f_c b h_0^2 \xi_b (1 - 0.5\xi_b) + f_y' A_s' (h_0 - a_s')}{\alpha_1 f_c b h_0 \xi_b + f_y' A_s' - f_y A_s} - \left(\frac{h}{2} - a_s \right) \tag{5.31c}$$

对于给定截面尺寸、材料强度及截面配筋 A_s 和 A_s',界限偏心距 e_{ib} 为定值。进一步分析,当截面尺寸和材料强度给定时,界限偏心距 e_{ib} 随 A_s 和 A_s' 的减小而减小,故当 A_s 和 A_s' 分别取最小配筋率时,可得 e_{ib} 的最小值。近似取 $h = 1.05h_0$,$a_s = 0.05h_0$,得到相对界限偏心距的最小值 $(e_{ib})_{min}/h_0$ 在 0.3 附近变化,因此,对于常用材料,取 $e_{ib}/h_0 = 0.3$ 作为大、小偏心受压的界限偏心距是合适的。因此,当偏心距 $e_i < 0.3h_0$ 时,一定为小偏心受压构件;当偏心距 $e_i \geqslant 0.3h_0$ 时,可能为大偏心受压构件,也可能为小偏心受压构件。

5.4.4 截面设计

设计步骤分 3 步:①首先计算初始偏心距 e_i,初步判别构件的偏心类别。当 $e_i > 0.3h_0$ 时,先按大偏心受压构件设计;当 $e_i \leqslant 0.3h_0$ 时,则按小偏心受压构件设计。②然后应用相关公式计算钢筋截面面积 A_s 和 A_s',并使 A_s 和 A_s' 满足最小配筋率和全部配筋率的要求。③最后不论是大偏心还是小偏心受压构件,在弯矩作用平面受压承载力计算后,均应按轴心受压构件验算垂直于弯矩作用平面的受压承载力,其中在确定稳定系数 φ 时,取 b 为截面高度。

1. 大偏心受压构件的计算

(1) 情况一 已知构件截面尺寸 $b \times h$,混凝土的强度等级,钢筋种类,轴向力设计值 N 及杆端弯矩设计值 M_1、M_2,构件的计算长度 l_0,求钢筋截面面积 A_s 及 A_s'。

此时共有 ξ、A_s、A_s' 三个未知数,而只有两个方程,以总用钢量 ($A_s + A_s'$) 最小为补充条件,取 $x = \xi_b h_0$,代入式 (5.19),解出 $A_s' = \dfrac{Ne - \alpha_1 f_c b h_0^2 \xi_b (1 - 0.5\xi_b)}{f_y'(h_0 - a_s')}$。

1) 当 $A_s' \geqslant \rho_{min} bh$ 时,将求得的 A_s' 及 $x = \xi_b h_0$ 代入式 (5.18) 得

$$A_s = \frac{\alpha_1 f_c b h_0 \xi_b + f_y' A_s' - N}{f_y} \geqslant \rho_{min} bh$$

2) 当 $A_s' < \rho_{min} bh$ 时或 $A_s' < 0$ 时,取 $A_s' = \rho_{min} bh$,按情况二重新计算 A_s。

(2) 情况二 已知构件截面尺寸 $b \times h$,混凝土的强度等级,钢筋种类,轴向力设计值 N 及杆端弯矩设计值 M_1、M_2,构件的计算长度 l_0 及受压钢筋截面面积 A_s',求受拉钢筋截面面积 A_s。

此时只有 ξ、A_s 两个未知数,两个方程,可以直接利用公式求解。先计算 α_s。

$$\alpha_s = \frac{Ne - f'_y A'_s (h_0 - a'_s)}{\alpha_1 f_c b h_0^2} \tag{5.32}$$

然后计算混凝土相对受压区高度 $\xi = 1 - \sqrt{1 - 2\alpha_s}$。

1）若 $\dfrac{2a'_s}{h_0} \leqslant \xi \leqslant \xi_b$，则由式（5.18）得

$$A_s = \frac{\alpha_1 f_c b h_0 \xi + f'_y A'_s - N}{f_y} \geqslant \rho_{\min} bh \tag{5.33a}$$

2）若 $\xi > \xi_b$，说明发生小偏心受压破坏，应加大构件截面尺寸或按 A'_s 未知的第一种情况重新计算。

3）若 $\xi < \dfrac{2a'_s}{h_0}$，说明受压钢筋达不到屈服强度，故对受压钢筋 A'_s 合力点取矩，按式（5.33b）计算 A_s，并验算最小配筋率

$$A_s = \frac{N\left(e_i - \dfrac{h}{2} + a'_s\right)}{f_y (h_0 - a'_s)} \tag{5.33b}$$

2. 小偏心受压构件

因纵向钢筋 A_s 的应力 $\sigma_s = \dfrac{f_y}{\xi_b - \beta_1}(\xi - \beta_1)$，且满足 $-f'_y \leqslant \sigma_s \leqslant f_y$，相应 $\xi_b \leqslant \xi \leqslant 2\beta_1 - \xi_b$，绘出偏心受压构件远侧钢筋 A_s 的应力 σ_s 与 ξ 的关系，如图 5.28 所示，并分段详细列出 σ_s 与 ξ 的关系见表 5.5。

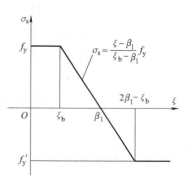

图 5.28 偏心受压构件 A_s 的应力 σ_s 与 ξ 的关系

表 5.5 偏心受压构件 A_s 的应力 σ_s 与 ξ 的关系

ξ	σ_s	A_s 的含义
$\xi \leqslant \xi_b$	$\sigma_s = f_y$	受拉钢筋达到屈服强度
$\xi_b < \xi \leqslant \beta_1$	$0 < \sigma_s < f_y$	受拉钢筋未到屈服强度
$\beta_1 < \xi < 2\beta_1 - \xi_b$	$-f'_y < \sigma_s < 0$	受压钢筋未到屈服强度
$2\beta_1 - \xi_b \leqslant \xi \leqslant h/h_0$	$\sigma_s = -f'_y$	受压钢筋达到屈服强度

从表 5.5 可知，对于小偏心受压构件，不论 A_s 配置的数量多少，钢筋未达到屈服强度；为了使钢筋用量最少，按最小配筋率进行配置，即 $A_s = \rho_{\min} bh$，代入式 $Ne' \leqslant \alpha_1 f_c bx \left(\dfrac{x}{2} - a'_s\right) - \sigma_s A_s (h_0 - a'_s)$，与 $\sigma_s = \dfrac{\xi - \beta_1}{\xi_b - \beta_1} f_y$ 联解求出 ξ，再讨论 ξ 范围，分别求解。

1）当 $\xi < \xi_b$ 时，按大偏心受压构件计算。

2）当 $\xi_b \leqslant \xi \leqslant \beta_1$ 时，说明 A_s 受拉不屈服，应力 $0 < \sigma_s < f_y$，代入 $N = \alpha_1 f_c b \xi h_0 + f'_y A'_s - \dfrac{\xi - \beta_1}{\xi_b - \beta_1} f_y A_s$，求出 A'_s，并使 $A'_s \geqslant \rho_{\min} bh$。

3）当 $\beta_1 < \xi < 2\beta_1 - \xi_b$ 时，说明 A_s 受压不屈服，应力 $-f'_y < \sigma_s < 0$，代入 $N = \alpha_1 f_c b \xi h_0 + f'_y A'_s -$

$\frac{\xi-\beta_1}{\xi_b-\beta_1}f_yA_s$,求出 A'_s,并使 $A'_s \geq \rho_{min}bh$。

4)当 $2\beta_1-\xi_b \leq \xi \leq h/h_0$ 时,说明 A_s 受压且屈服,混凝土受压区高度未超出截面高度,需重新计算 ξ 和 A'_s。取 $\sigma_s = -f'_y$,则由式(5.25)和式(5.27)得 $N = \alpha_1 f_c b\xi h_0 + f'_y A'_s + f'_y A_s$ 和 $Ne' = \alpha_1 f_c bh_0^2 \xi\left(\frac{\xi}{2}-\frac{a'_s}{h_0}\right) + f'_y A_s (h_0-a'_s)$,两个方程两个未知数 ξ 和 A'_s,可直接求出 ξ 和 A'_s,并使 $A'_s \geq \rho_{min}bh$。

5)当 $\xi > h/h_0$ 时,说明 A_s 受压且屈服,混凝土受压区高度超出截面高度,需重新计算 A_s 和 A'_s。取 $\xi = h/h_0$,$\sigma_s = -f'_y$,则由式(5.25)和式(5.26)得 $N = \alpha_1 f_c bh + f'_y A'_s + f'_y A_s$、$Ne = \alpha_1 f_c bh\left(h_0-\frac{h}{2}\right) + f'_y A'_s (h_0-a'_s)$,两个方程两个未知数 A_s 和 A'_s,可直接求出 A_s 和 A'_s。并验算是否发生反向破坏,当 $N > f_c bh$ 时由反向破坏式(5.30)求 A_s,两者取大值作为结果。

综上所述,汇总矩形截面偏心受压构件正截面承载力不对称配筋截面设计的对策,见表5.6。

表5.6 矩形截面偏心受压构件正截面承载力不对称配筋截面设计的对策

破坏形态	未知数	补充条件	注意事项
大偏心受压	A_s、A'_s、x	令 $\xi = \xi_b$	$A'_s \geq \rho_{min}bh$,否则按 $A'_s = \rho_{min}bh$ 重新求 ξ
大偏心受压	A_s、x	直接求 ξ	若 $x < 2a'_s/h_0$,对 A'_s 取矩,求出 A_s; 若 $\xi > \xi_b$,按 $\xi = \xi_b$ 重新求 A_s、A'_s
小偏心受压	A_s、A'_s、x、σ_s	$\sigma_s = \frac{\xi-\beta_1}{\xi_b-\beta_1}f_y$ 令 $A_s = \rho_{min}bh$	用 $\sum M_{A'_s} = 0$ 求 ξ,化简 $\xi^2+A\xi+B=0$ 一元二次方程,计算过程时应仔细; 若 $\xi > h/h_0$,取 $\xi = h/h_0$,$\sigma_s = -f'_y$ 计算

5.4.5 截面复核

已知截面尺寸 $b \times h$,配筋量 A_s 及 A'_s,材料强度等级,构件计算长度 l_0,以及构件承受的轴向力 N 和杆端弯矩设计值 M_1、M_2,要求复核截面的承载力 N_u 是否安全。

1)令 $\xi = \xi_b$,求界限状态时的偏心距 e_{ib},即

$$e_{ib} = \frac{\alpha_1 f_c bh_0^2 \xi_b(1-0.5\xi_b) + f'_y A'_s (h_0-a'_s)}{\alpha_1 f_c bh_0 \xi_b + f'_y A'_s - f_y A_s} - \left(\frac{h}{2}-a_s\right)$$

2)计算初始偏心距 $e_i = \frac{M}{N} + e_a$。

3)当 $e_i \geq e_{ib}$ 时,判为大偏心受压,由方程组联解为

$$N_u = \alpha_1 f_c bh_0 \xi + f'_y A'_s - f_y A_s$$

$$N_u e = \alpha_1 f_c bh_0^2 \xi(1-0.5\xi) + f'_y A'_s (h_0-a'_s)$$

求出 ξ 和 N_u。

4)当 $e < e_{ib}$ 时,判为小偏心受压,由方程组联解为

$$N_u = \alpha_1 f_c b h_0 \xi + f'_y A'_s - \sigma_s A_s$$

$$N_u e = \alpha_1 f_c b h_0^2 \xi (1-0.5\xi) + f'_y A'_s (h_0 - a'_s)$$

$$\sigma_s = \frac{\xi - \beta_1}{\xi_b - \beta_1} f_y, \text{且满足} -f'_y \leqslant \sigma_s \leqslant f_y$$

求出 ξ 和 N_u。

5) 垂直于弯矩作用平面的承载力复核。不论哪一种偏心受压，垂直于弯矩作用平面的承载力复核，均按轴心受压构件进行。计算 φ 值时，取 b 作为截面高度。

6) 结论：当 $N_u \geqslant N$ 时，截面承载力满足要求；反之，则不满足。

5.4.6 偏心受压构件的判别方法

综上所述，现将大小偏心受压构件的判别方法列于表 5.7。

表 5.7 大小偏心受压构件矩形截面的判别方法

方法	内 容	应用
ξ 直接判别法	先按大偏心受压计算出 ξ，如果 $\xi \leqslant \xi_b$，说明是大偏心受压；反之，属于小偏心受压，应按小偏心受压重新计算	截面复核 对称配筋设计
界限偏心距判别法	$e_{ib} = \dfrac{\alpha_1 f_c b h_0^2 \xi_b (1-0.5\xi_b) + f'_y A'_s (h_0 - a'_s)}{\alpha_1 f_c b h_0 \xi_b + f'_y A'_s - f_y A_s} - \left(\dfrac{h}{2} - a_s\right)$ 当 $e_i \geqslant e_{ib}$ 时，判为大偏心受压；当 $e_i < e_{ib}$ 时，判为小偏心受压	截面复核
经验式判别法	当 $e_i \leqslant 0.3 h_0$ 时，属于小偏心受压；反之，先按大偏心受压计算，确定出 ξ，如果 $\xi \leqslant \xi_b$，确实是大偏心受压；反之，按小偏心受压重新进行计算	不对称配筋设计

【例 5.3】 钢筋混凝土偏心受压柱，截面尺寸 $b \times h = 400\text{mm} \times 500\text{mm}$，$a_s = a'_s = 40\text{mm}$。承受轴向压力设计值 $N = 700\text{kN}$，柱顶截面弯矩设计值 $M_1 = 277\text{kN} \cdot \text{m}$，柱底截面弯矩设计值 $M_2 = 300\text{kN} \cdot \text{m}$，柱变形为单曲率弯曲（见图 5.29a）。弯矩作用平面内柱上下两端支撑长度 $l_c = 3.5\text{m}$，弯矩作用平面外柱的计算长度 $l_0 = 3.6\text{m}$。混凝土强度等级为 C30，纵向钢筋采用 HRB400 级。求钢筋截面面积 A'_s 和 A_s。

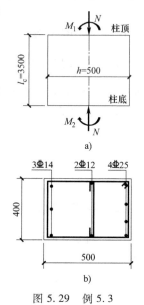

图 5.29 例 5.3

【解】 (1) 基本参数 C30 混凝土 $\alpha_1 = 1.0$；查附表 1.2 得，$f_c = 14.3\text{N/mm}^2$；查表 3.14 得，$\xi_b = 0.518$；查附表 1.5 得，HRB400 级钢筋 $f_y = f'_y = 360\text{N/mm}^2$；$\rho_{\min} = 0.55\%$；$h_0 = h - a_s = (500 - 40)\text{mm} = 460\text{mm}$。

(2) 判断构件是否需要考虑附加弯矩 杆端弯矩比为

$$M_1/M_2 = 277/300 = 0.923 > 0.9$$

应考虑杆件自身挠曲变形的影响。

(3) 计算弯矩设计值 由式 (5.7)~式 (5.10) 得

$$e_a = \max\left(\frac{h}{30}, 20\text{mm}\right) = \max\left(\frac{500\text{mm}}{30}, 20\text{mm}\right) = 20\text{mm}$$

$$\zeta_c = \frac{0.5f_c A}{N} = \frac{0.5 \times 14.3 \times 400 \times 500}{700 \times 10^3} = 2.04 > 1.0, 取 \zeta_c = 1.0$$

$$C_m = 0.7 + 0.3 \frac{M_1}{M_2} = 0.7 + 0.3 \times \frac{277}{300} = 0.977$$

$$\eta_{ns} = 1 + \frac{1}{1300\left(\frac{M_2}{N} + e_a\right)/h_0} \left(\frac{l_c}{h}\right)^2 \zeta_c$$

$$= 1 + \frac{460}{1300 \times \left(\frac{300 \times 10^6}{700 \times 10^3} + 20\right)} \times \left(\frac{3500}{500}\right)^2 \times 1.0 = 1.04$$

$$M = C_m \eta_{ns} M_2 = 0.977 \times 1.04 \times 300 \text{kN} \cdot \text{m} = 304.8 \text{kN} \cdot \text{m} > M_2 = 300 \text{kN} \cdot \text{m}$$

（4）判别偏心受压构件类型

$$e_0 = \frac{M}{N} = \frac{304.8 \times 10^6}{700 \times 10^3} \text{mm} = 435.4 \text{mm}$$

$$e_i = e_0 + e_a = (435.4 + 20) \text{mm} = 455.4 \text{mm} > 0.3h_0 = 0.3 \times 460 \text{mm} = 138 \text{mm}$$

可先按大偏心受压构件计算，代入式（5.20）得

$$e = e_i + \frac{h}{2} - a_s = (455.4 + 250 - 40) \text{mm} = 665.4 \text{mm}$$

（5）计算 A_s' 和 A_s 为使钢筋总用量最小，取 $\xi = \xi_b = 0.518$，代入式（5.19）得

$$A_s' = \frac{Ne - \alpha_1 f_c b h_0^2 \xi_b (1 - 0.5\xi_b)}{f_y'(h_0 - a_s')}$$

$$= \frac{700 \times 10^3 \times 665.4 - 1.0 \times 14.3 \times 400 \times 460^2 \times 0.518 \times (1 - 0.5 \times 0.518)}{360 \times (460 - 40)} \text{mm}^2$$

$$= 7.9 \text{mm}^2 < \rho_{min} bh = 0.2\% \times 400 \times 500 \text{mm}^2 = 400 \text{mm}^2$$

不满足一侧钢筋配筋率要求，重新取受压钢筋 $A_s' \geq 400 \text{mm}^2$，选 3 ⌽ 14（$A_s' = 461 \text{mm}^2$），且钢筋根数满足柱中纵向钢筋的净间距不应小于 50mm，且不宜大于 300mm 的构造要求。

按受压钢筋 3 ⌽ 14，面积 $A_s' = 461 \text{mm}^2$ 为已知情况，重新求 x 和 A_s。

$$\alpha_s = \frac{Ne - f_y' A_s'(h_0 - a_s')}{\alpha_1 f_c b h_0^2} = \frac{700 \times 10^3 \times 665.4 - 360 \times 461 \times (460 - 40)}{1.0 \times 14.3 \times 400 \times 460^2} = 0.327$$

$$\xi = 1 - \sqrt{1 - 2\alpha_s} = 1 - \sqrt{1 - 2 \times 0.327} = 0.412 < \xi_b = 0.518$$

为大偏心受压构件。代入式（5.18）得

$$A_s = \frac{\alpha_1 f_c b h_0 \xi + f_y' A_s' - N}{f_y}$$

$$= \frac{1.0 \times 14.3 \times 400 \times 460 \times 0.412 + 360 \times 461 - 700 \times 10^3}{360} \text{mm}^2$$

$$= 1528 \text{mm}^2 > \rho_{min} bh = 400 \text{mm}^2$$

受拉钢筋选 4 ⌽ 25（$A_s = 1964 \text{mm}^2$）。

还需满足柱中纵向钢筋的净间距不应小于50mm，且不宜大于300mm的构造要求，故在h边配置 $2 \underline{\Phi} 12$ 纵向构造钢筋（$A_{s构}=226\text{mm}^2$）。

一侧配筋率为 $\dfrac{490.9+153.9+113.1}{400\times500}\times100\%=0.38\%>0.2\%$

全部配筋率为 $0.55\%<\dfrac{A_s+A'_s+A_{s构}}{A}=\dfrac{1964+461+226}{400\times500}\times100\%=1.33\%<5\%$

满足配筋率要求。

（6）验算垂直弯矩作用平面的受压承载力 $l_0/b=3600/400=9$，查表5.2得 $\varphi=0.99$，代入式（5.2）得

$$N_u=0.9\varphi(f_cA+f'_yA'_s)$$
$$=0.9\times0.99\times[14.3\times400\times500+360\times(1964+461+226)]\times10^{-3}\text{kN}$$
$$=3398.6\text{kN}>N=700\text{kN}\quad（满足要求）$$

配筋结果如图5.29b所示。

【点评】①未知数有三个 A_s、A'_s、x，独立方程有两个，故需补充方程 $\xi=\xi_b$，用 $\sum M_{A_s}=0$ 求出 A'_s，再根据力的平衡方程求出 A_s。②检查一侧钢筋配筋率和全部钢筋的配筋率，满足 $\rho'=\rho=0.2\%$ 和 $\rho_{总}>0.55\%$ 要求，注意在 h 方向还需配纵向构造钢筋。③因求出的 $A'_s<0.2\%bh$，不满足一侧钢筋配筋率要求，需重新假定受压钢筋 $A'_s\geq0.2\%bh$，这时题型变成已知 A'_s 情况重新求 x 和 A_s 的情况。④验算垂直弯矩作用平面的承载力时，失稳在 b 方向，故求 φ 时要用 b。⑤本题型是最常见的类型，需熟练掌握。

【例5.4】 钢筋混凝土偏心受压柱，截面尺寸 $b\times h=400\text{mm}\times400\text{mm}$，$a_s=a'_s=45\text{mm}$。承受轴向压力设计值 $N=300\text{kN}$，柱顶截面的弯矩设计值 $M_1=70\text{kN}\cdot\text{m}$，柱底截面的弯矩设计值 $M_2=95\text{kN}\cdot\text{m}$，柱变形为单曲率弯曲。弯矩作用平面内柱上下两端支撑长度 $l_c=8.6\text{m}$，弯矩作用平面外柱的计算长度 $l_0=10.4\text{m}$。混凝土强度等级为C30，纵向钢筋采用HRB500级，受压区已配有 $3\underline{\Phi}18$（$A'_s=763\text{mm}^2$）。求钢筋截面面积 A_s。

【解】（1）基本参数 C30混凝土 $\alpha_1=1.0$；查附表1.2得，$f_c=14.3\text{N/mm}^2$；查附表1.5得，HRB500级钢筋 $f_y=435\text{N/mm}^2$，$f'_y=435\text{N/mm}^2$（对 h 边按偏心受压计算承载力时采用）或 $f'_y=400\text{N/mm}^2$（对 b 边按轴心受压验算承载力时采用）；$\rho_{\min}=0.5\%$，查表3.14得，$\xi_b=0.482$；$h_0=h-a_s=(400-45)\text{mm}=355\text{mm}$。

（2）判断构件是否需要考虑附加弯矩 代入式（5.6）得

杆端弯矩比 $M_1/M_2=70/95=0.737<0.9$

轴压比 $N/f_cA=300000/(14.3\times400^2)=0.131<0.9$

截面回转半径 $i=\dfrac{h}{\sqrt{12}}=\dfrac{400}{\sqrt{12}}\text{mm}=115.5\text{mm}$

长细比 $\dfrac{l_c}{i}=\dfrac{8600}{115.5}=74.5>34-12\dfrac{M_1}{M_2}=34-12\times\dfrac{70}{95}=25.2$

应考虑杆件自身挠曲变形的影响。

(3) 计算弯矩设计值，由式（5.7）~式（5.10）得

$$e_a = \max\left(\frac{h}{30}, 20\text{mm}\right) = \max\left(\frac{400\text{mm}}{30}, 20\text{mm}\right) = 20\text{mm}$$

$$\zeta_c = \frac{0.5 f_c A}{N} = \frac{0.5 \times 14.3 \times 400 \times 400}{300 \times 10^3} = 3.813 > 1.0，取 \zeta_c = 1.0$$

$$C_m = 0.7 + 0.3 \frac{M_1}{M_2} = 0.7 + 0.3 \times \frac{70}{95} = 0.921$$

$$\eta_{ns} = 1 + \frac{1}{1300\left(\frac{M_2}{N} + e_a\right)/h_0} \left(\frac{l_c}{h}\right)^2 \zeta_c$$

$$= 1 + \frac{355}{1300 \times \left(\frac{95 \times 10^6}{300 \times 10^3} + 20\right)} \times \left(\frac{8600}{400}\right)^2 \times 1.0 = 1.37$$

$$M = C_m \eta_{ns} M_2 = 0.921 \times 1.37 \times 95 \text{kN·m} = 119.9 \text{kN·m} > M_2 = 95 \text{N·m}$$

(4) 判别偏心受压构件类型

$$e_0 = \frac{M}{N} = \frac{119.9 \times 10^6}{300 \times 10^3} \text{mm} = 399.7 \text{mm}$$

$$e_i = e_0 + e_a = (399.7 + 20)\text{mm} = 419.7\text{mm} > 0.3 h_0 = 0.3 \times 355 \text{mm} = 106.5 \text{mm}$$

可先按大偏心受压构件计算，代入式（5.20）得

$$e = e_i + \frac{h}{2} - a_s = (419.7 + 200 - 45)\text{mm} = 574.7 \text{mm}$$

(5) 计算 A_s

$$\alpha_s = \frac{Ne - f_y' A_s'(h_0 - a_s')}{\alpha_1 f_c b h_0^2} = \frac{300 \times 10^3 \times 574.7 - 435 \times 763 \times (355 - 45)}{1.0 \times 14.3 \times 400 \times 355^2}$$

$$= 0.096$$

$$\xi = 1 - \sqrt{1 - 2\alpha_s} = 1 - \sqrt{1 - 2 \times 0.096} = 0.101 < \frac{2 a_s'}{h_0} = \frac{2 \times 45}{355} = 0.254$$

即 $x < 2 a_s'$，说明破坏时 A_s' 达不到屈服强度，按式（5.23）得

$$A_s = \frac{Ne'}{f_y(h_0 - a_s')} = \frac{N(e_i - \frac{h}{2} + a_s')}{f_y(h_0 - a_s')} = \frac{300 \times 10^3 \times (419.7 - 200 + 45)}{435 \times (355 - 45)} \text{mm}^2 = 589 \text{mm}^2$$

$$> \rho_{min} bh = 0.2\% \times 400 \times 400 \text{mm}^2 = 320 \text{mm}^2 \text{（满足要求）}$$

实际配筋 3 Φ 16（$A_s = 603 \text{mm}^2$）。

还需满足柱中纵向钢筋的净间距不应小于50mm，且不宜大于300mm的构造要求，故在 h 边配置 2 Φ 12 纵向构造钢筋（$A_{s构} = 226 \text{mm}^2$）。

全部配筋率为 $0.5\% < \dfrac{A_s + A_s' + A_{s构}}{A} = \dfrac{603+763+226}{400\times400}\times100\% = 0.995\% < 5\%$（满足要求）

（6）验算垂直弯矩作用平面的受压承载力

$l_0/b = 10400/400 = 26$，查表 5.2 得 $\varphi = 0.60$，代入式（5.2）得

$$N_u = 0.9\varphi(f_c A + f_y' A_s')$$
$$= 0.9\times0.60\times[14.3\times400\times400+400\times(603+763+226)]\times10^{-3}\text{kN}$$
$$= 1579.4\text{kN} > N = 300\text{kN}（满足要求）$$

配筋结果如图 5.30 所示。

【点评】 ①未知数两个 A_s、x，独立方程两个。计算方法与已知 A_s' 的双筋矩形截面梁正截面承载力计算方法相同。②$x < 2a_s'$，说明破坏时 A_s' 达不到屈服强度，按 $A_s = \dfrac{Ne'}{f_y(h_0 - a_s')}$ 求解。③HRB500 级钢筋在垂直弯矩作用平面的轴心受压承载力验算时，$f_y' = 400\text{N/mm}^2$。

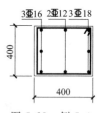

图 5.30 例 5.4

【例 5.5】 钢筋混凝土偏心受压柱，截面尺寸 $b\times h = 400\text{mm} \times 700\text{mm}$，$a_s = a_s' = 50\text{mm}$，$h_0 = 650\text{mm}$。承受轴向压力设计值 $N = 3550\text{kN}$，柱顶截面弯矩设计值 $M_1 = 430\text{kN}\cdot\text{m}$，柱底截面弯矩设计值 $M_2 = 460\text{kN}\cdot\text{m}$，柱变形为单曲率弯曲。弯矩作用平面内柱上、下两端支撑长度 $l_c = 6.0\text{m}$，弯矩作用平面外柱的计算长度 $l_0 = 6.0\text{m}$。混凝土强度等级 C40，纵向钢筋采用 HRB400 级。求钢筋截面面积 A_s' 和 A_s。

【解】 （1）基本参数 C40 混凝土 $\alpha_1 = 1.0$，$\beta_1 = 0.8$；查附表 1.2 得，C40 混凝土 $f_c = 19.1\text{N/mm}^2$；查附表 1.5 得，HRB400 级钢筋 $f_y = f_y' = 360\text{N/mm}^2$；$\rho_{\min} = 0.55\%$；查表 3.14 得，$\xi_b = 0.518$。

（2）判断构件是否需要考虑附加弯矩 代入式（5.6）得杆端弯矩比

$$M_1/M_2 = 430/460 = 0.935 > 0.9$$

应考虑杆件自身挠曲变形的影响。

（3）计算弯矩设计值 由式（5.7）~式（5.10）得

$$e_a = \max\left(\dfrac{h}{30}, 20\text{mm}\right) = \max\left(\dfrac{700}{30}\text{mm}, 20\text{mm}\right) = 23.3\text{mm}$$

$$\zeta_c = \dfrac{0.5 f_c A}{N} = \dfrac{0.5\times19.1\times400\times700}{3550\times10^3} = 0.753 < 1.0，取 \zeta_c = 0.753$$

$$C_m = 0.7 + 0.3\dfrac{M_1}{M_2} = 0.7 + 0.3\times\dfrac{430}{460} = 0.980$$

$$\eta_{ns} = 1 + \dfrac{1}{1300\left(\dfrac{M_2}{N} + e_a\right)/h_0}\left(\dfrac{l_c}{h}\right)^2 \zeta_c$$

$$= 1 + \dfrac{650}{1300\times\left(\dfrac{460\times10^6}{3550\times10^3} + 23.3\right)}\times\left(\dfrac{6000}{700}\right)^2\times0.753 = 1.181$$

$$M = C_m \eta_{ns} M_2 = 0.980\times1.181\times460\text{kN}\cdot\text{m} = 532.4\text{kN}\cdot\text{m} > M_2 = 460\text{kN}\cdot\text{m}$$

(4) 判别偏心受压构件类型

$$e_0 = \frac{M}{N} = \frac{532.4 \times 10^6}{3550 \times 10^3} \text{mm} = 150 \text{mm}$$

$$e_i = e_0 + e_a = (150 + 23.3) \text{mm} = 173.3 \text{mm} < 0.3 h_0 = 0.3 \times 650 \text{mm} = 195 \text{mm}$$

故按小偏心受压构件计算，代入式（5.28）、式（5.29）得

$$e = e_i + \frac{h}{2} - a_s = (173.3 + 350 - 50) \text{mm} = 473.3 \text{mm}$$

$$e' = \frac{h}{2} - e_i - a'_s = (350 - 173.3 - 50) \text{mm} = 126.7 \text{mm}$$

(5) 初步确定 A_s　因构件破坏时，远侧钢筋 A_s 都不屈服，故取 $A_s = \rho_{min} bh = 0.2\% \times 400 \times 700 \text{mm}^2 = 560 \text{mm}^2$，选 3 ⊈ 16（$A_s = 603 \text{mm}^2$）。验算 $f_c bh = 19.1 \times 400 \times 700 \times 10^{-3} \text{kN} = 5348 \text{kN} > N = 3550 \text{kN}$（不会发生反向破坏）

(6) 计算 A'_s　将 $A_s = 603 \text{mm}^2$ 代入式 $Ne' = \alpha_1 f_c bx \left(\frac{x}{2} - a'_s\right) - \sigma_s A_s (h_0 - a'_s)$ 和 $\sigma_s = \frac{\xi - \beta_1}{\xi_b - \beta_1} f_y$ 联解求出 ξ

$$3550 \times 10^3 \times 126.7 = 1.0 \times 19.1 \times 400 \times 650 \xi \times (0.5 \times 650 \xi - 50) - \frac{\xi - 0.8}{0.518 - 0.8} \times 360 \times 603 \times (650 - 50)$$

化简为 $\xi^2 + 0.132\xi - 0.508 = 0$，得 $\xi = 0.650$

满足 $\beta_1 = 0.8 > \xi = 0.650 > \xi_b = 0.518$，判定该题型为 A_s 为受拉不屈服的小偏心受压构件。代入式（5.26）得

$$A'_s = \frac{Ne - \alpha_1 f_c b h_0^2 \xi (1 - 0.5\xi)}{f'_y (h_0 - a'_s)}$$

$$= \frac{3550 \times 10^3 \times 473.3 - 1.0 \times 19.1 \times 400 \times 650^2 \times 0.65 \times (1 - 0.5 \times 0.65)}{360 \times (650 - 50)} \text{mm}^2$$

$$= 1222 \text{mm}^2 > \rho_{min} bh = 0.2\% \times 400 \times 700 \text{mm}^2 = 560 \text{mm}^2$$

受压钢筋选 4 ⊈ 20（$A'_s = 1256 \text{mm}^2$）。

由于 $h = 700 \text{mm} > 600 \text{mm}$，在侧部布置纵向构造钢筋 4 ⊈ 14（$A_{s构} = 615 \text{mm}^2$）。

全部配筋率为

$$0.55\% < \frac{1256 + 615 + 603}{400 \times 700} \times 100\% = 0.884\% < 5\%（满足配筋率要求）$$

(7) 验算垂直弯矩作用平面的受压承载力　$l_0/b = 6000/400 = 15$，查表 5.2 得 $\varphi = 0.895$，代入式（5.2）得

$$N_u = 0.9\varphi(f_c A + f'_y A'_s)$$

$$= 0.9 \times 0.895 \times [19.1 \times 400 \times 700 + 360 \times (603 + 615 + 1256)] \times 10^{-3} \text{kN}$$

$$= 5025.2 \text{kN} > N = 3550 \text{kN}（满足要求）$$

配筋结果如图 5.31 所示。

【点评】　此题属小偏心受压破坏，需补充方程 $A_s = \rho_{min} bh$，再由 $\sigma_s = \frac{\xi - \beta_1}{\xi_b - \beta_1} f_y$ 和 $\sum M_{A'_s} = 0$

求出 ξ，且满足 $\xi > \xi_b$，否则计算就错了。

【例 5.6】 钢筋混凝土偏心受压柱，截面尺寸 $b \times h = 300\text{mm} \times 450\text{mm}$，$a_s = a_s' = 50\text{mm}$，$h_0 = 400\text{mm}$。承受轴向压力设计值 $N = 315\text{kN}$，柱顶截面弯矩设计值 $M_1 = 165\text{kN} \cdot \text{m}$，柱底截面弯矩设计值 $M_2 = 180\text{kN} \cdot \text{m}$，柱变形为单曲率弯曲。弯矩作用平面内柱上、下两端支撑长度 $l_c = 4.0\text{m}$，弯矩作用平面外柱的计算长度 $l_0 = 4.2\text{m}$。混凝土强度等级为 C30，纵向钢筋采用 HRB400 级。受压钢筋已配有 3 ⌀ 16（$A_s' = 603\text{mm}^2$），受拉钢筋已配有 4 ⌀ 20（$A_s = 1256\text{mm}^2$）。验算截面能否满足承载力要求。

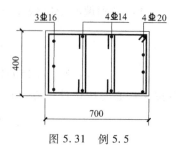

图 5.31 例 5.5

【解】 （1）基本参数 查附录 1.2 得，C30 混凝土 $f_c = 14.3\text{N/mm}^2$；查表 3.14 得 $\xi_b = 0.518$；C30 混凝土 $\alpha_1 = 1.0$；查附表 1.5 得，HRB400 级钢筋 $f_y = f_y' = 360\text{N/mm}^2$；$\rho_{\min} = 0.55\%$。

（2）判断构件是否需要考虑附加弯矩 由式（5.6）得杆端弯矩比

$$M_1/M_2 = 165/180 = 0.917 > 0.9$$

应考虑杆件自身挠曲变形的影响，由式（5.7）~式（5.10）得

$$e_a = \max\left(\frac{h}{30}, 20\text{mm}\right) = \max\left(\frac{450\text{mm}}{30}, 20\text{mm}\right) = 20\text{mm}$$

$$\zeta_c = \frac{0.5 f_c A}{N} = \frac{0.5 \times 14.3 \times 300 \times 450}{315 \times 10^3} = 3.06 > 1.0, \text{取} \zeta_c = 1.0$$

$$C_m = 0.7 + 0.3 \frac{M_1}{M_2} = 0.7 + 0.3 \times \frac{165}{180} = 0.975$$

$$\eta_{ns} = 1 + \frac{1}{1300\left(\frac{M_2}{N} + e_a\right)/h_0}\left(\frac{l_c}{h}\right)^2 \zeta_c$$

$$= 1 + \frac{400}{1300 \times \left(\frac{180 \times 10^6}{315 \times 10^3} + 20\right)} \times \left(\frac{4000}{450}\right)^2 \times 1.0 = 1.041$$

$$M = C_m \eta_{ns} M_2 = 0.975 \times 1.041 \times 180\text{kN} \cdot \text{m} = 182.7\text{kN} \cdot \text{m} > M_2 = 180\text{kN} \cdot \text{m}$$

（3）计算界限偏心距 e_{ib} 代入式（5.31）得

$$e_{ib} = \frac{\alpha_1 f_c b h_0^2 \xi_b (1 - 0.5\xi_b) + f_y' A_s'(h_0 - a_s')}{\alpha_1 f_c b h_0 \xi_b + f_y' A_s' - f_y A_s} - \left(\frac{h}{2} - a_s\right)$$

$$= \frac{1.0 \times 14.3 \times 300 \times 400^2 \times 0.518 \times (1 - 0.5 \times 0.518) + 360 \times 603 \times (400 - 50)}{1.0 \times 14.3 \times 300 \times 400 \times 0.518 + 360 \times 603 - 360 \times 1256}\text{mm} - \left(\frac{450}{2} - 50\right)\text{mm}$$

$$= 344.2\text{mm}$$

（4）判别偏心受压构件类型

$$e_0 = \frac{M}{N} = \frac{182.7 \times 10^6}{315 \times 10^3}\text{mm} = 580\text{mm}$$

$$e_i = e_0 + e_a = (580+20)\text{mm} = 600\text{mm} > e_{ib} = 344.2\text{mm}(\text{为大偏心受压构件})$$

（5）计算截面能承受的偏心压力设计值 N_u　代入式（5.20）得

$$e = e_i + \frac{h}{2} - a_s = \left(600 + \frac{450}{2} - 50\right)\text{mm} = 775\text{mm}$$

将已知条件代入式（5.18）和式（5.19）得

$$N_u = 1.0 \times 14.3 \times 300x + 360 \times 603 - 360 \times 1256$$
$$N_u \times 775 = 1.0 \times 14.3 \times 300x(400 - 0.5x) + 360 \times 603 \times (400 - 50)$$

化简得　　　　　　　　　$N_u = 4290x - 235080$　　　　　　　　　①

$$775N_u = 4290x(400 - 0.5x) + 75978000$$　　　　　　②

联解①、②式得 $x^2 + 750x - 120356.6 = 0$

解得

　　$2a'_s = 100\text{mm} < x = 135.86\text{mm} < \xi_b h_0 = 0.518 \times 400\text{mm} = 207.2\text{mm}$（为大偏心受压构件）

$N_u = 347.76\text{kN} > N = 315\text{kN}$，满足承载力要求。

（6）验算垂直弯矩作用平面的受压承载力　$l_0/b = 4200/300 = 14$，查表5.2得 $\varphi = 0.92$，代入式（5.2）得

$$N_u = 0.9\varphi(f_c A + f'_y A'_s)$$
$$= 0.9 \times 0.92 \times [14.3 \times 300 \times 450 + 360 \times (1256 + 603)] \times 10^{-3}\text{kN}$$
$$= 2152.6\text{kN} > N = 315\text{kN}（满足要求）$$

【点评】　①此题属截面复核题，故先计算界限偏心距 e_{ib}，当满足 $e_i > e_{ib}$ 时，为大偏心受压构件。②仍需验算垂直弯矩作用平面的受压承载力。

5.5　对称配筋矩形截面偏心受压构件正截面承载力计算

在实际工程中，对称配筋应用更为广泛，一方面方便设计和施工；另一方面装配吊装时不会出错。**对称配筋指截面两侧配置相同数量和相同种类的钢筋**，即 $A_s = A'_s$，$f_y = f'_y$。

5.5.1　截面设计

1. 大偏心受压构件

将 $A_s = A'_s$、$f_y = f'_y$ 代入式（5.18），可得

$$x = \frac{N}{\alpha_1 f_c b} \tag{5.34}$$

1）若 $x > \xi_b h_0$，为小偏心受压构件，重新按小偏压构件式（5.40）计算 ξ 或 x。

2）若 $x \leq \xi_b h_0$，将求解的 x 代入式（5.19），可以求得

$$A_s = A'_s = \frac{Ne - \alpha_1 f_c bx\left(h_0 - \dfrac{x}{2}\right)}{f'_y(h_0 - a'_s)} \tag{5.35}$$

3）如果 $x < 2a'_s$，可按不对称配筋计算方法，即式（5.33b）计算 A_s，然后取 $A'_s = A_s$。

2. 小偏心受压构件

将 $A_s = A'_s$、$f_y = f'_y$、$x = \xi h_0$ 代入式（5.25），得 $N = \alpha_1 f_c b h_0 \xi + (f'_y - \sigma_s)A'_s$，化简得 $f'_y A'_s =$

$\dfrac{N-\alpha_1 f_c b h_0 \xi}{\dfrac{\xi_b-\xi}{\xi_b-\beta_1}}$,再代入式(5.26)得

$$Ne = \alpha_1 f_c b h_0^2 \xi(1-0.5\xi) + \dfrac{N-\alpha_1 f_c b h_0 \xi}{\dfrac{\xi_b-\xi}{\xi-\beta_1}}(h_0-a_s')$$

化简得
$$Ne\dfrac{\xi_b-\xi}{\xi_b-\beta_1} = \alpha_1 f_c b h_0^2 \xi(1-0.5\xi)\dfrac{\xi_b-\xi}{\xi_b-\beta_1} + (N-\alpha_1 f_c b h_0 \xi)(h_0-a_s') \tag{5.36}$$

式(5.36)为 ξ 的三次方程,手算求解非常困难,规范采用降阶简化处理。

令
$$y = \xi(1-0.5\xi)\dfrac{\xi_b-\xi}{\xi_b-\beta_1} \tag{5.37}$$

代入式(5.36),得
$$y = \dfrac{Ne}{\alpha_1 f_c b h_0^2}\left(\dfrac{\xi_b-\xi}{\xi_b-\beta_1}\right) - \left(\dfrac{N}{\alpha_1 f_c b h_0} - \dfrac{\xi}{h_0}\right)(h_0-a_s') \tag{5.38}$$

对于给定的钢筋级别和混凝土强度等级,ξ_b、β_1 为定值,经试验发现,当 ξ 在 $\xi_b \sim 1$ 范围内时,y 与 ξ 之间逼近线性关系。为简化计算,《混凝土结构设计规范》对不同级别的钢筋和不同强度等级的混凝土统一取为

$$y = 0.43\dfrac{\xi_b-\xi}{\xi_b-\beta_1} \tag{5.39}$$

使得 ξ 的方程降阶为一次方程,将式(5.39)代入式(5.36),整理后即可得到 ξ 的近似计算

$$\xi = \dfrac{N-\xi_b \alpha_1 f_c b h_0}{\dfrac{Ne-0.43\alpha_1 f_c b h_0^2}{(\beta_1-\xi_b)(h_0-a_s')} + \alpha_1 f_c b h_0} + \xi_b \tag{5.40}$$

代入式(5.26),得
$$A_s = A_s' = \dfrac{Ne - \alpha_1 f_c b h_0^2 \xi(1-0.5\xi)}{f_y'(h_0-a_s')} \tag{5.41}$$

最后还应验算垂直于弯矩作用平面的受压承载力是否满足要求。

5.5.2 截面复核

按照不对称配筋的截面复核方法进行,复核时取 $A_s = A_s'$。当已知构件上的轴向压力设计值 N 与弯矩设计值 M 以及其他条件,要求计算截面所能承受的轴向压力设计值 N_u 时,由式(5.18)和式(5.19)或式(5.25)、式(5.26)和式(5.17)可知,无论是大偏心受压还是小偏心受压,其未知量均为两个(x 和 N_u),故可由基本式直接求解 x 和 N_u。当 $N_u \geq N$ 时,截面承载力满足要求;反之,则不满足。

【例 5.7】 已知条件同例 5.3,设计成对称配筋。求钢筋截面面积 $A_s = A_s'$。

【解】 (1)由例 5.3 可得 $e = 665.4 \text{mm}$。

(2)判别偏心类型 由式(5.34)得

$$x = \frac{N}{\alpha_1 f_c b} = \frac{700 \times 10^3}{1.0 \times 14.3 \times 400} \text{mm} = 122.4 \text{mm}$$

$$2a_s' = 2 \times 40 \text{mm} = 80 \text{mm} < x = 122.4 \text{mm} < \xi_b h_0 = 0.518 \times 460 \text{mm} = 238.3 \text{mm}$$

属于大偏心受压构件。

(3) 计算钢筋面积　将 x 代入式（5.35）得

$$A_s = A_s' = \frac{Ne - \alpha_1 f_c b x \left(h_0 - \frac{x}{2}\right)}{f_y'(h_0 - a_s')}$$

$$= \frac{700 \times 10^3 \times 665.4 - 1.0 \times 14.3 \times 400 \times 122.4 \times \left(460 - \frac{122.4}{2}\right)}{360 \times (460 - 40)} \text{mm}^2$$

$$= 1234 \text{mm}^2 > \rho_{\min} bh = 0.2\% \times 400 \times 500 \text{mm}^2 = 400 \text{mm}^2$$

受力一侧配置选用 4⌀20（实配面积 $A_s = A_s' = 1256 \text{mm}^2$）。

还需满足柱中纵向钢筋的净间距不应小于 50mm，且不宜大于 300mm 的构造要求，故在 h 边配置 2⌀12 构造纵向钢筋（$A_{s构} = 226 \text{mm}^2$）。

全部配筋率 $0.55\% < \dfrac{A_s + A_s' + A_{s构}}{A} = \dfrac{2 \times 1256 + 226}{400 \times 500} \times 100\% = 1.37\% < 5\%$（满足要求）

(4) 验算垂直弯矩作用平面的受压承载力　$l_0/b = 3600/400 = 9$，查表 5.2 得 $\varphi = 0.99$，代入式（5.2）得

$$N_u = 0.9\varphi(f_c A + f_y' A_s')$$
$$= 0.9 \times 0.99 \times [14.3 \times 400 \times 500 + 360 \times (2 \times 1256 + 226)] \times 10^{-3} \text{kN}$$
$$= 3426.5 \text{kN} > N = 700 \text{kN}$$

满足要求，配筋如图 5.32 所示。

【点评】①此题属矩形截面大偏心受压对称配筋设计，是工程中最常见题型，需熟练掌握。②本例题同例 5.3 相比，采用对称配筋用钢量大于非对称配筋用钢量。

【例 5.8】已知条件例 5.5，设计成对称配筋，求钢筋截面面积 $A_s = A_s'$。

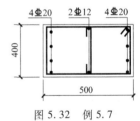

图 5.32　例 5.7

【解】(1) 由例 5.5 可得 $e = 473.3 \text{mm}$。

(2) 判别偏心类型　由式（5.34）得

$$x = \frac{N}{\alpha_1 f_c b} = \frac{3550 \times 10^3}{1.0 \times 19.1 \times 400} \text{mm} = 464.7 \text{mm} > \xi_b h_0 = 0.518 \times 650 \text{mm} = 336.7 \text{mm}$$

属于小偏心受压构件。

(3) 计算钢筋面积　按矩形截面对称配筋小偏心受压构件的近似式（5.40）重新计算 ξ

$$\xi = \frac{N - \xi_b \alpha_1 f_c b h_0}{\dfrac{Ne - 0.43 \alpha_1 f_c b h_0^2}{(\beta_1 - \xi_b)(h_0 - a_s')} + \alpha_1 f_c b h_0} + \xi_b$$

$$= \frac{3550 \times 10^3 - 0.518 \times 1.0 \times 19.1 \times 400 \times 650}{\dfrac{3550 \times 10^3 \times 473.3 - 0.43 \times 1.0 \times 19.1 \times 400 \times 650^2}{(0.8 - 0.518)(650 - 50)} + 1.0 \times 19.1 \times 400 \times 650} + 0.518$$

$$= 0.664$$

$$0 < \sigma_s = \frac{\xi - \beta_1}{\xi_b - \beta_1} f_y = \frac{0.664 - 0.8}{0.518 - 0.8} \times 360 \text{N/mm}^2 = 173.6 \text{N/mm}^2 < f_y, \text{说明} A_s \text{受拉不屈服}。$$

将 ξ 代入式（5.41）得

$$A_s = A_s' = \frac{Ne - \alpha_1 f_c b h_0^2 \xi(1 - 0.5\xi)}{f_y'(h_0 - a_s')}$$

$$= \frac{3550 \times 10^3 \times 473.3 - 1.0 \times 19.1 \times 400 \times 650^2 \times 0.664 \times (1 - 0.5 \times 0.664)}{360 \times (650 - 50)} \text{mm}^2$$

$$= 1150 \text{mm}^2 > \rho_{\min} bh = 0.2\% \times 400 \times 700 \text{mm}^2 = 560 \text{mm}^2$$

受力一侧配置选用 3 ⊈ 25（实配面积 $A_s = A_s' = 1473 \text{mm}^2$）。

由于 $h = 700 \text{mm} > 600 \text{mm}$，在侧部布置构造纵向钢筋 4 ⊈ 14（$A_{s构} = 615 \text{mm}^2$）。

全部配筋率为 $0.55\% < \frac{1473 \times 2 + 615}{400 \times 700} \times 100\% = 1.27\% < 5\%$（符合构造要求）

（4）验算垂直弯矩作用平面的受压承载力　$l_0/b = 6000/400 = 15$，查表 5.2 得 $\varphi = 0.895$，代入式（5.2）得

$$N_u = 0.9\varphi(f_c A + f_y' A_s')$$

$$= 0.9 \times 0.895 \times [19.1 \times 400 \times 700 + 360 \times (1473 \times 2 + 615)] \times 10^{-3} \text{kN}$$

$$= 5430.4 \text{kN} > N = 3350 \text{kN}（满足要求）$$

配筋如图 5.33 所示。

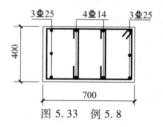

图 5.33　例 5.8

【点评】　①此题属矩形截面小偏心受压对称配筋设计。②本例题同例 5.5 相比，采用对称配筋用钢量大于非对称配筋用钢量。

5.6　对称配筋 I 形截面偏心受压构件正截面承载力计算

I 形截面的受力性能、破坏形态及计算原则与矩形截面基本相同，仅由于截面形状不同使混凝土受压区不同，而使公式略有变化。对 I 形截面，工程通常采用对称配筋方式。

5.6.1　大偏心受压对称配筋

由于轴向压力 N 和弯矩 M 共同作用，中性轴可能在受压翼缘内，即 $x \leq h_f'$，如图 5.34a 所示；也可能在腹板内，即 $h_f' < x \leq \xi_b h_0$，如图 5.34b 所示。

1. 计算公式

1）当 $x \leq h_f'$ 时，相当于按 $b_f' \times h$ 的矩形截面计算，如图 5.34a 所示，由平衡条件可得

$$N \leqslant \alpha_1 f_c b'_f x \tag{5.42}$$

$$Ne \leqslant \alpha_1 f_c b'_f x \left(h_0 - \frac{x}{2}\right) + f'_y A'_s (h_0 - a'_s) \tag{5.43}$$

2）当 $h'_f < x \leqslant \xi_b h_0$ 时，如图 5.34b，由平衡条件可得

$$N \leqslant \alpha_1 f_c bx + \alpha_1 f_c (b'_f - b) h'_f \tag{5.44}$$

$$Ne \leqslant \alpha_1 f_c bx \left(h_0 - \frac{x}{2}\right) + \alpha_1 f_c (b'_f - b) h'_f \left(h_0 - \frac{h'_f}{2}\right) + f'_y A'_s (h_0 - a'_s) \tag{5.45}$$

式中 b'_f、h'_f——受压翼缘的宽度、受压翼缘的高度。

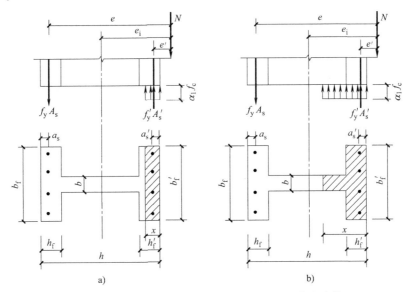

图 5.34 I 形截面大偏心受压正截面受压承载力计算

2. 适用条件

$$x \leqslant \xi_b h_0$$
$$x \geqslant 2a'_s$$

5.6.2 小偏心受压对称配筋

发生小偏心受压破坏时，中和轴的位置在腹板有两种情况：$\xi_b h_0 < x \leqslant h - h_f$，如图 5.35a 所示；或 $h - h_f < x \leqslant h$，如图 5.35b 所示。

1. 计算公式

1）当 $\xi_b h_0 < x \leqslant h - h_f$ 时

$$N \leqslant \alpha_1 f_c bx + \alpha_1 f_c (b'_f - b) h'_f + f'_y A'_s - \sigma_s A_s \tag{5.46}$$

$$Ne \leqslant \alpha_1 f_c bx \left(h_0 - \frac{x}{2}\right) + \alpha_1 f_c (b'_f - b) h'_f \left(h_0 - \frac{h'_f}{2}\right) + f'_y A'_s (h_0 - a'_s) \tag{5.47}$$

2）当 $h - h_f < x \leqslant h$ 时

$$N \leqslant \alpha_1 f_c bx + \alpha_1 f_c (b'_f - b) h'_f + \alpha_1 f_c (b_f - b)(x + h_f - h) + f'_y A'_s - \sigma_s A_s \tag{5.48}$$

$$Ne \leq \alpha_1 f_c bx\left(h_0 - \frac{x}{2}\right) + \alpha_1 f_c (b'_f - b) h'_f \left(h_0 - \frac{h'_f}{2}\right) +$$

$$\alpha_1 f_c (b_f - b)(x + h_f - h)\left(h_f - \frac{h_f + x - h}{2} - a_s\right) + f'_y A'_s (h_0 - a'_s) \tag{5.49}$$

式中 σ_s 仍按式（5.17）计算。

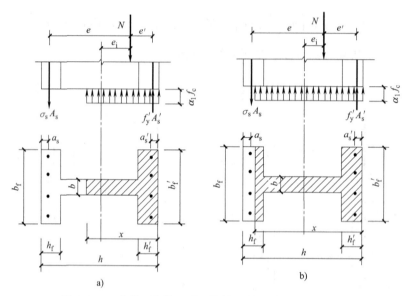

图 5.35 I 形截面小偏心受压构件正截面受压承载力计算

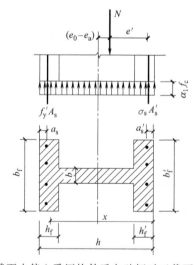

图 5.36 I 形截面小偏心受压构件反向破坏时正截面受压承载力计算

对于小偏心受压构件，当 $N > f_c A$ 时，如图 5.36 所示，尚应按下式进行验算

$$N\left[\frac{h}{2} - a'_s - (e_0 - e_a)\right] \leq f_c \left[bh\left(h'_0 - \frac{h}{2}\right) + (b_f - b)h_f\left(h'_0 - \frac{h_f}{2}\right) + (b'_f - b)h'_f\left(\frac{h'_f}{2} - a'_s\right)\right] + f'_y A_s (h'_0 - a_s) \tag{5.50}$$

式中 h_0'——钢筋 A_s' 合力点至离纵向力 N 较远一侧边缘的距离，$h_0' = h - a_s$。

2. 适用条件

$$\xi_b < \xi \leq h/h_0 \text{ 或 } \xi_b h_0 < x \leq h$$

5.6.3 验算垂直于弯矩作用平面的受压承载力

I 形截面偏心受压构件除进行弯矩作用平面内的计算外，在垂直于弯矩作用平面也应按轴心受压构件进行验算，此时应按 l_0/i 查出 φ 值，i 为截面垂直于弯矩作用平面方向的回转半径。

5.6.4 对称配筋偏心受压构件判别大小偏心受压条件

由 $N = \alpha_1 f_c [bx + (b_f' - b) h_f']$ 推出

$$x = \frac{N - \alpha_1 f_c (b_f' - b) h_f'}{\alpha_1 f_c b} \tag{5.51}$$

若 $\xi \leq \xi_b$ 或 $x \leq \xi_b h_0$，为大偏心受压构件；若 $\xi > \xi_b$ 或 $x > \xi_b h_0$，为小偏心受压构件。

5.6.5 大偏心受压构件对称配筋计算方法

分析式（5.51）可得：

（1）若 $x \leq h_f'$　说明混凝土受压区高度在翼缘内，重新利用式 $N = \alpha_1 f_c b_f' x$，求出 $x = \dfrac{N}{\alpha_1 f_c b_f'}$。

1）当 $2a_s' \leq x \leq h_f'$ 时，则按式 $Ne = \alpha_1 f_c b_f' x \left(h_0 - \dfrac{x}{2}\right) + f_y' A_s' (h_0 - a_s')$，求出 A_s'，并使 $A_s = A_s' \geq \rho_{\min} A$。

2）当 $x < 2a_s'$，取 $x = 2a_s'$，对受压区合力点取矩

$$A_s' = A_s = \frac{Ne'}{f_y (h_0 - a_s')}$$

（2）若 $h_f' < x \leq \xi_b h_0$　则按下式

$$Ne = \alpha_1 f_c [bx(h_0 - 0.5x) + (b_f' - b) h_f' (h_0 - 0.5h_f')] + f_y' A_s' (h_0 - a_s')$$

求出 A_s'，并使 $A_s = A_s' \geq \rho_{\min} A$。

5.6.6 小偏心受压构件对称配筋计算方法

分析式（5.51）可得：

（1）若 $\xi_b h_0 < x \leq h - h_f$　属于小偏心受压构件，x 计算值无效，可参照矩形截面小偏心受压构件对称配筋的 ξ 近似按下列式计算

$$\xi = \frac{N - \alpha_1 f_c [b \xi_b h_0 + (b_f' - b) h_f']}{\dfrac{Ne - \alpha_1 f_c [0.43 b h_0^2 + (b_f' - b) h_f' (h_0 - 0.5 h_f')]}{(\beta_1 - \xi_b)(h_0 - a_s')} + \alpha_1 f_c b h_0} + \xi_b \tag{5.52}$$

$$A_s = A_s' = \frac{Ne - \alpha_1 f_c b \xi (1 - 0.5\xi) h_0^2 - \alpha_1 f_c (b_f' - b) h_f' \left(h_0 - \frac{h_f'}{2}\right)}{f_y' (h_0 - a_s')} \quad (5.53)$$

（2）若 $h - h_f < x \leq h$ 按式（5.48）和式（5.49）联立求解 ξ。

【例5.9】 钢筋混凝土偏心受压排架柱，采用I形截面，截面尺寸为 $b = 100$mm，$h = 900$mm，$b_f = b_f' = 400$mm，$h_f = h_f' = 150$mm，如图5.37所示。柱子平面内的计算长度 $l_0 = 8.1$m，平面外的计算长度 $l_0^* = 9.0$m，$a_s = a_s' = 40$mm，$h_0 = 860$mm。采用C35混凝土，纵向钢筋采用HRB400级。截面承受轴向压力设计值 $N = 1400$kN，下柱柱顶弯矩设计值 $M_1 = 820$kN·m、柱底弯矩设计值 $M_2 = 952$kN·m。采用对称配筋，求纵向受力钢筋 A_s 和 A_s'。

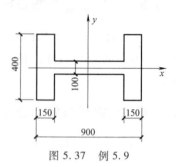

图5.37 例5.9

【解】 查附表1.2得，C35混凝土 $f_c = 16.7$N/mm²；查表3.14得，$\xi_b = 0.518$；查附表1.5得，HRB400级钢筋 $f_y = f_y' = 360$N/mm²。

（1）截面回转半径

$$A = bh + 2(b_f - b)h_f = 100 \times 900 \text{mm}^2 + 2 \times (400 - 100) \times 150 \text{mm}^2 = 18 \times 10^4 \text{mm}^2$$

$$I_y = \frac{1}{12} bh^3 + 2\left[\frac{1}{12}(b_f - b)h_f^3 + (b_f - b)h_f \left(\frac{h}{2} - \frac{h_f}{2}\right)^2\right]$$

$$= \frac{1}{12} \times 100 \times 900^3 \text{mm}^4 + 2 \times \left[\frac{1}{12} \times (400-100) \times 150^3 + (400-100) \times 150 \times \left(\frac{900}{2} - \frac{150}{2}\right)^2\right] \text{mm}^4$$

$$= 189 \times 10^8 \text{mm}^4$$

$$I_x = \frac{1}{12}(h - 2h_f)b^3 + 2 \times \frac{1}{12} h_f b_f^3$$

$$= \frac{1}{12}(900 - 2 \times 150) \times 100^3 \text{mm}^4 + 2 \times \frac{1}{12} \times 150 \times 400^3 \text{mm}^4 = 16.5 \times 10^8 \text{mm}^4$$

$$i_y = \sqrt{\frac{I_y}{A}} = \sqrt{\frac{189 \times 10^8}{18 \times 10^4}} \text{mm} = 324 \text{mm}$$

$$i_x = \sqrt{\frac{I_x}{A}} = \sqrt{\frac{16.5 \times 10^8}{18 \times 10^4}} \text{mm} = 95.7 \text{mm}$$

（2）排架柱是否考虑二阶效应

杆端弯矩比 $M_1/M_2 = 820/952 = 0.86 < 0.9$

轴压比 $N/f_c A = 1400000/(16.7 \times 18 \times 10^4) = 0.466 < 0.9$

长细比 $\dfrac{l_0}{i_y} = \dfrac{8100}{324} = 25 > 34 - 12 \dfrac{M_1}{M_2} = 34 - 12 \times \dfrac{820}{952} = 23.7$

应考虑杆件自身挠曲变形的影响，由式（5.14）、式（5.15）得

$$\zeta_c = \frac{0.5 f_c A}{N} = \frac{0.5 \times 16.7 \times 18 \times 10^4}{1400 \times 10^3} = 1.074 > 1.0, \text{ 取 } \zeta_c = 1.0$$

$$e_a = \max\left(\frac{h}{30}, 20\text{mm}\right) = \max\left(\frac{900\text{mm}}{30}, 20\text{mm}\right) = 30\text{mm}$$

$$\eta_s = 1 + \frac{1}{1500\left(\frac{M_2}{N}+e_a\right)/h_0}\left(\frac{l_0}{h}\right)^2 \zeta_c$$

$$= 1 + \frac{1}{1500\times\left(\frac{952\times10^6}{1400\times10^3}+30\right)/860}\times\left(\frac{8100}{900}\right)^2\times1.0 = 1.065$$

$$M = \eta_s M_2 = 1.065\times952\text{kN}\cdot\text{m} = 1013.9\text{kN}\cdot\text{m}$$

$$e_i = e_0 + e_a = \frac{M}{N}+e_a = \left(\frac{1013.9\times10^6}{1400\times10^3}+30\right)\text{mm} = 754\text{mm}$$

$$e = e_i + \frac{h}{2} - a_s = \left(754+\frac{900}{2}-40\right)\text{mm} = 1164\text{mm}$$

（3）判别偏心受压类型

$$x = \frac{N-\alpha_1 f_c(b'_f-b)h'_f}{\alpha_1 f_c b}$$

$$= \frac{1400\times10^3-1.0\times16.7\times(400-100)\times150}{1.0\times16.7\times100}\text{mm} = 388.3\text{mm}$$

$150\text{mm} = h'_f < x = 388.3\text{mm} \leq \xi_b h_0 = 0.518\times860\text{mm} = 445.5\text{mm}$，为大偏心受压构件。

（4）计算 A_s 和 A'_s　将 x 代入计算式（5.45）得

$$A_s = A'_s = \frac{Ne-\alpha_1 f_c bx\left(h_0-\frac{x}{2}\right)-\alpha_1 f_c(b'_f-b)h'_f\left(h_0-\frac{h'_f}{2}\right)}{f'_y(h_0-a'_s)}$$

$$= \frac{1400\times10^3\times1164-1.0\times16.7\times100\times388.3\times(860-388.3/2)}{360\times(860-40)}\text{mm}^2 -$$

$$\frac{1.0\times16.7\times(400-100)\times150\times(860-150/2)}{360\times(860-40)}\text{mm}^2$$

$$= 2059\text{mm}^2 > \rho_{\min}A = 0.2\%\times18\times10^4\text{mm}^2 = 360\text{mm}^2$$

选用 2⊕25+3⊕22（$A_s = A'_s = 2122\text{mm}^2$）。

截面总配筋率　$0.55\% < \rho = \frac{A_s+A'_s}{A} = \frac{2122\times2}{18\times10^4}\times100\% = 2.36\% < 5\%$（满足要求）

（5）验算垂直于弯矩作用平面的受压承载力　因 $\frac{l_0^*}{i_x} = \frac{9000}{95.7} = 94$，查表5.2得 $\varphi = 0.577$，代入式（5.2）得

$$N_u = 0.9\varphi(f_c A + f'_y A'_s)$$

$$= 0.9\times0.577\times(16.7\times18\times10^4+360\times2122\times2)\times10^{-3}\text{kN}$$

$$= 2354\text{kN} > N = 1400\text{kN}（满足要求）$$

【点评】　此题为大偏心受压I形截面，混凝土受压区高度位于 $h'_f < x \leq \xi_b h_0$ 内，混凝土实

际受压为 T 形截面,可借鉴 T 形截面梁的方法分成两个矩形求合力和作用点。

【例 5.10】 已知条件同例 5.9,截面承受轴向压力设计值 $N=1800\text{kN}$,下柱柱顶弯矩设计值 $M_1=760\text{kN}\cdot\text{m}$,柱底弯矩设计值 $M_2=850\text{kN}\cdot\text{m}$。其中 $i_y=324\text{mm}$,$i_x=95.7\text{mm}$。采用对称配筋求纵向受力钢筋 A_s 和 A_s'。

【解】 (1) 对排架柱是否考虑二阶效应 由式 (5.6) 得

杆端弯矩比 $M_1/M_2=760/850=0.894<0.9$

轴压比 $N/f_cA=1800000/(16.7\times18\times10^4)=0.6<0.9$

长细比 $34-12\dfrac{M_1}{M_2}=34-12\times\dfrac{760}{850}=23.3<\dfrac{l_0}{i_y}=\dfrac{8100}{324}=25$

应考虑杆件自身挠曲变形的影响,由式 (5.14)、式 (5.15) 得

$$e_a=\max\left(\dfrac{h}{30},20\text{mm}\right)=\max\left(\dfrac{900\text{mm}}{30},20\text{mm}\right)=30\text{mm}$$

$$\zeta_c=\dfrac{0.5f_cA}{N}=\dfrac{0.5\times16.7\times18\times10^4}{1800\times10^3}=0.835<1.0,\text{取}\ \zeta_c=0.835$$

$$\eta_s=1+\dfrac{1}{1500\left(\dfrac{M_2}{N}+e_a\right)/h_0}\left(\dfrac{l_0}{h}\right)^2\zeta_c$$

$$=1+\dfrac{1}{1500\times\left(\dfrac{850\times10^3}{1800}+30\right)/860}\times\left(\dfrac{8100}{900}\right)^2\times0.835=1.077$$

$$M=\eta_sM_0=1.077\times850\text{kN}\cdot\text{m}=915.5\text{kN}\cdot\text{m}$$

$$e_i=e_0+e_a=\dfrac{M}{N}+e_a=\left(\dfrac{915.5\times10^6}{1800\times10^3}+30\right)\text{mm}=539\text{mm}$$

$$e=e_i+\dfrac{h}{2}-a_s=\left(539+\dfrac{900}{2}-40\right)\text{mm}=949\text{mm}$$

(2) 判别偏心受压类型

$$x=\dfrac{N-\alpha_1f_c(b_f'-b)h_f'}{\alpha_1f_cb}$$

$$=\dfrac{1800\times10^3-1.0\times16.7\times(400-100)\times150}{1.0\times16.7\times100}\text{mm}$$

$$=627.8\text{mm}>\xi_bh_0=0.518\times860\text{mm}=445.5\text{mm}$$

为小偏心受压构件,应按小偏心受压构件重新计算 x。

(3) 按式 (5.52) 计算 ξ

$$\xi=\dfrac{N-\alpha_1f_c[\xi_bbh_0+(b_f'-b)h_f']}{\dfrac{Ne-\alpha_1f_c[0.43bh_0^2+(b_f'-b)h_f'(h_0-0.5h_f')]}{(\beta_1-\xi_b)(h_0-a_s')}+\alpha_1f_cbh_0}+\xi_b$$

$$=\dfrac{1800\times10^3-1.0\times16.7\times[0.518\times100\times860+(400-100)\times150]}{\dfrac{1800\times10^3\times949-1.0\times16.7\times[0.43\times100\times860^2+(400-100)\times150\times(860-0.5\times150)]}{(0.8-0.518)(860-40)}+1.0\times16.7\times100\times860}+0.518$$

$$=0.595>\xi_b=0.518$$

且 $\xi = 0.595 < \dfrac{h-h_f}{h_0} = \dfrac{900-150}{860} = 0.872$

（4）A_s 和 A_s' 计算　由于 $\xi_b h_0 < x \leqslant h - h_f$，按式（5.53）计算 A_s 和 A_s'

$$A_s = A_s' = \dfrac{Ne - \alpha_1 f_c b \xi(1-0.5\xi) h_0^2 - \alpha_1 f_c (b_f' - b) h_f' \left(h_0 - \dfrac{h_f'}{2} \right)}{f_y'(h_0 - a_s')}$$

$$= \dfrac{1800 \times 10^3 \times 949 - 1.0 \times 16.7 \times 100 \times 0.595 \times (1 - 0.5 \times 0.595) \times 860^2}{360 \times (860 - 40)} \text{mm}^2 -$$

$$\dfrac{1.0 \times 16.7 \times (400 - 100) \times 150 \times (860 - 150/2)}{360 \times (860 - 40)} \text{mm}^2$$

$$= 2039 \text{mm}^2 > \rho_{\min} A = 0.2\% \times 18 \times 10^4 \text{mm}^2 = 360 \text{mm}^2$$

选用 2 ⌀ 25 + 3 ⌀ 22（$A_s = A_s' = 2122 \text{mm}^2$）。截面总配筋率为

$$0.55\% < \rho = \dfrac{A_s + A_s'}{A} = \dfrac{2122 \times 2}{18 \times 10^4} \times 100\% = 2.36\% < 5\% \text{（满足要求）}$$

（5）计算垂直于弯矩作用平面的受压承载力　因 $\dfrac{l_0^*}{i_x} = \dfrac{9000}{95.7} = 94$，查表 5.2 得 $\varphi = 0.577$，代入式（5.2）得

$$N_u = 0.9\varphi(f_c A + f_y' A_s')$$

$$= 0.9 \times 0.577 \times (16.7 \times 18 \times 10^4 + 360 \times 2122 \times 2) \times 10^{-3} \text{kN}$$

$$= 2354 \text{kN} > N = 1800 \text{kN} \text{（满足要求）}$$

【点评】　此题为小偏心受压 I 形截面，混凝土受压区高度位于 $\xi_b h_0 < x \leqslant h - h_f$ 内，混凝土实际受压为 T 形截面，可借鉴 T 形梁的方法分成两个矩形求合力和作用点。

5.7　双向偏心受压构件正截面承载力计算

双向偏心受压构件是指轴力在截面两个主轴方向都有偏心距，或构件同时承受轴向压力及两个方向的弯矩作用。实际工程中，如框架结构的角柱、地震作用下的边柱均为双向偏心受压构件。与单向偏心受压构件承载力相比，因受力机理相同，故仍采用与单向偏心受压构件相同的基本假定，破坏时仍有大偏心受压破坏和小偏心受压破坏两种类型。不同的是：双向偏心受压构件正截面承载力计算时，其中性轴一般不与截面主轴垂直，而与主轴呈 α 角，如图 5.38 所示。混凝土受压区形状也较复杂，可能为矩形、三角形、梯形、多边形或者 L 形、T 形。同时钢筋应力也不均匀，距中性轴越近，应力越小。

《混凝土结构设计规范》采用倪克勤（N. V. Nikitin）近似简化公式，方便手算。基本方法是应用弹性阶段应力叠加推导得出。假设构件截面能够承受的最大压应力为 σ，截面面积为 A_0，两个方向的截面抵抗矩为 W_x 和 W_y，如图 5.39 所示。按材料力学公式，不同情况下截面破坏条件分别为

混凝土结构设计原理

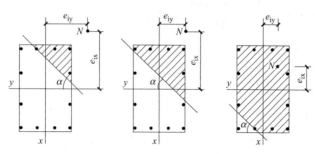

图 5.38 双向偏心受压混凝土受压区形状

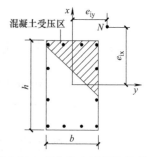

图 5.39 双向偏心受压构件截面

当轴心受压时

$$\sigma = \frac{N_{u0}}{A_0} \tag{5.54}$$

当单向偏心受压时

$$\sigma = \frac{N_{ux}}{A_0} + \frac{N_{ux} e_{ix}}{W_x} = \left(\frac{1}{A_0} + \frac{e_{ix}}{W_x}\right) N_{ux} \tag{5.55a}$$

$$\sigma = \frac{N_{uy}}{A_0} + \frac{N_{uy} e_{iy}}{W_y} = \left(\frac{1}{A_0} + \frac{e_{iy}}{W_y}\right) N_{uy} \tag{5.55b}$$

当双向偏心受压时

$$\sigma = \frac{N_u}{A_0} + \frac{N_u e_{ix}}{W_x} + \frac{N_u e_{iy}}{W_y} = \left(\frac{1}{A_0} + \frac{e_{ix}}{W_x} + \frac{e_{iy}}{W_y}\right) N_u \tag{5.56}$$

将以上各式消去 σ、A_0、W_x 和 W_y,可得

$$N_u = \frac{1}{\dfrac{1}{N_{ux}} + \dfrac{1}{N_{uy}} + \dfrac{1}{N_{u0}}} \tag{5.57}$$

式中 N_{u0}——构件截面轴心受压承载力设计值,并按 $N_{u0} = f_c A + f'_y A'_s$ 计算;

N_{ux}——轴向压力作用于 x 轴,并考虑相应偏心距 e_{ix} 后,全部纵向普通钢筋计算的构件偏心受压承载力设计值,当纵向钢筋沿截面两对边配置时,可按一般单向偏心受压构件计算;

N_{uy}——轴向压力作用于 y 轴,并考虑相应偏心距 e_{iy} 后,全部纵向普通钢筋计算的构件偏心受压承载力设计值,当纵向钢筋沿截面两对边配置时,可按一般单向偏心受压构件计算。

5.8 适用装配式受压构件的正截面承载力计算

土木工程常遇到装配式受压构件:沿截面腹部均匀配置纵向普通钢筋的矩形、T 形或 I 形截面的框架柱、排架柱、剪力墙;以及采用环形或圆形截面的管桩、烟囱、塔身、电线杆、基桩、支柱等构筑物。下面针对上述截面形状分别讨论其正截面承载力设计方法。

1. 沿截面腹部均匀配置纵向普通钢筋的矩形、T 形或 I 形截面钢筋混凝土偏心受压构件承载力

沿截面腹部均匀配置纵向钢筋(沿截面腹部配置等直径、等间距的纵向受力钢筋)的矩形、T 形或 I 形截面偏心受压构件,其正截面承载力仍符合基本假定,列出平衡方程进行计算，如图 5.40 所示。此时，均匀配筋的钢筋应变到达屈服的纤维距中和轴的距离为 $\beta\xi\eta_0/\beta_1$，其中 $\beta=f_{yw}/(E_s\varepsilon_{cu})$。分析表明，常用钢筋的 β 值变化幅度不大，而且对均匀配筋的内力影响很小。因此，将按平截面假定写出的均匀配筋内力 N_{sw}、M_{sw} 的表达式分别用直线或二次曲线近似拟合，给出式（5.60）、式（5.61）这两个简化公式。计算分析表明，在两对边集中配筋与腹部均匀配筋呈一定比例的条件下，简化计算与按一般方法精确计算的结果相比误差不大，并可使计算工作得到很大简化。故正截面受压承载力符合下列规定

$$N \leqslant \alpha_1 f_c [\xi b h_0 + (b'_f - b) h'_f] + f'_y A'_s - \sigma_s A_s + N_{sw} \tag{5.58}$$

$$Ne \leqslant \alpha_1 f_c [\xi(1-0.5\xi) b h_0^2 + (b'_f - b) h'_f (h_0 - 0.5 h'_f)] + f'_y A'_s (h_0 - a'_s) + M_{sw} \tag{5.59}$$

$$N_{sw} = \left(1 + \frac{\xi - \beta_1}{0.5 \beta_1 \omega}\right) f_{yw} A_{sw} \tag{5.60}$$

$$M_{sw} = \left[0.5 - \left(\frac{\xi - \beta_1}{\beta_1 \omega}\right)^2\right] f_{yw} A_{sw} h_{sw} \tag{5.61}$$

式中 A_{sw}——沿截面腹部均匀配置的全部纵向普通钢筋截面面积；

f_{yw}——沿截面腹部均匀配置的纵向普通钢筋强度设计值；

N_{sw}——沿截面腹部均匀配置的纵向普通钢筋承担的轴向压力，当 $\xi>\beta_1$ 时，取 β_1 进行计算；

M_{sw}——沿截面腹部均匀配置的纵向普通钢筋的内力对 A_s 重心的力矩，当 $\xi>\beta_1$ 时，取 β_1 进行计算；

ω——均匀配置的全部普通钢筋区段的高度 h_{sw} 与截面有效高度 h_0 的比值，宜取 $h_{sw} = h_0 - a'_s$。

2. 沿周边均匀配置纵向钢筋的环形、圆形截面偏心受压构件正截面受压承载力

均匀配筋的环形、圆形截面的偏心受压构件，其正截面承载力仍符合基本假定，列出平衡方程进行计算。当环形截面受到偏心压力作用时，中性轴一般已进入截面的空心部分，其受压区面积类似于 T 形截面的翼缘，当 α 较小时实际受压区为环内弓形面积，如图 5.41 所示。当圆形截面受到偏心压力作用时，受压区面积为弓形，如图 5.42 所示。因计算过于烦琐，不便于设计应用，《混凝土结构设计规范》采用简化公式，即假定沿截面梯形应力分布的受压及受拉钢筋应力简化为等效矩形应力图，其钢筋面积分别为 αA_s 及 $\alpha_t A_s$，混凝土压应力仍按等效矩形应力图形取值，为 $\alpha_1 f_c$，试验结果表明，简化公式与精确解误差不大。

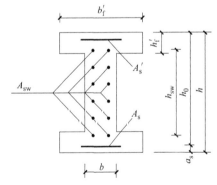

图 5.40 沿截面腹部均匀配筋的 I 形截面

为计算方便，一般将纵向钢筋的总面积换算为面积为 A_s、半径为 r_s 的钢环。用列表方式求解环形、圆形截面的混凝土受压区合力、钢环承担的轴力，以及混凝土受压区合力、钢环承担的轴力对截面中心的力臂，见表 5.8。然后依据图 5.41、图 5.42 列出平衡方程，得出环形、圆形截面偏心受压构件正截面受压承载力公式。

混凝土结构设计原理

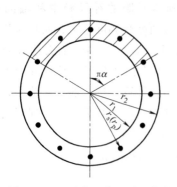

图 5.41 环形截面偏心受压构件

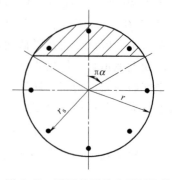

图 5.42 圆形截面偏心受压构件

表 5.8 环形、圆形截面内力参数计算表

项 目	环形截面	圆形截面
截面面积 A	$A=\pi(r_2^2-r_1^2)$	$A=\pi r^2$
混凝土受压区面积 A_c	$A_c=\alpha\pi(r_2^2-r_1^2)=\alpha A$	$A_c=r^2(\alpha\pi-\sin\alpha\pi\cos\alpha\pi)=\alpha\left(1-\dfrac{\sin 2\pi\alpha}{2\pi\alpha}\right)A$
混凝土受压区合力 N_c	$N_c=\alpha_1 f_c A_c=\alpha\alpha_1 f_c A$	$N_c=\alpha_1 f_c A_c=\alpha\alpha_1 f_c\left(1-\dfrac{\sin 2\pi\alpha}{2\pi\alpha}\right)A$
混凝土受压区合力对截面中心的力臂	$\dfrac{r_1+r_2}{2}\cdot\dfrac{\sin\pi\alpha}{\pi\alpha}$	$\dfrac{2}{3}r\cdot\dfrac{\sin^3\pi\alpha}{\pi\alpha\left(1-\dfrac{\sin 2\pi\alpha}{2\pi\alpha}\right)}$
钢环承担的轴力 N_s		$N_s=(\alpha-\alpha_t)f_y A_s$
钢环对截面中心的力臂		$r_s\dfrac{(\sin\pi\alpha+\sin\pi\alpha_t)}{(\alpha-\alpha_t)\pi}$

(1) 环形截面基本公式

$$N\leqslant\alpha\alpha_1 f_c A+(\alpha-\alpha_t)f_y A_s \tag{5.62}$$

$$Ne_i\leqslant\alpha_1 f_c A(r_1+r_2)\frac{\sin\pi\alpha}{2\pi}+f_y A_s r_s\frac{(\sin\pi\alpha+\sin\pi\alpha_t)}{\pi} \tag{5.63}$$

$$\alpha_t=1-1.5\alpha \tag{5.64}$$

$$e_i=e_0+e_a \tag{5.65}$$

式中 A——环形截面面积,$A=\pi(r_2^2-r_1^2)$;

　　　A_s——全部纵向普通钢筋的截面面积;

　r_1、r_2——环形截面的内、外半径;

　　　r_s——纵向普通钢筋重心所在圆周的半径;

e_0、e_a——轴向压力对截面重心的偏心距 $e_0=M/N$、附加偏心距 $e_a=\max(2r_2/30,20\text{mm})$ 偏心距增大系数 η_{ns} 仍按式 (5.9) 计算,其中 $h=2r_2$,$h_0=r_2+r_s$;

　　　α——受压区混凝土截面面积与全截面面积的比值;

α_t——纵向受拉钢筋截面面积与全部纵向钢筋截面面积的比值,当 $\alpha>2/3$ 时,取 $\alpha_t=0$。

适用条件:截面内纵向钢筋数量不少于 6 根且 $r_1/r_2 \geqslant 0.5$ 的情况。

(2) 圆形截面基本公式

$$N \leqslant \alpha \alpha_1 f_c A \left(1 - \frac{\sin 2\pi\alpha}{2\pi\alpha}\right) + (\alpha - \alpha_t) f_y A_s \quad (5.66)$$

$$N e_i \leqslant \frac{2}{3} \alpha_1 f_c A r \frac{\sin^3 \pi\alpha}{\pi} + f_y A_s r_s \frac{(\sin\pi\alpha + \sin\pi\alpha_t)}{\pi} \quad (5.67)$$

$$\alpha_t = 1.25 - 2\alpha \quad (5.68)$$

$$e_i = e_0 + e_a \quad (5.69)$$

式中 A——圆形截面面积,$A = \pi r^2$;

r——圆形截面的半径;

e_0、e_a——轴向压力对截面重心的偏心距 $e_0 = M/N$、附加偏心距 $e_a = \max(2r/30, 20\mathrm{mm})$,偏心距增大系数 η_{ns} 仍按式(5.9)计算,其中 $h = 2r$,$h_0 = r + r_s$;

α——对应于受压区混凝土截面面积的圆心角(rad)与 2π 的比值;

α_t——纵向受拉钢筋截面面积与全部纵向钢筋截面面积的比值,当 $\alpha>0.625$ 时,取 $\alpha_t=0$。

适用条件:截面内纵向钢筋数量不少于 6 根的情况。

5.9 矩形截面对称配筋的 N_u-M_u 相关曲线

偏心受压构件达到承载能力极限状态时,截面承受的轴向力 N_u 与弯矩 M_u 并不独立,而是具有相关性,即给定轴力 N 时,有唯一对应的弯矩 M;或者说对于给定截面尺寸、配筋和材料强度的偏心受压构件,可以在不同的 N 和 M 组合下达到承载能力极限状态。下面以对称配筋矩形截面为例推导 N_u-M_u 相关曲线方程。

5.9.1 对称配筋矩形截面大偏心受压构件的 N_u-M_u 相关曲线

1. $2a_s' \leqslant x \leqslant \xi_b h_0$

将式(5.20)、式(5.34)代入式(5.19),得

$$N\left(e_i + \frac{h}{2} - a_s\right) = \alpha_1 f_c b \frac{N}{\alpha_1 f_c b}\left(h_0 - \frac{N}{2\alpha_1 f_c b}\right) + f_y' A_s'(h_0 - a_s')$$

整理得

$$Ne_i = -\frac{N^2}{2\alpha_1 f_c b} + \frac{Nh}{2} + f_y' A_s'(h_0 - a_s')$$

令 $Ne_i = M$,有

$$M = -\frac{N^2}{2\alpha_1 f_c b} + \frac{Nh}{2} + f_y' A_s'(h_0 - a_s') \quad (5.70)$$

由式(5.70)看出,M 是 N 的二次函数,随着 N 的增大 M 也增大,如图 5.43 中虚线 1 与虚线 2 之间的曲线。

2. $x < 2a_s'$

将式（5.23）代入式（5.24），得
$$N(e_i - 0.5h + a_s') = f_y A_s (h_0 - a_s')$$
整理得
$$Ne_i = N(0.5h - a_s') + f_y A_s (h_0 - a_s')$$
令 $Ne_i = M$，有
$$M = N(0.5h - a_s') + f_y A_s (h_0 - a_s') \tag{5.71}$$

由式（5.71）看出，M 与 N 呈线性关系，随着 N 的增大而增大，如图 5.43 中横坐标与虚线 1 之间的曲线。

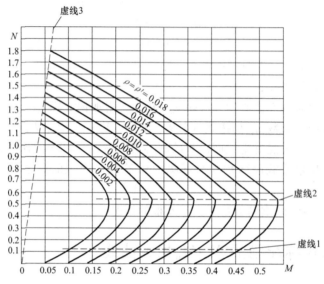

图 5.43 矩形截面对称配筋偏心受压构件计算曲线

5.9.2 对称配筋矩形截面小偏心受压构件的 N_u-M_u 相关曲线

假定截面局部受压，将式（5.17）、式（5.28）、$x = \xi h_0$ 代入式（5.25）、式（5.26），得

$$N = \alpha_1 f_c b \xi h_0 + f_y' A_s' - \left(\frac{\xi - \beta_1}{\xi_b - \beta_1}\right) f_y A_s \tag{5.25a}$$

$$N(e_i + 0.5h - a_s) = \alpha_1 f_c b h_0^2 \xi (1 - 0.5\xi) + f_y' A_s' (h_0 - a_s') \tag{5.26a}$$

由于对称，则 $A_s = A_s'$，$f_y = f_y'$，代入式（5.25a）整理得

$$\xi = \frac{(\beta_1 - \xi_b)}{\alpha_1 f_c b h_0 (\beta_1 - \xi_b) + f_y' A_s'} N - \frac{\xi_b f_y' A_s'}{\alpha_1 f_c b h_0 (\beta_1 - \xi_b) + f_y' A_s'} \tag{5.25b}$$

令 $\lambda_1 = \dfrac{(\beta_1 - \xi_b)}{\alpha_1 f_c b h_0 (\beta_1 - \xi_b) + f_y' A_s'}$，$\lambda_2 = \dfrac{-\xi_b f_y' A_s'}{\alpha_1 f_c b h_0 (\beta_1 - \xi_b) + f_y' A_s'}$，则式（5.25b）表示为 $\xi = \lambda_1 N + \lambda_2$，代入式（5.26a），得

$$N(e_i + 0.5h - a_s) = \alpha_1 f_c b h_0^2 (\lambda_1 N + \lambda_2) \left(1 - \frac{\lambda_1 N + \lambda_2}{2}\right) + f_y' A_s' (h_0 - a_s') \tag{5.26b}$$

令 $Ne_i = M$，有

$$M = \alpha_1 f_c b h_0^2 [(\lambda_1 N + \lambda_2) - 0.5(\lambda_1 N + \lambda_2)^2] - (0.5h - a_s)N + f_y' A_s'(h_0 - a_s') \quad (5.72)$$

由式（5.72）看出，M 是 N 的二次函数，随着 N 的增大 M 减小，如图 5.43 中虚线 2 以上的曲线。图 5.43 中的虚线 3 代表轴压构件，这是因为在偏心受压构件的正截面承载力计算时，考虑轴向压力在偏心方向存在的附加偏心距 e_a 的影响，因此实际在计算轴心受压时截面弯矩不为零。

5.9.3 N_u-M_u 相关曲线的意义

1）当截面尺寸、配筋和材料一定时，通过该曲线可以很直观地了解大、小偏心受压构件以及与配筋率之间的关系，并快速进行截面设计。如图 5.44 所示，AB 曲线段为小偏心受压破坏；BC 曲线段为大偏心受压破坏；B 点为界限破坏。

2）N_u-M_u 相关曲线分为大偏心受压和小偏心受压两种情况的曲线段，其特点有：

① $M = 0$ 时，N 最大；$N = 0$ 时，M 不是最大；界限破坏时，M 最大。

② 对称配筋时，如果截面形状和尺寸相同，混凝土强度等级和钢筋级别也相同，仅配筋数量不同，但在发生界限破坏时，它们的 N_b 相同（因为 $N_b = \alpha_1 f_c b h_0 \xi_b$），即 N_u-M_u 曲线的界限破坏处于同一水平，说明界限破坏对应的 N_b 与材料强度、截面尺寸有关，与配筋量无关。

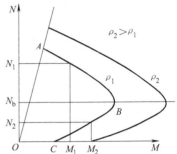

图 5.44 对称配筋偏心受压构件的 N-M 相关曲线

③ 大偏心受压曲线段以弯矩 M 为主导，轴向压力 N 的存在对 M 是有利的；而小偏心受压曲线段以轴力 N 为主导，弯矩 M 的存在对 N 是不利的。在大偏心受压情况下，N 随 M 增大而增大，即当轴向压力 N 值基本不变时，弯矩 M 值越大所需纵向钢筋越多。在小偏心受压情况下，N 随 M 增大而减小，即当弯矩 M 值基本不变时，轴向压力 N 值越大所需纵向钢筋越多。这样就可以方便选出起控制作用的弯矩和轴力值。因此通过 N-M 相关曲线可以很快从多组内力中挑选出配筋量大的不利内力，从而大大减小计算工作量。如一大偏心受压柱，有 4 组内力，分别为 I 组（M_1，N_1）、II 组（M_2，N_2）、III 组（M_1，N_2）、IV 组（M_2，N_1），且满足 $M_1 < M_2$，$N_1 < N_2$，其中最不利的一组内力是 IV 组。又如一小偏心受压构件有 2 组内力，分别为第 I 组 $M = 54.2$ kN、$N = 965$ kN，第 II 组 $M = 54.2$ kN、$N = 764$ kN，其中最不利的一组内力是第 I 组。

在进行构件设计时，利用 N_u-M_u 曲线的相关规律，根据荷载组合，确定控制截面最不利内力，包括下列几种内力组合：M_{max} 及相应的 N 和 V；M_{min} 及相应的 N 和 V；N_{max} 及相应的 M 和 V；N_{min} 及相应的 M 和 V。

5.10 偏心受压构件斜截面受剪承载力计算

1. 轴向受压对斜截面受剪承载力的影响

试验表明，轴向压力对构件的受剪承载力起有利作用，主要因为轴向压力能够阻滞斜裂缝的出现和开展，增加了混凝土剪压区的高度，从而提高混凝土承担的剪力。但是，轴向压力对构件受剪承载力的提高有一定限度。在构件的轴压比 $N/f_c bh = 0.3 \sim 0.5$ 时，受剪承载力达到最大值；若再增大轴向压力，构件的受剪承载力反而降低，如图 5.45 所示。因此应对轴向压力的受剪承载力提高范围予以限制。

试验还表明，在轴压比限值范围内，不同剪跨比构件的轴向压力影响相差不大。

基于上述考虑，通过对偏压构件、框架柱试验资料的分析，对矩形截面的钢筋混凝土偏心受压构件的斜截面受剪承载力计算，可在集中荷载作用下的矩形截面独立梁计算公式的基础上加一项轴向压力，用来反映提高的受剪承载力。《混凝土结构设计规范》采用 $0.07N$，且限制 $N \leqslant 0.3 f_c A$。

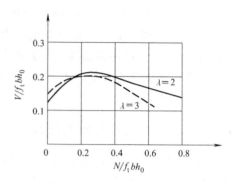

图 5.45 轴向受压对受剪承载力的影响

2. 矩形、T 形和 I 形截面偏心受压构件的斜截面受剪承载力

1) 截面尺寸限制。

当 $h_w/b \leqslant 4$ 时
$$V \leqslant 0.25 \beta_c f_c b h_0 \quad (5.73)$$

当 $h_w/b \geqslant 6$ 时
$$V \leqslant 0.20 \beta_c f_c b h_0 \quad (5.74)$$

当 $4 < h_w/b < 6$ 时　　　　　　按线性内插法

2) 若满足下列要求，可不进行斜截面受剪承载力计算，按构造要求配置箍筋

$$V \leqslant \frac{1.75}{\lambda + 1.0} f_t b h_0 + 0.07N \quad (5.75)$$

3) 受剪承载力
$$V \leqslant \frac{1.75}{\lambda + 1.0} f_t b h_0 + f_{yv} \frac{A_{sv}}{s} h_0 + 0.07N \quad (5.76)$$

式中　N——与剪力设计值 V 相应的轴向压力设计值，当 $N > 0.3 f_c A$ 时，取 $N = 0.3 f_c A$，A 为构件的截面面积。

　　　λ——偏心受压构件计算截面的剪跨比，$\lambda = M/Vh_0$（其中框架结构中的框架柱可按 $\lambda = H_n/2h_0$ 计算，且需满足 $1 \leqslant \lambda \leqslant 3$。其他偏心受压构件：当承受均布荷载时，取 $\lambda = 1.5$；当承受集中荷载时（占总剪力值 75% 以上情况），取 $\lambda = a/h_0$，且需满足 $1.5 \leqslant \lambda \leqslant 3$）；

　　　M——计算截面上与剪力设计值 V 相应的弯矩设计值；

　　　a——集中荷载至支座或节点边缘的距离；

　　　H_n——柱净高。

【例 5.11】 某钢筋混凝土框架柱，截面尺寸 $b \times h = 500\text{mm} \times 500\text{mm}$，处于一类环境，截面有效高度 $h_0 = 460\text{mm}$，柱净高 $H_n = 3.6\text{m}$，承受轴向压力设计值 $N = 1800\text{kN}$，剪力设计值 $V = 292\text{kN}$，采用 C30 混凝土和 HRB400 级箍筋。框架柱已配纵向钢筋为 12 ⏀ 25，假定四肢箍 $n = 4$，试求箍筋用量。

【解】 查附表 1.2 得，C30 混凝土 $f_c = 14.3 \text{N/mm}^2$，$f_t = 1.43 \text{N/mm}^2$；C30 混凝土 $\beta_c = 1.0$；查附表 1.5 得，HRB400 级钢筋 $f_{yv} = 360 \text{N/mm}^2$。

（1）验算截面尺寸　$h_w = h_0 = 460\text{mm}$，因 $h_w/b = \dfrac{460}{500} = 0.92 \leqslant 4$，则

$0.25 \beta_c f_c b h_0 = 0.25 \times 1.0 \times 14.3 \times 500 \times 460 \times 10^{-3} \text{kN} = 822.25 \text{kN} > V = 292 \text{kN}$（满足要求）

（2）验算是否需按计算配箍

$$\lambda = \frac{H_n}{2h_0} = \frac{3600}{2\times 460} = 3.91 > 3, 取 \lambda = 3$$

$0.3f_cA = 0.3\times 14.3\times 500^2\times 10^{-3}\text{kN} = 1072.5\text{kN} < N = 1800\text{kN}, 取 N = 1072.5\text{kN}$

$$V_c = \frac{1.75}{\lambda+1.0}f_tbh_0 + 0.07N$$

$$= \frac{1.75}{3+1}\times 1.43\times 500\times 460\times 10^{-3}\text{kN} + 0.07\times 1072.5\text{kN} = 218.97\text{kN} < V = 292\text{kN}$$

故需按计算配箍。

（3）计算配箍

$$\frac{nA_{sv1}}{s} \geq \frac{V-V_c}{f_{yv}h_0} = \frac{(292-218.97)\times 10^3}{360\times 460}\text{mm}^2/\text{mm} = 0.441\text{mm}^2/\text{mm}$$

（4）选配箍筋

箍筋直径构造要求：不应小于 $d/4$，且不应小于 6mm，d 为纵向钢筋的最大直径，故假定箍筋直径为 8mm，则 $A_{sv1} = 50.3\text{mm}^2$。

假定四肢箍 $n = 4$，计算得箍筋间距 $s \leq \dfrac{4\times 50.3}{0.441}\text{mm} = 456\text{mm}$。

箍筋间距构造要求：不应大于 400mm 及构件截面的短边尺寸，且不应大于 15d，d 为纵向钢筋的最小直径，故取 $s = 350\text{mm}$，满足计算和构造要求。

最后实配箍筋结果：⌀8@350（4）。

小 结

1. 根据长细比大小，轴心受压柱构件分为长柱和短柱两类。短柱在短期加载和长期加载的受力过程中，截面上混凝土与钢筋的应力比值不断变化，截面应力发生重分布。长柱在加载后产生侧向变形，从而加大初始偏心距，产生附加弯矩，使长柱最终在附加弯矩和轴力共同作用下发生破坏，其受压承载力比相应短柱受压承载力低。降低程度用稳定系数 φ 反映。当柱的长细比更大时，可能发生失稳破坏。

2. 对于普通箍筋柱，箍筋的主要作用是防止纵向钢筋压曲，并与纵向钢筋构成骨架。对于螺旋箍筋柱，螺旋箍筋的主要作用是约束核心混凝土，使其处于三向受压状态，从而提高核心混凝土的抗压强度和变形能力，这种作用也称为"套箍作用"。

3. 偏心受压构件正截面有大偏心受压和小偏心受压两种破坏形态。大偏心受压破坏与双筋梁的正截面适筋梁的破坏类似，属于延性破坏。小偏心受压破坏属于脆性破坏。偏心受压构件正截面承载力计算采用的基本假定与受弯构件相同。因此区分两种破坏形态的相对受压区高度系数 ξ_b 与受弯构件相同。

4. 偏心受压构件轴向压力的偏心距，一方面考虑附加偏心距 e_a，这主要考虑荷载作用位置不定性、混凝土质量不均匀性及施工偏差对偏心距的影响；另一方面考虑轴向压力长细比、截面曲率修正系数 ζ_c、弯矩值增大系数 η_{ns} 的影响，这主要考虑轴向压力在挠曲杆件的二阶效应增大控制截面的弯矩。

5. 矩形截面非对称配筋，当 $e_i > 0.3h_0$ 时，可先按大偏心受压进行计算，由此可知若 $x \leq \xi_bh_0$，说明确是大偏心受压，否则应按小偏心受压重新计算。当 $e_i \leq 0.3h_0$ 时，则初步判定为小偏心受压。

6. 矩形截面非对称配筋，大偏心受压构件截面设计方法与 A_s' 未知的双筋矩形截面梁相同。小偏心受压构件截面设计时，令 $A_s = 0.2\%bh$，当求出的 $\zeta > h/h_0$ 时，可取 $x = h$，$\sigma_s = -f_y'$；当 $N > f_cbh$ 时，应验算反向破坏。

7. 矩形截面对称配筋，大偏心受压构件可直接求 $x = N/\alpha_1 f_c b \leq \xi_b h_0$，小偏心受压可近似假定 $\xi(1-0.5\xi) = 0.43$，求出 ξ，从而得到 $A_s = A_s'$。

8. 对于偏心受压构件，无论是截面设计或是截面复核，是大偏心受压或是小偏心受压，除在弯矩作用平面内按偏心受压计算外，都要验算垂直弯矩作用平面的轴心受压承载力，此时稳定系数 $\varphi = l_0/b$，其中 b 为截面宽度。

9. N_u-M_u 关系曲线是在已知截面尺寸、材料强度情况下绘制，小偏心受压为减函数曲线，大偏心受压为增函数曲线，所有曲线的界限破坏均在一条水平线上。大偏心受压曲线段以弯矩 M 为主导，轴向压力存在对 M 有利；小偏心受压曲线段以轴向压力 N 为主导，弯矩 M 存在对轴向压力不利。

10. 偏心受压构件承受剪力时，还应计算斜截面受剪承载力，当轴向压力 $N \leq 0.3 f_c A$ 时，轴向压力对斜截面抗剪是有利的。

11. 受压构件知识框图如图 5.46 所示。

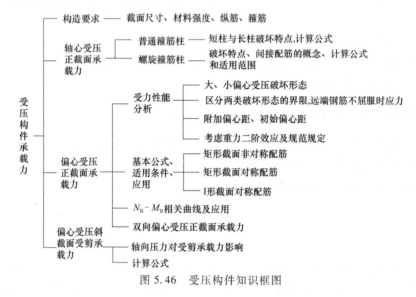

图 5.46 受压构件知识框图

思考题

5.1 轴心受压普通箍筋短柱的破坏形态与长柱有什么区别？

5.2 轴心受压普通箍筋柱与螺旋箍筋柱在承载力计算方面有什么区别？

5.3 简述偏心受压短柱的两种破坏形态。如何划分偏心受压构件的类型？

5.4 为什么要考虑附加偏心距 e_a？如何考虑？

5.5 偏心受压构件的二阶弯矩产生的原因是什么？二阶弯矩对构件的承载力有何影响？在承载力计算时如何考虑？

5.6 小偏心受压时，如何确定 A_s 的应力？

5.7 试画出矩形截面大、小偏心受压破坏时截面应力计算图形，标注出钢筋和受压混凝土的应力值。

5.8 大偏心受压构件和双筋受弯构件的截面应力图形和计算式有何异同？

5.9 大偏心受压非对称配筋截面设计，当 A_s 和 A_s' 均未知时如何处理？

5.10 对大偏心受压构件，当 $x < 2a_s'$ 时，如何求 A_s？

5.11 对称配筋时如何区分大、小偏心受压破坏？

第5章 受压构件截面承载力

5.12 怎样进行对称配筋矩形截面偏心受压构件的正截面承载力计算？
5.13 偏心受压构件的 N_u-M_u 相关曲线是如何建立的？研究 N_u-M_u 相关曲线有何意义？
5.14 如何计算偏心受压构件的斜截面受剪承载力？

章节练习

5.1 填空题

1. 矩形截面柱的尺寸不宜小于_____，圆形柱截面直径不宜小于_____。
2. 配有螺旋箍筋柱的轴心受压构件中，螺旋箍筋的作用是约束核心混凝土，提高构件的_____和延性。
3. 某轴心受压构件采用 HRB500 级纵向钢筋，其抗压强度设计值取_____。
4. 钢筋混凝土偏心受压构件在纵向弯曲的影响下，分为材料破坏和失稳破坏两种类型，其中短柱和中长柱属于_____破坏；细长柱属于_____破坏。
5. 大偏心受压构件不对称配筋计算时，为了使总钢筋面积最小，在基本式中令_____求解。
6. 大、小偏心受压判别条件，当_____时为大偏心受压破坏。
7. 偏心受压构件斜截面承载力随轴向压力的增加而_____，但要控制轴压比。
8. 在偏心受压构件的正截面承载力计算中，应计入轴向压力在偏心方向的附加偏心距 e_a，其值取_____和_____两者中的较大值。

5.2 选择题

1. 轴心受压短柱，在钢筋屈服前，随着压力的增大，混凝土压应力的增长速率（　　）。
（A）比钢筋增长快　　（B）线性增长　　（C）比钢筋慢　　（D）一样快
2. 只配螺旋箍筋的混凝土柱体受压试件，其抗压强度高于 f_c，是因为（　　）。
（A）螺旋箍筋参与受压　　　　　（B）螺旋箍筋使混凝土密实
（C）螺旋箍筋与混凝土的黏结好些　（D）螺旋箍筋约束了混凝土的横向变形
3. 轴心受压构件的稳定系数主要与（　　）有关。
（A）长细比　　（B）配筋率　　（C）混凝土强度　　（D）荷载
4. 大、小偏心受压破坏的根本区别在于：当截面破坏时（　　）。
（A）近侧钢筋是否能达到屈服强度　（B）远侧钢筋是否能达到屈服强度
（C）受压混凝土是否被压碎　　　　（D）受拉混凝土是否被压碎
5. 钢筋混凝土大偏心受压构件的破坏形态（　　）。
（A）受压区混凝土先压碎，受拉钢筋不能屈服
（B）受拉钢筋先屈服，然后受压边缘混凝土达到极限压应变
（C）受拉区钢筋和受压区混凝土都能被充分利用
（D）受拉区钢筋不能被充分利用
6. 在大偏心受压构件中所有纵向钢筋能充分利用的条件是（　　）。
（A）$\xi \leq \xi_b$　　（B）$\xi \geq 2a_s'/h_0$　　（C）ξ 为任意值　　（D）A 和 B
7. 对称配筋的小偏心受压构件在达到承载能力极限状态时，纵向受力钢筋的应力状态是（　　）。
（A）A_s 和 A_s' 均屈服　　　　　（B）A_s 屈服而 A_s' 不屈服
（C）A_s' 屈服而 A_s 屈服　　　　（D）A_s' 屈服而 A_s 不一定屈服
8. 偏心受压构件界限破坏时（　　）。
（A）离轴力较远一侧钢筋屈服与受压区混凝土压碎同时发生
（B）离轴力较远一侧钢筋屈服与离轴力较近一侧钢筋屈服同时发生
（C）离轴力较远一侧钢筋屈服比受压区混凝土压碎早发生
（D）离轴力较远一侧钢筋屈服比受压区混凝土压碎晚发生

9. 对于对称配筋的钢筋混凝土受压柱,小偏心受压构件的判断条件是( )。
(A) $e_i \leq 0.3h_0$ 时   (B) $\xi > \xi_b$ 时   (C) $\xi \leq \xi_b$ 时   (D) $e_i > 0.3h_0$ 时

10. 某对称配筋的大偏心受压构件柱,承受的四组内力中,最不利的一组内力为( )。
(A) $M = 500$kN·m,$N = 300$kN
(B) $M = 450$kN·m,$N = 304$kN
(C) $M = 503$kN·m,$N = 504$kN
(D) $M = 452$kN·m,$N = 506$kN

11. 某小偏心受压构件柱,承受的四组内力中,最不利的一组内力为( )。
(A) $M = 525$kN·m,$N = 2050$kN
(B) $M = 525$kN·m,$N = 3060$kN
(C) $M = 425$kN·m,$N = 2050$kN
(D) $M = 425$kN·m,$N = 3060$kN

12. 某对称配筋的钢筋混凝土矩形截面柱,下列说法错误的是( )。
(A) 对大偏心受压,当轴向压力 N 值不变时,弯矩 M 值越大,所需纵向钢筋越多
(B) 对大偏心受压,当弯矩 M 值不变时,轴向压力 N 值越大,所需纵向钢筋越多
(C) 对小偏心受压,当轴向压力 N 值不变时,弯矩 M 值越大,所需纵向钢筋越多
(D) 对小偏心受压,当弯矩 M 值不变时,轴向压力 N 值越大,所需纵向钢筋越多

13. 某对称配筋的矩形截面柱,截面上作用两组内力,两组内力均为大偏心受压情况,已知 $M_1 < M_2$,$N_1 > N_2$,且在 (M_1,N_1) 作用下,柱将破坏,那么在 (M_2,N_2) 作用下( )。
(A) 柱不会破坏
(B) 不能判断是否会破坏
(C) 柱将破坏
(D) 柱产生一定变形,但不会破坏

14. 下列情况可令 $x = \xi_b h_0$ 来计算偏压构件的是( )。
(A) $A_s \neq A_s'$ 且均未知的大偏心受压构件
(B) $A_s \neq A_s'$ 且均未知的小偏心受压构件
(C) $A_s \neq A_s'$ 且 A_s' 已知的大偏心受压构件
(D) $A_s \neq A_s'$ 且 A_s' 已知的小偏心受压构件

15. 下列情况令 $A_s = \rho_{\min} bh$ 来计算偏压构件的是( )。
(A) $A_s \neq A_s'$ 且均未知的大偏心受压构件
(B) $A_s \neq A_s'$ 且均未知的小偏心受压构件
(C) $A_s \neq A_s'$ 且 A_s' 已知的大偏心受压构件
(D) $A_s \neq A_s'$ 且 A_s' 已知的小偏心受压构件

16. 下列可直接用 x 判别大、小偏心受压的是( )。
(A) 对称配筋
(B) 不对称配筋
(C) 对称与不对称配筋均可
(D) 对称与不对称配筋均不可

17. 矩形截面对称配筋发生界限破坏时,( )。
(A) N_b 随配筋率 ρ 增大而减小
(B) N_b 随配筋率 ρ 减小而减小
(C) N_b 随配筋率 ρ 减小而增大
(D) N_b 与 ρ 无关

18. 轴心受压构件在长期压力作用下,( )。
(A) 构件的极限承载力会变小
(B) 混凝土应力随时间增长而变大,钢筋应力变小
(C) 混凝土应力随时间增长而变小,钢筋应力变大
(D) 卸载后钢筋出现拉应力,混凝土出现压应力

5.3 计算题

1. 钢筋混凝土框架柱的截面尺寸为 400mm×400mm,承受轴向压力设计值 $N = 2950$kN,柱的计算长度 $l_0 = 4.9$m,混凝土强度等级为 C30,钢筋采用 HRB500 级。试确定纵向钢筋数量 A_s'。

2. 某现浇钢筋混凝土轴心受压圆柱,直径为 $d = 400$mm。承受轴向压力设计值 $N = 4250$kN,计算长度 $l_0 = 4.4$m,混凝土强度等级为 C35。纵向钢筋采用 HRB500 级,箍筋采用 HPB300 级。环境类别为一类,混凝土保护层厚度 $c = 25$mm,要求进行柱的受压承载力计算。若配螺旋箍筋,假定 $\rho' = 3.5\%$ 进行计算。

3. 钢筋混凝土偏心受压柱,截面尺寸 $b \times h = 300$mm×400mm。承受轴向压力设计值 $N = 600$kN,柱顶截面弯矩设计值 $M_1 = 155$kN·m,柱底截面弯矩设计值 $M_2 = 165$kN·m。柱变形为单曲率弯曲。弯矩作用平面内柱上下两端支撑长度 $l_c = 3.5$m,弯矩作用平面外柱的计算长度 $l_0 = 3.9$m。混凝土强度等级 C30,纵向钢筋

采用 HRB400 级。环境类别为一类，混凝土保护层厚度 $c = 20$mm，$a_s = a_s' = 40$mm。

(1) 按不对称配筋求钢筋截面面积 A_s' 和 A_s。

(2) 若已知受压区配有 3 ⊕ 18（$A_s' = 763$mm^2），求 A_s。

(3) 按对称配筋求钢筋截面面积 A_s' 和 A_s。

4. 钢筋混凝土偏心受压柱，截面尺寸 $b \times h = 500$mm$\times 800$mm。承受轴向压力设计值 $N = 4180$kN，柱顶截面弯矩设计值 $M_1 = 460$kN·m，柱底截面弯矩设计值 $M_2 = 480$kN·m。柱变形为单曲率弯曲。弯矩作用平面内柱上下两端支撑长度 $l_c = 7.5$m，弯矩作用平面外柱的计算长度 $l_0 = 7.5$m。混凝土强度等级 C30，纵向钢筋采用 HRB400 级。环境类别为一类，混凝土保护层厚度取 $c = 30$mm，$a_s = a_s' = 50$mm。

(1) 按不对称配筋求钢筋截面面积 A_s' 和 A_s。

(2) 按对称配筋求钢筋截面面积 A_s' 和 A_s。

5. 钢筋混凝土偏心受压柱，截面尺寸 $b \times h = 300$mm$\times 400$mm，$a_s = a_s' = 50$mm。承受轴向压力设计值 $N = 254$kN，柱顶截面弯矩设计值 $M_1 = 128$kN·m，柱底截面弯矩设计值 $M_2 = 135$kN·m。柱变形为单曲率弯曲。弯矩作用平面内柱上下两端支撑长度 $l_c = 3.5$m，弯矩作用平面外柱的计算长度 $l_0 = 4.2$m。混凝土强度等级 C30，纵向钢筋采用 HRB400 级。受压钢筋已配有 3 ⊕ 16（$A_s' = 603$mm^2），受拉钢筋已配有 4 ⊕ 20（$A_s = 1256$mm^2）。验算截面是否能够满足承载力要求。

6. 钢筋混凝土偏心受压排架柱，采用 I 形截面，截面尺寸为 $b = 100$mm，$h = 900$mm，$b_f = b_f' = 400$mm，$h_f = h_f' = 150$mm，如图 5.47 所示。柱子平面内和平面外的计算长度均为 $l_0 = 5.6$m，$a_s = a_s' = 45$mm。采用 C40 混凝土，纵向钢筋采用 HRB400 级钢筋。当截面承受轴向压力设计值 $N = 1350$kN，下柱柱顶弯矩设计值 $M_1 = 1020$kN·m，柱底弯矩设计值 $M_2 = 1120$kN·m。按对称配筋求纵向受力钢筋 A_s 和 A_s'。

7. 某钢筋混凝土框架柱，截面尺寸 $b \times h = 400$mm$\times 600$mm，处于一类环境，截面有效高度 $h_0 = 560$mm，柱净高 $H_n = 3.3$m，承受轴向压力设计值 $N = 1600$kN，剪力设计值 $V = 384$kN，采用 C30 混凝土和 HRB400 级箍筋。框架柱已配纵向钢筋为 4 ⊕ 25（角）+ 8 ⊕ 22，假定四肢箍，箍筋直径为 8mm，试求箍筋用量。

5.4 分析题

对称配筋矩形截面偏压构件 N_u-M_u 相关曲线，如图 5.48 所示，试分析回答下列问题：

(1) AB 段均发生_____破坏，此时，N 增大，M_____。

(2) BC 段均发生_____破坏，此时，N 增大，M_____。

(3) 在 B 点发生_____破坏，其 $N_B = $_____，因而 N_{B1}_____N_{B2}。

(4) 两曲线对应构件的截面尺寸、材料强度相同，则曲线 2 配筋量比曲线 1_____。

(5) 由内力分析得到多个 (M, N) 组合，此时首先求 N_B，当 $N < N_B$ 时发生____偏心受压破坏；$N > N_B$ 时发生____偏心受压破坏。在大偏心受压范围内，配筋量最大的组合为_____和_____；在小偏心受压范围内，配筋量最大的组合为_____和_____。

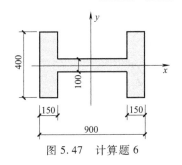

图 5.47 计算题 6

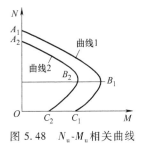

图 5.48 N_u-M_u 相关曲线

第6章 受拉构件截面承载力

本章提要

1. 熟悉轴心受拉构件的受力全过程、破坏形态以及计算方法。
2. 熟悉偏心受拉构件的受力全过程、破坏形态以及按对称配筋的矩形截面的计算方法。
3. 了解受拉构件斜截面受剪承载力的计算。

6.1 概述

6.1.1 概述

当构件受到拉力时,称为受拉构件。当拉力作用点与构件截面形心轴重合时为轴心受拉构件;当拉力作用点与构件截面形心轴线不重合或构件上同时作用有拉力和弯矩时,称为偏心受拉构件。

在实际工程中,可以近似按轴心受拉构件计算的有承受结点荷载的钢筋混凝土桁架中的受拉弦杆和腹杆、拱的拉杆、有内压力的圆管管壁、圆形水池的环形池壁等,如图6.1所示。

由于混凝土的非均质性、钢筋位置的偏离、轴向力作用位置的差异等原因,构件实际上往往处于偏心受拉状态,如联肢剪力墙的某些墙肢、双肢柱的某些肢杆、矩形水池的池壁,如图6.2所示。

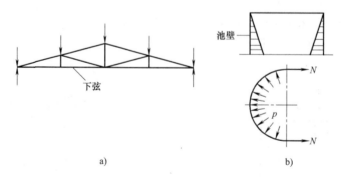

图 6.1 轴心受拉构件的工程实例
a) 屋架 b) 圆形水池

从充分利用材料强度来看,由于混凝土的抗拉强度很低,承受拉力时不能充分发挥其强度;从减轻构件开裂来看,由于混凝土在较小的拉力作用下就会开裂,构件中的裂缝宽度将随着拉力的增加而不断加大。因此，用普通钢筋混凝土构件承受拉力，从材料发挥的优势而言是不合理，通常受拉构件一般采用预应力混凝土或钢结构。

6.1.2 主要构造要求

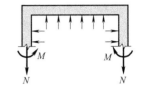

图6.2 偏心受拉构件工程实例

纵向受力钢筋应沿截面周边均匀布置，并优先选用直径较小的钢筋。偏心受拉、轴心受拉构件一侧的受拉钢筋的配筋率应不小于0.2%和$0.45f_t/f_y$中的较大值；偏心受拉构件中的受压钢筋的配筋率应不小于0.2%。

轴心受拉构件和小偏心受拉构件一侧受拉钢筋的配筋率均应按构件的全截面面积计算；大偏心受拉构件一侧受拉钢筋的配筋率应按全截面面积扣除受压翼缘面积$(b'_f-b)h'_f$后的截面面积计算。

箍筋主要作用是固定纵向受力钢筋的位置，并与纵向钢筋组成钢筋骨架。箍筋直径不小于6mm，间距一般不宜大于200mm，屋架的腹杆不宜大于150mm。

6.2 轴心受拉构件正截面承载力计算

6.2.1 轴心受拉构件的受力特征

试验研究表明，轴心受拉构件受力的全过程按混凝土开裂和钢筋屈服这两个特征点划分为三个工作阶段。

第Ⅰ阶段：从加载到混凝土开裂前，称为未裂阶段。此时，轴向拉力很小，由于钢筋和混凝土之间的黏结力，钢筋与混凝土共同工作，应力和应变大致成正比，构件基本处于弹性阶段，此阶段末作为轴心受拉构件不允许开裂的抗裂验算的依据。

第Ⅱ阶段：混凝土开裂至钢筋即将屈服，称为带裂缝工作阶段。混凝土达到极限拉应变时，首先在截面最薄弱处产生第一条垂直裂缝，随着荷载的增加，先后在一些截面上出现垂直裂缝。此阶段末作为构件正常使用进行裂缝宽度和变形验算的依据。

第Ⅲ阶段：钢筋屈服至构件破坏，称为破坏阶段。当钢筋达到屈服强度，裂缝宽度迅速扩大，混凝土不再承受拉力，所有拉力由钢筋来承担，此时构件达到承载力极限状态而发生破坏，此阶段末作为轴心受拉构件正截面承载力计算的依据。

轴心受拉构件中的裂缝间距和裂缝宽度与配筋率、纵向钢筋的直径和形状、混凝土保护层厚度、钢筋的应力水平等因素有关。裂缝间距较小时，裂缝宽度较细；裂缝间距较大时，裂缝宽度较宽。

6.2.2 轴心受拉构件的正截面承载力

轴心受拉构件破坏时，混凝土已全部退出工作，全部拉力由钢筋承担且钢筋达到屈服强度，其正截面受拉承载力设计表达式为

$$N \leqslant f_y A_s \tag{6.1}$$

式中 N——轴向拉力设计值；

f_y——钢筋抗拉强度设计值；

A_s——纵向钢筋的全部截面面积。

【例 6.1】 已知某钢筋混凝土屋架下弦，截面尺寸 $b×h=250\text{mm}×200\text{mm}$，承受的轴向拉力设计值 $N=400\text{kN}$，混凝土强度等级为 C30，钢筋为 HRB400 级，求截面配筋。

【解】 查附表 1.5 得，HRB400 级钢筋 $f_y=360\text{N/mm}^2$；查附表 1.2 得，C30 混凝土 $f_t=1.43\text{N/mm}^2$。最小配筋率 $\rho_{\min}=\max\left(0.2\%,\ 0.45\dfrac{f_t}{f_y}\right)=\max\left(0.2\%,\ 0.45×\dfrac{1.43}{360}\right)=0.2\%$。

截面总用钢量 $A_s=N/f_y=400×10^3/360\text{mm}^2=1111\text{mm}^2$

验算一侧钢筋的配筋率 $\rho_s=\dfrac{A_s}{bh}=\dfrac{1111/2}{250×200}=1.111\%>\rho_{\min}=0.2\%$（满足要求）

选用 4⊕20，实配面积 $A_s=1256\text{mm}^2$。

【点评】 选用钢筋时，应考虑安全、经济及施工的合理性，根数至少 4 根，应尽可能使实际配筋面积接近计算面积；同时应保证受力钢筋沿截面周边均匀布置，且钢筋不得截断。

6.3 偏心受拉构件正截面承载力计算

偏心受拉构件，按纵向拉力 N 作用位置的不同分为小偏心受拉与大偏心受拉两种情况。当纵向拉力 N 的偏心距较小，即 $e_0=\dfrac{M}{N}<\dfrac{h}{2}-a_s$，作用在近侧钢筋 A_s 与远侧钢筋 A'_s 合力点范围之间时，属于小偏心受拉；当纵向拉力 N 的偏心距较大，即 $e_0\geqslant\dfrac{h}{2}-a_s$，作用在钢筋 A_s 与 A'_s 合力点范围之外时，属于大偏心受拉。

6.3.1 小偏心受拉构件正截面承载力

1. 小偏心受拉构件的受力特征

在这种情形下，截面基本上全部受拉，没有混凝土受压区。在临近破坏时，横向裂缝贯通全截面，开裂面上拉力完全由钢筋承担，且钢筋都达到屈服强度。

2. 小偏心受拉构件正截面承载力

如图 6.3 所示，截面计算简图上有三个内力：偏心拉力 N，靠近拉力 N 一侧的纵筋 A_s 承受的拉力 $f_y A_s$，远离拉力 N 一侧的纵筋 A'_s 承受的拉力 $f_y A'_s$，不考虑裂缝截面处混凝土的抗拉作用，根据力矩平衡，可得基本计算公式

$$Ne\leqslant f_y A'_s(h_0-a'_s) \quad (6.2)$$

$$Ne'\leqslant f_y A_s(h'_0-a_s) \quad (6.3)$$

式中，$e=\dfrac{h}{2}-e_0-a_s$，$e'=e_0+\dfrac{h}{2}-a'_s$，$h_0=h-a_s$，$h'_0=h-a'_s$。

注意：纵筋 A'_s 为拉力 $f_y A'_s$，若写成 $f'_y A'_s$，就出现了概念上的错误。

不对称配筋设计时，对 A'_s 取矩求出 A_s；对 A_s 取矩求出 A'_s。对称配筋设计时，可采用式（6.3）求得 A_s，使 $A_s=A'_s$。按式（6.2）及式（6.3）计算得到的 A_s 及 A'_s 值应分别不小于

$\rho_{\min}bh$,$\rho_{\min}$取 0.2%和 $0.45f_t/f_y$ 中的较大值。

截面复核时,要确定截面在给定偏心距 e_0 下的承载力 N 时,应取按式(6.2)及式(6.3)计算得到的较小值。

【例 6.2】 已知某矩形游泳池,池壁厚 300mm,每米长度上的轴向拉力设计值 $N=400$kN,弯矩设计值 $M=25$kN·m,混凝土强度等级为 C30,$f_t=1.43$N/mm²,环境类别为二类 a,$a_s=a_s'=35$mm,采用 HRB400 级钢筋,$f_y=f_y'=360$N/mm²。求每米长度上的钢筋 A_s 和 A_s'。

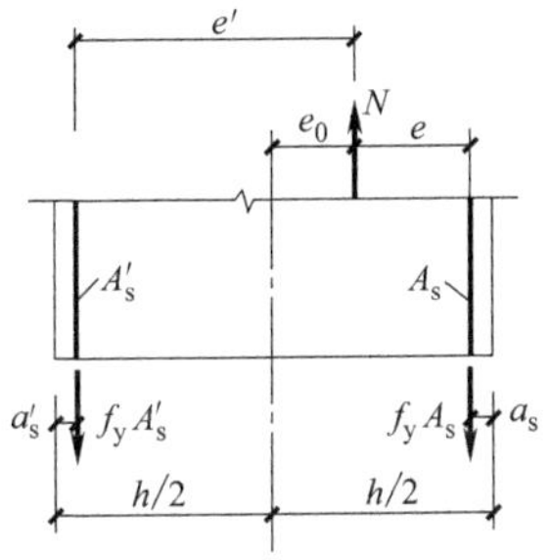

图 6.3 小偏心受拉构件
正截面承载力计算

【解】 (1)计算 e_0,判别大小偏心受拉破坏形态

$$e_0=\frac{M}{N}=\frac{25\times10^6}{400\times10^3}\text{mm}=62.5\text{mm}<\frac{h}{2}-a_s=\left(\frac{300}{2}-35\right)\text{mm}=115\text{mm}$$

故为小偏心受拉构件。

(2)计算 A_s 和 A_s'

截面有效高度 $\quad h_0=h-a_s=(300-35)\text{mm}=265\text{mm}$

$$h_0'=h-a_s'=(300-35)\text{mm}=265\text{mm}$$

最小配筋率 $\quad \rho_{\min}=\max\left(0.2\%,\ 0.45\frac{f_t}{f_y}\right)=\max\left(0.2\%,\ 0.45\times\frac{1.43}{360}\right)=0.2\%$

$$e'=\frac{h}{2}+e_0-a_s'=\left(\frac{300}{2}+62.5-35\right)\text{mm}=177.5\text{mm}$$

$$e=\frac{h}{2}-e_0-a_s=\left(\frac{300}{2}-62.5-35\right)\text{mm}=52.5\text{mm}$$

$$A_s=\frac{Ne'}{f_y(h_0'-a_s)}=\frac{400\times10^3\times177.5}{360\times(265-35)}\text{mm}^2=857.5\text{mm}^2$$

$$>\rho_{\min}bh=0.2\%\times1000\times300\text{mm}^2=600\text{mm}^2$$

$$A_s'=\frac{Ne}{f_y(h_0-a_s')}=\frac{400\times10^3\times52.5}{360\times(265-35)}\text{mm}^2=253.6\text{mm}^2<600\text{mm}^2,\ \text{取}\ A_s'=600\text{mm}^2$$

(3)实配钢筋

近侧钢筋 A_s:⌀12@130,实配面积 $A_s=870\text{mm}^2$。

远侧钢筋 A_s':⌀10@130,实配面积 $A_s'=604\text{mm}^2$。

【点评】 小偏心受拉时,用 $\sum M_{A_s}=0$ 求 A_s';用 $\sum M_{A_s'}=0$ 求 A_s。这时要注意两点:一是不要把 e 和 e' 搞错了;二是要验算最小配筋率,特别是对 A_s'。

6.3.2 大偏心受拉构件正截面承载力计算

1. 大偏心受拉构件的受力特征

在这种情形下,离轴向力 N 较近一侧的混凝土受拉,横向开裂,钢筋受拉且达到屈服强度;离轴向力 N 较远一侧的混凝土受压,横向裂缝不会贯通整个截面,钢筋受压且达到屈服强度。最终以受压边缘混凝土达到极限压应变被压碎而破坏。

2. 大偏心受拉构件正截面承载力

如图 6.4 所示，截面计算简图上有四个内力：偏心拉力 N、受压区混凝土的合力 $\alpha_1 f_c bx$、靠近拉力 N 一侧的纵筋 A_s 承受的拉力 $f_y A_s$、远离拉力 N 一侧的纵筋 A_s' 承受的压力 $f_y' A_s'$，根据力和力矩平衡，可得基本计算公式

$$N \leqslant f_y A_s - f_y' A_s' - \alpha_1 f_c bx \qquad (6.4)$$

$$Ne \leqslant \alpha_1 f_c bx \left(h_0 - \frac{x}{2} \right) + f_y' A_s' (h_0 - a_s') \qquad (6.5)$$

式中，$e = e_0 - \frac{h}{2} + a_s$。

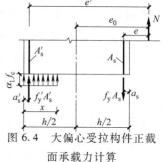

图 6.4 大偏心受拉构件正截面承载力计算

为防止构件发生超筋和少筋破坏，并在破坏时保证纵向受压钢筋达到屈服，上述公式的适用条件是

$$x \leqslant \xi_b h_0 \qquad (6.6)$$

$$2a_s' \leqslant x \qquad (6.7)$$

式 (6.6) 中 ξ_b 为混凝土相对界限受压区高度，同受弯构件，其值详见表 3.14。

3. 设计方法

（1）采用非对称配筋时，出现两种情况

1）情况一：A_s 和 A_s' 均未知。出现三个未知数两个方程，为使钢筋总量最少，应充分利用受压区混凝土能力，取 $x = \xi_b h_0$，代入式 (6.4) 和式 (6.5) 求 A_s 和 A_s'。具体方法为 $A_s' = \dfrac{Ne - \alpha_1 f_c b h_0^2 \xi_b (1 - 0.5\xi_b)}{f_y' (h_0 - a_s')} > \rho_{\min} bh$，$A_s = \dfrac{N + \alpha_1 f_c b \xi_b h_0 + f_y' A_s'}{f_y} > \rho_{\min} bh$

若计算的 $A_s' < \rho_{\min} bh$，则假定 $A_s' = \rho_{\min} bh$，按情况二重新求 x 和 A_s，此时 $x \neq \xi_b h_0$。

2）情况二：A_s' 已知，A_s 未知。两个未知数两个方程，可直接按式 (6.5) 求出 x。具体求 x 的方法：按 $\alpha_s = \dfrac{Ne - f_y' A_s' (h_0 - a_s')}{\alpha_1 f_c b h_0^2}$，$\xi = 1 - \sqrt{1 - 2\alpha_s}$，则 $x = \xi h_0$。

若满足 $2a_s' \leqslant x \leqslant \xi_b h_0$，代入式 (6.4) 可求出 A_s，且 $A_s \geqslant \rho_{\min} bh$；若 $x < 2a_s'$，按 $A_s = \dfrac{Ne'}{f_y (h_0 - a_s')}$ 计算，且 $A_s \geqslant \rho_{\min} bh$，式中 $e' = e_0 + \dfrac{h}{2} - a_s'$。

（2）采用对称配筋　由于 $f_y A_s = f_y' A_s'$，计算中必然会求得 x 为负值。因此属于 $x < 2a_s'$ 情况，可按式 (6.3) 计算求得 A_s，使 $A_s = A_s'$。

截面复核有两种情况：已知 N 求解 e_0 或已知 e_0 求解 N。无论何种类型，均可用式 (6.4) 和式 (6.5) 求解。

【例 6.3】 已知条件同例 6.2，但 $N = 380$ kN，$M = 95$ kN·m，混凝土相对界限受压区高度 $\xi_b = 0.518$。求每米长度上的钢筋 A_s 和 A_s'。

【解】（1）计算 e_0，判别大、小偏心受拉破坏形态

$$e_0 = \frac{M}{N} = \frac{95 \times 10^6}{380 \times 10^3} \text{mm} = 250 \text{mm} > \frac{h}{2} - a_s = \left(\frac{300}{2} - 35 \right) \text{mm} = 115 \text{mm}$$

故为大偏心受拉构件。

(2) 计算 A_s'

$$e = e_0 - \frac{h}{2} + a_s = \left(250 - \frac{300}{2} + 35\right)\text{mm} = 135\text{mm}$$

$$e' = e_0 + \frac{h}{2} - a_s' = \left(250 + \frac{300}{2} - 35\right)\text{mm} = 365\text{mm}$$

令 $\xi = \xi_b = 0.518$,则

$$A_s' = \frac{Ne - \alpha_1 f_c b h_0^2 \xi_b (1 - 0.5\xi_b)}{f_y'(h_0 - a_s')}$$

$$= \frac{380 \times 10^3 \times 135 - 1.0 \times 14.3 \times 1000 \times 265^2 \times 0.518 \times (1 - 0.5 \times 0.518)}{360 \times (265 - 35)}\text{mm}^2 < 0$$

故受压钢筋 A_s' 按最小配筋率 ($\rho_{\min} = 0.2\%$),取 $\Phi 10@130$(实配钢筋面积 $A_s' = 604\text{mm}^2$)已知情况下重新求 A_s,此时 ξ 不再等于界限值 ξ_b,需要重新计算 ξ。

(3) 已知 A_s',计算 A_s

$$\alpha_s = \frac{Ne - f_y' A_s'(h_0 - a_s')}{\alpha_1 f_c b h_0^2} = \frac{380 \times 10^3 \times 135 - 360 \times 604 \times (265 - 35)}{1.0 \times 14.3 \times 1000 \times 265^2} = 0.0013$$

$$\xi = 1 - \sqrt{1 - 2\alpha_s} = 1 - \sqrt{1 - 2 \times 0.0013} = 0.0026 < \xi_b = 0.518$$

则 $x = \xi h_0 = 0.0026 \times 265\text{mm} = 6.89\text{mm} < 2a_s' = 2 \times 35\text{mm} = 70\text{mm}$

近似取 $x = 2a_s' = 70\text{mm}$,故对 A_s' 取矩,得

$$A_s = \frac{Ne'}{f_y(h_0 - a_s')} = \frac{380 \times 10^3 \times 365}{360 \times (265 - 35)}\text{mm}^2 = 1675.1\text{mm}^2 > \rho_{\min} bh = 0.2\% \times 1000 \times 300\text{mm}^2 = 600\text{mm}^2$$

选用钢筋 $\Phi 14@90$,实配面积 $A_s = 1710\text{mm}^2$。

【点评】 大偏心受拉时,当 $x < 2a_s'$ 时,表明远侧钢筋 A_s' 达不到屈服强度 f_y',故对 A_s' 取矩,按 $A_s = \frac{Ne'}{f_y(h_0 - a_s')}$ 计算。

6.3.3 比较偏心受拉构件正截面承载力与偏心受压构件正截面承载力的不同点

1) 破坏形态判别标准不同。大小偏心受拉破坏是根据纵向拉力 N 的作用位置来区分,即当 $e_0 \geq \frac{h}{2} - a_s$ 时,为大偏心受拉构件;当 $e_0 < \frac{h}{2} - a_s$ 时,为小偏心受拉构件。而大、小偏心受压破坏是根据截面混凝土受压区高度 x 来判别,即当 $x \leq \xi_b h_0$ 时,为大偏心受压构件;当 $x > \xi_b h_0$ 时,为小偏心受压构件。

2) 纵向钢筋的名称不同。偏心受拉构件中,离轴向力 N 较近一侧的钢筋为 A_s,离轴向力较远一侧的为钢筋 A_s';偏心受压构件正好相反。偏心受压构件中,离轴向力 N 较近一侧的钢筋为 A_s',离轴向力较远一侧的钢筋为 A_s。

3) e_a 和 η_{ns} 的影响不同。偏心受拉构件正截面承载力计算时,不考虑附加偏心距 e_a 和偏心距增大系数 η_{ns} 的影响。而在偏心受压构件中,需考虑 e_a 和 η_{ns} 的影响。

6.4 偏心受拉构件斜截面受剪承载力计算

受拉构件截面，除承受拉力，还承受剪力。因此在进行截面设计时，除需进行正截面承载力计算外，还需计算斜截面受剪承载力。

试验研究表明：拉力的存在对斜截面抗剪是不利的。这是因为在轴向拉力作用下，构件上可能产生横贯全截面、垂直于杆轴的初始垂直裂缝；施加横向荷载后，构件顶部裂缝闭合而底部裂缝加宽，且斜裂缝可能直接穿过初始垂直裂缝向上发展，也可能沿初始垂直裂缝延伸再斜向发展。斜裂缝呈现宽度较大、倾角较大，斜裂缝末端剪压区高度减小，甚至没有剪压区，从而截面的受剪承载力要比受弯构件的受剪承载力有明显的降低。《混凝土结构设计规范》采取偏稳妥考虑，在受弯构件斜截面抗剪公式基础上减去一项轴向拉力降低的受剪承载力设计值，即 $0.2N$，得到矩形、T形和I形截面的钢筋混凝土偏心受拉构件斜截面受剪承载力计算规定

$$V \leqslant \frac{1.75}{\lambda+1.0}f_t bh_0 + f_{yv}\frac{A_{sv}}{s}h_0 - 0.2N \tag{6.8}$$

式中　N——与剪力设计值 V 相应的轴向拉力设计值；

　　　f_{yv}——箍筋抗拉强度设计值；

　　　λ——计算截面剪跨比，同偏心受压构件计算截面的剪跨比的规定，详见式（5.76）。

当式（6.8）右边的计算值小于 $f_{yv}\dfrac{A_{sv}}{s}h_0$ 时，应取等于 $f_{yv}\dfrac{A_{sv}}{s}h_0$，且 $f_{yv}\dfrac{A_{sv}}{s}h_0$ 值不得小于 $0.36f_t bh_0$。

【例 6.4】某简支斜梁为钢筋混凝土独立梁（见图 6.5），梁截面尺寸 $b\times h = 300\text{mm}\times 700\text{mm}$，混凝土强度等级为 C30，纵筋采用 HRB400 级）。在荷载基本组合下，B 支座竖向反力设计值 $R_B = 428\text{kN}$（其中集中力 F 产生反力设计值为 160kN），梁支座截面有效截面高度 $h_0 = 630\text{mm}$。按斜截面抗剪承载力计算，采用双肢箍，箍筋直径为 10mm，求支座 B 边缘处梁截面的箍筋间距（不用复核最小配箍率）。

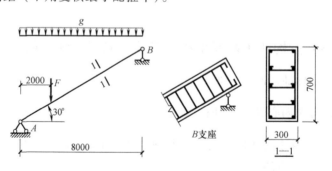

图 6.5　例 6.4

解：将 $R_B = 428\text{kN}$ 正交分解，梁右端 B 支座处剪力 $V = R_B\cos 30° = 370.66\text{kN}$，轴向拉力 $N = R_B\sin 30° = 214\text{kN}$，$B$ 端处于偏心受拉状态。

对于 B 端剪力，集中力所占比例 $\dfrac{160\cos 30°}{428\cos 30°}\times 100\% = 37.4\% < 75\%$，故 $\lambda = 1.5$。

第6章 受拉构件截面承载力

截面尺寸验算：当 $\dfrac{h_w}{b} = \dfrac{630}{300} = 2.1 < 4$ 时

$$0.25\beta_c f_c b h_0 = 0.25 \times 1.0 \times 14.3 \times 300 \times 630 \times 10^{-3} \text{kN} = 675.7 \text{kN} > V = 370.66 \text{kN}$$

满足截面尺寸限制条件。

$$V = 370.66 \text{kN} \leqslant \alpha_{cw} f_t b h_0 + f_{yv} \dfrac{A_{sv}}{s} h_0 - 0.2N$$

$$= \left[\dfrac{1.75}{1.5+1.0} \times 1.43 \times 300 \times 630 + 360 \times \dfrac{A_{sv}}{s} \times 630 - 0.2 \times 214000 \right] \times 10^{-3}$$

解得 $\dfrac{A_{sv}}{s} \geqslant 0.9888$，采用双肢箍，箍筋直径为 10mm，$s \leqslant \dfrac{2 \times 78.5}{0.9888} \text{mm} = 158.8 \text{mm}$，故箍筋间距取 100mm。

小 结

1. 钢筋混凝土受拉构件根据纵向拉力 N 是否与构件截面形心轴重合，可分为轴心受拉构件和偏心受拉构件。对于偏心受拉构件，根据纵向拉力 N 的作用位置是否在钢筋 A_s 与 A_s' 合力点范围之间或之外，分为小偏心受拉构件或大偏心受拉构件。

2. 轴心受拉和小偏心受拉构件，正截面承载力计算时，混凝土全部退出工作，仅考虑纵向钢筋受力；大偏心受拉构件，正截面承载力存在混凝土受压区，破坏时受拉钢筋和受压钢筋均达到屈服强度，受压区混凝土被压碎而破坏。

3. 受拉构件斜截面受剪承载力，因拉力存在而使抗剪承载力降低。

4. 受拉构件知识框图如图 6.6 所示。

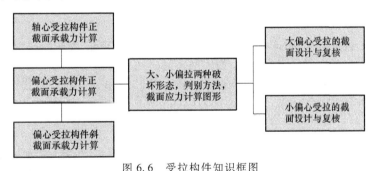

图 6.6 受拉构件知识框图

思 考 题

6.1 大、小偏心受拉构件是如何区分的？其各自破坏的受力特点是什么？

6.2 矩形截面小偏心受拉构件，如何求 A_s 和 A_s'？

6.3 矩形截面大偏心受拉构件，当 A_s 和 A_s' 均未知时，如何求 A_s 和 A_s'？当 A_s' 已知时，如何求 A_s？

6.4 比较双筋梁、不对称配筋大偏心受压构件及大偏心受拉构件三者正截面承载力计算的异同。

章节练习

6.1 选择题

1. 下列关于受拉构件的说法不正确是（　　）。
（A）斜截面抗剪设计中，最小配箍率与受弯构件的斜截面抗剪一样，都为 $0.24f_t/f_{yv}$
（B）偏心受拉构件根据轴向力作用点位置不同分为大偏心受拉和小偏心受拉
（C）偏心受拉构件的正截面承载力计算不考虑构件纵向弯曲的影响
（D）小偏心受拉构件主要由受拉钢筋承担拉力

2. 下列矩形截面（　　）中，在进行截面设计时，如果 A_s 与 A_s' 均未知，为使总钢量最小，应满足 $\xi=\xi_b$。
①双筋受弯构件　②大偏心受压构件　③小偏心受压构件　④大偏心受拉构件
（A）①②④　　　（B）①③④　　　（C）②③④　　　（D）①②③

3. 在双筋梁、大偏心受压和大偏心受拉构件的矩形截面的正截面承载力计算中，受压区高度 $x \geqslant 2a_s'$ 是为了（　　）。
（A）防止受压钢筋压屈　　　　　　　　（B）避免保护层过早剥落
（C）保证受压钢筋在构件破坏时能达到屈服强度　（D）保证受压钢筋在构件破坏时能达到极限强度

4. 关于小偏心受拉构件，（　　）是正确的。
（A）若偏心距 e_0 改变，总用钢量不变
（B）若偏心距 e_0 改变，总用钢量改变
（C）若偏心距 e_0 增大，总用钢量增加
（D）若偏心距 e_0 增大，总用钢量减小

6.2 判断题

1. 混凝土强度等级对轴心受拉构件正截面受拉承载力没有影响。（　　）

2. 当 $e_0 \geqslant \dfrac{h}{2}-a_s$ 时，为大偏心受拉构件；当 $e_0 < \dfrac{h}{2}-a_s$ 时，为小偏心受拉构件。（　　）

3. 偏心受拉构件中，离轴向力 N 较近一侧的钢筋为 A_s，离轴向力较远一侧的为钢筋 A_s'。（　　）

4. 大偏心受拉构件正截面受拉破坏时，混凝土开裂后不会裂通，离纵向力较远一侧有受压区。（　　）

5. 矩形截面小偏心受拉构件，其正截面上均为拉应力，近侧 A_s 的拉应力较大。（　　）

6. 轴心受拉构件全部纵向钢筋的最小配筋率和偏心受拉一侧的受拉钢筋的最小配筋率都应不小于 0.2% 和 $0.45f_t/f_y$ 中的较大值。（　　）

7. 大偏心受拉，已知 A_s' 时，可由 $\alpha_s = \dfrac{Ne-f_y'A_s'(h_0-a_s')}{\alpha_1 f_c b h_0^2}$，$\xi = 1-\sqrt{1-2\alpha_s}$ 求出 $x=\xi h_0$。（　　）

8. 大偏心受拉，已知 A_s' 时，求出 $x<2a_s'$，可按 $A_s = \dfrac{Ne'}{f_y(h_0-a_s')}$ 计算或按 $A_s = \dfrac{N+\alpha_1 f_c bx+f_y'A_s'}{f_y}$ 计算。（　　）

6.3 计算题

1. 某钢筋混凝土轴心受拉构件，截面为矩形 $b \times h = 200\text{mm} \times 200\text{mm}$，混凝土强度等级为 C30，配置 4⽥12 的 HRB400 级纵向钢筋，承受的轴心拉力设计值 $N=180\text{kN}$。试验算该构件是否满足承载力要求。

2. 某钢筋混凝土偏心受拉构件，截面为矩形 $b \times h = 250\text{mm} \times 400\text{mm}$，$a_s = a_s' = 40\text{mm}$（一类环境），截面承受的纵向拉力设计值 $N=530\text{kN}$，弯矩设计值 $M=63\text{kN}\cdot\text{m}$，若混凝土强度等级为 C30，钢筋为 HRB400 级，混凝土相对界限受压区高度 $\xi_b = 0.518$。试确定截面中所需的纵向钢筋数量。

3. 已知某水池的池壁厚 $h = 200\text{mm}$，$a_s = a_s' = 20\text{mm}$（二类 a 环境），每米长度上的内力设计值 $N=315\text{kN}$，$M=81\text{kN}\cdot\text{m}$。混凝土强度等级为 C30，$f_c = 14.3\text{N/mm}^2$。HRB400 级钢筋，$f_y = 360\text{N/mm}^2$，远侧钢筋⽥10@180（实配钢筋面积 $A_s' = 436\text{mm}^2$），一侧钢筋最小配筋率 $\rho_{min} = 0.2\%$，混凝土相对界限受压区高度 $\xi_b = 0.518$，求每米长度上的 A_s。

第7章 受扭构件截面承载力

本章提要

1. 熟悉纯扭构件的试验研究、受力特点及破坏状态。
2. 掌握矩形截面纯扭构件的扭曲截面受扭承载力计算。
3. 掌握弯剪扭构件的承载力计算。
4. 掌握受扭构件的配筋构造要求。

在建筑结构中,吊车梁、框架边梁、雨篷梁、曲梁和螺旋楼梯等构件除承受弯矩和剪力外,还承受扭矩作用。在静定结构,构件中的扭矩可以直接由力的平衡求出,称为平衡扭矩,如雨篷梁、吊车梁,如图 7.1a 所示。在超静定结构,构件中的扭矩因相邻构件的变形受到约束而产生,其扭矩大小与受扭构件的抗扭刚度有关,需通过变形协调和力的平衡共同求出,称为协调扭矩,如框架边梁,如图 7.1b 所示。

实际工程中只承受扭矩作用的纯扭构件是很少见的,大多数情况下还同时承受弯矩和剪力的共同作用。通常,将同时受弯矩与扭矩作用的构件称为弯扭构件,同时受剪力与扭矩作用的构件称为剪扭构件,同时受弯矩、剪力与扭矩作用的构件称为弯剪扭构件,这些构件与纯扭构件统称受扭构件。本章主要讲述矩形截面的抗扭承载力计算方法和构造措施。最后简单介绍 T 形和箱形截面的抗扭承载力计算方法。

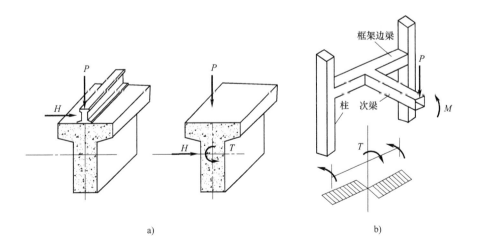

图 7.1 受扭构件
a) 吊车梁平衡扭矩 b) 框架边梁协调扭矩

7.1 矩形截面纯扭构件承载力计算

7.1.1 纯扭构件的试验研究

1. 素混凝土纯扭构件受力特点

在扭矩作用下，素混凝土构件产生剪应力 τ，最大剪应力发生在截面长边的中间，相应最大主拉应力 $\sigma_1 = \tau_{max}$。随着扭矩的增大，剪应力随之增加，出现少量塑性变形，剪应力图趋向饱满，当主拉应力超过混凝土的抗拉强度时，构件首先在一个长边侧面的中点附近 m 点出现一条斜裂缝，如图 7.2a 所示。该条斜裂缝与构件纵轴线大致呈 45°，并迅速向两相邻边延伸，到达两相邻边 a、b 点后，在顶面和底面继续沿大约 45°方向延伸到 c、d 点，形成三面开裂，一面受压的受力状态。最后在受压面 c、d 两点连线上的混凝土被压碎而形成空间扭曲破坏面，如图 7.2b 所示。破坏前无预兆，属明显的脆性破坏。

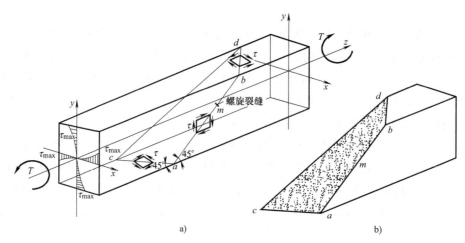

图 7.2　素混凝土受扭构件的破坏面

2. 受扭钢筋的配筋形式

在混凝土受扭构件中，配置适当的受扭钢筋对提高构件受扭承载力和变形能力有很大作用。根据弹性分析结果可知，扭矩在构件中产生的主拉应力方向与构件纵轴线呈 45°。因此，理论上，受扭钢筋的最佳配置形式应做成与构件纵轴线呈 45°的螺旋筋。但是，这种配筋方式施工复杂，并且当扭矩改变方向时将失去意义。因而实际工程中通常做法是**沿构件纵轴方向布置封闭的抗扭箍筋** A_{st1} 以及沿构件周边均匀对称布置抗扭纵筋 A_{stl}，以共同形成**抗扭钢筋骨架**。这种抗扭箍筋和抗扭纵筋必须同时配置，缺一不可，并且在配筋数量上相互匹配，才能充分发挥其抗扭作用。

3. 钢筋混凝土纯扭构件受力机理

沿截面周边均匀布置抗扭纵筋和抗扭箍筋的钢筋混凝土受扭构件在纯扭矩作用下变形、裂缝发展如图 7.3 所示。

扭矩很小时，构件的受力性能大体上符合弹性理论，扭矩-扭转角曲线为直线，裂缝出现前，抗扭纵筋和抗扭箍筋的应力都很小。

当扭矩增大到开裂扭矩时，构件长边侧面中间混凝土的主拉应力达到其抗拉强度后，出现45°方向的斜裂缝，与裂缝相交的抗扭纵筋和抗扭箍筋的拉应力突然增大，扭转角迅速增加。

扭矩继续增大，斜裂缝的数量增多，形成间距大约相等的平行的裂缝组，并逐渐向其他两个侧面延伸，形成三侧面螺旋形裂缝和一面混凝土受压的空间扭曲面。随着裂缝的开

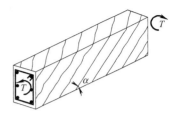

图 7.3　钢筋混凝土受扭构件的螺旋形裂缝

展、深入，外层混凝土退出工作，抗扭纵筋和抗扭箍筋继续承担更大的扭矩。当与斜裂缝相交的抗扭纵筋和抗扭箍筋（此时均受拉）相继达到屈服强度后，扭矩不再增大，但扭转角仍继续增大，直至构件的受压混凝土面被压碎而破坏。

试验研究表明，构件破坏时，钢筋混凝土构件的极限扭矩比相应的素混凝土构件的极限扭矩增大很多，但并未提高开裂扭矩。

4. 钢筋混凝土纯扭构件的破坏形态

对钢筋混凝土矩形截面的纯扭构件，裂缝产生的情形与素混凝土纯扭构件基本相似，但**其破坏形态与抗扭纵筋和抗扭箍筋的配筋量有关，大致可以分为适筋破坏、部分超筋破坏、超筋破坏和少筋破坏四种类型。**

（1）适筋破坏　当抗扭纵筋和抗扭箍筋的配筋适中时发生。混凝土开裂前，由混凝土和抗扭钢筋共同承担拉力；开裂后，在构件三个侧面形成螺旋形斜裂缝，混凝土受拉退出工作，其承担的拉应力全部转移到由抗扭钢筋来承担，抗扭钢筋应力增大，直到抗扭钢筋相继达到抗拉屈服强度时，最后形成三面开裂、一面受压的空间扭曲破坏面，整个破坏过程与受弯构件适筋梁类似，破坏前有较明显预兆，属延性破坏。

（2）部分超筋破坏　当抗扭纵筋配置过多或抗扭箍筋配置过多时发生。破坏时配置数量相对较少的抗扭钢筋达到屈服强度，而配置数量相对较多的抗扭钢筋达不到屈服强度，如抗扭纵筋的配筋率比抗扭箍筋的配筋率小得多，破坏时仅抗扭纵筋屈服，而抗扭箍筋不屈服；反之，则抗扭箍筋屈服，抗扭纵筋不屈服。此时构件破坏时混凝土仍被压碎。破坏前有一定预兆，但延性不如适筋破坏好。

（3）超筋破坏　当抗扭纵筋和抗扭箍筋两者同时配置过多时发生。破坏时抗扭钢筋均达不到屈服强度，破坏时混凝土仍被压碎。破坏前没有预兆，属脆性破坏。

（4）少筋破坏　当抗扭纵筋和抗扭箍筋两者都配置过少，或其中之一的抗扭钢筋配置过少时发生。混凝土一旦开裂，构件急速破坏，破坏扭矩与开裂扭矩接近，类似素混凝土纯扭构件破坏。破坏时没有预兆，属脆性破坏。

工程中应避免受扭构件设计成具有脆性破坏的超筋构件和少筋构件，应尽可能设计成具有延性破坏的适筋构件和部分超筋构件。**工程通常做法是限制构件截面尺寸来避免超筋破坏，通过规定抗扭钢筋的最小配筋率来避免少筋破坏，通过计算和构造措施来保证适筋破坏和部分超筋破坏。**

7.1.2　钢筋混凝土纯扭构件的开裂扭矩

试验研究表明，钢筋混凝土纯扭构件在开裂前，抗扭纵筋和抗扭箍筋的应力都很低，抗扭钢筋的存在对开裂扭矩的影响很小，因此在计算钢筋混凝土纯扭构件的开裂扭矩时，可忽

略抗扭钢筋的作用,按素混凝土纯扭构件进行计算。由于素混凝土纯扭构件一裂即坏,开裂扭矩近似等于破坏扭矩(即极限扭矩),所以钢筋混凝土纯扭构件的开裂扭矩可近似按素混凝土纯扭构件的极限扭矩计算。

由材料力学可知,对于匀质弹性材料的矩形截面,在扭矩 T 作用下,截面上的剪应力分布如图 7.4a 所示,截面的剪应力不是呈线性分布,形心和四角处剪应力为零,周边的剪应力为曲线,最大剪应力 τ 发生在截面长边的中点,当主拉应力超过混凝土的抗拉强度时,构件开裂。

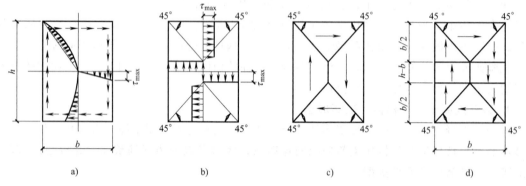

图 7.4 纯扭构件剪应力分布

由塑性力学可知,对于完全塑性材料的矩形截面,设矩形截面的高为 h,宽为 b,将截面上的剪应力分布划分为 4 部分,两个梯形、两个三角形,各部分剪应力均达到极限强度 τ_{max},如图 7.4b 所示。计算各部分剪应力的合力对截面扭转中心取矩得到纯扭构件的抵抗扭矩,如图 7.4c 所示。具体计算时,可进一步将梯形部分划分为一个矩形和两个三角形对截面扭转中心取矩,如图 7.4d 所示,则有

$$T = \left[\frac{1}{2} \times b \times \frac{b}{2} \times \left(h - 2 \times \frac{b}{2} \times \frac{1}{3}\right) + 2 \times \frac{1}{2} \times \frac{b}{2} \times \right.$$
$$\left.\frac{b}{2} \times \left(b - 2 \times \frac{b}{2} \times \frac{1}{3}\right) + (h-b) \times \frac{b}{2} \times \frac{b}{2}\right] \tau_{max}$$
$$= \frac{b^2}{6}(3h-b)\tau_{max}$$

构件开裂时,$\tau_{max} = f_t$,所以抵抗扭矩为

$$T = f_t \frac{b^2}{6}(3h-b) = f_t W_t \tag{7.1}$$

式中 W_t——受扭构件的截面受扭塑性抵抗矩,对矩形截面,$W_t = \frac{b^2}{6}(3h-b)$。

混凝土既非弹性材料,又非理想塑性材料,因而钢筋混凝土纯扭构件截面的极限应力状态介于弹性应力状态和塑性应力状态之间。同时,受扭构件中除主拉应力外,还有主压应力,在拉压复合应力作用下,混凝土的抗拉强度低于单向受拉时的抗拉强度。所以按完全塑性理论的应力分布计算抵抗扭矩时应乘以小于 1 的系数予以折减。《混凝土结构设计规范》取折减系数为 0.7,于是式 (7.1) 就变成

$$T_{cr} = 0.7 f_t W_t \tag{7.2}$$

系数 0.7 综合反映了混凝土塑性发挥的程度和双轴应力作用下混凝土强度降低的影响。

7.1.3 纯扭构件的承载力

1. 纯扭构件的变角度空间桁架力学模型

试验研究表明，矩形实心截面钢筋混凝土纯扭构件的受扭承载力与同样外形尺寸、同样材料强度和配筋数量的空心箱形截面钢筋混凝土纯扭构件的受扭承载力近似相等。也就是说，在斜裂缝充分发展且受扭纵筋和受扭箍筋的应力达到或接近屈服强度时，截面核心混凝土基本退出工作，对抗扭基本不起作用。因此设想把矩形截面中核心部分的混凝土挖去，即忽略截面核心混凝土的抗扭作用，则矩形截面演变为图 7.5a 所示的箱形截面进行力学建模。

箱形截面的四个侧壁中，每一个侧壁的受力情况都可看成一个平面桁架：抗扭纵筋相当于受拉弦杆，受扭箍筋相当于受拉腹杆，斜裂缝之间的混凝土相当于受压斜腹杆，它与构件纵轴线的夹角为 α。这样，整个杆件就可以看成是一个空间桁架。只是 α 并不是一个定值，它与受扭纵筋和受扭箍筋的配置数量有关，大致为 $30°\sim60°$，故命名为变角度空间桁架力学模型，如图 7.5b 所示。

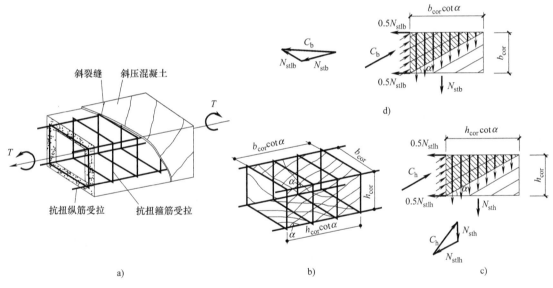

图 7.5 变角度空间桁架力学模型
a）箱形截面 b）变角空间桁架机理 c）右侧壁 d）上侧壁

分析图 7.5c 中右侧壁（左侧壁同），取斜裂缝以上部分为截离体（阴影部分），截离体上作用有三个力：竖向抗扭纵筋的拉力 N_{stlh}、竖向方向的抗扭箍筋的拉力 N_{sth}、混凝土竖向斜压杆应力的合力 C_h，三者构成如图 7.4c 所示的平衡力系，其中余切函数 $\cot\alpha = \dfrac{N_{stlh}}{N_{sth}}$。假定构件破坏时，受扭纵筋和受扭箍筋均达到其抗拉强度屈服值，则 $N_{stlh} = f_y A_{stl} \dfrac{h_{cor}}{U_{cor}}$，$N_{sth} = f_{yv} A_{st1} \dfrac{h_{cor} \cot\alpha}{s}$，因此有 $\cot\alpha = \sqrt{\dfrac{f_y A_{stl} s}{f_{yv} A_{st1} U_{cor}}}$，令 $\zeta = \dfrac{f_y A_{stl} s}{f_{yv} A_{st1} U_{cor}}$，所以 $\cot\alpha = \sqrt{\zeta}$，$\zeta$ 称为抗扭纵筋与

抗扭箍筋的配筋强度比,其大小影响混凝土受压斜腹杆的倾角 α,ζ 大时 α 反而小,ζ 小时 α 反而大。倾角 α 一般在 $30°\sim60°$ 时,可保证受扭构件发生适筋破坏或部分超筋破坏。

分析图 7.5d 中上侧壁(下侧壁同),与右侧壁分析方法相同,只是由水平抗扭纵筋的拉力 N_{stlb}、水平方向的抗扭箍筋的拉力 N_{stb}、混凝土水平斜压杆应力的合力 C_b 三者构成如图 7.5d 所示的平衡力系,其中 $\cot\alpha = \dfrac{N_{stlb}}{N_{stb}}$,此时 $N_{stlb} = f_y A_{stl} \dfrac{b_{cor}}{U_{cor}}$,$N_{stb} = f_{yv} A_{st1} \dfrac{b_{cor}\cot\alpha}{s}$,则 $\cot\alpha = \sqrt{\dfrac{f_y A_{stl} s}{f_{yv} A_{st1} U_{cor}}} = \sqrt{\zeta}$。

整个构件的扭矩承载力 T_u 等于上、下侧壁中的水平方向抗扭箍筋 N_{stb} 与左、右侧壁中的竖向方向抗扭箍筋 N_{sth} 对构件截面中性轴取矩,得

$$T = N_{stb} h_{cor} + N_{sth} b_{cor}$$

将 $N_{sth} = f_{yv} A_{st1} \dfrac{h_{cor}\cot\alpha}{s}$,$N_{stb} = f_{yv} A_{st1} \dfrac{b_{cor}\cot\alpha}{s}$,$\cot\alpha = \sqrt{\zeta}$ 代入,可推出构件受扭承载力 T_u 为

$$T_u = 2 \dfrac{f_{yv} A_{st1}}{s} b_{cor} h_{cor} \cot\alpha = 2\sqrt{\zeta} \dfrac{f_{yv} A_{st1}}{s} A_{cor} \qquad (7.3)$$

2. 矩形截面纯扭承载力

按式(7.3)计算的受扭承载力取决于抗扭钢筋的数量和强度而与混凝土强度无关,其计算的结果与试验实测结果之间存在较大差异:在配箍率较低时,计算值一般小于实测值;在配筋率较高时,计算值一般大于实测值。出现与试验结果不符的原因是未能考虑开裂后混凝土能承担的部分扭矩。因此,《混凝土结构设计规范》根据对试验资料统计并参考空间桁架模型,给出式(7.4),即纯扭构件的受扭承载力 T_u 由混凝土的抗扭作用 T_c 和抗扭钢筋的抗扭作用 T_s 两部分共同组成

$$T_u = T_c + T_s = \alpha_1 f_t W_t + \alpha_2 \sqrt{\zeta} \dfrac{f_{yv} A_{st1}}{s} A_{cor} \qquad (7.4)$$

图 7.6 中黑点是配有不同数量抗扭钢筋混凝土纯扭构件受扭承载力试验结果,纵坐标为 $T_u/(f_t W_t)$,横坐标为 $\sqrt{\zeta}\dfrac{f_{yv} A_{st1}}{f_t W_t s} A_{cor}$。对试验数据进行回归分析,得系数 $\alpha_1 = 0.35$,$\alpha_2 = 1.2$。**由此得到规范对矩形截面纯扭构件受扭承载力的设计表达式为**

$$T \leq 0.35 f_t W_t + 1.2\sqrt{\zeta} \dfrac{f_{yv} A_{st1}}{s} A_{cor} \qquad (7.5)$$

$$\zeta = \dfrac{f_y A_{stl} s}{f_{yv} A_{st1} u_{cor}} \qquad (7.6)$$

式中 T——扭矩设计值。

ζ——受扭纵向钢筋与箍筋的配筋强度比值(当 $\zeta<0.6$ 时,取 $\zeta=0.6$;当 $\zeta>1.7$ 时,

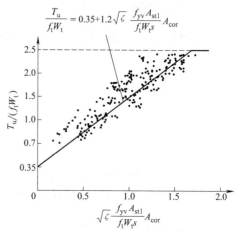

图 7.6 计算式与试验值的比较

取 $\zeta=1.7$；工程设计时，一般取 $\zeta=1.0\sim1.3$）；

A_{stl}——受扭计算中取对称布置的全部纵向普通钢筋截面面积；

A_{st1}——受扭计算中沿截面周边配置的箍筋单肢截面面积；

f_y、f_{yv}——受扭纵筋、受扭箍筋的抗拉强度设计值；

s——受扭箍筋间距；

u_{cor}——截面核心部分的周长，$u_{cor}=2(b_{cor}+h_{cor})$，$b_{cor}$、$h_{cor}$ 为箍筋内表面范围内截面核心部分的短边和长边尺寸，如图 7.7 所示；

A_{cor}——截面核心部分的面积，$A_{cor}=b_{cor}h_{cor}$。

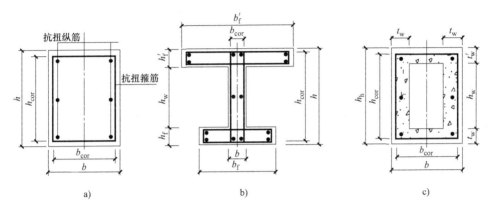

图 7.7 受扭构件核心截面及配筋示意
a) 矩形截面　b) T形及I形截面　c) 箱形截面

3. 构造要求

（1）截面尺寸　为防止构件发生超筋破坏，截面尺寸应满足以下限制条件

当 $\dfrac{h_w}{b} \leqslant 4$ 时　　　　　　　$T \leqslant 0.20\beta_c f_c W_t$　　　　　　（7.7）

当 $\dfrac{h_w}{b} = 6$ 时　　　　　　　$T \leqslant 0.16\beta_c f_c W_t$　　　　　　（7.8）

当 $4 < \dfrac{h_w}{b} < 6$ 时，按线性内插法确定。

（2）最小配筋率要求　为避免构件发生少筋破坏，《混凝土结构设计规范》规定抗扭箍筋的配筋率应满足

$$\rho_{sv} = \frac{nA_{sv1}}{bs} \geqslant \rho_{sv,min} = 0.28\frac{f_t}{f_{yv}} \quad (7.9)$$

抗扭纵筋的最小配筋率应满足

$$\rho_{tl} = \frac{A_{stl}}{bh} \geqslant \rho_{tl,min} = 0.85\frac{f_t}{f_y} \quad (7.10)$$

（3）钢筋布置

1）沿截面周边布置受扭纵向钢筋的间距不应大于 200mm 及梁截面短边长度，除应在梁截面四角设置受扭纵向钢筋外，其余受扭纵向钢筋宜沿截面周边均匀对称布置。受扭纵向钢

筋应按受拉钢筋锚固在支座内。当截面高度 $h \geqslant 300$mm 时，取纵向钢筋直径 $d \geqslant 10$mm；当 $h<300$mm 时，取纵向钢筋直径 $d \geqslant 8$mm。

2）受扭箍筋应做成封闭式且应沿截面周边布置。当采用复合箍筋时，位于截面内部的箍筋不应计入受扭所需的箍筋面积。受扭箍筋末端应做成 135°弯钩，弯钩端头平直段长度不应小于 10 倍箍筋直径。抗扭箍筋最大间距 s_{max} 与箍筋最小直径 d(mm) 见表 7.1。但在超静定结构中，考虑协调扭矩而配置的箍筋，其间距不应大于 0.75 倍矩形截面的宽度。

3）当扭矩小于开裂扭矩时，即 $T<T_{cr}=0.7f_tW_t$ 时，可按式（7.10）配置受扭纵筋，抗扭箍筋则按表 7.1 配置，并满足式（7.9）的最小配筋率要求。

表 7.1 箍筋最小直径 d 和箍筋最大间距 s_{max}

梁高 h/mm	$h \leqslant 800$			$h>800$
箍筋最小直径 d/mm	6			8
梁高 h/mm	150~300	300~500	500~800	>800
箍筋最大间距 s_{max}/mm	200	300	350	400

【例 7.1】 已知在均布荷载作用下钢筋混凝土矩形梁，截面尺寸 $b \times h = 250$mm$\times 500$mm，环境类别为一类，$c = 20$mm，$h_0 = 460$mm。承受扭矩设计值 $T = 25$kN·m，混凝土强度等级为 C30，纵筋为 HRB400 级，箍筋为 HPB300 级，试计算构件所需受扭钢筋。

【解】 查附表 1.2 得，C30 混凝土 $f_c = 1.43$N/mm^2，$f_t = 1.43$N/mm^2。混凝土强度等级不超过 C50，$\beta_c = 1.0$。查附表 1.5 得，HRB400 级钢筋 $f_y = 360$N/mm^2，HPB300 级钢筋 $f_{yv} = 270$N/mm^2。

$$\rho_{tl,min} = 0.85 \frac{f_t}{f_y} = 0.85 \times \frac{1.43}{360} = 0.338\%$$

$$\rho_{sv,min} = 0.28 \frac{f_t}{f_{yv}} = 0.28 \times \frac{1.43}{270} = 0.148\%$$

塑性抵抗矩 $W_t = \frac{b^2}{6}(3h-b) = \frac{250^2}{6} \times (3 \times 500 - 250)mm^3 = 13020833.3$mm^3

考虑箍筋直径为 10mm，则核心混凝土长边尺寸 $h_{cor} = (500-60)$mm $= 440$mm，短边尺寸 $b_{cor} = (250-60)$mm $= 190$mm，面积 $A_{cor} = 440 \times 190$mm$^2 = 83600$mm^2，周长 $U_{cor} = 2 \times (440+190)$mm $= 1260$mm。

（1）验算截面尺寸 因 $\frac{h_w}{b} = \frac{h_0}{b} = \frac{460}{250} = 1.84 < 4$，故

$0.20\beta_c f_c W_t = 0.2 \times 1.0 \times 14.3 \times 13020833.3 \times 10^{-6}$kN·m $= 37.2$kN·m$>T = 25$kN·m

截面尺寸满足要求。

（2）计算配筋 因
$0.7f_tW_t = 0.7 \times 1.43 \times 13020833.3 \times 10^{-6}$kN·m $= 13.0$kN·m$<T = 25$kN·m

故需计算配筋。取 $\zeta = 1.0$，代入式（7.5）得抗扭箍筋

$$\frac{A_{st1}}{s} \geqslant \frac{T - 0.35f_tW_t}{1.2\sqrt{\zeta}f_{yv}A_{cor}}$$

$$= \frac{25 \times 10^6 - 0.35 \times 1.43 \times 13020833.3}{1.2 \times \sqrt{1.0} \times 270 \times 83600}\text{mm}^2/\text{mm} = 0.682\text{mm}^2/\text{mm}$$

选用Φ10箍筋 $A_{st1} = 78.5\text{mm}^2$，则 $s \leqslant 78.5/0.682\text{mm} = 115\text{mm}$，取 $s = 110\text{mm}$。

验算最小配箍率 $\rho_{sv} = \dfrac{nA_{sv1}}{bs} = \dfrac{2 \times 78.5}{250 \times 110} = 0.571\% > \rho_{sv,\min} = 0.148\%$（满足要求）

按式（7.6）计算抗扭纵筋

$$A_{stl} = \frac{\zeta f_{yv} A_{st1} u_{cor}}{f_y s} = \frac{1.0 \times 270 \times 78.5 \times 1260}{360 \times 110}\text{mm}^2 = 674\text{mm}^2$$

抗扭纵筋沿截面周边均匀对称布置，且抗扭纵筋的间距不应大于200mm和梁宽250mm。因梁高500mm，故抗扭纵筋需沿截面周边布置8根钢筋，即沿截面顶面、二排侧面和底面分为4排布置，才能满足纵筋的间距要求。

选用8Φ12抗扭纵筋，实配面积为904mm²，验算抗扭纵筋的最小配筋率为

$$\rho_{tl} = \frac{A_{stl}}{bh} = \frac{904}{250 \times 500} = 0.723\% > \rho_{tl,\min} = 0.338\%\text{（满足要求）}$$

截面配筋如图7.8所示。

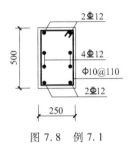

图 7.8 例 7.1

【点评】 ①此题为纯扭构件，先假定 $\zeta = 1.0 \sim 1.3$，然后按式（7.5）计算抗扭箍筋并满足最小配箍率，再按式（7.6）计算抗扭纵筋并满足最小配筋率；②核心混凝土面积为箍筋内表面所围面积。

7.2 矩形截面复合受扭构件承载力计算

工程中大多数受扭构件除承受扭矩外，还同时承受轴力、弯矩、剪力作用，使构件处于复合受力状态。本节主要讨论剪扭构件、弯扭构件、弯剪扭构件、压弯剪扭构件和拉弯剪扭构件的承载力。

7.2.1 剪扭构件承载力

1. 剪扭构件承载力相关性

同时受到剪力和扭矩作用的构件，其承载力总是低于剪力或扭矩单独作用时的承载力，即存在剪扭相关性。这是由于剪力和扭矩产生的剪应力在构件的一个侧面上总是叠加的。图7.9给出了无腹筋构件在不同扭矩和剪力比值下的承载力试验结果。图中纵坐标为 V_c/V_{co}，横坐标为 T_c/T_{co}（V_{co}、T_{co} 为剪力、扭矩单独作用时无腹筋构件受剪、受扭承载力；V_c、T_c 为剪扭共同作用时无腹筋构件的受剪、受扭承载力）。从图中看出，无腹筋构件的抗剪和抗扭承载力相关性大致符合1/4圆规律。即随着扭矩增大，构件抗剪承载力逐渐降低；随着剪力增大，构件抗扭承载力逐渐降低，具体表达式为

$$\left(\frac{V_c}{V_{co}}\right)^2 + \left(\frac{T_c}{T_{co}}\right)^2 = 1 \tag{7.11}$$

试验研究表明，对于有腹筋构件的剪扭相关曲线也近似符合1/4圆规律，如图7.10所示。

2. 剪扭构件承载力计算

剪扭构件的受力性能是比较复杂的，因为受剪承载力和纯扭承载力中均包含混凝土部分和钢筋部分两项，而混凝土部分因剪扭相关性而彼此影响。《混凝土结构设计规范》在试验研究的基础上，**采用混凝土部分相关、钢筋不相关的原则获得近似计算方法。基本原则为：**

箍筋按剪扭构件的受剪承载力和受扭承载力分别计算所需箍筋用量,采用叠加方式进行箍筋配置。混凝土部分为防止双重利用而降低承载能力,考虑剪扭的相关性。

为了简化计算,《混凝土结构设计规范》采用图7.10所示的三段折线关系近似代替1/4圆的关系。对一般受扭构件,混凝土承担的抗力 $V_{co}=0.7f_tbh_0$,$T_{co}=0.35f_tW_t$。此三段折线用数学函数表示为

AB 直线段 $\quad \dfrac{V_c}{V_{co}}=1.0,\ \dfrac{T_c}{T_{co}}\leqslant 0.5$

CD 直线段 $\quad \dfrac{T_c}{T_{co}}=1.0,\ \dfrac{V_c}{V_{co}}\leqslant 0.5$

BC 斜线段 $\quad \dfrac{T_c}{T_{co}}+\dfrac{V_c}{V_{co}}=1.5$

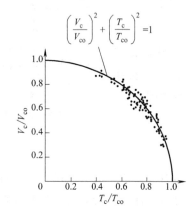

图 7.9 无腹筋剪扭承载力相关性

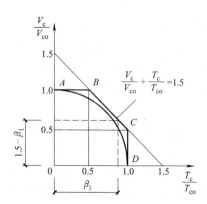

图 7.10 有腹筋剪扭承载力相关性的计算模式

令 $\dfrac{T_c}{T_{co}}=\beta_t$,则 $\dfrac{V_c}{V_{co}}=1.5-\beta_t$,两式相除得

$$\frac{1.5-\beta_t}{\beta_t}=\frac{V_c/V_{co}}{T_c/T_{co}}=\frac{V_c}{T_c}\cdot\frac{0.35f_tW_t}{0.7f_tbh_0}=0.5\cdot\frac{V_c}{T_c}\cdot\frac{W_t}{bh_0} \quad (7.12)$$

式(7.12)中近似取 $\dfrac{V_c}{T_c}=\dfrac{V}{T}$,化简得

$$\beta_t=\frac{1.5}{1+0.5\dfrac{V}{T}\cdot\dfrac{W_t}{bh_0}} \quad (7.13)$$

因此当构件中存在剪力和扭矩共同作用时,应考虑混凝土作用项的相关性,避免混凝土贡献的抗力被重复利用,《混凝土结构设计规范》对受剪承载力公式和纯扭承载力公式中混凝土承担的抗力进行修正,得到剪扭构件的公式如下。

1)在剪力和扭矩共同作用下的矩形截面一般剪扭构件,其受剪扭承载力按下式计算

剪扭构件的受剪承载力 $\quad V\leqslant 0.7(1.5-\beta_t)f_tbh_0+\dfrac{f_{yv}A_{sv}h_0}{s} \quad$ **(7.14)**

剪扭构件的受扭承载力 $T \leq 0.35\beta_t f_t W_t + 1.2\sqrt{\zeta} f_{yv} \dfrac{A_{st1} A_{cor}}{s}$ (7.15)

式中　A_{sv}——受剪承载力需要的箍筋截面面积；

　　　β_t——一般剪扭构件混凝土受扭承载力降低系数，按式（7.13）计算（当$\beta_t<0.5$时，β_t取0.5；当$\beta_t>1.0$时，β_t取1.0）。

2）对集中荷载作用下独立的混凝土剪扭构件（集中荷载产生剪力值占总剪力值的75%以上），其受剪扭承载力按下式计算

剪扭构件的受剪承载力 $V \leq (1.5 - \beta_t) \dfrac{1.75}{\lambda + 1.0} f_t b h_0 + \dfrac{f_{yv} A_{sv} h_0}{s}$ (7.16)

剪扭构件的受扭承载力 $T \leq 0.35\beta_t f_t W_t + 1.2\sqrt{\zeta} f_{yv} \dfrac{A_{st1} A_{cor}}{s}$ (7.17)

$$\beta_t = \dfrac{1.5}{1 + 0.2(\lambda+1)\dfrac{VW_t}{Tbh_0}}$$ (7.18)

式中　λ——计算截面的剪跨比，取$\lambda = a/h_0$（当$\lambda<1.5$时，取$\lambda=1.5$；当$\lambda>3$时，取$\lambda=3.0$。a取集中荷载作用点至支座截面或节点边缘的距离）；

　　　β_t——集中荷载作用下剪扭构件混凝土受扭承载力降低系数（当$\beta_t<0.5$时，β_t取0.5；当$\beta_t>1.0$时，β_t取1.0）。

3. 构造要求

（1）截面尺寸

当$\dfrac{h_w}{b} \leq 4$时 $\dfrac{V}{bh_0} + \dfrac{T}{0.8W_t} \leq 0.25\beta_c f_c$ (7.19)

当$\dfrac{h_w}{b} = 6$时 $\dfrac{V}{bh_0} + \dfrac{T}{0.8W_t} \leq 0.20\beta_c f_c$ (7.20)

当$4 < \dfrac{h_w}{b} < 6$时，按线性内插法确定。

（2）最小配筋率要求　抗扭箍筋的最小配筋率同纯扭构件，应满足式（7-9）要求。抗扭纵筋的最小配筋率应满足

$$\rho_{tl} = \dfrac{A_{stl}}{bh} \geq \rho_{tl,\min} = 0.6\sqrt{\dfrac{T}{Vb}} \dfrac{f_t}{f_y}$$ (7.21)

当$\dfrac{T}{Vb} > 2.0$时，取$\dfrac{T}{Vb} = 2.0$。

当符合下列要求时

$$\dfrac{V}{bh_0} + \dfrac{T}{W_t} \leq 0.7 f_t$$ (7.22)

可不进行构件剪扭承载力计算。但为防止构件脆性破坏，仍需按构造要求配置抗扭纵筋和箍筋。

【例7.2】 已知在均布荷载作用下钢筋混凝土矩形梁，截面尺寸$b \times h = 250\text{mm} \times 600\text{mm}$，

环境类别为一类，$c=20\text{mm}$，$h_0=560\text{mm}$。承受剪力设计值 $V=80\text{kN}$，扭矩设计值 $T=30\text{kN}\cdot\text{m}$，混凝土强度等级为C30，钢筋均为HRB400级。试设计梁所需钢筋。

【解】 查附表1.2得，C30混凝土 $f_c=14.3\text{N}/\text{mm}^2$，$f_t=1.43\text{N}/\text{mm}^2$。混凝土强度等级不超过C50，$\beta_c=1.0$。查附表1.5得，HRB400级钢筋 $f_y=f_{yv}=360\text{N}/\text{mm}^2$。

塑性抵抗矩 $W_t=\dfrac{b^2}{6}(3h-b)=\dfrac{250^2}{6}\times(3\times600-250)\text{mm}^3=16145833.3\text{mm}^3$

考虑箍筋直径为10mm，则核心混凝土长边尺寸 $h_{cor}=(600-60)\text{mm}=540\text{mm}$，短边尺寸 $b_{cor}=(250-60)\text{mm}=190\text{mm}$，面积 $A_{cor}=540\times190\text{mm}^2=102600\text{mm}^2$，周长 $U_{cor}=2\times(540+190)\text{mm}=1460\text{mm}$。

(1) 验算截面尺寸 因 $\dfrac{h_w}{b}=\dfrac{h_0}{b}=\dfrac{560}{250}=2.24<4$，由式（7.19）得

$$\dfrac{V}{bh_0}+\dfrac{T}{0.8W_t}=\left(\dfrac{80\times10^3}{250\times560}+\dfrac{30\times10^6}{0.8\times16145833.3}\right)\text{N}/\text{mm}^2=2.89\text{N}/\text{mm}^2$$

$<0.25\beta_c f_c=0.25\times1.0\times14.3\text{N}/\text{mm}^2=3.58\text{N}/\text{mm}^2$，截面尺寸满足。

(2) 计算配筋 由式（7.22）得

$$\dfrac{V}{bh_0}+\dfrac{T}{W_t}=\left(\dfrac{80\times10^3}{250\times560}+\dfrac{30\times10^6}{16145833.3}\right)\text{N}/\text{mm}^2=2.43\text{N}/\text{mm}^2$$

$>0.7f_t=0.7\times1.43\text{N}/\text{mm}^2=1.00\text{N}/\text{mm}^2$ 故需计算配筋。

(3) 剪扭构件混凝土受扭承载力降低系数。由式（7.13）得

$$\beta_t=\dfrac{1.5}{1+0.5\dfrac{V}{T}\cdot\dfrac{W_t}{bh_0}}=\dfrac{1.5}{1+0.5\times\dfrac{80\times10^3}{30\times10^6}\times\dfrac{16145833.3}{250\times560}}=1.30>1.0$$

取 $\beta_t=1.0$。

(4) 计算抗剪箍筋 由式（7.14）得抗剪箍筋

$$\dfrac{A_{sv}}{s}\geq\dfrac{V-0.7\times(1.5-\beta_t)f_tbh_0}{f_{yv}h_0}$$

$$=\dfrac{80\times10^3-0.7\times0.5\times1.43\times250\times560}{360\times560}\text{mm}^2/\text{mm}=0.049\text{mm}^2/\text{mm}$$

(5) 计算抗扭箍筋和抗扭纵筋。取配筋强度比 $\zeta=1.2$，由式（7.15）得抗扭箍筋

$$\dfrac{A_{st1}}{s}\geq\dfrac{T-0.35\beta_t f_t W_t}{1.2\sqrt{\zeta}f_{yv}A_{cor}}$$

$$=\dfrac{30\times10^6-0.35\times1.0\times1.43\times16145833.3}{1.2\times\sqrt{1.2}\times360\times102600}\text{mm}^2/\text{mm}=0.451\text{mm}^2/\text{mm}$$

按式（7.6）计算抗扭纵筋

$$A_{stl}=\dfrac{\zeta f_{yv}u_{cor}}{f_y}\cdot\dfrac{A_{st1}}{s}=\dfrac{1.2\times360\times1460}{360}\times0.451\text{mm}^2=790\text{mm}^2$$

抗扭纵筋沿截面周边均匀对称布置，且抗扭纵筋的间距不应大于200mm和梁宽250mm。因梁高600mm，故抗扭纵筋需沿截面周边布置8根钢筋，即沿截面顶面、二排侧面和底面分为4排布置，才能满足构造要求。选用8Φ12抗扭纵筋，实配面积为904mm²。

验算抗扭纵筋的最小配筋率，由式（7.21）得

$$\rho_{tl} = \frac{A_{stl}}{bh} = \frac{904}{250 \times 600} = 0.603\%$$

因 $\frac{T}{Vb} = \frac{30 \times 10^6}{80 \times 10^3 \times 250} = 1.5 < 2.0$，则

$$\rho_{tl,\min} = 0.6\sqrt{\frac{T}{Vb}}\frac{f_t}{f_y} = 0.6 \times \sqrt{1.5} \times \frac{1.43}{360} = 0.292\%（满足\rho_{tl} > \rho_{tl,\min}要求）$$

（6）选用箍筋 因梁宽 $b = 250$mm，采用双肢箍 $n = 2$，则梁上单肢箍筋所需的截面面积为

$$\frac{A_{sv1}}{s} + \frac{A_{st1}}{s} = \frac{A_{sv}}{ns} + \frac{A_{st1}}{s} \geq \left(\frac{0.049}{2} + 0.451\right) \text{mm}^2/\text{mm} = 0.476 \text{mm}^2/\text{mm}$$

选用Φ10箍筋，单肢箍筋面积为78.5mm²，计算得

$$s \leq \frac{78.5}{0.476}\text{mm} = 165\text{mm}$$

取 $s = 150$mm。

验算抗扭箍筋的最小配筋率，由式（7.9）得

$$\rho_{sv} = \frac{nA_{sv1}}{bs} = \frac{2 \times 78.5}{250 \times 150} = 0.419\% \geq \rho_{sv,\min} = 0.28\frac{f_t}{f_{yv}} = 0.28 \times \frac{1.43}{360} = 0.111\%（满足要求）$$

截面配筋如图7.11所示。

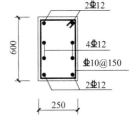

图7.11 例7.2

【点评】①此题为剪扭构件设计，应考虑剪扭构件的相关性，故箍筋存在叠加。箍筋设计步骤：先计算剪扭构件混凝土受扭承载力降低系数 β_t，并满足 $0.5 \leq \beta_t \leq 1.0$，按式（7.14）计算抗剪箍筋 A_{sv}/s；然后假定配筋强度比 $\zeta = 1.0 \sim 1.3$，按式（7.15）计算抗扭单肢箍筋 A_{st1}/s，叠加 $\frac{A_{sv}}{ns} + \frac{A_{st1}}{s} \geq$ 定值。最后按表7.1的构造要求假定箍筋最小直径，得单肢箍筋面积 A_{sv1} 后，求出箍筋间距 $s \leq \frac{A_{sv1}}{\text{定值}}$，并满足式（7.9）的最小配筋率和表7.1中箍筋最大间距要求。②抗扭纵筋不需叠加，按式（7.6）计算抗扭纵筋，并满足式（7.21）的最小配筋率要求，验算抗扭纵筋最小配筋率时 $\frac{T}{Vb} > 2.0$，取 $\frac{T}{Vb} = 2.0$。

7.2.2 弯扭构件承载力

弯扭构件的弯矩与扭矩也存在相关关系，且比较复杂。为简化计算，《混凝土结构设计规范》对弯扭构件的承载力采用"叠加法"进行计算。**纵向钢筋应分别按受弯构件的正截面受弯承载力和纯扭构件承载力计算确定，对截面同一位置处的抗弯纵筋和**

抗扭纵筋，可将二者面积叠加后确定纵筋的直径和根数。箍筋截面面积按纯扭构件承载力计算确定。

7.2.3 弯剪扭构件承载力

在实际工程中，钢筋混凝土受扭构件大多数都是弯剪扭构件。因受力复杂，故《混凝土结构设计规范》对弯剪扭构件承载力分别在剪扭构件和弯扭构件承载力的基础上做出规定：**在弯矩、剪力和扭矩共同作用下的钢筋混凝土构件配筋可按"叠加法"进行计算，即纵向钢筋应分别按受弯构件的正截面受弯承载力和剪扭构件的受扭承载力计算确定，所得钢筋截面面积叠加在相应位置；箍筋截面面积应分别按剪扭构件的受剪承载力和剪扭构件的受扭承载力计算确定，并应配置在相应位置。**

当已知构件的内力设计值，并根据经验或已有设计资料，初步选定构件截面尺寸和材料强度等级后，可按下列步骤进行弯剪扭构件的截面承载力计算。

1. 验算截面尺寸

按式（7.19）或式（7.20）验算初步选定的截面尺寸是否满足要求，若不满足可通过加大截面尺寸或提高混凝土强度等级来满足。

2. 确定计算方法

《混凝土结构设计规范》规定，在弯矩、剪力和扭矩共同作用下的矩形、T形、I形和箱形截面的弯剪扭构件，可按下列规定进行承载力计算：

1）当 $V \leqslant 0.35 f_t b h_0$ 或 $V \leqslant \dfrac{0.875}{\lambda+1} f_t b h_0$ 时，不考虑剪力的影响，可仅计算受弯构件的正截面受弯承载力和纯扭构件的受扭承载力。

2）当 $T \leqslant 0.175 f_t W_t$ 或 $T \leqslant 0.175 \alpha_h f_t W_t$ 时，不考虑扭矩的影响，可仅计算受弯构件的正截面受弯承载力和斜截面受剪承载力。其中 α_h 为箱形截面壁厚影响系数，见式（7.33）。

3. 确定箍筋数量

首先按式（7.13）或式（7.18）计算剪扭构件混凝土受扭承载力降低系数 β_t，并满足 $0.5 \leqslant \beta_t \leqslant 1.0$，按式（7.14）或式（7.16）计算抗剪所需的单肢箍筋 A_{sv1}/s；再假定 $\zeta=1.0\sim1.3$，按式（7.15）或式（7.17）计算抗扭所需的单肢箍筋 A_{st1}/s，将二者叠加得单肢箍筋总用量，并按表7.1选用最小箍筋直径，求出箍筋间距 s，最后按式（7.9）验算箍筋的最小配筋率。

4. 确定纵筋数量

抗弯纵筋和抗扭纵筋应分别计算。抗弯纵筋按受弯构件正截面受弯承载力公式（详见第3章内容）进行计算，所配钢筋布置在截面的受拉区或受压区。抗扭纵筋应根据上述已求得的抗扭单肢箍筋用量 A_{st1}/s 和选定的 ζ 值由式（7.6）确定，所配钢筋应沿截面周边均匀对称布置。最后将抗弯纵筋和抗扭纵筋在相应位置叠加，并满足纵筋的最小配筋率和间距要求。

在弯剪扭构件中，配置在截面弯曲受拉边的纵向受力钢筋，其截面面积不应小于按受弯构件受拉钢筋最小配筋率计算的钢筋截面面积与按受扭纵向钢筋最小配筋率计算并分配到弯曲受拉边的钢筋截面面积之和。

【例7.3】 雨篷梁截面尺寸 240mm×240mm，采用混凝土强度等级 C30，钢筋均为

HRB400级，环境类别为二 a，混凝土保护层厚度 $c=25$mm，$h_0=210$mm。已知雨篷梁弯矩设计值 $M=34$kN·m，剪力设计值 $V=16$kN，扭矩设计值 $T=6.5$kN·m。试设计此雨篷梁。

【解】 C30混凝土 $\alpha_1=1.0$，$\beta_c=1.0$。查附表1.2得，C30混凝土 $f_c=14.3$N/mm²，$f_t=1.43$N/mm²；查附表1.5得，HRB400级钢筋 $f_y=f_{yv}=360$N/mm²。查表3.14得，$\xi_b=0.518$；纵筋最小配筋率 $\rho_{s,\min}=0.2\%$。

箍筋最小配筋率 $\rho_{sv,\min}=0.28\dfrac{f_t}{f_{yv}}=0.28\times\dfrac{1.43}{360}=0.111\%$

塑性抵抗矩 $W_t=\dfrac{b^2}{6}(3h-b)=\dfrac{240^2}{6}\times(3\times240-240)\text{mm}^3=4608000\text{mm}^3$

考虑箍筋直径为8mm，则 $b_{cor}=h_{cor}=h-2(c+d_{箍})=240\text{mm}-2\times(25+8)\text{mm}=174\text{mm}$

$$A_{cor}=b_{cor}\times h_{cor}=174^2\text{mm}^2=30276\text{mm}^2$$

$$U_{cor}=2(b_{cor}+h_{cor})=4\times174\text{mm}=696\text{mm}$$

（1）验算截面尺寸　因 $\dfrac{h_w}{b}=\dfrac{h_0}{b}=\dfrac{210}{240}=0.875<4$，则

$$\dfrac{V}{bh_0}+\dfrac{T}{0.8W_t}=\left(\dfrac{16\times10^3}{240\times210}+\dfrac{6.5\times10^6}{0.8\times4608000}\right)\text{N/mm}^2=2.081\text{N/mm}^2$$

$$<0.25\beta_c f_c=0.25\times1.0\times14.3\text{N/mm}^2=3.575\text{N/mm}^2\quad（截面尺寸满足要求）$$

（2）验算是否可按构造配筋

$$\dfrac{V}{bh_0}+\dfrac{T}{W_t}=\left(\dfrac{16\times10^3}{240\times210}+\dfrac{6.5\times10^6}{4608000}\right)\text{N/mm}^2=1.728\text{N/mm}^2$$

$$>0.7f_t=0.7\times1.43\text{N/mm}^2=1.0\text{N/mm}^2$$

需按计算配筋。

（3）验算配筋能否忽略 V 或 T

$$0.35f_t bh_0=0.35\times1.43\times240\times210\times10^{-3}\text{kN}=25.2\text{kN}>V=16\text{kN}$$

$$0.175f_t W_t=0.175\times1.43\times4608000\times10^{-6}\text{kN·m}=1.15\text{kN·m}<T=6.5\text{kN·m}$$

故可忽略剪力的作用，但不能忽略扭矩的作用，则该雨篷梁最后应按弯扭构件设计。

（4）受弯纵筋 A_s 的确定

$$\alpha_s=\dfrac{M}{\alpha_1 f_c bh_0^2}=\dfrac{34\times10^6}{1.0\times14.3\times240\times210^2}=0.225$$

$$\xi=1-\sqrt{1-2\alpha_s}=1-\sqrt{1-2\times0.225}=0.258<\xi_b=0.518$$

$$A_s=\dfrac{\alpha_1 f_c b\xi h_0}{f_y}=\dfrac{1.0\times14.3\times240\times0.258\times210}{360}\text{mm}^2=517\text{mm}^2$$

$$>\rho_{s,\min}bh=0.2\%\times240\times240\text{mm}^2=115\text{mm}^2$$

（5）按纯扭构件计算抗扭纵筋和抗扭箍筋　取 $\zeta=1.2$，代入式（7.5）得抗扭箍筋

$$\dfrac{A_{st1}}{s}\geq\dfrac{T-0.35f_t W_t}{1.2\sqrt{\zeta}f_{yv}A_{cor}}=\dfrac{6.5\times10^6-0.35\times1.43\times4608000}{1.2\times\sqrt{1.2}\times360\times30276}\text{mm}^2/\text{mm}=0.293\text{mm}^2/\text{mm}$$

按式（7.6）计算抗扭纵筋

$$A_{stl} = \frac{\zeta f_{yv} u_{cor}}{f_y} \cdot \frac{A_{st1}}{s} = \frac{1.2 \times 360 \times 696}{360} \times 0.293 \text{mm}^2 = 245 \text{mm}^2$$

选用 ⊈8 箍筋，单肢箍筋面积 $A_{sv1} = 50.3 \text{mm}^2$，则

$$s \leq 50.3/0.293 \text{mm} = 172 \text{mm}$$

取 $s = 150 \text{mm}$。

验算箍筋的最小配筋率

$$\rho_{sv} = \frac{nA_{sv1}}{bs} = \frac{2 \times 50.3}{240 \times 150} = 0.279\% > \rho_{sv,\min} = 0.111\% \text{（满足要求）}$$

验算纵向受扭钢筋的配筋率。当 $\frac{T}{Vb} = \frac{6.5 \times 10^6}{16 \times 10^3 \times 240} = 1.69 < 2.0$ 时

$$\rho_{tl,\min} = 0.6\sqrt{\frac{T}{Vb}}\frac{f_t}{f_y} = 0.6 \times \sqrt{1.69} \times \frac{1.43}{360} = 0.31\%$$

$$\rho_{tl} = \frac{A_{stl}}{bh} = \frac{245}{240 \times 240} = 0.425\% \geq \rho_{tl,\min} = 0.31\% \text{（满足要求）}$$

（6）选配纵向钢筋 抗扭纵筋沿截面周边均匀对称布置，且抗扭纵筋的间距不应大于 200mm 和梁宽 240mm。因梁高 240mm，故抗扭纵筋需沿截面周边布置 4 根钢筋，即沿截面顶面和底面分为 2 排布置，可满足构造要求。因抗弯纵向钢筋按单筋矩形截面设计，只布置在截面的受拉区。故纵筋按相应位置叠加为

顶部纵筋面积 $\frac{A_{stl}}{2} = \frac{245}{2} \text{mm}^2 = 123 \text{mm}^2$，选配 2⊈10 钢筋（实配面积为 157mm²）。

底部纵筋面积 $\frac{A_{stl}}{2} + A_s = (123 + 517) \text{mm}^2 = 640 \text{mm}^2$，选配 2⊈22 钢筋（实配面积为 760mm²）。

验算梁底受拉边纵向钢筋配筋率

$$\rho_{s,\min} bh + \frac{\rho_{tl,\min}}{2} bh = \left(0.2\% + \frac{0.31\%}{2}\right) \times 240 \times 240 \text{mm}^2 = 204 \text{mm}^2$$

$$< \text{梁底实配钢筋} 760 \text{mm}^2 \text{（满足要求）}$$

截面配筋如图 7.12 所示。

【点评】①此题实质为弯扭构件，按受弯正截面承载力和纯扭构件承载力设计，主要解决纵筋在相应位置的叠加问题。具体方法是将截面同一位置处（即受拉区）的抗弯纵筋面积与抗扭纵筋面积叠加，再根据叠加的钢筋面积，确定受拉区纵筋的直径和根数，并需验算截面弯曲受拉边的纵向受力钢筋最小配筋率。②箍筋不存在叠加，由式（7.5）直接求出，并满足构造要求。

图 7.12 例 7.3

【例 7.4】 承受均布荷载的矩形截面梁，截面尺寸 $b \times h = 250 \text{mm} \times 500 \text{mm}$，作用于梁截面上的弯矩、剪力和扭矩设计值分别为 $M = 204 \text{kN} \cdot \text{m}$，$V = 150 \text{kN}$，$T = 15 \text{kN} \cdot \text{m}$。环境类别为一类，混凝土保护层厚度 $c =$

20mm，$h_0=460$mm。混凝土采用强度等级 C30，箍筋采用 HPB300 级，纵筋采用 HRB400 级。已知先配有受压纵向钢筋 $A_s'=402$mm²，试计算所需纵向钢筋和箍筋，并绘制截面施工图。

【解】 C30 混凝土 $\alpha_1=1.0$，$\beta_c=1.0$。查附表 1.2 得，C30 混凝土 $f_c=14.3$N/mm²，$f_t=1.43$N/mm²。查附表 1.5 得，HRB400 级钢筋 $f_y=f_y'=360$N/mm²，HPB300 级钢筋 $f_{yv}=270$N/mm²。纵筋最小配筋率 $\rho_{s,min}=0.2\%$。

箍筋最小配筋率 $\rho_{sv,min}=0.28\dfrac{f_t}{f_{yv}}=0.28\times\dfrac{1.43}{270}=0.148\%$

塑性抵抗矩 $W_t=\dfrac{b^2}{6}(3h-b)=\dfrac{250^2}{6}\times(3\times500-250)\text{mm}^3=13020833.3\text{mm}^3$

考虑箍筋直径为 10mm，则核心混凝土长边尺寸 $h_{cor}=(500-60)\text{mm}=440$mm，短边尺寸 $b_{cor}=(250-60)\text{mm}=190$mm，面积 $A_{cor}=440\times190\text{mm}^2=83600\text{mm}^2$，周长 $U_{cor}=2\times(440+190)\text{mm}=1260$mm。

(1) 验算截面尺寸　因 $\dfrac{h_w}{b}=\dfrac{h_0}{b}=\dfrac{460}{250}=1.84<4$，故

$$\dfrac{V}{bh_0}+\dfrac{T}{0.8W_t}=\left(\dfrac{150\times10^3}{250\times460}+\dfrac{15\times10^6}{0.8\times13020833.3}\right)\text{N/mm}^2=2.744\text{N/mm}^2$$

$$<0.25\beta_c f_c=0.25\times1.0\times14.3\text{N/mm}^2=3.575\text{N/mm}^2\text{（截面尺寸满足要求）}$$

(2) 验算是否构造配筋

$$\dfrac{V}{bh_0}+\dfrac{T}{W_t}=\left(\dfrac{150\times10^3}{250\times460}+\dfrac{15\times10^6}{13020833.3}\right)\text{N/mm}^2=2.456\text{N/mm}^2$$

$$>0.7f_t=0.7\times1.43\text{N/mm}^2=1.0\text{N/mm}^2\text{（需按计算配筋）}$$

(3) 验算配筋能否忽略 V 或 T

$$0.35f_t bh_0=0.35\times1.43\times250\times460\times10^{-3}\text{kN}=57.6\text{kN}<V=150\text{kN}$$

$$0.175f_t W_t=0.175\times1.43\times13020833.3\times10^{-6}\text{kN}\cdot\text{m}=3.26\text{kN}\cdot\text{m}<T=15\text{kN}\cdot\text{m}$$

故不能忽略剪力的作用，不能忽略扭矩的作用，该梁按弯剪扭构件设计。

(4) 按受弯构件双筋矩形截面计算纵向受拉钢筋 A_s

$$\alpha_s=\dfrac{M-f_y'A_s'(h_0-a_s')}{\alpha_1 f_c bh_0^2}=\dfrac{204\times10^6-360\times402\times(460-40)}{1.0\times14.3\times250\times460^2}=0.189$$

$$\xi=1-\sqrt{1-2\alpha_s}=1-\sqrt{1-2\times0.189}=0.211<\xi_b=0.518\text{（满足适筋梁要求）}$$

$$A_s=\dfrac{\alpha_1 f_c b\xi h_0+f_y'A_s'}{f_y}=\dfrac{1.0\times14.3\times250\times0.211\times460+360\times402}{360}\text{mm}^2=1366\text{mm}^2$$

$$>\rho_{s,min}bh=0.2\%\times250\times500\text{mm}^2=250\text{mm}^2$$

(5) 按剪扭构件计算抗剪箍筋 A_{sv}、抗扭箍筋 A_{st1} 和抗扭纵筋 A_{stl}

1) 计算剪扭构件混凝土受扭承载力降低系数。

$$\beta_t=\dfrac{1.5}{1+0.5\dfrac{V}{T}\cdot\dfrac{W_t}{bh_0}}=\dfrac{1.5}{1+0.5\times\dfrac{150\times10^3}{15\times10^6}\times\dfrac{13020833.3}{250\times460}}=0.958<1.0$$

2) 计算抗剪箍筋。

$$\frac{A_{sv}}{s} \geqslant \frac{V-0.7\times(1.5-\beta_t)f_t bh_0}{f_{yv}h_0}$$

$$=\frac{150\times10^3-0.7\times(1.5-0.958)\times1.43\times250\times460}{270\times460}\text{mm}^2/\text{mm}=0.705\text{mm}^2/\text{mm}$$

3) 计算抗扭箍筋和抗扭纵筋，取配筋强度比 $\zeta=1.2$。

$$\frac{A_{st1}}{s} \geqslant \frac{T-0.35\beta_t f_t W_t}{1.2\sqrt{\zeta}f_{yv}A_{cor}}$$

$$=\frac{15\times10^6-0.35\times0.958\times1.43\times13020833.3}{1.2\times\sqrt{1.2}\times270\times83600}\text{mm}^2/\text{mm}=0.295\text{mm}^2/\text{mm}$$

抗扭纵筋 $A_{stl}=\frac{\zeta f_{yv}u_{cor}}{f_y}\cdot\frac{A_{st1}}{s}=\frac{1.2\times270\times1260}{360}\times0.295\text{mm}^2=335\text{mm}^2$

验算受扭纵向钢筋的配筋率。当 $\frac{T}{Vb}=\frac{15\times10^6}{150\times10^3\times250}=0.4<2.0$ 时

$$\rho_{tl,\min}=0.6\sqrt{\frac{T}{Vb}}\frac{f_t}{f_y}=0.6\times\sqrt{0.4}\times\frac{1.43}{360}=0.151\%$$

$$\rho_{tl}=\frac{A_{stl}}{bh}=\frac{335}{250\times500}=0.268\%\geqslant\rho_{tl,\min}=0.151\%\text{（满足要求）}$$

（6）选用箍筋 因梁宽 $b=250\text{mm}$，故采用双肢箍筋 $n=2$，则单肢箍筋所需的截面面积为

$$\frac{A_{sv1}}{s}+\frac{A_{st1}}{s}=\frac{A_{sv}}{ns}+\frac{A_{st1}}{s}\geqslant\left(\frac{0.705}{2}+0.295\right)\text{mm}^2/\text{mm}=0.648\text{mm}^2/\text{mm}$$

选用 $\Phi 10$ 箍筋，单肢箍筋面积为 78.5mm^2，计算得 $s\leqslant\frac{78.5}{0.648}=121\text{mm}$，取 $s=100\text{mm}$。

验算箍筋最小配筋率

$$\rho_{sv}=\frac{nA_{sv1}}{bs}=\frac{2\times78.5}{250\times100}=0.628\%\geqslant\rho_{sv,\min}=0.148\%\text{（满足要求）}$$

故实配 $\Phi 10@100$ 双肢箍筋。

（7）选用纵向钢筋 因抗扭纵筋沿截面周边均匀对称布置，且抗扭纵筋的间距不应大于 200mm 和梁宽 250mm，故抗扭纵筋需沿截面周边布置 8 根钢筋，即沿截面顶面、侧面（2 排）和底面分为 4 排布置，才能满足构造要求。

抗弯纵筋按双筋矩形截面设计，布置在截面的受拉区和受压区。故纵筋按相应位置叠加顶面纵筋面积 $\frac{A_{stl}}{4}+A_s'=\left(\frac{335}{4}+402\right)\text{mm}^2=486\text{mm}^2$，选用 2$\Phi$18 钢筋（实配面积为 509$\text{mm}^2$）。

两排侧面纵筋面积 $\frac{A_{stl}}{2}=\frac{335}{2}\text{mm}^2=168\text{mm}^2$，选用 4$\Phi$10 钢筋（实配面积为 314$\text{mm}^2$）。

底面纵筋面积 $\frac{A_{stl}}{4}+A_s=\frac{335}{4}+1366\text{mm}^2=1450\text{mm}^2$，选用 3$\Phi$25 钢筋（实配面积为

1473mm²)。

（8）验算截面弯曲受拉边的纵向受力钢筋最小配筋率

$$\rho_{s,\min}bh+\frac{\rho_{tl,\min}}{4}bh=\left(0.2\%+\frac{0.151\%}{4}\right)\times250\times500$$
$$=297\text{mm}^2<\text{梁底部实配钢筋}1473\text{mm}^2\text{（满足要求）}$$

截面配筋如图7.13所示。

【点评】 ①此题为弯剪扭构件，属工程中较典型的设计类型，需掌握。按受弯正截面承载力和剪扭构件承载力进行计算。②计算分四个步骤：截面尺寸验算；受弯承载力计算；剪扭承载力计算；配筋构造。③重点是剪扭承载力计算，又分为四个步骤：是否按构造配筋；计算剪扭相关性β_t值；计算受扭箍筋A_{st1}；计算受扭纵筋A_{stl}，并都需满足相应的最小配筋率要求。④难点是实配钢筋存在纵向钢筋叠加和箍筋叠加两种情况。纵向钢筋叠加为受弯纵筋面积与抗扭纵筋面积在对应位置叠加；箍筋叠加为单肢抗剪箍筋面积与单肢抗扭箍筋面积之和。

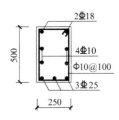

图7.13 例7.4图

7.2.4 压弯剪扭构件承载力

1. 压扭矩形截面构件承载力

试验表明，轴向压力对纵筋应变的影响十分显著。轴向压力能使混凝土较好参与工作，同时又能改善混凝土的咬合作用和纵向钢筋的销栓作用，因而能提高构件的受扭承载力。《混凝土结构设计规范》考虑这一有利因素，计算轴向压力对受扭承载力的提高偏安全取$0.07NW_t/A$。然而试验研究发现，当N/A超过$0.65f_c$时，构件受扭承载力会逐渐下降。因此该规范对轴向压力的上限值做了稳妥规定：轴向压力不得超过$0.3f_cA$。

《混凝土结构设计规范》规定，压扭构件的受扭承载力按下式计算

$$T\leqslant\left(0.35f_t+0.07\frac{N}{A}\right)W_t+1.2\sqrt{\zeta}f_{yv}\frac{A_{st1}}{s}A_{cor} \tag{7.23}$$

式中 N——与扭矩设计值T相应的轴向压力设计值，当$N>0.3f_cA$时，取$N=0.3f_cA$；
　　A——构件截面面积；
　　ζ——其值应符合$0.6\leqslant\zeta\leqslant1.7$的要求，当$\zeta>1.7$时取1.7。

2. 压弯剪扭矩形截面框架柱承载力

如前所述，压弯剪扭构件中的轴向压力主要提高混凝土的受剪及受扭承载力，所以在考虑剪扭相关性时，应将混凝土的受剪承载力项和受扭承载力项分别考虑轴向压力对构件抗力提高的影响。因此，《混凝土结构设计规范》规定，在轴向压力、弯矩、剪力和扭矩共同作用下，矩形截面钢筋混凝土框架柱的压弯剪扭承载力按下式计算

受剪承载力 $$V\leqslant(1.5-\beta_t)\left(\frac{1.75}{\lambda+1}f_tbh_0+0.07N\right)+f_{yv}\frac{A_{sv}}{s}h_0 \tag{7.24}$$

受扭承载力 $$T\leqslant\beta_t\left(0.35f_t+0.07\frac{N}{A}\right)W_t+1.2\sqrt{\zeta}f_{yv}\frac{A_{st1}}{s}A_{cor} \tag{7.25}$$

以上两式中的β_t应按式（7.18）计算，λ为计算截面的剪跨比，与受弯构件斜截面计算规定相同；ζ值应符合$0.6\leqslant\zeta\leqslant1.7$的要求，当$\zeta>1.7$时取1.7。

当 $T \leqslant (0.175f_t + 0.035N/A)W_t$ 时，可仅计算偏心受压构件的正截面承载力和斜截面受剪承载力。

在轴向压力、弯矩、剪力和扭矩共同作用下的钢筋混凝土矩形截面框架柱，其纵向钢筋截面面积应分别按偏心受压构件的正截面承载力和剪扭构件的受扭承载力计算确定，并应配置在相应位置；箍筋截面面积应分别按剪扭构件的受剪承载力和剪扭构件的受扭承载力计算确定，并应配置在相应的位置。

压弯剪扭矩形截面框架柱的截面尺寸限制条件及配筋构造应满足式（7.19）、式（7.20）、式（7.21）、式（7.9）的要求。

7.2.5 拉弯剪扭构件承载力

1. 拉扭矩形截面承载力计算

试验表明，在拉扭构件中，拉力的存在会降低构件开裂扭矩，同时轴向拉力使纵筋产生附加拉应力，削弱纵筋的受扭作用，从而降低构件的受扭承载力。

《混凝土结构设计规范》规定，拉扭矩形截面构件的受扭承载力按下式计算

$$T \leqslant \left(0.35f_t - 0.2\frac{N}{A}\right)W_t + 1.2\sqrt{\zeta}f_{yv}\frac{A_{st1}}{s}A_{cor} \tag{7.26}$$

式中　N——与扭矩设计值 T 相应的轴向拉力设计值，当 $N > 1.75f_tA$ 时，取 $1.75f_tA$。

2. 拉弯剪扭矩形截面框架柱承载力计算

在拉弯剪扭矩形截面框架柱中，轴向拉力主要降低混凝土的受剪及受扭承载力，所以矩形截面钢筋混凝土框架柱的受剪扭承载力按下式计算

受剪承载力　　　$V \leqslant (1.5 - \beta_t)\left(\dfrac{1.75}{\lambda + 1}f_tbh_0 - 0.2N\right) + f_{yv}\dfrac{A_{sv}}{s}h_0$　　　(7.27)

受扭承载力　　　$T \leqslant \beta_t\left(0.35f_t - 0.2\dfrac{N}{A}\right)W_t + 1.2\sqrt{\zeta}f_{yv}\dfrac{A_{st1}}{s}A_{cor}$　　　(7.28)

当式（7.27）右边的计算值小于 $f_{yv}\dfrac{A_{sv}}{s}h_0$ 时取 $f_{yv}\dfrac{A_{sv}}{s}h_0$；当式（7.28）右边的计算值小于 $1.2\sqrt{\zeta}f_{yv}\dfrac{A_{st1}}{s}A_{cor}$ 时，取 $1.2\sqrt{\zeta}f_{yv}\dfrac{A_{st1}}{s}A_{cor}$。

当 $T \leqslant (0.175f_t - 0.1N/A)W_t$ 时，可仅计算偏心受拉构件的正截面承载力和斜截面受剪承载力。

在轴向拉力、弯矩、剪力和扭矩共同作用下的钢筋混凝土矩形截面框架柱，其纵向钢筋截面面积应分别按偏心受拉构件的正截面承载力和剪扭构件的受扭承载力计算确定，并应配置在相应位置；箍筋截面面积应分别按剪扭构件的受剪承载力和剪扭构件的受扭承载力计算确定，并应配置在相应的位置。

7.3 T形、I形或箱形截面受扭构件承载力计算

7.3.1 T形和I形截面纯扭构件

对于工程中常用的T形和I形截面的受扭塑性抵抗矩，同样可按处于全塑性状态时的截

面剪应力分布情况,采用分块方法进行计算,如图 7.14a 所示。为简化计算,可以将 T 形或 I 形截面划分为几个矩形截面,如图 7.14b 所示。**分块原则为:应优先考虑腹板截面的完整性,然后再划分受压翼缘和受拉翼缘的面积**,如图 7.14c、d 所示,并近似地认为整个截面的受扭塑性抵抗矩等于各分块矩形截面受扭塑性抵抗矩之和。此时,T 形或 I 形截面总的受扭塑性抵抗矩 W_t 应为

$$W_t = W_{tw} + W'_{tf} + W_{tf} \tag{7.29}$$

式中,W_{tw}、W'_{tf}、W_{tf} 分别为腹板、受压翼缘和受拉翼缘部分的矩形截面受扭塑性抵抗矩,按下式计算:

腹板
$$W_{tw} = \frac{b^2}{6}(3h-b) \tag{7.29a}$$

受压翼缘
$$W'_{tf} = \frac{h'^2_f}{2}(b'_f-b) \tag{7.29b}$$

受拉翼缘
$$W_{tf} = \frac{h^2_f}{2}(b_f-b) \tag{7.29c}$$

式中 b'_f、b_f——截面受压区和受拉区的翼缘宽度;
  h'_f、h_f——截面受压区和受拉区的翼缘高度;
  b、h——腹板宽度及全截面高度。

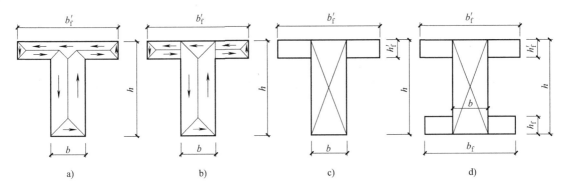

图 7.14 T 形和 I 形截面分块
a) T 形截面剪应力分布 b) T 形截面简化剪应力分布 c) T 形截面分块 d) I 形截面分块

计算时有效翼缘宽度的取值应满足 $b'_f \leq b+6h'_f$ 及 $b_f \leq b+6h_f$ 的条件,且应满足 $h_w/b \leq 6$。

应当指出,式(7.29b)是将受压翼缘视为整体受扭截面按矩形塑性抵抗矩推导得出,过程为 $W'_{tf} = \frac{h'^2_f}{6}(3b'_f-h'_f) - \frac{h'^2_f}{6}(3b-h'_f) = \frac{h'^2_f}{2}(b'_f-b)$,同理可推出表达式(7.29c)。

对于 T 形或 I 形截面纯扭构件,应先按如图 7.14c、d 所示将截面划分为几个矩形,然后**将总扭矩按照各单块矩形的截面受扭塑性抵抗矩占总的截面受扭塑性抵抗矩的比例分配**,得出腹板、受压翼缘部分和受拉翼缘部分各自承担的扭矩值,按下列规定计算

腹板
$$T_w = \frac{W_{tw}}{W_t} T \tag{7.30a}$$

受压翼缘 $$T'_f = \frac{W'_{tf}}{W_t}T$$ (7.30b)

受拉翼缘 $$T_f = \frac{W_{tf}}{W_t}T$$ (7.30c)

式中 T——构件截面承受的扭矩设计值;

T_w——腹板承受的扭矩设计值;

T'_f、T_f——受压翼缘、受拉翼缘承受的扭矩设计值。

对 T 形和 I 形截面纯扭构件,开裂扭矩仍按式 (7.2) 计算,式中的 W_t 按式 (7.29) 确定;按式 (7.30a)、式 (7.30b) 及式 (7.30c) 求得各分块矩形承担的扭矩后,再按式 (7.5) 进行各矩形截面的纯扭承载力计算。

7.3.2 T 形和 I 形截面剪扭构件

由第 4 章内容可知,T 形和 I 形截面构件计算斜截面受剪承载力 V 时,不考虑翼缘的受剪作用,按 $b×h$ 的矩形截面进行抗剪。而在式 (7.30a)、式 (7.30b) 及式 (7.30c) 的纯扭构件中,翼缘和腹板均承担部分扭矩。所以,对于 T 形和 I 形截面剪扭构件,采用分类叠加的方法,即腹板承担全部剪力 V 和扭矩 T_w,翼缘仅承受扭矩 T'_f(或 T_f)进行设计。具体计算方法如下:

1) 受剪承载力,按式 (7.14) 和式 (7.13),或式 (7.16) 和式 (7.18) 进行计算,但应将公式中 T 及 W_t 分别替换为 T_w 及 W_{tw}。

2) 受扭承载力,将整个截面划分为几个矩形截面(图 7.14)分别进行计算。腹板按式 (7.15) 和式 (7.13),或式 (7.17) 和式 (7.18) 进行计算,但应将公式中 T 及 W_t 分别替换为 T_w 及 W_{tw}。受压翼缘及受拉翼缘,按纯扭构件的式 (7.5) 进行计算,但应将 T 及 W_t 分别替换为 T'_f 及 W'_{tf} 或 T_f 及 W_{tf}。

7.3.3 箱形截面纯扭构件

扭矩作用下,箱形截面构件截面上的剪应力流方向一致,如图 7.15a 所示,截面受扭塑性抵抗矩很大。截面若划分为四个矩形(图 7.15b),相当于把剪应力流限制在各矩形块面积范围内,沿内壁的剪应力方向与实际整体截面的相反,因此按分块法计算的截面受扭塑性抵抗矩偏小。因此对于箱形截面纯扭构件,其开裂扭矩仍可按式 (7.2) 计算,其截面受扭塑性抵抗矩按整体截面计算

$$W_t = \frac{b_h^2}{6}(3h_h - b_h) - \frac{(b_h - 2t_w)^2}{6}[3h_w - (b_h - 2t_w)]$$ (7.31)

式中 b_h、h_h——箱形截面的短边尺寸、长边尺寸;

h_w——截面腹板高度,箱形截面取腹板净高;

t_w——箱形截面壁厚,其值不应小于 $b_h/7$ (b_h 为箱形截面的宽度)。

试验表明,具有一定壁厚 ($t_w \geq 0.4h_h$) 的箱形截面,其受扭承载力与实心截面 $b_h × h_h$ 是基本相同的。因此,箱形截面受扭承载力公式是在矩形截面受扭承载力公式 (7.5) 的基础上,对混凝土项乘以修正系数 α_h 得出的,即

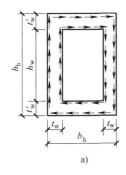 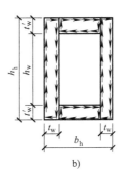

图 7.15 箱形截面的剪应力流
a) 整体截面　b) 分块截面

$$T \leqslant 0.35\alpha_h f_t W_t + 1.2\sqrt{\zeta}\frac{f_{yv}A_{st1}}{s}A_{cor} \tag{7.32}$$

$$\alpha_h = 2.5 t_w/b_h \tag{7.33}$$

式中　α_h——箱形截面壁厚影响系数,当 $\alpha_h > 1.0$ 时取 1.0。

7.3.4　箱形截面剪扭构件

箱形截面剪扭构件的受扭性能与矩形截面剪扭构件类似,但要考虑相对壁厚的影响;其受剪性能与 I 形截面类似,即计算受剪承载力时只考虑腹板的作用。

（1）一般箱形截面剪扭构件

剪扭构件的受剪承载力　$$V \leqslant 0.7(1.5-\beta_t)f_t bh_0 + f_{yv}\frac{A_{sv}}{s}h_0 \tag{7.34}$$

剪扭构件的受扭承载力　$$T \leqslant 0.35\alpha_h\beta_t f_t W_t + 1.2\sqrt{\zeta}f_{yv}\frac{A_{st1}}{s}A_{cor} \tag{7.35}$$

$$\beta_t = \frac{1.5}{1+0.5\dfrac{V}{T}\cdot\dfrac{\alpha_h W_t}{bh_0}} \tag{7.36}$$

（2）集中荷载作用下的箱形截面独立剪扭构件

剪扭构件的受剪承载力　$$V \leqslant (1.5-\beta_t)\frac{1.75}{\lambda+1}f_t bh_0 + f_{yv}\frac{A_{sv}}{s}h_0 \tag{7.37}$$

剪扭构件的受扭承载力　$$T \leqslant 0.35\alpha_h\beta_t f_t W_t + 1.2\sqrt{\zeta}f_{yv}\frac{A_{st1}}{s}A_{cor} \tag{7.38}$$

$$\beta_t = \frac{1.5}{1+0.2(\lambda+1)\dfrac{\alpha_h V W_t}{T bh_0}} \tag{7.39}$$

7.3.5 T形、I形截面和箱形截面弯剪扭承载力计算

该部分内容同第7.3.3节矩形截面弯剪扭承载力计算方法，此处略。

7.3.6 T形、I形截面和箱形截面构造要求

1. 截面尺寸限制条件

在弯矩、剪力和扭矩共同作用下，为避免出现由于配筋过多而造成构件腹部混凝土局部斜向压坏，对 $h_w/b \leqslant 6$ 的T形、I形和 $h_w/t_w \leqslant 6$ 的箱形截面构件，其截面尺寸应符合下列要求：

当 $\dfrac{h_w}{b}\left(\text{或}\dfrac{h_w}{t_w}\right) \leqslant 4$ 时 $\quad \dfrac{V}{bh_0}+\dfrac{T}{0.8W_t} \leqslant 0.25\beta_c f_c \quad$ （7.40）

当 $\dfrac{h_w}{b}\left(\text{或}\dfrac{h_w}{t_w}\right) = 6$ 时 $\quad \dfrac{V}{bh_0}+\dfrac{T}{0.8W_t} \leqslant 0.2\beta_c f_c \quad$ （7.41）

当 $4<\dfrac{h_w}{b}\left(\text{或}\dfrac{h_w}{t_w}\right)<6$ 时，按线性内插法确定。

式中　V、T——剪力设计值和扭矩设计值；

　　　b——T形和I形截面的腹板宽度，箱形截面的侧壁总厚度 $2t_w$；

　　　h_0——截面的有效高度；

　　　h_w——截面的腹板高度（对T形截面，取有效高度减去翼缘高度；对I形和箱形截面，取腹板净高）；

　　　t_w——箱形截面壁厚，其值不应小于 $b_h/7$，b_h 为箱形截面的宽度。

当 $V=0$ 时，式（7.40）和式（7.41）为纯扭构件的截面尺寸限制条件；当 $T=0$ 时，式（7.40）和式（7.41）为纯剪构件的截面限制条件。计算时若不满足上述条件，可采取加大截面尺寸或提高混凝土强度等级的方法来满足。

2. 构造配筋要求

在弯矩、剪力和扭矩共同作用下，当符合下列要求时

$$\dfrac{V}{bh_0}+\dfrac{T}{W_t} \leqslant 0.7f_t \quad （7.42）$$

或

$$\dfrac{V}{bh_0}+\dfrac{T}{W_t} \leqslant 0.7f_t + 0.07\dfrac{N}{bh_0} \quad （7.43）$$

可不进行构件截面剪扭承载力计算，但为了防止构件开裂后产生突然的脆性破坏，必须按构造要求配置钢筋。

式（7.43）中的 N 为与剪力 V、扭矩设计值 T 对应的轴向压力设计值，当 $N>0.3f_cA$ 时，取 $0.3f_cA$。

3. 最小配筋率的要求

与矩形截面的最小配筋率要求相同。箍筋的配箍率 $\rho_{sv}=\dfrac{A_{sv}}{bs} \geqslant \rho_{sv,\min}=0.28\dfrac{f_t}{f_{yv}}$。弯剪扭构件中箍筋最小配筋百分率见表7.2。受扭纵向钢筋的配筋率 $\rho_{tl}=\dfrac{A_{stl}}{bh} \geqslant \rho_{tl,\min}=0.6\sqrt{\dfrac{T}{Vb}}\dfrac{f_t}{f_y}$，

表 7.2　弯剪扭构件中箍筋最小配筋百分率（%）

钢筋牌号	混凝土强度等级							
	C25	C30	C35	C40	C45	C50	C55	C60
HPB300	0.132	0.148	0.163	0.177	0.187	0.196	0.203	0.212
HRB400 HRBF400 HRB500 HRBF500	0.099	0.111	0.122	0.133	0.140	0.147	0.152	0.159

当 $\dfrac{T}{Vb} > 2.0$ 时，取 $\dfrac{T}{Vb} = 2.0$。对 T 形或 I 形截面，式中 b 为腹板宽度。对箱形截面构件，式中 b 应以 b_h 代替。

【例 7.5】 已知一均布荷载作用下钢筋混凝土 T 形截面梁，截面尺寸 $b'_f = 400\text{mm}$，$h'_f = 80\text{mm}$，$b \times h = 200\text{mm} \times 450\text{mm}$，环境类别为一类，$a_s = 40\text{mm}$。作用于梁截面上的弯矩、剪力和扭矩设计值分别为 $M = 115\text{kN} \cdot \text{m}$，$V = 84.9\text{kN}$，$T = 8.9\text{kN} \cdot \text{m}$。混凝土强度等级为 C30。纵筋为 HRB400 级，箍筋为 HPB300 级。试设计该梁，并绘制施工图。

【解】 C30 混凝土 $\alpha_1 = 1.0$，$\beta_c = 1.0$。查附表 1.2 得，C30 混凝土 $f_c = 14.3\text{N/mm}^2$，$f_t = 1.43\text{N/mm}^2$；查附表 1.5 得，HRB400 级钢筋 $f_y = 360\text{N/mm}^2$，HPB300 级钢筋 $f_{yv} = 270\text{N/mm}^2$。查表 3.14 得，$\xi_b = 0.518$。截面有效高度 $h_0 = (450 - 40)\text{mm} = 410\text{mm}$。

(1) 验算截面尺寸　将 T 形截面划分为 2 块矩形，计算受扭塑性抵抗矩

腹板　　$W_{tw} = \dfrac{b^2}{6}(3h - b) = \dfrac{200^2}{6} \times (3 \times 450 - 200)\text{mm}^3 = 7.667 \times 10^6 \text{mm}^3$

受压翼缘　　$W'_{tf} = \dfrac{h'^2_f}{2}(b'_f - b) = \dfrac{80^2}{2} \times (400 - 200)\text{mm}^3 = 0.640 \times 10^6 \text{mm}^3$

整个 T 形截面　$W_t = W_{tw} + W'_{tf} = (7.667 \times 10^6 + 0.640 \times 10^6)\text{mm}^3 = 8.307 \times 10^6 \text{mm}^3$

因 $\dfrac{h_w}{b} = \dfrac{h_0 - h'_f}{b} = \dfrac{410 - 80}{200} = 1.65 < 4$，由式（7.40）得

$$\dfrac{V}{bh_0} + \dfrac{T}{0.8W_t} = \left(\dfrac{84.9 \times 10^3}{200 \times 410} + \dfrac{8.9 \times 10^6}{0.8 \times 8.307 \times 10^6}\right)\text{N/mm}^2 = 2.375\text{N/mm}^2$$

$$< 0.25\beta_c f_c = 0.25 \times 1.0 \times 14.3\text{N/mm}^2 = 3.575\text{N/mm}^2 \quad (\text{满足要求})$$

(2) 验算是否可按构造配筋

$$\dfrac{V}{bh_0} + \dfrac{T}{W_t} = \left(\dfrac{84.9 \times 10^3}{200 \times 410} + \dfrac{8.9 \times 10^6}{8.307 \times 10^6}\right)\text{N/mm}^2 = (1.035 + 1.071)\text{N/mm}^2 = 2.107\text{N/mm}^2$$

$$> 0.7 f_t = 0.7 \times 1.43\text{N/mm}^2 = 1.001\text{N/mm}^2 \quad (\text{需按计算确定配筋})$$

(3) 受弯纵筋 A_s 的确定

1) 判别 T 形截面类型。

$$\alpha_1 f_c b'_f h'_f \left(h_0 - \dfrac{h'_f}{2}\right) = 1.0 \times 14.3 \times 400 \times 80 \times \left(410 - \dfrac{80}{2}\right)\text{N} \cdot \text{mm}^2$$

$$= 169.31 \times 10^6 \text{N} \cdot \text{mm}^2 > M = 115 \times 10^6 \text{N} \cdot \text{mm}^2$$

属于第一类 T 形截面,按 $b'_f \times h$ 的矩形截面计算。

2) 求 A_s。

$$\alpha_s = \frac{M}{\alpha_1 f_c b'_f h_0^2} = \frac{115 \times 10^6}{1.0 \times 14.3 \times 400 \times 410^2} = 0.12$$

$$\xi = 1 - \sqrt{1-2\alpha_s} = 1 - \sqrt{1-2 \times 0.12} = 0.128 < \xi_b = 0.518$$

$$x = \xi h_0 = 0.128 \times 410 \text{mm} = 52.48 \text{mm}$$

$$A_s = \frac{\alpha_1 f_c b'_f x}{f_y} = \frac{1.0 \times 14.3 \times 400 \times 52.48}{360} \text{mm}^2 = 834 \text{mm}^2$$

$$> \rho_{s,\min} bh = \max\left(0.2\%, 0.45 \frac{f_t}{f_y}\right) bh$$

$$= \max\left(0.2\%, 0.45 \times \frac{1.43}{360}\right) \times 200 \times 450 \text{mm}^2 = 180 \text{mm}^2 (满足要求)$$

(4) 腹板设计 构件外边缘至箍筋内表面的距离取 30mm,则

$$b_{cor} = 200 \text{mm} - (2 \times 30) \text{mm} = 140 \text{mm}, h_{cor} = 450 \text{mm} - (2 \times 30) \text{mm} = 390 \text{mm}$$

$$A_{cor} = b_{cor} \times h_{cor} = 140 \times 390 \text{mm}^2 = 54600 \text{mm}^2$$

$$U_{cor} = 2(b_{cor} + h_{cor}) = 2 \times (140 + 390) \text{mm} = 1060 \text{mm}$$

1) 扭矩 T 的分配。

腹板 $$T_w = \frac{W_{tw}}{W_t} T = \frac{7.667 \times 10^6}{8.307 \times 10^6} \times 8.9 \text{kN} \cdot \text{m} = 8.214 \text{kN} \cdot \text{m}$$

受压翼缘 $$T'_f = \frac{W'_{tf}}{W_t} T = \frac{0.640 \times 10^6}{8.307 \times 10^6} \times 8.9 \text{kN} \cdot \text{m} = 0.686 \text{kN} \cdot \text{m}$$

2) 验算腹板配筋能否忽略 V 或 T。

$$0.35 f_t b h_0 = 0.35 \times 1.43 \times 200 \times 410 \times 10^{-3} \text{kN} = 41.04 \text{kN} < V = 84.9 \text{kN}$$

$$0.175 f_t W_{tw} = 0.175 \times 1.43 \times 7.667 \text{kN} \cdot \text{m} = 1.919 \text{kN} \cdot \text{m} < T = 8.9 \text{kN} \cdot \text{m}$$

故不能忽略剪力及扭矩的作用。腹板应按弯剪扭构件计算。

3) β_t 的计算。

$$\beta_t = \frac{1.5}{1 + 0.5 \frac{V}{T_w} \cdot \frac{W_{tw}}{bh_0}} = \frac{1.5}{1 + 0.5 \times \frac{84.9 \times 10^3 \times 7.667 \times 10^6}{8.214 \times 10^6 \times 200 \times 410}} = 1.01$$

取 $\beta_t = 1.0$。

4) 腹板受剪箍筋。

$$\frac{A_{sv}}{s} \geq \frac{V - 0.7 f_t b h_0 (1.5 - \beta_t)}{f_{yv} h_0} = \frac{84.9 \times 10^3 - 0.7 \times 1.43 \times 200 \times 410 \times (1.5 - 1.0)}{270 \times 410} \text{mm}^2/\text{mm}$$

$$= 0.396 \text{mm}^2/\text{mm}$$

5）腹板受扭箍筋及受扭纵筋，取 $\zeta = 1.2$。

$$\frac{A_{st1}}{s} \geq \frac{T_w - 0.35\beta_t f_t W_{tw}}{1.2\sqrt{\zeta}f_{yv}A_{cor}} = \frac{8.214\times10^6 - 0.35\times1.0\times1.43\times7.667\times10^6}{1.2\times\sqrt{1.2}\times270\times54600} \text{mm}^2/\text{mm}$$

$$= 0.226\text{mm}^2/\text{mm}$$

$$A_{stl} = \frac{\zeta f_{yv} A_{st1} u_{cor}}{f_y s} = \frac{1.2\times270\times0.226\times1060}{360}\text{mm}^2 = 216\text{mm}^2$$

当 $\dfrac{T}{Vb} = \dfrac{8.9\times10^6}{84.9\times10^3\times200} = 0.524 < 2.0$ 时

$$\rho_{tl} = \frac{A_{stl}}{bh} = \frac{216}{200\times450} = 0.240\%$$

$$> \rho_{tl,\min} = 0.6\sqrt{\frac{T}{Vb}}\frac{f_t}{f_y} = 0.6\times\sqrt{0.524}\times\frac{1.43}{360} = 0.173\%（满足要求）$$

6）腹板箍筋配置。采用双肢箍筋，$n = 2$，腹板上单肢箍筋所需的截面面积为

$$\frac{A_{sv1}}{s} + \frac{A_{st1}}{s} = \frac{A_{sv}}{ns} + \frac{A_{st1}}{s} \geq \left(\frac{0.396}{2} + 0.226\right)\text{mm}^2/\text{mm} = 0.424\text{mm}^2/\text{mm}$$

选用Φ8的箍筋，单肢箍筋面积 50.3mm^2，则

$$s \leq \frac{50.3}{0.424}\text{mm} = 118\text{mm}（取 s = 100\text{mm}）$$

$$\rho_{sv} = \frac{A_{sv}}{bs} = \frac{2\times50.3}{200\times100} = 0.503\% > \rho_{sv,\min} = 0.28\frac{f_t}{f_{yv}} = \frac{0.28\times1.43}{270} = 0.148\%（满足要求）$$

7）腹板纵筋配置。因腹板高 450mm，按构造要求，沿截面周边布置的抗扭纵筋间距不应大于 200mm 和梁截面短边尺寸 200mm，故抗扭纵筋沿梁高周边考虑 3 排布置。

顶部纵筋面积 $\dfrac{A_{stl}}{3} = \dfrac{216}{3}\text{mm}^2 = 72\text{mm}^2$，选配 2Φ10 钢筋（实配面积为 157mm^2）。

侧面纵筋面积 $\dfrac{A_{stl}}{3} = \dfrac{216}{3}\text{mm}^2 = 72\text{mm}^2$，选配 2Φ10 钢筋（实配面积为 157mm^2）。

底部纵筋面积 $\dfrac{A_{stl}}{3} + A_s = (72 + 834)\text{mm}^2 = 906\text{mm}^2$，选配 3Φ20 钢筋（实配面积为 942mm^2）。

梁底受拉边纵向钢筋配筋率

$$\rho_{s,\min}bh + \frac{\rho_{tl,\min}}{3}bh = \left(0.2\% + \frac{0.173\%}{3}\right)\times200\times450\text{mm}^2$$

$$= 232\text{mm}^2 < 梁底实配钢筋 942\text{mm}^2（满足要求）$$

（5）受压翼缘设计　不考虑翼缘承受的剪力，故按 $(b'_f - b)\times h'_f = 200\text{mm}\times80\text{mm}$ 矩形截面的纯扭构件设计。

1) 翼缘受扭箍筋及受扭纵筋，取 $\zeta = 1.2$。

$$A_{cor} = (80-2\times 30)\times(200-2\times 30)\,\text{mm}^2 = 20\times 140\,\text{mm}^2 = 2800\,\text{mm}^2$$

$$U_{cor} = 2(b_{cor}+h_{cor}) = 2\times(20+140)\,\text{mm} = 320\,\text{mm}$$

$$\frac{A_{st1}}{s} \geq \frac{T'_f - 0.35 f_t W'_{tf}}{1.2\sqrt{\zeta} f_{yv} A_{cor}} = \frac{0.686\times 10^6 - 0.35\times 1.43\times 0.640\times 10^6}{1.2\times\sqrt{1.2}\times 270\times 2800}\,\text{mm}^2/\text{mm} = 0.368\,\text{mm}^2/\text{mm}$$

$$A_{stl} = \frac{\zeta f_{yv} A_{st1} u_{cor}}{f_y s} = \frac{1.2\times 270\times 0.368\times 320}{360}\,\text{mm}^2 = 106\,\text{mm}^2$$

2) 翼缘受扭钢筋配置。选用Φ8的箍筋，单肢箍筋面积为 $50.3\,\text{mm}^2$，则

$$s \leq \frac{50.3}{0.368}\,\text{mm} = 137\,\text{mm}\quad（取与腹板配筋相同的间距 s = 100\,\text{mm}，方便施工）$$

验算箍筋最小配筋率

$$\rho_{sv} = \frac{nA_{sv1}}{bs} = \frac{2\times 50.3}{200\times 100} = 0.503\% > \rho_{sv,\min} = 0.28\frac{f_t}{f_{yv}} = \frac{0.28\times 1.43}{270} = 0.148\%\quad（满足要求）$$

为满足沿截面周边布置的抗扭纵筋间距不应大于200mm构造要求，选配6Φ10的钢筋，其截面面积为 $471\,\text{mm}^2$。验算纵筋最小配筋率

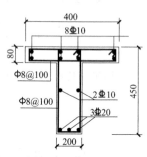

图7.16 例7.5题

$$\rho_{tl} = \frac{A_{stl}}{bh} = \frac{471}{200\times 80} = 2.944\% > \rho_{tl,\min} = 0.85\frac{f_t}{f_y}$$

$$= 0.85\times\frac{1.43}{360} = 0.338\%\quad（满足要求）$$

配筋结果如图7.16所示。

小 结

1. 纯扭构件理论基于变角空间桁架机理。根据抗扭钢筋配置数量，钢筋混凝土纯扭构件主要分为超筋、部分超筋、适筋和少筋四种破坏形态。适筋破坏的钢筋混凝土纯扭构件，裂缝始于截面长边中点附近且与纵轴线大致成45°方向，此后逐渐形成沿构件四周的螺旋形裂缝。随着扭矩增大，纵筋及箍筋均达到屈服，混凝土被压碎而破坏，属于延性破坏。

2. 受扭钢筋包括受扭纵筋和受扭箍筋，两者缺一不可，共同抵抗螺旋裂缝，并且两者配置数量相互匹配，故引入抗扭纵筋与抗扭箍筋的配筋强度比 ζ 这一概念。

3. 弯扭、剪扭、弯剪扭构件的承载力计算的理论基础与纯扭构件相同，纵筋截面面积由受弯承载力所需的纵向受拉钢筋截面面积和受扭承载力所需抗扭纵筋截面面积在相应位置上进行叠加，单肢箍筋截面面积由受剪和受扭承载力各自所需箍筋截面面积进行叠加。剪扭构件考虑混凝土受扭承载力降低系数 β_t 以响应剪力与扭矩符合1/4圆规律的试验结果。

4. 工程中受扭构件应避免设计成超筋和少筋构件，因此通过截面尺寸限制来避免超筋破坏，通过规定抗扭纵筋和抗扭箍筋最小配筋率来避免少筋破坏。

5. 受扭构件知识框图如图7.17所示。

第7章 受扭构件截面承载力

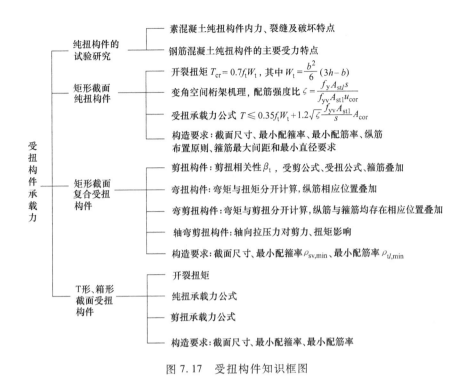

图 7.17 受扭构件知识框图

思考题

7.1 房屋建筑中的构件，哪些是受扭构件？简述其受力特点。
7.2 推导素混凝土矩形截面纯扭构件开裂扭矩中的完全塑性抵抗矩 W_t。T 形和 I 形截面如何计算 W_t？
7.3 简述钢筋混凝土受扭构件的破坏形式、特点和工程设计的措施。
7.4 矩形截面受扭构件的第一条裂缝出现在什么位置？为什么？
7.5 简述抗扭钢筋配筋强度比 ζ 的含义？
7.6 简述剪扭构件的相关性 β_t、剪扭承载力公式及计算步骤。
7.7 简述受扭构件的纵筋和箍筋的构造要求。

章节练习

7.1 填空题
1. 素混凝土纯扭构件的破坏为_____破坏，最大剪应力发生在_____。
2. 在纯扭构件承载力计算中，《混凝土结构设计规范》规定配筋强度比 ζ 的取值范围为_____，设计中通常取_____。
3. 在剪扭构件的承载力计算公式中，混凝土受扭承载力降低系数 β_t 的取值范围为_____。
4. 工程实际中，受扭钢筋常配置成_____和_____。抗扭纵筋沿截面周边_____、对称布置原则，且截面四角必须布置。间距不应大于_____ mm 和截面宽度。
5. 纯扭构件要求截面尺寸限制是为了防止_____破坏，规定最小配筋率和最小配箍率是为了防止_____破坏。适筋破坏通过_____和_____保证。

7.2 是非题（正确画"√"，错误画"×"）

1. 纯扭构件产生的裂缝特点是形成与构件轴线大致成 45°的连续螺旋形裂缝。（　）
2. 纯扭构件承载力中，$\sqrt{\zeta}$是变角空间桁架模型中混凝土斜压杆与构件纵轴线夹角的余切α，即$\sqrt{\zeta}=\cot\alpha$。（　）
3. A_{stl}是指受扭计算中取对称布置的全部纵向受扭钢筋截面面积，A_{st1}是指受扭计算中沿截面周边配置的单肢箍筋截面面积。（　）
4. 箍筋和纵筋对受扭都起作用，因此钢筋配置时，既可共同设置受扭箍筋和受扭纵筋，也可只设置受扭箍筋而不设置受扭纵筋，或只设受扭纵筋而不设置受扭箍筋。（　）
5. 受扭构件计算受扭钢筋时，无论采用《混凝土结构设计规范》方法或是采用变角度空间桁架模型，均没有考虑截面核心混凝土的作用。（　）
6. 弯剪扭构件的承载力配筋计算中，纵筋是由受弯承载力和受扭承载力所需相应纵筋叠加而得，这与弯扭构件的承载力计算结果相同。（　）
7. 矩形截面的弯剪扭构件，利用弯扭计算纵筋，利用剪力计算箍筋。（　）
8. 受扭构件为防止超筋破坏，与受剪构件一样，采用截面限制条件来保证。（　）
9. 受扭构件为防止少筋破坏，采用最小配箍率保证即可。（　）

7.3 选择题

1. 在剪扭构件的承载力计算公式中，考虑了（　）。
   （A）混凝土部分相关，钢筋不相关　　（B）混凝土和钢筋均相关
   （C）混凝土和钢筋均不相关　　（D）混凝土不相关，钢筋相关
2. 正常设计的受扭构件可能发生的破坏形态有（　）。
   ①适筋破坏　②少筋破坏　③完全超筋破坏　④部分超筋破坏
   （A）①②　　（B）②④　　（C）①④　　（D）①③④
3. 复合受力的混凝土构件的下列计算原则中，不正确的是（　）。
   （A）弯剪扭构件的受弯承载力和受扭承载力分别计算，纵筋相应叠加
   （B）弯扭构件通过受扭承载力降低系数β_t考虑混凝土受剪和受扭承载力的相关性，并分别计算箍筋面积，对应叠加
   （C）当$V\leq 0.35f_t bh_0$时，可忽略剪力的影响
   （D）当$T\leq 0.35f_t W_t$时，可忽略扭矩的影响
4. 矩形纯扭构件$b\times h=250\text{mm}\times 600\text{mm}$，则其受扭钢筋应为（　）根。
   （A）4　　（B）6　　（C）8　　（D）只要面积足够即可

7.4 计算题

1. 有一钢筋混凝土矩形截面纯扭构件，已知截面尺寸为$b\times h=250\text{mm}\times 500\text{mm}$，配有 6⊈14 抗扭纵向钢筋。箍筋采用双肢Φ8@200，混凝土强度等级为 C30，环境类别为一类，混凝土保护层厚度$c=20\text{mm}$，$h_0=460\text{mm}$。试求截面所能承受的扭矩值。
2. 已知在均布荷载作用下钢筋混凝土矩形梁，截面尺寸$b\times h=250\text{mm}\times 500\text{mm}$，环境类别为一类，$c=20\text{mm}$，$h_0=460\text{mm}$。承受内力设计值$M=125\text{kN}\cdot\text{m}$，$V=35\text{kN}$，$T=25\text{kN}\cdot\text{m}$，混凝土强度等级为 C30，纵筋为 HRB400 级，箍筋为 HPB300 级。试计算构件所需纵向钢筋和箍筋，并绘制截面施工图。假定$\zeta=1.0$。
3. 承受均布荷载的矩形截面梁，截面尺寸$b\times h=250\text{mm}\times 500\text{mm}$，作用于梁截面上的弯矩、剪力和扭矩设计值分别为$M=126\text{kN}\cdot\text{m}$，$V=85\text{kN}$，$T=24\text{kN}\cdot\text{m}$。环境类别为一类，混凝土保护层厚度$c=20\text{mm}$，$h_0=460\text{mm}$。采用混凝土强度等级 C30，钢筋采用 HRB400 级。试计算所需纵向钢筋和箍筋，并绘制截面施工图。假定$\zeta=1.2$。

第8章 钢筋混凝土构件的裂缝、变形及耐久性设计

本章提要

1. 掌握钢筋混凝土构件裂缝宽度验算。理解裂缝出现和开展机理、平均裂缝间距、平均裂缝宽度的计算原理及影响裂缝开展的主要因素。掌握裂缝间钢筋应变不均匀系数 ψ 的物理意义。
2. 掌握钢筋混凝土构件截面弯曲刚度的定义、基本表达式、主要影响因素。
3. 掌握钢筋混凝土受弯构件的挠度验算、最小刚度原则。
4. 熟悉混凝土耐久性的概念、主要影响因素、混凝土碳化、钢筋锈蚀及耐久性设计要点。

8.1 概述

为保证结构安全可靠,结构设计时须使结构满足各项预定的功能要求,即安全性、适用性和耐久性。第3~7章讲述的受弯(剪)、受扭、受压、受拉构件的计算,主要解决结构构件的安全性问题,均属承载能力极限状态方法,满足构件抗力不小于荷载效应。本章的钢筋混凝土构件的裂缝、变形及混凝土的耐久性,主要解决结构构件的适用性和耐久性问题,属于正常使用极限状态。

《混凝土结构设计规范》规定,混凝土结构构件应根据其使用功能及外观要求,按下列规定进行正常使用极限状态验算:

1) 对需要控制变形的构件,应进行变形验算。
2) 对不允许出现裂缝的构件,应进行混凝土拉应力验算。
3) 对允许出现裂缝的构件,应进行受力裂缝宽度验算。

对于正常使用极限状态,钢筋混凝土构件应按荷载的准永久组合并考虑荷载长期作用的影响,采用下列极限状态设计表达式进行验算

$$S \leqslant C \tag{8.1a}$$

准永久组合
$$S = \sum_{i \geqslant 1} G_{ik} + P + \sum_{j \geqslant 1} \psi_{qj} Q_{jk} \tag{8.1b}$$

式中 S——正常使用极限状态荷载准永久组合的效应标准值;

C——结构构件达到正常使用要求规定的变形、应力、裂缝宽度等的限值,见附录3;

G_{ik}、P、Q_{jk}——第 i 个永久作用标准值的效应、预应力作用有关代表值的效应、第 j 个可变作用标准值的效应;

ψ_{qj}——第 j 个可变作用的准永久值系数。

钢筋混凝土构件的变形与裂缝宽度验算以适筋梁工作的第Ⅱ阶段为依据,验算时采用荷载的准永久组合以及材料强度的标准值,同时因为变形与裂缝宽度都随时间而增大,故考虑荷载长期作用对变形与裂缝宽度增大的影响。

混凝土结构的耐久性是指在设计使用年限内,在正常维护下应能保持其使用功能,而不需要进行大修、加固的性能。混凝土材料随时间发展而劣化,性能衰减,表现为钢筋混凝土构件表面出现锈胀裂缝,钢筋开始锈蚀,结构表面混凝土出现可见的耐久性损伤(酥裂、粉化等)等问题。材料劣化进一步发展可能引起构件承载力问题,危及结构安全,引起人们对混凝土结构耐久性的普遍关注。

8.2 裂缝宽度验算

8.2.1 裂缝控制目的和裂缝控制等级

1. 裂缝控制目的

1)保证结构耐久性的要求,这是裂缝控制最主要的目的。由耐久性要求的裂缝宽度限值,应着重考虑环境条件及结构构件的工作条件,详见本章8.4节。

2)满足结构的外观要求。裂缝的存在会影响建筑的观瞻,特别是裂缝过宽将给人以不安全感,同时也影响人们对结构质量的评价。

3)考虑人的心理感受。裂缝开展长度、裂缝所处位置及视线等因素,不同人的心理反应不同,难以取得完全统一的意见。调查表明,控制裂缝宽度在0.3mm以下,一般能被大部分人所接受。

2. 裂缝控制等级

根据构件类别和环境类别划分为三级,见表8.1。表中 $\omega_{\lim}$ 为裂缝控制等级为三级的最大裂缝宽度限值,见附表3.3。

表 8.1 混凝土结构受力裂缝控制等级

级别	构件类别	要求
一级	严格要求不出现裂缝的构件	按荷载标准组合计算时,受拉边缘应力不产生拉应力 $\sigma_{ck}<0$
二级	一般要求不出现裂缝的构件	按荷载标准组合计算时,受拉边缘拉应力不应大于混凝土抗拉强度标准值 $\sigma_{ck} < f_{tk}$
三级	允许出现裂缝的构件	最大裂缝宽度可按荷载准永久组合并考虑长期作用影响的效应计算,其值应满足 $\omega_{\max} \leqslant \omega_{\lim}$

8.2.2 裂缝宽度理论

在荷载作用下,钢筋混凝土构件的裂缝宽度验算是一个比较复杂的问题。由于影响裂缝宽度的因素较多,不同的学者提出不同的裂缝宽度理论,归纳为以下内容:

(1)黏结滑移理论 1936年Saligar提出最早的裂缝计算理论。该理论认为裂缝是由钢筋与混凝土之间的变形不协调，出现相对滑移产生的。在一个裂缝间距内，钢筋伸长与混凝土伸长之差就是裂缝开展宽度，因此裂缝间距越大，裂缝开展宽度也越大，而裂缝间距又取决于钢筋与混凝土之间黏结力大小及分布。根据这一理论，影响裂缝间距的主要因素是钢筋直径和配筋率的比值，影响裂缝宽度的主要因素是裂缝间距和钢筋的平均应变。同时还认为混凝土表面的裂缝宽度与内部钢筋表面的裂缝宽度是相等的。

（2）无滑移理论　20世纪60年代中期Brase和Broms提出无滑移理论。该理论认为裂缝开展后，钢筋与混凝土之间的黏结力并不破坏，相对滑移很小可以忽略不计，钢筋表面处裂缝宽度要比构件表面裂缝宽度小得多。根据这一理论，混凝土表面裂缝宽度受从钢筋至构件表面的应变梯度控制，即裂缝宽度随钢筋距离增大而增大，因此钢筋保护层是影响裂缝宽度的主要因素。

（3）综合理论　将黏结滑移理论和无滑移理论结合，既考虑保护层厚度对裂缝宽度的影响，也考虑钢筋与混凝土之间可能出现的滑移。

《混凝土结构设计规范》提出的裂缝宽度公式采用半经验半理论方法，主要以黏结滑移理论为基础，同时考虑混凝土保护层厚度的影响建立的。先验算平均裂缝间距 l_m，再验算平均裂缝宽度 ω_m，最后考虑荷载长期作用计算最大裂缝宽度 ω_{max}。

8.2.3　裂缝的出现和开展机理

以轴心受拉构件为例分析裂缝出现和开展机理。

图8.1所示轴心受拉构件，在两端轴向拉力作用下，钢筋和混凝土受到的拉应力分别为 σ_s 和 σ_{ct}。如果拉力很小，构件处于弹性阶段，沿构件的纵向，钢筋和混凝土各截面受力相同，如图8.1b、c所示。

由于混凝土实际抗拉强度分布的不均匀性，在截面最薄弱处，当混凝土拉应力超过其抗拉强度时，出现第一条裂缝，如图8.2a所示的 $a—a'$ 截面，钢筋和混凝土受到的拉应力出现突变：开裂的混凝土不再承受拉力，降为0，如图8.2c所示；原来由混凝土承担的拉力全部由钢筋承担，导致裂缝处的钢筋应力突然增加，如图8.2b所示。裂缝一产生，原来张紧的混凝土像剪断的橡皮筋一样分别向裂缝两侧回缩，混凝土与钢筋出现相对滑移。由于钢筋与混凝土之间的黏结作用，混凝土的回缩受到钢筋的约束只局限于裂缝附近的一段长度以内，之外，钢筋和混凝土的应力又恢复到未裂状态，如图8.2所示。

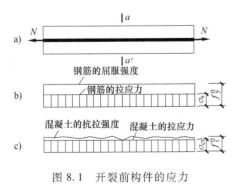

图8.1　开裂前构件的应力
a）受拉构件　b）钢筋应力　c）混凝土应力

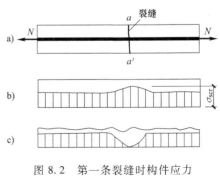

图8.2　第一条裂缝时构件应力
a）裂缝位置　b）钢筋应力　c）混凝土应力

随荷载继续增加，在张紧区段内的薄弱处出现第二条裂缝，如同第一条裂缝一样，经历开裂、回缩，恢复到未裂状态的过程。在两裂缝之间再出现新裂缝的可能性比较小，也就是说裂缝间距在该区段内基本稳定，是因为在两裂缝之间的混凝土的拉应力总小于混凝土抗拉强度。通常将裂缝间距稳定称为裂缝出齐，即各裂缝的间距大体相等。裂缝出齐后，裂缝条数不再增加，裂缝宽度则继续增大，钢筋和混凝土的应力呈波浪形起伏，如图8.3所示。

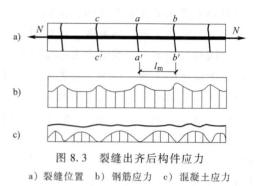

图 8.3 裂缝出齐后构件应力
a) 裂缝位置　b) 钢筋应力　c) 混凝土应力

8.2.4 平均裂缝间距 l_m

由于材料的不均匀性，所以裂缝在哪里产生是随机的，所以裂缝间距也是离散的，有大有小。但统计分析表明，裂缝的平均间距却是有规律的。为了确定轴心受拉构件中平均裂缝间距，取隔离体分析，如图8.4中的 ab 段，$a—a'$ 截面为出现第一条裂缝截面，$b—b'$ 截面为即将出现但尚未出现第二条裂缝的截面。

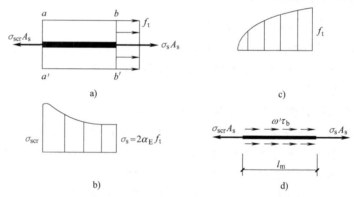

图 8.4 轴心受拉构件黏结应力传递长度
a) 隔离体　b) 钢筋应力　c) 混凝土应力　d) 钢筋受力平衡

在 $a—a'$ 截面：拉力 N_{cr} 全部由钢筋承担，钢筋拉应力 σ_{scr} 为

$$\sigma_{scr}=\frac{N_{cr}}{A_s} \tag{8.2}$$

在 $b—b'$ 截面：拉力 N_{cr} 由钢筋和未开裂的混凝土两者共同承担。混凝土应力达到受拉时抗拉强度 f_t，钢筋应力根据钢筋与混凝土应变相等 $\varepsilon_s=\varepsilon_c$（即 $\dfrac{\sigma_s}{E_s}=\dfrac{f_t}{E_c'}$）原则求得，但应考虑混凝土塑性变形发展，弹性模量取用 $E_c'=0.5E_c$，则 $b—b'$ 截面钢筋拉应力 σ_s 为

$$\sigma_s=\frac{E_s}{0.5E_c}f_t=2\alpha_E f_t \tag{8.3}$$

由图8.4a平衡条件得

$$\sigma_{scr}A_s=f_tA+2\alpha_E f_t A_s$$

第8章 钢筋混凝土构件的裂缝、变形及耐久性设计

推出
$$\sigma_{scr} = \frac{f_t A + 2\alpha_E f_t A_s}{A_s} = \frac{f_t}{\rho_{te}} + 2\alpha_E f_t \tag{8.4}$$

式中 ρ_{te}——按有效受拉混凝土截面面积计算的纵筋配筋率，对轴心受拉构件，$\rho_{te} = A_s/A$。

由图 8.4d 可知，b—b' 截面尚未开裂，钢筋应力总小于 a—a' 截面钢筋应力，为保持这一钢筋上力的平衡，在钢筋与混凝土的接触面上必须存在黏结力，即平行于并作用于钢筋表面的剪应力 τ_b。因为 τ_b 并非均匀分布，设其平均值为 $\omega'\tau_b$（其中 ω' 为黏结力图形丰满程度系数）。

对钢筋取隔离体，得
$$\sigma_{scr} A_s = \sigma_s A_s + \omega'\tau_b u l_m \tag{8.5}$$

式中 l_m——平均裂缝间距；
    u——钢筋截面的周长。

将式（8.3）、式（8.4）代入式（8.5）
$$l_m = \frac{f_t}{\omega'\tau_b} \cdot \frac{A_s}{\rho_{te} u} \tag{8.6}$$

若钢筋直径为 d，则式（8.6）可化为
$$l_m = \frac{f_t}{4\omega'\tau_b \rho_{te}} d = \zeta_1 \frac{d}{\rho_{te}} \tag{8.7}$$

式中 ζ_1——经验系数，$\zeta_1 = \frac{f_t}{4\omega'\tau_b}$。

试验表明，裂缝平均间距 l_m 还与混凝土保护层有关，考虑这一影响，式（8.7）修正为
$$l_m = \zeta_2 c_s + \zeta_1 \frac{d}{\rho_{te}} \tag{8.8}$$

式中 ζ_2——经验系数；
    c_s——最外层纵向受拉钢筋外边缘至受拉区底边的距离（mm）。

受弯、偏心受拉和偏心受压构件裂缝分布规律和公式推导过程与轴心受拉构件类似，但它们的平均裂缝间距比轴心受拉构件小，并需考虑纵向受拉钢筋表面形状的影响。故规范统一采用的平均裂缝间距的计算公式为
$$l_m = \left(1.9 c_s + 0.08 \frac{d_{eq}}{\rho_{te}}\right) \tag{8.9}$$

$$d_{eq} = \frac{\sum n_i d_i^2}{\sum n_i v_i d_i} \tag{8.10}$$

$$\rho_{te} = \frac{A_s}{A_{te}} \tag{8.11}$$

式中 c_s——最外层纵向受拉钢筋外边缘至受拉区底边的距离（mm）（当 $c_s < 20$mm 时，取 $c_s = 20$mm；当 $c_s > 65$mm 时，取 $c_s = 65$mm）；
    ρ_{te}——按有效受拉混凝土截面面积计算的纵向受拉钢筋配筋率，在最大裂缝宽度计算中，当 $\rho_{te} < 0.01$ 时，取 $\rho_{te} = 0.01$；
    A_{te}——有效受拉混凝土截面面积，如图 8.5 所示的阴影部分 [对轴心受拉构件取构件截面面积；对受弯、偏心受压和偏心受拉构件，取 $A_{te} = 0.5bh + (b_f - b) h_f$，$b_f$、

h_f 分别为受拉翼缘的宽度、高度];

A_s——受拉区纵向普通钢筋截面面积;

d_{eq}——受拉区纵向钢筋的等效直径 (mm);

d_i——受拉区第 i 种纵向钢筋的公称直径 (mm);

n_i——受拉区第 i 种纵向钢筋的根数;

v_i——受拉区第 i 种纵向钢筋的相对黏结特性系数 (带肋钢筋取 1.0,光面钢筋取 0.7)。

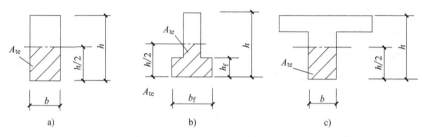

图 8.5 有效受拉混凝土截面面积

8.2.5 平均裂缝宽度 ω_m

在荷载作用下,同一条裂缝在构件表面上各处的宽度是不一样的;沿着裂缝深度,其宽度也是不同的。因此《混凝土结构设计规范》采用平均裂缝宽度的定义,指出平均裂缝宽度 ω_m 是受拉钢筋截面重心线水平处构件侧表面的裂缝宽度。试验表明,裂缝宽度的离散程度比裂缝间距更大些,因此,采用平均裂缝间距为基础确定平均裂缝宽度。

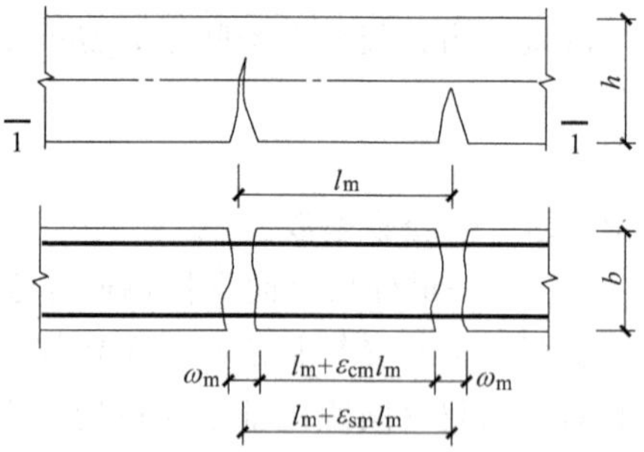

1. 平均裂缝宽度公式

平均裂缝宽度 ω_m 等于在裂缝平均间距 l_m 的长度内,钢筋与混凝土两者的伸长差,如图 8.6 所示

图 8.6 平均裂缝宽度

$$\omega_m = \varepsilon_{sm} l_m - \varepsilon_{cm} l_m = \varepsilon_{sm}\left(1 - \frac{\varepsilon_{cm}}{\varepsilon_{sm}}\right) l_m \tag{8.12}$$

式中 ε_{sm} ——纵向受拉钢筋的平均拉应变,$\varepsilon_{sm} = \psi \varepsilon_{sq} = \psi \sigma_{sq}/E_s$;

ψ ——裂缝间纵向受拉钢筋应变不均匀系数;

ε_{cm} ——与纵向受拉钢筋相同水平处侧表面混凝土的平均拉应变。

令 $\alpha_c = 1 - \dfrac{\varepsilon_{cm}}{\varepsilon_{sm}}$,称为裂缝间混凝土自身伸长对裂缝宽度影响系数,它与配筋率、截面形状和混凝土保护层厚度有关,则式 (8.12) 变为

$$\omega_m = \alpha_c \psi \frac{\sigma_{sq}}{E_s} l_m \tag{8.13}$$

对受弯、偏心受压构件近似取 $\alpha_c = 0.77$;对轴心受拉、偏心受力构件近似取 $\alpha_c = 0.85$。

2. 裂缝截面处的钢筋应力 σ_{sq}

式（8.13）中的 σ_{sq} 指按荷载准永久组合计算的钢筋混凝土构件纵向受拉普通钢筋的应力。在荷载效应的准永久组合作用下，钢筋混凝土构件开裂截面处受压边缘混凝土压应力，不同位置处钢筋的拉应力宜按下列假定计算：

1) 截面应变保持平面。
2) 受压区混凝土法向应力图取为三角形。
3) 不考虑受拉区混凝土的抗拉强度。
4) 采用换算截面。

对于受弯、轴心受拉、偏心受拉以及偏心受压构件，σ_{sq} 均可按裂缝截面处力的平衡条件求得，如图 8.7 所示。

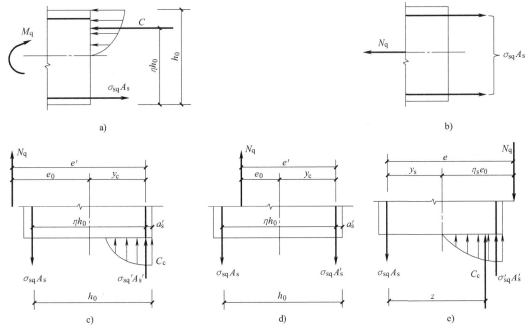

图 8.7 构件使用阶段的截面应力状态
a) 受弯构件　b) 轴心受拉构件　c) 大偏心受拉构件　d) 小偏心受拉构件　e) 偏心受压构件

（1）受弯构件

$$\sigma_{sq} = \frac{M_q}{A_s \eta h_0} \tag{8.14}$$

式中　η——内力臂系数，近似取 0.87；
M_q——按荷载准永久组合设计的弯矩。

（2）轴心受拉构件

$$\sigma_{sq} = \frac{N_q}{A_s} \tag{8.15}$$

式中　N_q——按荷载准永久组合设计的轴力。

（3）偏心受拉构件　近似取大偏心受拉构件截面内力臂长 $\eta h_0 = h_0 - a'_s$，即受压区混凝土压应力合力与受压钢筋合力作用点重合，对受压钢筋作用点取力矩平衡得

$$\sigma_{sq} = \frac{N_q e'}{A_s (h_0 - a'_s)} \tag{8.16}$$

对于小偏心受拉构件，对远侧钢筋 A_s' 取力矩平衡，仍得到式（8.16）。

（4）偏心受压构件　对受压区合力点 C 取矩，其中 C 包括混凝土压应力的合力 C_c 和受压钢筋的压力 $\sigma_{sq}'A_s'$。

$$\sigma_{sq} = \frac{N_q(e-z)}{A_s z} \quad (8.17)$$

$$z = \left[0.87 - 0.12(1-\gamma_f')\left(\frac{h_0}{e}\right)^2\right]h_0 \quad (8.18)$$

式中　z——纵向受拉普通钢筋合力点至截面受压区合力点的距离，且不大于 $0.87h_0$；

γ_f'——受压翼缘截面面积与腹板有效截面面积的比值，$\gamma_f' = \dfrac{(b_f'-b)h_f'}{bh_0}$，当 $h_f' > 0.2h_0$ 时，取 $h_f' = 0.2h_0$；

b_f'、h_f'——受压区翼缘的宽度、高度；

e——轴向压力作用点至纵向受拉普通钢筋合力点距离，$e = \eta_s e_0 + h/2 - a_s$，$e_0$ 为荷载准永久组合下的初始偏心距，取为 M_q/N_q，η_s 为使用阶段的轴向压力偏心距增大系数，$\eta_s = 1 + \dfrac{1}{4000\frac{e_0}{h_0}}\left(\dfrac{l_0}{h}\right)^2$，当 $l_0/h \leq 14$ 时，取 $\eta_s = 1.0$。

3. 裂缝间纵向受拉钢筋应变不均匀系数 ψ

如图 8.8 所示，在两个相邻裂缝间，钢筋应变是不均匀的，裂缝截面处最大，离开裂缝截面逐渐减少。这是由于裂缝间受拉混凝土参加工作，承担部分拉力的缘故。图中的水平虚线表示裂缝间钢筋平均应变 $\varepsilon_{sm} = \psi \varepsilon_{sq}$。因此系数 ψ 反映了受拉钢筋应变的不均匀性，其物理意义反映裂缝间受拉混凝土参加工作对减小变形和裂缝宽度的贡献。ψ 值越小，说明裂缝间受拉混凝土帮助纵向受拉钢筋承担拉力的程度越大，使 ε_{sm} 降低越多，对增大截面弯曲刚度、减小变形和裂缝宽度的贡献越大。反之，ψ 越大，混凝土参加工作的程度越小。

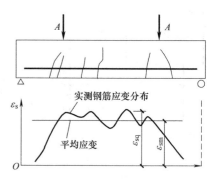

图 8.8　纯弯矩区段内受拉钢筋应变分布

试验表明，随着荷载的增大，ε_{sm} 与 ε_{sq} 间的差距逐渐减小，也就是说，随着荷载的增大，裂缝间受拉混凝土是逐渐退出工作的。当 $\varepsilon_{sm} = \varepsilon_{sq}$ 时，$\psi = 1.0$，表明此时裂缝间受拉混凝土全部退出工作，当然，ψ 值不可能大于 1。ψ 的大小还与按有效受拉混凝土截面面积计算的纵向受拉钢筋配筋率 ρ_{te} 有关，这是因为参加工作的受拉混凝土主要是指钢筋周围的那部分有效受拉混凝土面积。当 ρ_{te} 较小时，钢筋周围的混凝土参与受拉的有效相对面积大些，承担的总拉力也相对大些，对纵向受拉钢筋应变的影响程度也相对大些，因而 ψ 就小些。

由 ψ 的物理意义可知：从变形、裂缝的角度来看，受拉区的混凝土还是有作用的。但从承载力角度来看，没考虑受拉区的混凝土的作用。《混凝土结构设计规范》规定

$$\psi = 1.1 - \frac{0.65 f_{tk}}{\rho_{te} \sigma_{sq}} \quad (8.19)$$

当 $\psi<0.2$ 时，取 $\psi=0.2$；当 $\psi>1.0$ 时，取 $\psi=1.0$。对直接承受重复荷载的构件，取 $\psi=1.0$。

8.2.6 最大裂缝宽度

采用最大裂缝宽度基于以下 3 点原因：

1）混凝土存在质量不均匀性，裂缝间距有疏有密，每条裂缝开展有长有短，采用平均裂缝宽度 ω_m 具有很大的离散性。最大裂缝宽度一般等于平均裂缝宽度乘以扩大系数。

2）在荷载长期作用下，混凝土的滑移徐变和受拉混凝土的应力松弛会使得裂缝间受拉混凝土不断退出工作，使不均匀系数增大，裂缝宽度随时间增大。

3）由于混凝土收缩使裂缝间混凝土长度缩短引起裂缝宽度增大。

《混凝土结构设计规范》规定：矩形、T 形、倒 T 形和 I 形截面的钢筋混凝土受拉、受弯和偏心受压构件，按荷载准永久组合并考虑长期作用影响的最大裂缝宽度可按下式计算

$$\omega_{\max} = \alpha_{cr}\psi \frac{\sigma_{sq}}{E_s}\left(1.9c_s + 0.08\frac{d_{eq}}{\rho_{te}}\right) \tag{8.20}$$

式中 α_{cr}——构件受力特征系数，轴心受拉构件取 2.7；受弯构件、偏心受压构件取 1.9；偏心受拉构件取 2.4。

$\dfrac{e_0}{h_0} \leq 0.55$ 的偏心受压构件，可不验算裂缝宽度。

8.2.7 最大裂缝宽度验算

验算裂缝宽度时，应满足

$$\omega_{\max} \leq \omega_{\lim} \tag{8.21}$$

式中 $\omega_{\lim}$——《混凝土结构设计规范》规定的最大裂缝宽度限值，见附表 3-3。

8.2.8 影响裂缝宽度的主要因素

由式（8.20）可知，荷载直接作用产生的裂缝宽度的主要影响因素如下：

1）受拉区纵向钢筋应力 σ_{sq} 越大，裂缝宽度越大。

2）受拉区纵向钢筋直径 d 越大，裂缝宽度越大。当构件中纵向受拉钢筋截面面积相同时，采用细而密的钢筋会增大钢筋表面积，使黏结力增大，裂缝宽度变小。

3）受拉区纵向钢筋的混凝土保护层 c_s 越大，裂缝宽度越大。

4）受拉区纵向钢筋配筋率 ρ_{te} 越大，裂缝宽度越小。

5）受拉区纵向钢筋表面形状：其他条件相同时，配置带肋钢筋的构件比配置光面钢筋的构件裂缝宽度小。

6）荷载作用性质：长期荷载和反复荷载作用时裂缝宽度加大。

若验算后发现构件裂缝宽度不满足要求，可采取**增大截面尺寸、提高混凝土强度等级、减少钢筋直径或增大钢筋截面面积、采用预应力混凝土构件**等措施。

【例 8.1】 某处于正常室内环境中的简支梁，截面尺寸为 $b \times h = 200\text{mm} \times 500\text{mm}$，按荷载准永久值组合计算的跨中弯矩 $M_q = 80\text{kN} \cdot \text{m}$，配置 2 Φ 22 的 HRB400 级纵向受拉钢筋

($A_s = 760\text{mm}^2$), ⊕10@200 的箍筋，混凝土强度等级为 C25。保护层厚度 $c=25\text{mm}$，裂缝控制等级为三级，最大裂缝限值 $[\omega_{max}]=0.3\text{mm}$。试验算该梁最大裂缝宽度。

【解】 $h_0 = h-c-d_{箍}-d_{纵}/2 = (500-25-10-22/2)\text{mm} = 454\text{mm}$，$c_s = (25+10)\text{mm} = 35\text{mm}$，$d_{eq} = 22\text{mm}$；$\alpha_{cr} = 1.9$。查附表 1.1 得，C25 混凝土 $f_{tk} = 1.78\text{N/mm}^2$，查附表 1.8 得，HRB400 钢筋 $E_s = 2.0 \times 10^5 \text{N/mm}^2$。

$$\sigma_{sq} = \frac{M_q}{A_s \eta h_0} = \frac{80 \times 10^6}{760 \times 0.87 \times 454}\text{N/mm}^2 = 266.5\text{N/mm}^2$$

$$\rho_{te} = \frac{A_s}{A_{te}} = \frac{760}{0.5 \times 200 \times 500} = 0.0152 > 0.01$$

$$\psi = 1.1 - \frac{0.65 f_{tk}}{\rho_{te} \sigma_{sq}} = 1.1 - 0.65 \times \frac{1.78}{0.0152 \times 266.5} = 0.814 < 1.0,\ 且\ \psi > 0.2$$

$$\omega_{max} = \alpha_{cr} \psi \frac{\sigma_{sq}}{E_s}\left(1.9 c_s + 0.08 \frac{d_{eq}}{\rho_{te}}\right)$$

$$= 1.9 \times 0.814 \times \frac{266.5}{2 \times 10^5} \times \left(1.9 \times 35 + 0.08 \times \frac{22}{0.0152}\right)\text{mm}$$

$$= 0.376\text{mm} > [\omega_{max}] = 0.3\text{mm}\ (不满足要求)$$

改用较细直径的钢筋 5⊕14（并筋），且不影响承载力安全，即 $A_s = 769\text{mm}^2 > 760\text{mm}^2$，则 $d_{eq} = 14\text{mm}$。

$$h_0 = h-c-d_{箍}-d_{纵}/2 = (500-25-10-14/2)\text{mm} = 458\text{mm}$$

$$\sigma_{sq} = \frac{M_q}{A_s \eta h_0} = \frac{80 \times 10^6}{769 \times 0.87 \times 458}\text{N/mm}^2 = 261.1\text{N/mm}^2$$

$$\rho_{te} = \frac{A_s}{A_{te}} = \frac{769}{0.5 \times 200 \times 500} = 0.0154 > 0.01$$

$$\psi = 1.1 - \frac{0.65 f_{tk}}{\rho_{te} \sigma_{sq}} = 1.1 - 0.65 \times \frac{1.78}{0.0154 \times 261.1} = 0.812 < 1.0,\ 且\ \psi > 0.2$$

$$\omega_{max} = \alpha_{cr} \psi \frac{\sigma_{sq}}{E_s}\left(1.9 c_s + 0.08 \frac{d_{eq}}{\rho_{te}}\right)$$

$$= 1.9 \times 0.812 \times \frac{261.1}{2 \times 10^5} \times \left(1.9 \times 35 + 0.08 \times \frac{14}{0.0154}\right)\text{mm}$$

$$= 0.280\text{mm} < [\omega_{max}] = 0.3\text{mm}\ (满足要求)$$

【点评】 ①减少裂缝宽度，关键在于减少平均裂缝间距。采用小直径钢筋是较有效的措施之一。②注意 $\rho_{te} > 0.01$，$0.2 \leq \psi \leq 1.0$。

【例 8.2】 某矩形柱，截面尺寸为 $b \times h = 400\text{mm} \times 500\text{mm}$，计算长度 7.5m。混凝土强度等级为 C40，纵向受拉和受压钢筋均配置 4⊕20 的 HRB400 级钢筋（$A_s = A_s' = 1256\text{mm}^2$），箍筋⊕8@100/200。荷载准永久组合产生的轴向拉力 $N_q = 400\text{kN}$，弯矩 $M_q = 180\text{kN} \cdot \text{m}$。一类环境，保护层厚度 $c = 20\text{mm}$，裂缝控制等级为三级，最大裂缝限值 $[\omega_{max}] = 0.3\text{mm}$。试验算该柱最大裂缝宽度。

【解】 $a_s = c + d_{箍} + d_{纵}/2 = (20+8+20/2)\text{mm} = 38\text{mm}$，$h_0 = h - a_s = (500-38)\text{mm} = 462\text{mm}$，

$\alpha_{cr} = 1.9$。查附表 1.1 得，C40 混凝土 $f_{tk} = 2.39\text{N/mm}^2$，查附表 1.8 得，HRB450 钢筋 $E_s = 2.0 \times 10^5 \text{N/mm}^2$。$d_{eq} = 20\text{mm}$，$c_s = (20+8)\text{mm} = 28\text{mm}$。

$$e_0 = \frac{M_q}{N_q} = \frac{180 \times 10^3}{400}\text{mm} = 450\text{mm}$$

$$\frac{e_0}{h_0} = \frac{450}{462} = 0.974 > 0.55 \text{（需验算裂缝宽度）}$$

$$\frac{l_0}{h} = \frac{7500}{500} = 15 > 14$$

（需考虑使用阶段的轴向压力偏心距增大系数）

$$\eta_s = 1 + \frac{1}{4000\dfrac{e_0}{h_0}}\left(\frac{l_0}{h}\right)^2 = 1 + \frac{1}{4000 \times 0.974} \times 15^2 = 1.058$$

$$e = \eta_s e_0 + h/2 - a_s = (1.058 \times 450 + 500/2 - 38)\text{mm} = 688.1\text{mm}$$

$$z = \left[0.87 - 0.12(1-\gamma'_f)\left(\frac{h_0}{e}\right)^2\right]h_0$$

$$= \left[0.87 - 0.12 \times (1-0) \times \left(\frac{462}{688.1}\right)^2\right] \times 462\text{mm}$$

$$= 376.9\text{mm} < 0.87h_0 = 0.87 \times 462\text{mm} = 401.9\text{mm}$$

$$\rho_{te} = \frac{A_s}{A_{te}} = \frac{1256}{0.5 \times 400 \times 500} = 0.01256 > 0.01$$

$$\sigma_{sq} = \frac{N_q(e-z)}{A_s z} = \frac{400 \times 10^3 \times (688.1 - 376.9)}{1256 \times 376.9}\text{N/mm}^2 = 262.96\text{N/mm}^2$$

$$\psi = 1.1 - \frac{0.65 f_{tk}}{\rho_{te}\sigma_{sq}} = 1.1 - \frac{0.65 \times 2.39}{0.01256 \times 262.96} = 0.63 < 1.0，且 \psi > 0.2$$

$$\omega_{max} = \alpha_{cr}\psi\frac{\sigma_{sq}}{E_s}\left(1.9c_s + 0.08\frac{d_{eq}}{\rho_{te}}\right)$$

$$= 1.9 \times 0.63 \times \frac{262.96}{2 \times 10^5} \times \left(1.9 \times 28 + 0.08 \times \frac{20}{0.01256}\right)\text{mm}$$

$$= 0.284\text{mm} < [\omega_{max}] = 0.3\text{mm} \text{（满足要求）}$$

【点评】①对受压构件，若$\dfrac{e_0}{h_0} < 0.55$，可不验算裂缝宽度。②若$\dfrac{l_0}{h} < 14$，可不考虑轴向压力偏心距增大系数，即$\eta_s = 1.0$。

8.3 变形验算

8.3.1 变形控制的目的

（1）保证建筑的使用功能要求　结构构件的变形过大时，会严重影响甚至丧失其使用功能。如屋面梁、板挠度过大会发生积水；精密仪器生产车间楼板挠度过大会影响产品质量；吊车梁挠度过大会影响起重机（吊车）的正常运行等。

（2）防止对结构构件产生不利影响 受弯构件挠度过大会导致结构构件的实际受力与计算假定不符，并影响到与其相连的其他构件也发生过大变形。如支承在砖墙上的梁端产生过大转角，将使支承面积减小，支承反力的偏心增大而引起墙体沿梁顶、梁底出现内外水平裂缝，严重时将产生局部承压或墙体失稳破坏。

（3）防止对非结构构件产生不利影响 这里指结构构件变形过大会使门窗等不能正常开关，隔墙及天花板开裂、压碎或其他形式的损坏等。

（4）满足观瞻和人的心理要求 受弯构件挠度过大，不仅有碍观瞻，还会让使用者产生不适和不安全感。如梁板明显下垂引起的不安全感，可变荷载引起的振动及噪声带来的不良感受等。

随着高强度混凝土和钢筋的采用，构件截面尺寸逐渐减小，变形问题更为突出。

8.3.2 截面弯曲刚度的主要特点

由材料力学可知，匀质弹性材料梁跨中挠度 f 可表示为

$$f = S\frac{Ml_0^2}{EI} = S\phi l_0^2 \tag{8.22}$$

式中 EI——梁的截面弯曲刚度；

S——与支承条件、荷载形式有关的挠度系数；

l_0——计算梁的跨度；

ϕ——截面曲率，即构件单位长度的转角。

截面弯曲刚度指使截面产生单位转角需要施加的弯矩，它是度量截面抵抗弯曲变形能力的重要指标，即 $EI = M/\phi$。

对匀质弹性材料梁，当梁的截面形状、尺寸和材料已知时，其截面弯曲刚度 EI 是一常数，因此，弯矩与挠度之间始终保持不变的线性关系，如图8.9中 OA 所示。

对混凝土受弯构件，上述力学概念仍然适用。区别在于混凝土是非匀质的弹塑性材料，因而混凝土的截面弯曲刚度不再是常数而是变化的，其主要特点如下：

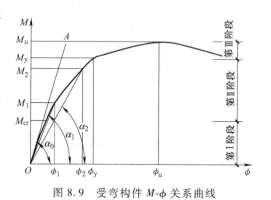

图8.9 受弯构件 M-ϕ 关系曲线

（1）随荷载增加而减小 从适筋梁加载到破坏的 M-ϕ 曲线如图8.9所示。在开裂前的第Ⅰ阶段，弯矩值很小，构件基本上处于弹性阶段，因此截面弯曲刚度可视为常数。当达到Ⅰa状态时，裂缝即将出现，由于受拉区混凝土发生塑性变形，M-ϕ 曲线偏离直线，刚度略有降低。出现裂缝后，进入第Ⅱ阶段，M-ϕ 曲线发生明显转折，曲率增长较快，刚度明显降低。纵向受拉钢筋屈服后进入第Ⅲ阶段，M-ϕ 曲线出现第二个明显转折，弯矩增加很小，而曲率激增，截面弯曲刚度急剧下降，直至破坏。正常使用极限状态验算变形时采用的截面弯曲刚度通常在 M-ϕ 曲线的第Ⅱ阶段。

(2) 随配筋率的降低而减小 试验表明，截面尺寸和材料都相同的适筋梁，配筋率大的，其 M-ϕ 曲线陡，变形小，相应截面弯曲刚度大；配筋率小的，其 M-ϕ 曲线平缓，变形大，相应截面弯曲刚度小，如图 8.10 所示。

(3) 沿构件跨度，截面弯曲刚度是变化的 即使在纯弯区段，各截面承受的弯矩相同，但曲率即截面弯曲刚度却不同，裂缝截面处的小些，裂缝间截面处的大些。

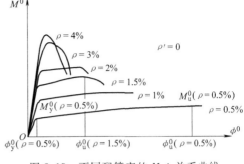

图 8.10 不同配筋率的 M-ϕ 关系曲线

(4) 随加载时间的增长而减小 试验表明，虽然构件的荷载保持不变，但随时间的增长，截面弯曲刚度也会减小。因此在变形验算中，除了要考虑荷载的短期效应，还应考虑时间长期影响。

综上所述，在混凝土受弯构件的变形验算中用到的截面弯曲刚度，是平均截面弯曲刚度。考虑荷载作用时间的影响，分为短期刚度和长期刚度。在荷载准永久组合作用下的截面弯曲刚度称为短期刚度，用 B_s 表示。考虑荷载长期作用影响后的截面弯曲刚度称为长期刚度，用 B 表示。

混凝土受弯构件在使用阶段的最大挠度验算中采用长期刚度 B 代替匀质弹性材料梁的弯曲刚度 EI。因此《混凝土结构设计规范》规定，钢筋混凝土受弯构件的最大挠度应满足

$$f = S \frac{M_q l_0^2}{B} \leq f_{\lim} \tag{8.23}$$

式中 $f_{\lim}$——《混凝土结构设计规范》规定的受弯构件挠度限值，见附表 3-1。

f——荷载作用下产生的最大挠度，按荷载准永久组合并考虑长期作用的影响按结构力学方法进行计算；

S——与荷载形式、支承条件有关的挠度系数，如承受均布荷载的简支梁 $S = 5/48$；

M_q——按荷载准永久组合计算的弯矩值；

B——受弯构件的截面长期刚度；

l_0——构件的计算跨度。

8.3.3 短期刚度计算公式的建立

受弯构件纯弯段的试验表明，混凝土开裂前，受压区混凝土应变 ε_c 和受拉钢筋应变 ε_s 沿构件长度近乎均匀分布；当达到开裂弯矩 M_{cr} 后，进入适筋梁工作第Ⅱ阶段，随着弯矩的增大，裂缝不断开展，最后裂缝间距趋于稳定。钢筋和混凝土的应变分布具有以下特征：

1) 纵向受拉钢筋的应变 ε_s 沿构件轴线方向为非均匀分布，呈波浪形变化，裂缝截面处 ε_s 较大，裂缝中间截面处 ε_s 较小，如图 8.11 所示。以 ε_{sm} 表示纯弯段内钢筋的平均应变，ε_{sm} 与裂缝截面处 ε_s 的比值，即 $\psi_s = \varepsilon_{sm}/\varepsilon_s$，称为纵向受拉钢筋应变不均匀系数，用来反映受拉区混凝土参与工作的程度。

2) 受压边缘混凝土的应变 ε_c 沿构件轴线方向分布也不均匀，呈波浪形变化，且裂缝截面处 ε_c 较大，裂缝中间截面处 ε_c 较小，但其波动幅度要比 ε_s 小得多（图 8.11）。同样，以

ε_{cm} 表示纯弯段内受压边缘混凝土的平均应变，ε_{cm} 与裂缝截面处 ε_c 的比值，即 $\psi_c = \varepsilon_{cm}/\varepsilon_c$，称为混凝土应变不均匀系数。

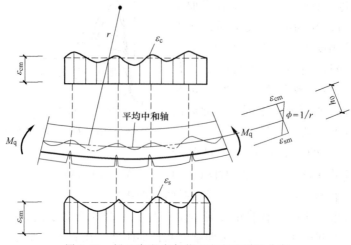

图 8.11 梁纯弯段内各截面应变及裂缝分布

3）截面的中和轴高度 x_c 和曲率 ϕ 沿构件轴线方向也呈波浪形变化，裂缝截面处 x_c 较小，裂缝中间截面处 x_c 较大。因此，截面弯曲刚度沿构件轴线方向也是变化的（图 8.11）。同样，以 x_{cm} 表示各截面 x_c 的平均值，即纯弯段内的平均中和轴高度。随 M 增大，平均中和轴位置上升，x_{cm} 减小。实测表明，纯弯段内平均应变沿截面高度基本为直线分布。因此，可以认为截面的钢筋平均应变 ε_{sm}、混凝土平均应变 ε_{cm} 的分布仍符合平截面假定。

钢筋混凝土受弯构件的截面弯曲与曲率的关系仍然仿照材料力学中弹性匀质梁的 $EI = M/\phi$ 来建立，现推导如下：

（1）平均曲率 根据平均应变符合平截面假定，得

$$\phi = \frac{1}{r} = \frac{\varepsilon_{cm} + \varepsilon_{sm}}{h_0} \tag{8.24}$$

式中 r——与平均中和轴相应的平均曲率半径；

ε_{sm}——纵向受拉钢筋重心处的平均拉应变；

ε_{cm}——受压区边缘混凝土的平均压应变。

材料力学公式

$$B_s = \frac{M_s}{\phi} = \frac{M_s}{\dfrac{\varepsilon_{cm} + \varepsilon_{sm}}{h_0}} = \frac{M_s h_0}{\varepsilon_{cm} + \varepsilon_{sm}} \tag{8.25}$$

（2）平均应变

1）受拉钢筋平均应变 ε_{sm}。

裂缝截面处钢筋应变 $\varepsilon_s = \dfrac{\sigma_{sq}}{E_s} = \dfrac{M_q}{E_s A_s \eta h_0} = \dfrac{M_q}{0.87 E_s A_s h_0}$（受弯构件 $\eta = 0.87$）

平均应变

$$\varepsilon_{sm} = \psi \varepsilon_s = \frac{\psi M_q}{0.87 E_s A_s h_0} = \frac{1.15 \psi M_q}{E_s A_s h_0} \tag{8.26}$$

2）受压区混凝土平均应变 $\varepsilon_{cm} = \sigma_{cq}/E_c$。

对受拉钢筋取矩（图 8.12）$M_q = \omega' \sigma_{cq} b \gamma h_0 \eta h_0 = \omega' \gamma \eta \sigma_{cq} b h_0^2$

令 $\zeta = \omega' \gamma \eta$，称 ζ 为受压区边缘混凝土平均应变综合系数。

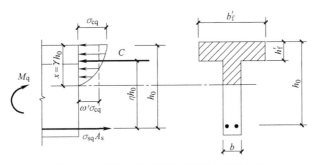

图 8.12 第 Ⅱa 阶段裂缝截面处的应力图

推出
$$\varepsilon_{cm} = \frac{M_q}{\zeta b h_0^2 E_c} \tag{8.27}$$

（3）短期刚度 B_s 将式（8.26）、式 8.27）代入式（8.25），得

$$B_s = \frac{M_q h_0}{\varepsilon_{cm} + \varepsilon_{sm}} = \frac{M_q h_0}{\dfrac{M_q}{\zeta b h_0^2 E_c} + \dfrac{1.15\psi M_q}{A_s h_0 E_s}} = \frac{E_s A_s h_0^2}{1.15\psi + \dfrac{\alpha_E \rho}{\zeta}} \tag{8.28}$$

式中 α_E——钢筋弹性模量与混凝土弹性模量比值，即 $\alpha_E = E_s / E_c$；

ρ——纵向受拉钢筋配筋率，钢筋混凝土受弯构件取 $\rho = A_s / b h_0$。

试验资料统计
$$\frac{\alpha \rho_E}{\zeta} = 0.2 + \frac{6\alpha_E \rho}{1 + 3.5 \gamma_f'} \tag{8.29}$$

将式（8.29）代入式（8.28），得（**规范采用**）

$$B_s = \frac{E_s A_s h_0^2}{1.15\psi + 0.2 + \dfrac{6\alpha_E \rho}{1 + 3.5 \gamma_f'}} \tag{8.30}$$

式中 B_s——按荷载准永久组合计算的钢筋混凝土受弯构件短期刚度；

γ_f'——受压翼缘截面面积与腹板有效截面面积的比值，$\gamma_f' = \dfrac{(b_f' - b) h_f'}{b h_0}$，当 $h_f' > 0.2 h_0$ 时，取 $h_f' = 0.2 h_0$；

b_f', h_f'——受压区翼缘的宽度、高度；

ψ——裂缝间纵向受拉钢筋应变不均匀系数，见式（8.19）。

8.3.4 长期刚度 B

在荷载长期作用下，受压混凝土发生徐变，应变增大。在配筋率不高的梁中，由于裂缝处受拉混凝土应力松弛、钢筋滑移，导致受拉钢筋平均应变和平均应力随时间而增大。同时，由于裂缝不断发展，导致受拉区混凝土退出工作，受压区混凝土向塑性发展，使内力臂减小，也将引起钢筋应变和应力增大，导致曲率增大，刚度降低。此外，由于受拉区和受压区混凝土收缩不一致，使梁产生翘曲，也导致曲率增大，刚度降低。总之，凡是影响混凝土徐变和收缩的因素都将导致刚度的降低，使构件挠度增大。因此，验算挠度时应采用按荷载准永久组合并考虑荷载长期作用影响的长期刚度 B。

《混凝土结构设计规范》采用挠度增大影响系数来考虑荷载长期作用的影响以验算受弯构件挠度，即 $\theta = f_l/f_s$，其中 f_l 为考虑荷载长期作用影响计算的挠度，f_s 为按构件短期刚度计算的挠度，则 $\theta = f_l/f_s = \dfrac{sM_q l_0^2/B}{sM_q l_0^2/B_s} = B_s/B$。

规范采用荷载准永久组合时长期刚度

$$B = \dfrac{B_s}{\theta} \tag{8.31}$$

式中　θ——考虑荷载长期作用对挠度增大的影响系数。

由于受压钢筋对混凝土的徐变起约束作用，因而可减小荷载长期作用下挠度的增长。《混凝土结构设计规范》规定：当 $\rho'=0$ 时，$\theta=2.0$；当 $\rho'=\rho$ 时，$\theta=1.6$；当 ρ' 为中间值时，$\theta=2.0-0.4\rho'/\rho$。其中 $\rho'=\dfrac{A_s'}{bh_0}$、$\rho=\dfrac{A_s}{bh_0}$，分别为受压钢筋、受拉钢筋配筋率。

上述 θ 值适用于一般情况下的矩形、T 形和 I 形截面梁。对于翼缘位于受拉区的倒 T 形截面，规范规定 θ 应增加 20%，是由于在荷载短期作用下受拉混凝土参加工作较多，在荷载长期作用下退出工作的影响较大，从而使挠度增大较多。

8.3.5　最小刚度原则

上述刚度公式（8.30）、式（8.31）是指沿受弯构件纯弯段内截面的平均弯曲刚度。而实际上，由于沿构件长度方向的弯矩和配筋均为变量，即使是等截面的钢筋混凝土梁，沿构件长度方向的刚度也是变化的。如图 8.13 所示的简支梁，在剪跨范围内各截面弯矩是不相等的，靠近支座的截面弯曲刚度比纯弯段内的大，若按各截面的实际刚度进行挠度验算极其复杂。实用上为简化计算，《混凝土结构设计规范》规定：**在等截面构件中，可假定各同号弯矩区段内的刚度相等，并取用该区段内最大弯矩处的刚度。即采用各同号弯矩区段内最大弯矩 M_{max} 处的最小截面刚度 B_{min} 作为该区段的刚度 B 按等刚度梁进行变形验算**，这就是受弯构件挠度验算的最小刚度原则。

对于简支梁，根据最小刚度原则，可取用全跨范围内弯矩最大截面处的最小弯曲刚度（图 8.13b 中的虚线）按等刚度梁进行挠度验算。对于等截面连续梁、框架梁等，因存在正、负弯矩，可假定各同号弯矩区段内的刚度相等，并分别取正、负弯矩区段内弯矩最大截面处的最小刚度按分段等刚度梁进行挠度验算，如图 8.14 所示。当计算跨度内的支座截面刚度不大于跨中截面刚度的 2 倍或不小于跨中截面刚度的 1/2 时，该跨也可按等刚度构件进行计算，其构件刚度可取跨中最大弯矩截面的刚度。

采用"最小刚度原则"计算挠度时，靠近支座处的曲率，由于多算了两小块阴影线围合的面积（图 8.13c），其计算值比实际值偏大，致使验算的挠度值偏大，但由于计算中未考虑剪切变形及其裂缝对挠度的贡献，验算的挠度值偏小。上述挠度值偏大和偏小的两种情况下的误差大致可以互相抵消，符合工程要求。

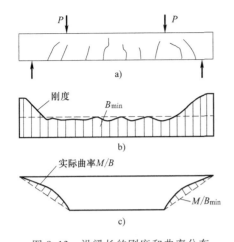

图 8.13 沿梁长的刚度和曲率分布
a)裂缝分布示意图 b)沿梁长刚度分布
c)沿梁长曲率分布

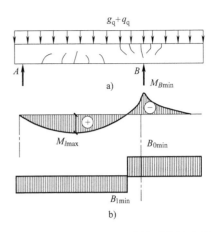

图 8.14 连续梁沿梁长计算刚度的取用
a)外伸梁 b)弯矩图及计算刚度取用

8.3.6 影响受弯构件弯曲刚度的因素

分析式（8.30）、式（8.31）可知：

1）荷载。随着荷载增大，构件截面弯矩 M_q 增大，σ_{sq} 增大，体现在 ψ 随 σ_{sq} 增大而增大，相应短期刚度 B_s 减小。

2）纵筋配筋率。随着纵筋配筋率 ρ 增大，B_s 略有增大。

3）受拉翼缘或受压翼缘存在，对短期刚度 B_s 是有利的，分别体现在 ψ 与 γ'_f 中。

4）截面高度。配筋率和材料强度给定时，截面的有效高度 h_0 对 B_s 的影响最明显。

5）混凝土强度等级。在常用配筋率 $\rho = 1\% \sim 2\%$ 的情况下，提高混凝土强度等级对 B_s 影响不大。

因此，提高受弯构件刚度的措施：**增大构件截面高度是提高截面刚度的最有效措施**。还可考虑采用配置受压钢筋的双筋截面、采用高性能混凝土及对构件施加预应力等措施来提高受弯构件的刚度。

【例 8.3】 某矩形截面简支梁，截面尺寸 $h \times h = 200\text{mm} \times 500\text{mm}$，梁的计算跨度 $l_0 = 6\text{m}$，承受荷载标准值 $g_k = 13\text{kN/m}$（包括梁的自重），可变荷载标准值 $q_k = 7\text{kN/m}$，准永久值系数 $\psi_q = 0.4$，由正截面受弯承载力计算已配置 3⌀18 纵向受拉钢筋（$A_s = 763\text{mm}^2$）、⌀8@200 的箍筋。混凝土强度等级为 C25，保护层厚度 $c = 25\text{mm}$，梁的允许挠度 $f_{lim} = l_0/200$。试验算该梁的挠度。

【解】 $a_s = (25+8+18/2)\text{mm} = 42\text{mm}$，$h_0 = h - a_s = (500-42)\text{mm} = 458\text{mm}$。

1）确定有关数值 查附表 1.8、附表 1.3、附表 1.1 得

$$E_s = 2 \times 10^5 \text{N/mm}^2, \quad E_c = 2.80 \times 10^4 \text{N/mm}^2, \quad f_{tk} = 1.78 \text{N/mm}^2$$

2）计算准永久值组合的弯矩 M_q。

$$M_q = \frac{1}{8}(g_k + \psi_q q_k) l_0^2 = \frac{1}{8} \times (13 + 0.4 \times 7) \times 6^2 \text{kN} \cdot \text{m} = 71.1 \text{kN} \cdot \text{m}$$

3）计算短期刚度 B_s。

$$\alpha_E = \frac{E_s}{E_c} = \frac{2 \times 10^5}{2.80 \times 10^4} = 7.14$$

$$\rho = \frac{A_s}{bh_0} = \frac{763}{200 \times 458} = 0.00833$$

$$\alpha_E \rho = 7.14 \times 0.00833 = 0.059, \gamma'_f = 0$$

$$\rho_{te} = \frac{A_s}{A_{te}} = \frac{A_s}{0.5bh} = \frac{763}{0.5 \times 200 \times 500} = 0.0153 > 0.01$$

$$\sigma_{sq} = \frac{M_q}{0.87 A_s h_0} = \frac{71.1 \times 10^6}{0.87 \times 763 \times 458} \text{N/mm}^2 = 233.86 \text{N/mm}^2$$

$$0.2 < \psi = 1.1 - 0.65 \frac{f_{tk}}{\rho_{te}\sigma_{sq}} = 1.1 - 0.65 \times \frac{1.78}{0.0153 \times 233.86} = 0.777 < 1.0$$

$$B_s = \frac{E_s A_s h_0^2}{1.15\psi + 0.2 + \frac{6\alpha_E \rho}{1+3.5\gamma'_f}} = \frac{2 \times 10^5 \times 763 \times 458^2}{1.15 \times 0.777 + 0.2 + 6 \times 0.059}$$

$$= 2.21 \times 10^{13} \text{N} \cdot \text{mm}^2$$

4）计算长期荷载作用影响时的弯曲刚度 B。

$$\rho' = 0, \theta = 2.0$$

$$B = \frac{B_s}{\theta} = \frac{2.21 \times 10^{13}}{2.0} \text{N} \cdot \text{mm}^2 = 1.106 \times 10^{13} \text{N} \cdot \text{mm}^2$$

5）验算梁的挠度 f。

$$f = \alpha \frac{M_q}{B} l_0^2 = \frac{5}{48} \times \frac{71.1 \times 10^6}{1.106 \times 10^{13}} \times 6000^2$$

$$= 24.1 \text{mm} < f_{\lim} = \frac{l_0}{200} = \frac{6000}{200} \text{mm} = 30 \text{mm}（满足挠度要求）$$

【点评】 ①变形验算时，弯矩采用准永久组合值、材料强度取标准值。②变形验算一般需 4 步，即内力、短期刚度 B_s、长期刚度 B、挠度 f 的计算。③在求 B_s 和 f 时特别注意单位的换算。

【例 8.4】 已知 T 形截面简支梁，$l_0 = 6.0$m，$b'_f = 600$mm，$b = 200$mm，$h'_f = 60$mm，$h = 500$mm，采用 C30 混凝土，HRB400 级钢筋，假定箍筋直径为 10mm。保护层厚度 $c = 25$mm，截面有效高度 $h_0 = 455$mm。各种荷载在跨中截面引起的弯矩为：永久荷载 43kN·m，上人屋面活载 35kN·m（组合值系数 $\psi_{c1} = 0.7$，准永久值系数 $\psi_{q1} = 0.4$），雪荷载 8kN·m（组合值系数 $\psi_{c2} = 0.7$，准永久值系数 $\psi_{q2} = 0.2$）。

求：1）受弯正截面受拉钢筋面积，并选用钢筋直径（在 18~22mm 之间选择）及根数。

2）验算挠度是否小于 $f_{\lim} = l_0/200$。

3）验算裂缝宽度是否小于 $W_{\lim} = 0.3$mm。

【解】 $\alpha_1 = 1.0$，$\xi_b = 0.518$。查附表 1.8 得，$E_s = 2 \times 10^5 \text{N/mm}^2$；查附表 1.3 得，$E_c = 3.0 \times 10^4$ N/mm^2；查附表 1.1 得，$f_{tk} = 2.01 \text{N/mm}^2$，查附表 1.2 得，$f_c = 14.3 \text{N/mm}^2$，$f_t = 1.43 \text{N/mm}^2$。

1) 弯矩设计值计算。
$$M = (1.2 \times 43 + 1.4 \times 35 + 1.4 \times 0.7 \times 8) \text{kN} \cdot \text{m} = 108.44 \text{kN} \cdot \text{m}$$
$$M = (1.35 \times 43 + 1.4 \times 0.7 \times 35 + 1.4 \times 0.7 \times 8) \text{kN} \cdot \text{m} = 100.2 \text{kN} \cdot \text{m}$$

取两者大值 $M = 108.44 \text{kN} \cdot \text{m}$ 进行截面承载力计算。

2) 截面承载力验算。
$$\alpha_1 f_c b_f' h_f' \left(h_0 - \frac{h_f'}{2}\right) = 1.0 \times 14.3 \times 600 \times 60 \times (455 - 60/2) \times 10^{-6} \text{kN} \cdot \text{m}$$
$$= 218.8 \text{kN} \cdot \text{m} > M = 108.44 \text{kN} \cdot \text{m}$$

属第 I 类 T 形截面。

$$\alpha_s = \frac{M}{\alpha_1 f_c b_f' h_0^2} = \frac{108.44 \times 10^6}{1.0 \times 14.3 \times 600 \times 455^2} = 0.061$$

$$\xi = 1 - \sqrt{1 - 2\alpha_s} = 1 - \sqrt{1 - 2 \times 0.061} = 0.063 < \xi_b = 0.518 \text{（未超筋）}$$

$$A_s = \frac{\alpha_1 f_c b_f' \xi h_0}{f_y} = \frac{1.0 \times 14.3 \times 600 \times 0.063 \times 455}{360} \text{mm}^2 = 683 \text{mm}^2$$

选 2Φ22（实配 $A_s = 760 \text{mm}^2$）。

$$A_{s\min} = \max(0.2\%, 0.45 f_t / f_y) bh = 0.002 \times 200 \times 500 \text{mm}^2 = 200 \text{mm}^2 \text{（满足最小配筋率要求）}$$

3) 计算按荷载准永久值组合并考虑荷载长期作用影响的刚度。

准永久值组合 $M_q = (43 + 0.4 \times 35 + 0.2 \times 8) \text{kN} \cdot \text{m} = 58.6 \text{kN} \cdot \text{m}$

按实配 2Φ22（$A_s = 760 \text{mm}^2$）纵筋，计算 $a_s = (25 + 10 + 22/2) \text{mm} = 46 \text{mm}$。

变形、裂缝宽度验算时，截面实际有效高度 $h_0 = h - a_s = (500 - 46) \text{mm} = 454 \text{mm}$。

$$\alpha_E \rho = \frac{E_s}{E_c} \cdot \frac{A_s}{bh_0} = \frac{2.0 \times 10^5}{3.0 \times 10^4} \times \frac{760}{200 \times 454} = 0.056$$

$$\rho_{te} = \frac{A_s}{A_{te}} = \frac{760}{0.5 \times 200 \times 500} = 0.0152 > 0.01$$

$$\gamma_f' = \frac{(b_f' - b) h_f'}{b h_0} = \frac{(600 - 200) \times 60}{200 \times 454} = 0.264$$

$$\sigma_{sq} = \frac{M_q}{A_s \eta h_0} = \frac{58.6 \times 10^6}{0.87 \times 760 \times 454} \text{N/mm}^2 = 195.2 \text{N/mm}^2$$

$$1.0 > \psi = 1.1 - \frac{0.65 f_{tk}}{\rho_{te} \sigma_{sq}} = 1.1 - \frac{0.65 \times 2.01}{0.0152 \times 195.2} = 0.66 > 0.2$$

$$B_s = \frac{E_s A_s h_0^2}{1.15 \psi + 0.2 + \frac{6 \alpha_E \rho}{1 + 3.5 \gamma_f'}}$$

$$= \frac{2.0 \times 10^5 \times 760 \times 454^2}{1.15 \times 0.66 + 0.2 + \frac{6 \times 0.056}{1 + 3.5 \times 0.264}} \text{N} \cdot \text{mm}^2$$

$$= 2.76 \times 10^{13} \text{N} \cdot \text{mm}^2$$

采用荷载准永久组合，无受压钢筋时，$\theta = 2.0$，则

$$B = \frac{B_s}{\theta} = \frac{2.76 \times 10^{13}}{2.0} \text{N} \cdot \text{mm}^2 = 1.38 \times 10^{13} \text{N} \cdot \text{mm}^2$$

4) 挠度验算。

$$f = \frac{5}{48} \cdot \frac{M_q l_0^2}{B} = \frac{5}{48} \times \frac{58.6 \times 10^6 \times 6000^2}{1.38 \times 10^{13}} \text{mm} = 15.9 \text{mm}$$

$$f_{\lim} = \frac{l_0}{200} = \frac{6000}{200} \text{mm} = 30 \text{mm} \quad (f < f_{\lim}，满足挠度要求)$$

5) 最大裂缝宽度验算。$c_s = (25 + 10) \text{mm} = 35 \text{mm}$

$$\omega_{\max} = \alpha_{cr} \psi \frac{\sigma_{sq}}{E_s} \left(1.9 c_s + 0.08 \frac{d_{eq}}{\rho_{te}}\right)$$

$$= 1.9 \times 0.66 \times \frac{195.2}{2 \times 10^5} \times \left(1.9 \times 35 + 0.08 \times \frac{22}{0.0152}\right) \text{mm}$$

$$= 0.223 \text{mm} < \omega_{\lim} = 0.3 \text{mm} \quad (满足裂缝宽度限制要求)$$

【点评】 ①属于综合性的应用题，对 T 形截面梁，需考虑 γ_f' 影响。②注意 $\rho_{te} > 0.01$，$0.2 \leq \psi \leq 1.0$。③无受压钢筋时，$\theta = 2.0$。

8.4 混凝土结构耐久性设计

混凝土结构的耐久性是指混凝土抵抗外界环境及内在物理、化学等非荷载因素作用下性能随时间劣化的能力，这种劣化过程短则几年，长则几十年。从短期效应看，影响结构的外观及使用功能；从长远看，降低了结构的可靠度。这主要因为混凝土是由水泥和砂、石经水拌和形成的一种结硬性固体物质，这种固体物质决定了混凝土的物理、化学及力学性能，也决定了混凝土的耐久性。影响混凝土结构耐久性的因素与使用环境和结构本身的性能有关，可分为内部因素和外部因素两个方面。内部因素有混凝土强度、密实性、保护层厚度、水泥用量、水胶比、氯离子、碱含量、外加剂等；外部因素有环境温度、湿度、CO_2 含量、侵蚀性介质等。另外，设计构造上的缺陷、施工质量差或使用中维修不当等也会影响结构的耐久性。因此，建筑物在满足承载能力设计的同时，应根据其所处环境，重要性程度和设计使用年限的不同，进行必要的耐久性设计，这是保证结构安全，延长使用年限的重要条件。

8.4.1 影响混凝土结构耐久性的主要因素

影响混凝土结构耐久性的因素很多，主要包括钢筋锈蚀、侵蚀性介质的侵蚀、碱—集料反应、冻融破坏等。

1. 钢筋锈蚀

钢筋锈蚀是混凝土结构最为常见的耐久性病害，也是目前各行业混凝土耐久性研究最为广泛的问题之一，其发生的条件是环境中有氧和水存在，钢筋的钝化膜遭到破坏，导致钢筋锈蚀。

（1）引起钢筋锈蚀的原因

1) 混凝土不密实或存在裂缝。混凝土不密实和构件有裂缝，往往是造成钢筋腐蚀的重要原因，尤其当水泥用量偏小，水胶比偏大和振捣不良，或在混凝土浇筑中产生露筋、蜂窝、麻面等情况，都会加速钢筋的锈蚀。

2) 混凝土碳化。混凝土中的碱性物质 $Ca(OH)_2$ 在混凝土内的钢筋表面形成氧化膜，它能有效地保护钢筋，防止钢筋发生锈蚀。**空气中的二氧化碳（CO_2）与混凝土中的碱性物质发生反应，生成碳酸钙（$CaCO_3$），混凝土的 pH 值降低，这种现象为混凝土的碳化。** 碳化对混凝土本身无害，但当碳化深度达到或超过混凝土保护层厚度时，将破坏钢筋表面的氧化膜，容易引起钢筋锈蚀。此外，碳化还会加剧混凝土的收缩，导致混凝土的开裂。因此，混凝土碳化是影响混凝土耐久性的重要问题之一。

为提高混凝土结构的抗碳化能力，可采取下列措施：合理设计混凝土的配合比；提高混凝土的密实度、抗渗性；规定钢筋保护层的最小厚度；采用覆盖面层（水泥砂浆或涂料等）。

3) 氯离子侵蚀。混凝土中的氯离子有两种来源，一种来源于原材料和外加剂，如使用海砂、海水或使用氯化钙作促凝剂、防冻剂；用氯化钠作早强剂。另一来源是外界环境氯离子的渗入和扩散，特别是在海洋环境中氯离子引起的钢筋锈蚀要比一般大气环境严重得多。氯离子的主要危害为：

① 混凝土中存在氯离子会破坏钢筋表面的钝化膜，使局部活化，形成阴极区，并使钢筋表面局部酸化，从而加速腐蚀。

② 水泥和氯化钙结合生成氯铝酸钙，若形成硬化结晶，则会在固相中膨胀形成微细裂缝，使钢筋腐蚀。

③ 增加混凝土的干缩量，氯盐本身尚有较大的吸湿性，会促进钢筋腐蚀。

④ 钢筋腐蚀生成物中的氯化亚铁（$FeCl_2$）水解性强，使氯离子能长期反复起作用。

⑤ 氯盐使水泥的水化作用不完全，同时会增加混凝土的导电性。

《混凝土结构设计规范》通过限制氯离子含量避免侵蚀。

(2) 钢筋锈蚀对混凝土结构使用性和安全性的影响　在钢筋混凝土结构内，钢筋受周围混凝土的保护，一般不腐蚀。但当保护层破坏或保护层厚度不足时，钢筋发生锈蚀，对结构使用性能和承载力的影响表现为如下两个方面：

1) 由于钢筋锈蚀，使构件的截面面积减小，延性降低，力学性能退化，还会降低钢筋与混凝土的握裹力，影响两者共同工作的性能，使构件承载力下降。对于预应力混凝土结构内的高强钢丝，由于表面积大，截面小，应力高，一旦发生腐蚀，危险性更大，严重会导致构件断裂。

2) 钢筋腐蚀产物体积膨胀，导致混凝土产生顺筋裂缝，使混凝土保护层破裂甚至脱落，从而降低结构的受力性能和耐久性。

为保证钢筋混凝土结构的正常使用和安全性，应定期对结构进行检查。防止钢筋锈蚀的措施有：降低水胶比，增加水泥用量，加强混凝土的密实性；保证混凝土有足够的保护层厚度；采用涂面层，防止 CO_2、O_2 和 Cl^- 的渗入；采用钢筋阻锈剂；使用防腐蚀钢筋，如环氧涂层钢筋、镀锌钢筋等；对钢筋采用阴极防护法等。

2. 侵蚀性介质的侵蚀

在石油、化学、轻工、冶金及港湾工程中，化学介质对混凝土的腐蚀很普遍，常见的有硫酸盐腐蚀、酸腐蚀、海水腐蚀等。如化工企业、海水及一些土壤中存在的硫酸盐溶液使混凝土发生硫酸盐腐蚀，即硫酸盐溶液与水泥石中的氢氧化钙及水化铝酸钙反应生成石膏（二水硫酸钙、$CaSO_4 \cdot 2H_2O$）和钙矾石（32水硫铝酸钙、$CaO \cdot Al_2O_3 \cdot 3CaSO_4 \cdot 32H_2O$）。钙矾石导致固体体积增大，引起膨胀和开裂；石膏可导致混凝土软化，使混凝土强度损失。当遇到化工企业、地下水特别是沼泽或泥炭地区广泛存有碳酸及溶有 CO_2 的水时，会使混凝土发生酸腐蚀，使混凝土裂缝、脱落并导致破坏。在海港、近海结构中的混凝土构筑物，经常受到海水的侵蚀，海水中的氯离子和硫酸镁对混凝土有较强的腐蚀作用。

3. 碱—集料反应

混凝土集料中的某些活性矿物（如硅质石灰岩、白云质石灰岩）与混凝土微孔中碱性溶液产生化学反应称为碱—集料反应。碱—集料反应产生的碱—硅酸盐凝胶，吸水后体积膨胀，可增大 3~4 倍，从面引起混凝土开裂、剥落，强度降低，甚至导致破坏。

碱—集料反应有三个条件：混凝土含碱量超标；集料是碱活性的（如蛋白石、黑硅石等含有 SiO_2 的集料）；混凝土暴露在潮湿环境中。缺少其中任何一个条件，其破坏的可能性就会减弱。因此，对潮湿环境下的重要结构及部位，应采取一定的措施。如集料是碱活性的，则应尽量选用低碱水泥或掺入粉煤灰降低碱性，也可对含活性成分的集料加以控制。

4. 混凝土的冻融破坏

混凝土水化结硬后，内部有很多毛细孔。在浇筑混凝土时，为了得到必要的和易性，会需要比水化反应更多的水，多余的水分滞留在混凝土的毛细孔中，遇到低温时水分因结冰产生体积膨胀，引起混凝土内部结构破坏。反复冻融多次，就会使混凝土的损伤积累到一定程度而引起结构破坏。

冻融破坏在水利水电、港口码头、道路桥梁等工程中较为常见。防止混凝土冻融循环的主要措施是降低水胶比，减小混凝土中多余水分；冬期施工时应加强养护，防止早期受冻并掺入防冻剂。

8.4.2 混凝土结构的耐久性设计

混凝土结构的耐久性按正常使用极限状态控制，特点是材料随时间发展而劣化，引起性能衰减。耐久性极限状态表现为：钢筋混凝土构件表面出现锈胀裂缝；预应力筋开始锈蚀；结构表面混凝土出现可见的耐久性损伤（酥裂、粉化等）。材料劣化进一步发展可能引起构件承载力问题，甚至发生破坏。由于影响混凝土结构材料性能劣化的因素比较复杂，其规律不确定性很大，一般建筑结构的耐久性设计只能采用经验性的定性方法解决。**其基本原则是根据结构的环境类别和设计使用年限进行设计。**

1. 混凝土结构耐久性设计应包括的内容

1）确定结构所处的环境类别。
2）提出材料的耐久性质量要求。
3）确定构件中钢筋混凝土保护层厚度。
4）在不利环境条件下应采取的防护措施。
5）提出结构使用阶段的维护与检测要求。

2. 混凝土结构在设计使用年限内尚应遵守的规定

1）建立定期检测、维修制度。

2）设计中可更换混凝土构件应按规定更换。

3）构件表面的防护层，应按规定维护或更换。

4）结构出现可见的耐久性缺陷时，应及时进行处理。

3. 设计使用年限为 50 年的混凝土结构

其混凝土材料宜符合耐久性基本要求，见附表 3.4。

4. 保证耐久性的技术措施

1）规定最小保护层厚度。

2）满足混凝土的基本要求；控制最大水胶比、最小水泥用量、最低强度等级、最大氯离子含量及最大碱含量。

3）对环境较差的构件，宜采用可更换或易更换的构件。

4）对于暴露在侵蚀性环境中的结构和构件，宜采用带肋环氧涂层钢筋，预应力钢筋应有防护措施。

5）采用有利提高耐久性的高强混凝土。

6）处于二类环境中的悬臂构件宜采用悬臂梁—板的结构形式，或在其上表增设防护层。

7）有抗渗要求的混凝土结构，混凝土抗渗等级应符合有关标准的要求。

小 结

1. 变形与裂缝宽度验算是为了满足正常使用极限状态的要求。它是以适筋梁工作的第 Ⅱ 阶段为依据的，验算时采用荷载的准永久组合以及材料强度的标准值，同时因为变形与裂缝宽度都随时间增大，故考虑荷载长期作用的影响。

2. 受弯构件垂直裂缝宽度是指受弯构件侧表面上，受拉区所有纵向受拉钢筋重心水平线处的裂缝宽度。在短期荷载作用下，裂缝平均宽度 ω_m 等于在裂缝平均间距 l_m 的长度内钢筋与混凝土的伸长差。

3. 裂缝间纵向受拉钢筋应变不均匀系数 ψ 等于裂缝间钢筋的平均应变值与裂缝处钢筋应变值之比，$\psi = \varepsilon_{sm}/\varepsilon_{sk}$。$\psi$ 体现了正常使用阶段中，受拉区裂缝间混凝土参加工作的程度，ψ 越小，混凝土参加工作的程度越大；反之，ψ 越大，混凝土参加工作的程度越小。$0.2 \leq \psi \leq 1.0$。

4. 截面弯曲刚度是指截面抵抗弯曲变形的能力，即产生单位曲率需要施加多大的弯矩。因钢筋混凝土受弯构件的 M-ϕ 是曲线变化的，故弯曲刚度不是一个定值，与荷载、纵筋配筋率、截面尺寸和形状有关。

5. 钢筋混凝土梁沿构件长度方向的截面弯曲刚度是变化的，为简化计算挠度，在等截面构件中，可假定各同号弯矩区段内的刚度相等，并取该区段内最大弯矩处的刚度。即采用各同号弯矩区段内最大弯矩 M_{max} 处的最小截面刚度 B_{min} 作为该区段的刚度 B 按等刚度梁进行变形验算，这就是受弯构件挠度验算的"最小刚度原则"。

6. 减小纵向受拉钢筋直径，采用变形钢筋是减小垂直裂缝宽度最有效的方法；加大截面高度是提高截面弯曲刚度的最有效方法，因此，当梁、板截面的高度满足一定的跨高比后，可以省去挠度验算。

7. 混凝土结构的耐久性是指在设计使用年限内，在正常维护下应能保持其使用功能，而不需要进行大修、加固的性能。混凝土结构的耐久性问题主要表现为混凝土的碳化、钢筋锈蚀。

8. 混凝土的碳化是指大气中的 CO_2 不断向混凝土孔隙中渗透，使混凝土碱度（pH 值）不断降低的现象。

9. 钢筋锈蚀的机理是：当钢筋表面氧化膜被破坏后，会在钢筋表面形成无数的微型腐蚀电池，从而产生电化学腐蚀。

10. 保证混凝土结构耐久性的主要技术措施包括结构设计的技术措施、对混凝土材料的要求、对施工的要求、对混凝土保护层最小厚度四方面。

11. 裂缝、变形及耐久性知识框图如图 8.15 所示。

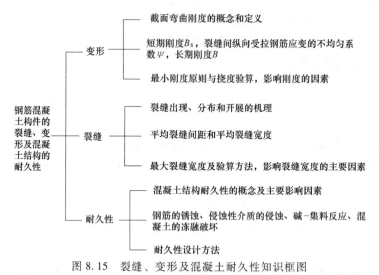

图 8.15 裂缝、变形及混凝土耐久性知识框图

思考题

8.1 裂缝控制等级分为几级？每一级的要求是什么？

8.2 验算钢筋混凝土构件裂缝宽度和变形的目的是什么？

8.3 《混凝土结构设计规范》中平均裂缝宽度的计算公式是根据什么原则确定的？最大裂缝宽度 w_{lim} 是在平均裂缝宽度基础上考虑哪些因素得出的？说明参数 ρ_{te}、ψ 的物理意义。

8.4 影响裂缝宽度的因素主要有哪些？若构件的最大裂缝宽度不能满足要求，可采取哪些措施？

8.5 为什么在长期作用下受弯构件的挠度会增大？

8.6 钢筋混凝土受弯构件的刚度与哪些因素有关？如果受弯构件的挠度不满足要求，可采取什么措施？其中最有效的方法是什么？

8.7 什么是"最小刚度原则"？试分析应用该原则的合理性。

8.8 简述配筋率对受弯构件正截面承载力、挠度和裂缝宽度的影响，三者不能同时满足时应采取的措施。

8.9 影响混凝土结构耐久性的因素有哪些？《混凝土结构设计规范》采用哪些措施来保证结构的耐久性？

章节练习

8.1 填空题

1. 混凝土基本构件的承载力计算是基于安全性要求。而对某些构件尚应进行变形和裂缝宽度验算，是保证_____与_____的要求。

2. 轴心受拉构件混凝土开裂后，裂缝截面处混凝土退出工作，全部拉力由_____承担，而在裂缝之间的混凝土仍参加工作，其拉力是由钢筋通过其与混凝土交界面的_____传递的。

3. 裂缝控制一般划分为三级，其控制条件是：一级是_____裂缝的构件；二级是_____裂缝的构件；三级是_____裂缝的构件，但其计算值不应超过允许值。

4. 对普通钢筋混凝土结构，当其他条件不变的情况下，钢筋的直径细而密，可使裂缝宽度_____；混凝土保护层越厚，裂缝宽度_____；纵筋配筋率越高，裂缝宽度_____；采用变形钢筋将会使裂缝宽度_____。

8.2 选择题

1. 对于即将开裂的截面尺寸和材料强度等级都相同的轴心受拉构件，其配筋率越大，则钢筋的应力（   ）。
   (A) 越小　　　　　　　　　　　　(B) 越大
   (C) 可能越小也可能越大　　　　　　(D) 钢筋的应力与配筋率无关

2. 按《混凝土结构设计规范》验算钢筋混凝土梁的裂缝宽度是指（   ）。
   (A) 构件底面的裂缝宽度　　　　　　(B) 钢筋表面的裂缝宽度
   (C) 钢筋重心水平处构件侧表面的裂缝宽度　(D) 构件纵向的裂缝宽度

3. 对配筋率一定的钢筋混凝土构件，为减小裂缝宽度，下列措施中较有效的是采取（   ）。
   (A) 直径大的光圆钢筋　(B) 直径大的变形钢筋　(C) 直径小的光圆钢筋　(D) 直径小的变形钢筋

4. 当验算混凝土构件裂缝宽度不满足，但相差不大时，最好的措施是（   ）。
   (A) 增大截面宽度　　(B) 提高混凝土等级　　(C) 减小钢筋直径　　(D) 提高钢筋等级

5. 钢筋混凝土梁截面弯曲刚度随荷载以及持续时间增加而（   ）。
   (A) 逐渐增加　　(B) 逐渐减少　　(C) 先减小后增加　　(D) 先增加后减少

6. 提高钢筋混凝土梁短期刚度 B_s 的最有效措施是（   ）。
   (A) 提高混凝土强度等级　　　　　　(B) 加大钢筋截面面积 A_s
   (C) 加大截面有效高度 h_0　　　　　(D) 提高钢筋强度等级

7. 对于受弯构件的弯曲刚度，下列说法不正确的是（   ）。
   (A) 受弯构件的短期刚度 B_s 随弯矩 M_q 的增大而减小
   (B) 受弯构件的短期刚度 B_s 与混凝土抗拉强度无关
   (C) 受弯构件的短期刚度 B_s 随配筋率的增大而增大
   (D) 加配受压钢筋 A'_s 可提高受弯构件的长期刚度 B

8. 在计算钢筋混凝土受弯构件的挠度时，采用的刚度是（   ）。
   (A) 最大弯矩处的最大刚度　　　　　(B) 最大弯矩处的最小刚度
   (C) 沿构件长的平均刚度　　　　　　(D) 最小弯矩处的最小刚度

9. 构件的挠度值（   ）。
   (A) 应按荷载长期效应组合并考虑长期效应对刚度的影响进行计算
   (B) 应按荷载短期效应组合并考虑长期效应对刚度的影响进行计算
   (C) 应按荷载长期效应组合短期刚度进行计算
   (D) 应按荷载短期效应组合短期刚度进行计算

10. 减小混凝土构件因碳化引起的沿钢筋方向的裂缝的最有效措施是（   ）。
    (A) 提高混凝土强度等级　　　　　　(B) 减小钢筋直径
    (C) 增加钢筋截面面积　　　　　　　(D) 选用足够的钢筋保护层厚度

8.3 判断题

1. 受弯构件的裂缝宽度计算时，裂缝截面处纵向钢筋的应力 σ_{sq} 与构件的截面形状、截面的有效高度有关。（   ）

2. 钢筋混凝土受弯构件，随荷载增加，弯矩增大，变形加大，刚度减小；随配筋率加大，变形减小，刚度增大。（   ）

3. 对给定配筋率的轴心受拉构件，其裂缝间距将随混凝土强度的提高而减小。（   ）

4. 受拉钢筋应变不均匀系数 ψ 越大，说明混凝土参与工作程度越小，钢筋与混凝土之间的黏结力越小。
（　　）

5. 钢筋混凝土受弯构件，混凝土强度提高，对承载力的影响较大，对裂缝宽度和刚度的影响较小。
（　　）

6. 设置受压翼缘可提高钢筋混凝土受弯构件的刚度。（　　）

7. 钢筋混凝土构件进行裂缝宽度验算时，荷载和材料强度均采用标准值。（　　）

8. 在影响荷载裂缝宽度的诸多因素中，其主要的影响因素是钢筋应力、有效配筋率及钢筋直径；为控制裂缝，在普通钢筋混凝土结构中不宜采用高强度钢筋。（　　）

8.4 计算题

1. 某屋架下弦按轴心受拉构件设计，截面尺寸为 200mm×200mm，一类环境，保护层厚度 $c = 20$mm，配置 4Φ14 的 HRB400 级钢筋，Φ6@200 的箍筋，混凝土强度等级为 C30，荷载准永久组合产生的轴向拉力 $N_q = 130$kN，最大裂缝限值 $W_{lim} = 0.2$mm。试验算裂缝宽度是否满足？如不满足应如何处理？

2. 某 T 形截面简支梁，处于室内正常环境，保护层厚度 $c = 25$mm。计算跨度 $l_0 = 6.0$m，截面尺寸 $b'_f = 600$mm，$b = 200$mm，$h'_f = 80$mm，$h = 500$mm，采用 C30 混凝土，配置 2Φ22 的 HRB400 级纵向受拉钢筋（$A_s = 760$mm²），Φ10@200 的箍筋。按荷载准永久值组合计算的跨中弯矩 $M_q = 70$kN·m。验算该梁挠度是否满足要求。其中允许挠度 $f_{lim} = l_0/200$。

3. 某倒 T 形截面简支梁，计算跨度 $l_0 = 6.0$m，截面尺寸如图 8.16 所示，$b_f = 600$mm，$b = 200$mm，$h_f = 60$mm，$h = 500$mm。采用 C30 混凝土，HRB400 级钢筋，假定箍筋直径为 10mm。保护层厚度 $c = 25$mm，截面有效高度 $h_0 = 455$mm。各种荷载在跨中截面引起的弯矩为：永久荷载 40kN·m，屋面活载 55kN·m（准永久值系数 $\psi_{q1} = 0.4$），屋面积灰荷载 10kN·m（准永久值系数 $\psi_{q2} = 0.8$）。

（1）求受弯正截面受拉钢筋面积，并选用钢筋直径（在 18～22mm 之间选用）及根数。

（2）验算挠度是否小于 $f_{lim} = l_0/200$。

（3）验算裂缝宽度是否小于 $W_{lim} = 0.3$mm。

（4）与例 8.4 题比较，提出分析意见。

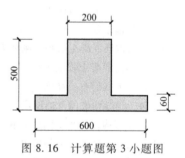

图 8.16　计算题第 3 小题图

预应力混凝土构件 第9章

本章提要
1. 掌握预应力混凝土的基本概念、设计原理及材料性能要求。
2. 熟悉施加预应力的方法和设备；熟悉部分预应力混凝土及无黏结预应力混凝土结构。
3. 掌握张拉控制应力与预应力损失的计算方法和预应力损失值的组合。
4. 熟悉预应力混凝土轴心受拉、受弯构件在施工阶段的验算方法和使用阶段的计算。
5. 熟悉后张法构件端部锚固区的局部承压验算。
6. 掌握预应力混凝土构件的构造要求。

9.1 概述

9.1.1 预应力混凝土的基本概念

1. 钢筋混凝土结构的缺点

混凝土抗拉强度很低，约为 $20\sim30\text{N/mm}^2$，其极限拉应变也很小，约为 $(0.1\sim0.15)\times10^{-3}$。构件开裂时，钢筋强度远未充分利用，因此普通钢筋混凝土构件存在难以克服的两个缺点：

1) 限制高强度材料使用。即使提高混凝土强度，极限拉应变值变化也不大，弹性模量提高也有限，对解决工程中的抗裂性和刚度收效颇微。

2) 受拉区过早的开裂导致构件刚度降低，为满足变形限值的要求，需要加大构件截面尺寸，这样做既不经济又增加构件自重，从而限制普通钢筋混凝土结构在大跨度工程、有特殊防裂要求工程中的使用。

2. 预应力混凝土的基本概念

改善钢筋混凝土结构构件的抗裂性能，充分利用高强度材料，以及适应大跨度工程的需要，有效的办法是采用预应力混凝土结构。《预应力混凝土结构设计规范》（JGJ 369—2016）中对预应力混凝土结构的定义为：配置受力的预应力筋，通过张拉或其他方法建立预加应力的混凝土结构。对混凝土施加预应力通常是通过张拉钢筋实现的。钢筋张拉后产生回弹力，回弹力通过钢筋和混凝土之间的黏结力传递混凝土，或者通过锚具直接在构件两端施压并传递给混凝土，从而使混凝土受压而产生预压应力，这样的钢筋称为预应力筋。

在结构构件受外荷载作用前，预先对外荷载引起拉应力部位的混凝土（即截面的受拉区）人为施加压应力，由此产生的预压应力可以抵消外荷载引起的大部分或全部拉应力，从而使结构构件在使用时的拉应力不大甚至全截面处于受压状态。这样可以推迟甚至避免结构构件在外荷载作用下出现裂缝；即使出现裂缝，裂缝开展宽度也不致过大。下文将通过图

9.1 所示预应力混凝土简支梁的受力情况说明预应力的基本原理。在外荷载作用前，预先在梁的受拉区施加一对大小相等、方向相反的偏心预压力 N_p，使得梁截面下边缘混凝土产生预压应力 $\sigma_\mathrm{pc} = \dfrac{-N_\mathrm{p}}{A} - \dfrac{N_\mathrm{p} e_\mathrm{p}}{I}$，如图 9.1a 所示。当均匀外荷载 q 作用时，截面下边缘将产生拉应力 $\sigma_\mathrm{yc} = \dfrac{My}{I}$，如图 9.1b 所示。在预压力和外荷载的共同作用下，梁的下边缘应力为上述两种情况的叠加 $\sigma_\mathrm{c} = \dfrac{-N_\mathrm{p}}{A} - \dfrac{N_\mathrm{p} e_\mathrm{p}}{I} + \dfrac{My}{I}$，如图 9.1c 所示，其结果可能是压应力、零应力或较小拉应力三种情况（图 9.1d）。也就是说，预压应力可部分抵消或全部抵消外荷载引起的拉应力，因而避免或延缓混凝土构件的开裂，提高构件的抗裂能力和刚度，这是预应力混凝土的最大优点，其他优点如采用高强材料，减小构件尺寸和自重，提高耐久性等。

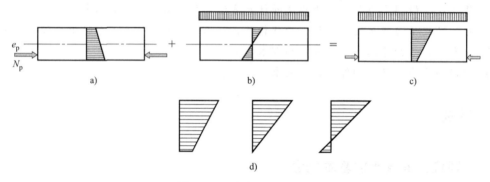

图 9.1 预应力混凝土原理
a）预压力作用下应力分布　b）荷载作用应力分布　c）截面应力叠加
d）梁下边缘截面应力叠加结果，压应力或零应力或较小拉应力

3. 预应力混凝土结构的特点

预应力混凝土结构的优点是明显的。预应力提高了构件的抗裂能力和刚度，构件在使用荷载作用下可以不出现裂缝或者裂缝宽度大大减小，有效地改善构件的使用性能，提高构件的刚度，增加结构的耐久性。预应力混凝土采用高强材料，因而可以减小构件截面尺寸，减少材料用量并降低结构自重，这对大跨度结构和高层建筑尤其重要。预应力受弯构件在施加预应力的同时，可以使构件产生反拱，减小构件工作时的挠度。施加预应力时，受到张拉的钢筋和受到预压的混凝土可认为都经受一次强度检验，如果在施加预应力时构件质量较好，也可认为在使用阶段是安全可靠的，因此也称预应力混凝土结构是预先检验的结构。预应力构件的抗疲劳性能较好，这是因为预应力使得钢筋在重复荷载作用下的应力变化幅度较小，延长疲劳寿命，这对承受动荷载的桥梁结构是有利的。此外，预应力还可以作为结构的一种拼装手段和加固措施。

主要缺点：预应力混凝土的设计和施工比较复杂，对材料质量要求严格，施工时需要专门的张拉、锚具、灌浆设备，因此要求施工人员技术能力较强。

4. 预应力混凝土的应用

预应力混凝土具有许多优点，扩大了混凝土结构的应用范围，特别适用于普通钢筋混凝土结构不能应用的情形。

1) 大跨度结构,如大跨度桥梁、体育馆、车间和飞机库等大跨度的建筑屋盖、高层建筑结构的转换层等。

2) 对抗裂性有特殊要求的结构,如压力管道、水工或海洋工程结构,冶金、化工厂的车间、构筑物及原子能反应堆容器等。

3) 某些高耸建筑结构,如水塔、烟囱、电视塔等。

4) 制造预制构件,如预应力空心楼板、预应力管桩等。

9.1.2 预应力混凝土分类

根据制作、设计和施工的特点,预应力混凝土有不同的分类。

1. 先张法预应力混凝土结构和后张法预应力混凝土结构

在台座上张拉预应力筋后浇筑混凝土,并通过放张预应力筋由黏结传递而建立预应力的混凝土结构为先张法预应力混凝土结构。在混凝土达到规定强度后,通过张拉预应力筋并在结构上锚固而建立预应力的混凝土结构为后张法预应力混凝土结构。两者的根本区别是张拉预应力筋在浇筑混凝土之前或之后并据此命名。

(1) 先张法 在浇筑混凝土之前张拉钢筋。其主要工序为(图9.2):

1) 钢筋在台座(或钢模)上就位。

2) 用张拉机具张拉预应力筋至控制应力,并用夹具临时固定。

3) 支模浇筑混凝土。

4) 养护混凝土至其强度不低于设计值的75%时,切断预应力筋。

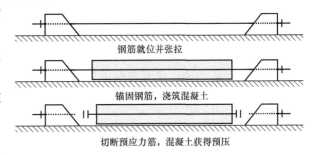

图 9.2 先张法的主要工序示意图

先张法构件是通过预应力筋与混凝土之间的黏结力传递预应力的。该方法适用于在预制厂大批制作中、小型构件,如批量生产预应力混凝土空心楼板、屋面板、梁等。先张法工艺简单,质量比较容易保证,钢筋靠黏结力自锚,不必消耗特制的锚具,临时固定时使用的夹具可以重复使用。此外与后张法相比,先张法生产成本较低。

(2) 后张法 在浇筑混凝土并结硬之后张拉预应力筋。其主要工序为(图9.3):

1) 浇筑混凝土制作构件,并预留孔道(预埋塑料管、钢管等)。

2) 养护混凝土至规定强度值。

3) 在孔道中穿入预应力筋,并在构件上用张拉机具张拉预应力筋至控制应力。

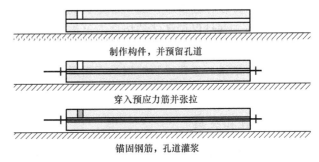

图 9.3 后张法的主要工序示意图

4) 张拉端用锚具锚住预应力筋,并在孔道内压力灌浆。

后张法构件是依靠两端的锚具传递预应力,因此使用的锚具是构件的一部分,是永久性的,不能重复使用。此方法适用于施工现场制作大型构件,如预应力屋架、吊车梁、大跨度桥梁等。后张法的特点是工序多，预留孔道占截面面积大；施工较复杂，压力灌浆费时，需耗费永久性锚具，且造价高。

2. 有黏结预应力混凝土结构和无黏结预应力混凝土结构

通过灌浆或与混凝土直接接触使预应力筋与混凝土之间相互黏结而建立预应力的混凝土结构为有黏结预应力混凝土结构，通常与先张法工艺相结合。

配置与混凝土之间可保持相对滑动的无黏结预应力筋的混凝土结构为无黏结预应力混凝土结构，通常与后张法工艺相结合，其预应力筋表面常涂有防锈材料，外套防老化的塑料管等措施，以防止与混凝土黏结。因预应力筋可与混凝土发生相对滑移，所以靠端部锚固传递预应力。大量实践与研究表明，无黏结预应力混凝土结构具有如下优点且为今后预应力混凝土结构发展的主要趋势：

（1）结构自重轻　因为不需要预留孔道，可以减小构件尺寸，减轻自重，有利于减小下部支承结构的荷载和降低造价。

（2）施工简便、速度快　施工时，无黏结预应力筋同非预应力筋一样，按设计要求铺放在模板内，然后浇筑混凝土，待混凝土到达设计强度后再张拉。锚固、封堵端部。无需预留孔道、穿筋和张拉后灌浆等复杂工序，简化施工工艺，加快施工进度。同时，构件可以在工厂中预制，也可以现浇。特别适用于构造比较复杂的曲线布筋构件和运输不便、施工场地狭小的建筑。

（3）抗腐蚀能力强　涂有防腐油脂外包塑料套管的无黏结预应力筋束，具有双重防腐能力，可以避免预留孔道穿筋的后张法预应力构件因压浆不密实而发生预应力筋锈蚀以至断丝的危险。

（4）使用性能良好　通过采用无黏结预应力筋束和普通钢筋的配合布筋，在满足极限承载能力的同时，可以避免较大集中裂缝的出现，改善构件的使用性能。

（5）防火性能可靠　现浇后张平板结构的防火和火灾灾害试验表明，只要具有适当的保护层厚度与板的厚度，防火性能是可靠的。

（6）抗震性能好　试验和实践表明，地震作用下，当无黏结预应力混凝土结构经受大幅度位移时，无黏结预应力筋一般处于受拉状态，而有黏结预应力筋可能由受拉转为受压。无黏结预应力筋承受的应力变化幅度较小，可将局部变形均匀地分布到构件全长上，使无黏结筋的应力保持在弹性阶段，加上部分预应力构件中配置的非预应力筋，使结构的能量消散能力得到保证，并且保持良好的挠度恢复性能。

（7）应用广泛　无黏结预应力混凝土适用于多层和高层建筑结构中的单向板、双向连续板，以及井字梁、悬臂梁、框架梁、扁梁等。桥梁结构中的简支板（梁）、连续梁、预应力拱桥、桥梁下部结构、灌注桩的墩台等，还可应用于旧桥加固工程。

9.1.3　锚具和夹具

锚具和夹具是指预应力混凝土构件中锚固预应力筋的装置，对构件建立有效预应力起到至关重要的作用。在先张法构件施工时，为保持预应力筋的拉力并将其固定在生产台座（或设备）上的临时性锚固装置一般称为夹具或工作锚，可重复使用。在后张法预应力混凝土结构中，为保持预应力筋的拉力并将其传递到混凝土上所用的永久性锚固装置称为锚具。锚具为构件的组成部分，不能重复使用。

工程中对锚具的基本要求是：①安全可靠。锚具要有足够的强度和刚度，满足结构要求的静载锚固性能、疲劳性能和抗震性能。②构造简单，便于机械高精度加工。③施工简单，预应力损失小。④使用方便，省材料，价格低。

锚具的工作原理分为夹片式锚具和支承式锚具两大类。夹片式锚具是利用钢筋回缩带动锥形（或楔形）的锚塞（或夹片）一起移动，使之挤紧锚杯的锥形内壁上，同时挤压力反作用于预应力筋上，产生极大摩擦力或使预应力筋变形，从而阻止预应力筋回缩，如夹片式锚具、锥形锚具。支承式锚具是用螺钉、镦头等方法为钢筋制造一个扩大的端头，在锚板、垫板等配合下阻止预应力筋回缩，如螺母锚具、镦头锚具等。

1. 夹片式锚具

如图9.4所示，每套锚具由一个锚环和若干夹片组成。国内常见的热处理钢筋夹片式锚具有JM12型，如图9.4a所示。预应力钢绞线夹片式锚具有QM型和XM型，如图9.4b、c、d所示。夹片做成楔形或锥形，预应力筋回缩时受到挤压而被锚住。这种锚具通常用于预应力筋的张拉端，也可用于固定端。用于固定端时，在张拉钢筋过程中夹片即就位挤紧；而用于张拉端时，钢筋张拉完毕才将夹片挤紧。JM12型锚具主要缺点是钢筋内缩量较大。其余几种锚具有锚固可靠、互换性好、自锚性能强、张拉钢筋根数多、施工操作简便等优点。

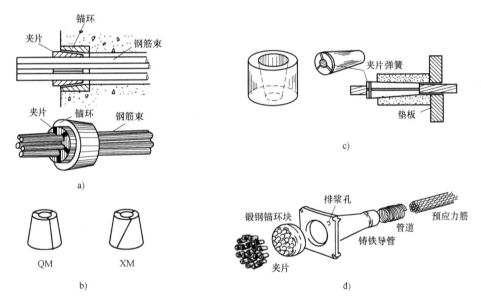

图9.4 夹片式锚具

a) JM12型锚具　b) QM型与XM型锚具夹　c) QM型单孔锚具　d) QM型多孔锚具

2. 锥形锚具

如图9.5所示，主要用于平行钢绞线束。锚具由锚环和锚塞（锥形塞）两部分组成，锚环在构件混凝土浇筑前埋置在构件端部，锚塞中间有小孔作锚固后灌浆用。由双作用千斤顶张拉钢丝后再将锚塞顶压入锚圈内，利用钢丝在锚塞与锚圈之间的

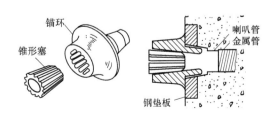

图9.5 锥形锚具

摩擦力锚固钢丝。这种锚具的缺点是滑移大,而且不能保证每根钢筋受力均匀。

3. 螺母锚具

如图9.6所示,主要用于预应力筋张拉端。螺纹端杆一端与预应力筋通过对焊连接或套筒连接,另一端与张拉千斤顶相连。张拉终止时,通过螺母和垫板将预应力筋锚固在构件上。这种锚具优点是比较简单、滑移小和便于张拉;缺点是对预应力筋长度的精度要求高,同时要注意焊接接头的质量,以防发生脆断。

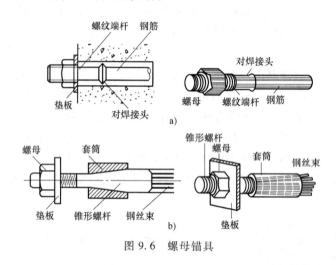

图9.6 螺母锚具

4. 镦头锚具

如图9.7所示,主要用于锚固钢丝束,也可用于单根粗钢筋。图9.7a用于预应力筋的张拉端,图9.7b、c用于预应力筋的固定端。先将钢丝的一端镦粗,将钢丝穿过锚孔,在另一端进行张拉。这种锚具锚固性能可靠,锚固力大,张拉方便,但要求钢丝长度有较高的精确度,否则钢丝将受力不均。

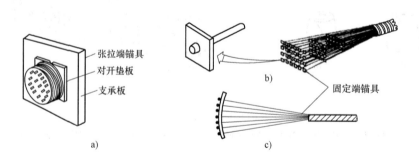

图9.7 镦头锚具
a) 张拉端 b) 分散式固定端 c) 集中式固定端

5. 锚具选用

预应力结构设计时应根据工程环境条件、结构特点、预应力筋品种和张拉施工方法选择锚具。夹片式锚具不得用作预埋在混凝土内的固定端。常用金属预应力筋的锚具可按表9.1选用。

表 9.1 锚具选用

预应力筋品种	张拉端	固定端	
		安装在结构外部	安装在结构内部
钢绞线	夹片锚具	夹片锚具、挤压锚具	挤压锚具
单根钢丝	夹片锚具、镦头锚具	夹片锚具	镦头锚具
钢丝束	镦头锚具、冷(热)铸锚	冷(热)铸锚	镦头锚具
预应力螺纹钢筋	螺母锚具	螺母锚具	螺母锚具

9.2 预应力混凝土构件设计的一般规定

9.2.1 设计基本原则

预应力混凝土结构构件,除应根据设计状况进行承载力计算及变形、抗裂、裂缝宽度等正常使用极限状态验算外,尚应对制作、运输和安装等施工阶段进行验算。

预应力混凝土结构设计应计入预应力作用效应,对超静定结构,相应的次弯矩、次剪力及次轴力等应参与组合计算;并应符合下列规定:

1) 对承载能力极限状态,当预应力作用效应对结构有利时,预应力作用分项系数 γ_p 应取 1.0,不利时应取 1.3;对正常使用极限状态,应取 1.0。其中参与组合的预应力作用效应项对结构有利是因为预应力筋的数量和设计参数已由裂缝控制等级的要求确定,且总体上是有利的;对结构不利主要针对局部受压承载力计算,框架梁端预应力筋偏心弯矩在柱中产生次弯矩时考虑。

2) 对参与组合的预应力作用效应项,当预应力作用效应对承载力有利时,结构重要性系数 γ_0 应取 1.0。当预应力作用效应对承载力不利时,结构重要性系数 γ_0 在持久设计状况和短暂设计状况下,对安全等级为一级的结构构件不应小于 1.1;对安全等级为二级的结构构件不应小于 1.0;对安全等级为三级的结构构件不应小于 0.9。地震设计状况下应取 1.0。

3) 预应力混凝土结构设计应分别按荷载效应的标准组合与准永久组合并考虑长期作用影响的效应对正常使用极限状态的结构构件进行验算,控制应力、变形、裂缝等计算值不应超过相应的规定限值。

4) 预应力结构应按最不利作用的组合进行内力分析。作用的组合应考虑全部荷载作用工况,包括预加力作用、温度作用、收缩徐变作用、约束作用和地基不均匀沉陷作用,以及荷载偏心产生的扭转和横向均匀分布荷载等因素。复杂约束结构尚应考虑施工路径影响。施工和正常使用极限状态的各种校核,应将预加力作为荷载计算其效应。

9.2.2 施工阶段验算

由于预应力混凝土结构构件在制作、运输、吊装等施工阶段的受力状态与使用阶段的受力状态不同,应对其张拉、运输及安装等施工阶段进行承载力极限状态和正常使用极限状态验算。后张法预应力构件在施工阶段还需进行局部承压验算、预应力束弯折处曲率半径验算及防崩裂验算。进行构件施工阶段的验算时,应考虑构件自重、施工荷载和施工路径对预加力的影响等，施工阶段计入构件自重后的应力限值应按表9.2采用。预制构件的吊装验算应将构件自重乘以1.5的动力系数。

表9.2 施工阶段的应力限值

项目		不允许出现裂缝的构件	允许出现裂缝的构件
混凝土压应力	C50~C60	$0.8f_{ck}$	$0.8f_{ck}$
	C30~C45		
	超张拉时		
混凝土拉应力		$1.0f_{tk}$	$2.0f_{tk}$
预拉区配置非预应力筋的混凝土拉应力		—	—

9.2.3 预应力混凝土材料

1. 钢筋

预应力混凝土结构中的钢筋包括预应力筋和非预应力筋。

非预应力筋的选用与钢筋混凝土结构中的钢筋相同，即宜采用 HRB400、HRB500、HRBF400、HRBF500 钢筋，也可采用 HPB300、HRB335、RRB400 钢筋。

预应力混凝土结构中预应力筋宜采用预应力钢丝、钢绞线和预应力螺纹钢筋，也可采用**纤维增强复合材料预应力筋**。预应力筋的强度指标见附录1。

预应力筋首先必须具有高强度，这是因为从构件制作到构件破坏，预应力筋始终处于高应力状态，而且在预应力混凝土制作和使用过程中将出现各种预应力损失，因此，为确保扣除预应力损失后预应力筋仍具有较高的张拉应力，也必须使用高强钢筋（丝）作预应力筋。其次，**预应力筋还应具有一定的塑性**，《预应力混凝土结构设计规范》规定，预应力筋在最大力下的总伸长率 δ_{st} 见附表1.9，其目的是为了避免构件发生脆性破坏，要求预应力筋在拉断前具有一定的延性，当构件处于低温或冲击环境以及抗震结构中时，此点尤为重要。另外，预应力筋还应**具有良好的焊接性能以及与混凝土有足够的黏结力等**。

2. 混凝土

预应力混凝土结构的混凝土强度等级不宜低于C40，且不应低于C30。

预应力混凝土结构中，混凝土等级越高，能够承受的预压应力也越高；同时，采用高等级的混凝土与高强度钢筋配合，可以获得较经济的构件截面尺寸；另外，高强度混凝土与钢筋的黏结力也高，这对减少先张法构件端部应力传递长度有利。对于后张法构件，采用高强度混凝土可承受构件端部较高的局部压应力。此外，混凝土还应具有**较小的收缩与徐变值**，以尽量减少由于收缩徐变引起的预应力损失。最后要求混凝土具有**快硬、早强特性**。这样可尽早施加预应力，以提高台座、模具及夹具的周转，加快施工进度，降低管理费用。同时为了保证预压区混凝土不被压坏，端部局部受压承载力也有一定要求，《预应力混凝土结构设计规范》规定，**施加预应力时，所需混凝土立方体抗压强度应按计算确定，且不宜低于设计的混凝土强度等级值的75%。**

3. 纤维增强复合材料筋

纤维增强复合材料筋混凝土构件应采用碳纤维增强复合材料筋或芳纶纤维增强复合材料筋，且其纤维体积含量不应小于60%。纤维增强复合材料预应力筋的截面面积应小于

300mm², 抗拉强度标准值应按筋材的截面面积含树脂计算, 其主要力学性能指标应满足表 9.3 的规定, 并具有 99.87% 的保证率, 其弹性模量和最大力下的伸长率应取平均值, 不应采用光圆表面的纤维增强复合材料筋。

表 9.3 纤维增强复合材料预应力筋的主要力学性能指标

类型	抗拉强度标准值/(N/mm²)	弹性模量/(N/mm²)	伸长率/%
碳纤维增强复合材料筋	≥1800	≥1.40×10⁵	≥1.5
芳纶纤维增强复合材料筋	≥1300	≥0.65×10⁵	≥2.0

4. 成孔材料

后张法预应力孔道一般推荐采用预埋管法成孔。常用的有金属波纹管、塑料波纹管。梁通常采用圆形波纹管,板类构件宜采用扁形波纹管。波纹管截面面积一般为预应力筋截面面积的 3~4 倍,其内径应大于预应力筋轮廓直径+(6~15)mm,并要求波纹管要有足够的刚度和良好的抗渗性能。

9.2.4 张拉控制应力 σ_{con}

预应力筋张拉时在张拉端施加的应力值为张拉控制应力,以 σ_{con} 表示。张拉控制应力的高低对预应力混凝土构件的受力性能影响很大。张拉控制应力越高,混凝土受到的预压力越大,构件的抗裂性能越好,还可以节约预应力筋,所以张拉控制应力不能过低。但张拉控制应力过高会引起如下问题:

1) 构件在施工阶段的预拉区拉应力过大甚至开裂,造成后张法构件端部混凝土局部受压破坏。

2) 过大预应力会使构件开裂荷载与破坏荷载相近,构件破坏前无明显预兆,延性差。

3) 有时为减小预应力损失,需要进行超张拉,而过高张拉应力可能使个别预应力筋超过它的实际屈服强度,使钢筋产生塑性变形或发生脆断。

4) 张拉控制应力越高,钢筋的预应力损失越大。

张拉控制应力的大小与张拉方法及钢筋种类有关。先张法张拉控制应力高于后张法,是因为后张法在张拉预应力筋时,混凝土即产生弹性压缩,所以张拉控制应力为混凝土压缩后的预应力筋应力值;而先张法构件,混凝土是在预应力筋放张后才产生弹性压缩,故需考虑混凝土弹性压缩引起的预应力值的降低。消除应力钢丝和钢绞线这类钢材材质稳定,后张法张拉时的高应力在预应力筋锚固后降低很快,不会发生拉断,其张拉控制应力值较高些。《预应力混凝土结构设计规范》规定,预应力筋的张拉控制应力 σ_{con} 应符合下列规定:

1) 消除应力钢丝、钢绞线　　$0.4f_{ptk} \leq \sigma_{con} \leq 0.75f_{ptk}$ 　　(9.1a)

2) 中强度预应力钢丝　　$0.4f_{ptk} \leq \sigma_{con} \leq 0.70f_{ptk}$ 　　(9.1b)

3) 预应力螺纹钢筋　　$0.5f_{pyk} \leq \sigma_{con} \leq 0.85f_{pyk}$ 　　(9.1c)

式中　f_{ptk}——预应力筋极限强度标准值;

f_{pyk}——预应力螺纹钢筋屈服强度标准值。

当符合下列情况之一时,上述张拉控制应力限值可相应提高 $0.05f_{ptk}$ 或 $0.05f_{pyk}$: ①要求提高构件在施工阶段的抗裂性能而在使用阶段受压区内设置的预应力筋;②要求部分抵消由于应力松弛、摩擦、钢筋分批张拉及预应力筋与张拉台座之间的温差因素产生的预应力损失。

9.3 预应力损失

是预应力筋张拉过程中和张拉后,由于材料特性、结构状态和张拉工艺等因素引起的预应力筋应力降低的现象称为预应力损失。预应力损失计算正确与否对结构构件的极限承载力影响很小,但对构件在荷载作用下的使用性能(反拱、挠度、抗裂度及裂缝宽度)存在相当大的影响。损失估计过小会导致构件过早开裂。正确估算和尽可能减小预应力损失是设计预应力混凝土结构构件的重要问题。因此,必须在设计和制作过程中充分了解引起预应力损失的各种因素、计算方法和减小损失可采取的措施,下面分项说明。

1. 张拉端锚具变形和预应力筋内缩引起的预应力损失 σ_{l1}

预应力筋锚固在台座或构件上时,锚具、垫板与构件之间的缝隙被挤紧,或者钢筋和螺帽在锚具内的滑移,使预应力筋回缩,引起预应力损失 σ_{l1}。

1)对于直线预应力筋,σ_{l1} 可按下式进行计算

$$\sigma_{l1} = \frac{a}{l} E_p \tag{9.2}$$

式中 a——张拉端锚具变形和钢筋内缩值(mm),可按表 9.4 采用;

l——张拉端到锚固端之间的距离(mm);

E_p——预应力筋弹性模量(N/mm²)。

表 9.4 锚具变形和预应力筋内缩值 a

锚具类别		a/mm
支承式锚具 (钢丝束墩头锚具等)	螺母缝隙	1
	每块后加垫板的缝隙	1
夹片式锚具	有顶压时	5
	无顶压时	6~8

注:块体拼成的结构,其预应力损失尚应计入块体间填缝的预压变形。当采用混凝土或砂浆为填缝材料时,每条填缝的预压变形值可取为 1mm。

2)后张法预应力曲线筋或折线筋,当锚具变形和预应力筋内缩使预应力筋与孔道壁间产生反向摩擦力发生预应力损失。其大小应根据曲线筋或折线筋与孔道壁间反向摩擦影响长度 l_f 范围内的预应力筋变形值等于锚具变形和预应力筋内缩值的条件确定。研究表明,锚固损失在张拉端最大,沿预应力筋向内逐步减小,直至消失。如图 9.8 所示,当圆心角 $\theta \leq 45°$ 时,预应力损失值 σ_{l1} 可按下式计算

$$\sigma_{l1} = 2\sigma_{con} l_f \left(\frac{\mu}{r_c} + \kappa\right)\left(1 - \frac{x}{l_f}\right) \tag{9.3}$$

反向摩擦影响长度 l_f(m)可按下式计算

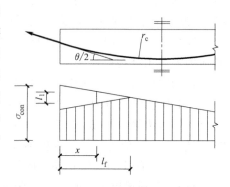

图 9.8 圆弧形曲线预应力筋的预应力损失 σ_{l1}

$$l_f = \sqrt{\frac{aE_p}{1000\sigma_{con}(\mu/r_c+\kappa)}} \tag{9.4}$$

式中 r_c——圆弧形曲线预应力筋的曲率半径（m）；

x——张拉端至计算截面的距离（m）；

κ——考虑孔道每米长度局部偏差的摩擦系数，可按表9.5采用；

μ——预应力筋与孔道壁之间的摩擦系数，可按表9.5采用。

表9.5 偏差系数 κ 和摩擦系数 μ 值

孔道成形方式	κ	μ	
		钢绞线、钢丝束	预应力螺纹钢筋
预埋金属波纹管	0.0015	0.25	0.50
预埋塑料波纹管	0.0015	0.15	—
预埋钢管	0.0010	0.30	—
抽芯成型	0.0014	0.55	0.60
无黏结预应力筋	0.0040	0.09	—

研究表明，孔道局部偏差的摩擦系数 κ 值与预应力筋的表面形状、孔道成型的质量、预应力筋接头的外形、预应力筋与孔壁接触程度（孔道尺寸、预应力筋与孔壁间的间隙大小及预应力筋在孔道中的偏心距大小）等因素有关。

减小 σ_{l1} 的措施：①合理选择锚具和夹具，使锚具变形小或预应力回缩值小；②尽量减小垫块的块数；③增加台座长度；④对直线预应力筋可采用一端张拉方法；⑤采用超张拉，可部分抵消锚固损失。

2. 预应力筋与孔道壁间的摩擦引起的预应力损失 σ_{l2}

预留孔道偏差、内壁不光滑及预应力筋表面粗糙等原因，使预应力筋在张拉时与孔道壁产生摩擦，包括沿孔道长度上局部位置偏移和曲线弯道摩擦影响两部分。随着计算截面距张拉端距离的增大，预应力筋的实际预拉应力将逐渐减小。各截面实际受拉应力与张拉控制应力之间的差值，称为摩擦损失，如图9.9所示。σ_{l2} 可近似按下式计算

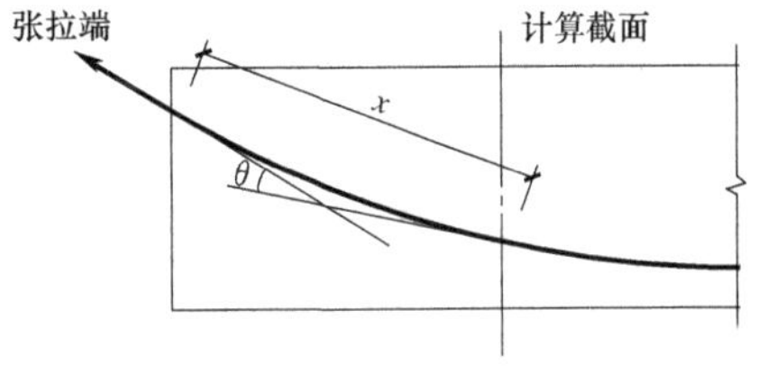

$$\sigma_{l2} = \sigma_{con}\left(1-\frac{1}{e^{\kappa x+\mu\theta}}\right) \tag{9.5}$$

当 $\kappa x+\mu\theta \leq 0.3$ 时，σ_{l2} 可近似按下式计算

$$\sigma_{l2} = (\kappa x+\mu\theta)\sigma_{con} \tag{9.6}$$

图9.9 摩擦损失计算

式中 x——张拉端至计算截面的孔道长度，可近似取该段孔道在纵轴上的投影长度（m）；

θ——张拉端至计算截面曲线孔道各部分切线的夹角之和（rad）。

对按抛物线、圆曲线变化的空间曲线及可采用分段后叠加的广义空间曲线，夹角之和 θ 可按下列近似公式计算。

抛物线、圆曲线 $$\theta = \sqrt{\alpha_v^2+\alpha_h^2} \tag{9.7}$$

广义空间曲线 $$\theta = \sum\Delta\theta = \sum\sqrt{\Delta\alpha_v^2+\Delta\alpha_h^2} \tag{9.8}$$

式中 α_v、α_h——按抛物线、圆弧曲线变化的空间曲线预应力筋在竖直向、水平向投影形成的抛物线、圆弧曲线的弯转角（rad）；

$\Delta\alpha_v$、$\Delta\alpha_h$——广义空间曲线预应力筋在竖直向、水平向投影形成的分段曲线的弯转角增量（rad）。

减小 σ_{l2} 的措施：①采用两端张拉，如图 9.10b 所示，采用两端张拉时孔道长度可取构件长度的 1/2 计算，其摩擦损失也减小一半。②采用"超张拉"工艺，其方法为 $0 \xrightarrow{\text{持荷2min}} 1.1\sigma_{\text{con}} \xrightarrow{\text{持荷2min}} 0.85\sigma_{\text{con}} \longrightarrow \sigma_{\text{con}}$。如图 9.10c 所示，当张拉到 $1.1\sigma_{\text{con}}$ 时，预应力筋中应力分布曲线为 EHD；当卸荷至 $0.85\sigma_{\text{con}}$ 时，由于孔道与钢筋之间的反向摩擦，预应力筋中应力分布曲线为 FGHD；再次张拉到 σ_{con} 时，预应力筋中应力分布曲线为 CGHD。③在接触材料表面涂水溶性润滑剂，以减小摩擦系数。

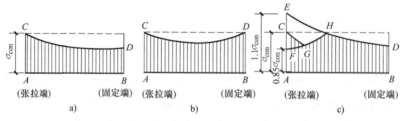

图 9.10 一端张拉、两端张拉及超张拉时预应力筋的应力分布

连续多跨预应力混凝土梁在选用预应力体系和布置预应力筋时，可采用下列措施减小摩擦损失 σ_{l2}：①在整根梁上布置通长曲线形预应力筋时，可结合梁的受力情况变化梁高，使预应力筋尽量平缓；②可在预应力筋反弯段处设置较长的钢筋重叠段，避免一根预应力筋形成多个 S 形曲线。

3. 混凝土加热养护时，预应力筋与承受拉力的设备间温差引起的预应力损失 σ_{l3}

为了缩短先张法构件的生产周期，常在浇筑混凝土后进行蒸汽养护。在养护的升温阶段钢筋受热伸长，而台座长度不变，故钢筋应力值降低，而此时混凝土尚未硬化。降温时，混凝土已硬化并与钢筋黏结成整体，钢筋应力不能恢复到原值，于是产生了预应力损失 σ_{l3}。

设预应力筋的伸长量为 Δl，台座间的距离为 l，预应力筋与台座间温差为 $\Delta t(\text{℃})$，钢筋的线膨胀系数为 $\alpha = 10^{-5}/\text{℃}$，钢筋的弹性模量 $E_s = 2\times 10^5 \text{N/mm}^2$，则预应力筋与承受拉力的设备间温差引起的预应力损失为

$$\sigma_{l3} = E_s\Delta\varepsilon = E_s\Delta l/l = E_s\alpha l\Delta t/l = 2.0\times 10^5 \times 10^{-5} \times \Delta t = 2\Delta t \text{ N/mm}^2 \tag{9.9}$$

减小 σ_{l3} 的措施：①采取两阶段升温养护。先在常温（20~25℃）下养护，待混凝土强度达到（7.5~10）N/mm² 后，混凝土与钢筋间已具有足够的黏结力而成为整体，能够一起伸缩而不会引起应力变化，再逐渐升温至养护温度，这时不再产生预应力损失。②采用整体式钢模板，预应力筋锚固在钢模上，钢模与构件一起加热养护，无温差，因此不会引起此项预应力损失。

4. 预应力筋的应力松弛引起预应力损失 σ_{l4}

钢筋在高应力作用下，具有随时间增长的塑性变形性能。当钢筋长度保持不变时，随时间的增长应力降低的现象，称为钢筋的应力松弛。钢筋的应力松弛与时间、钢筋品种、初始

应力和张拉控制应力等因素有关。受力开始阶段,松弛发展较快,之后发展缓慢;初始应力越高,松弛越大;张拉控制应力越高,松弛也越大。

预应力筋的应力松弛引起的预应力损失按下列公式进行计算。

(1) 除应力钢丝和钢绞线

普通松弛
$$\sigma_{l4} = 0.4\left(\frac{\sigma_{con}}{f_{ptk}} - 0.5\right)\sigma_{con} \tag{9.10}$$

低松弛

当 $\sigma_{con} \leq 0.7f_{ptk}$ 时
$$\sigma_{l4} = 0.125\left(\frac{\sigma_{con}}{f_{ptk}} - 0.5\right)\sigma_{con} \tag{9.11}$$

当 $0.7f_{ptk} < \sigma_{con} \leq 0.8f_{ptk}$ 时
$$\sigma_{l4} = 0.2\left(\frac{\sigma_{con}}{f_{ptk}} - 0.575\right)\sigma_{con} \tag{9.12}$$

(2) 中强度预应力钢丝
$$\sigma_{l4} = 0.08\sigma_{con} \tag{9.13}$$

(3) 预应力螺纹钢筋
$$\sigma_{l4} = 0.03\sigma_{con} \tag{9.14}$$

当预应力筋的 $\sigma_{con}/f_{ptk} \leq 0.5$ 时,实际的松弛损失值已很小,《预应力混凝土结构设计规范》规定,此时的预应力筋的应力松弛损失值可取为零。

减小应力松弛损失 σ_{l4} 的措施:采用"超张拉"工艺,其方法为 $0 \xrightarrow{} 1.05\sigma_{con} \xrightarrow{\text{持荷2min}} \sigma_{con}$。因为在高应力状态下,短时间产生的应力松弛值即可达到在低应力状态下较长时间才能完成的松弛值。之后,剩余的钢筋松弛已很小了。

5. 混凝土收缩和徐变引起的预应力损失 σ_{l5}、σ'_{l5}

混凝土在结硬时产生体积收缩;在压应力作用下,混凝土还会发生徐变。混凝土收缩和徐变都使构件长度缩短,预应力筋也随之回缩,产生预应力损失 σ_{l5}、σ'_{l5}。由于收缩和徐变是相伴产生且两者的影响因素相似,因此将两项预应力损失合并考虑。同时还应考虑预应力筋和非预应力筋的配筋率对 σ_{l5} 的影响,配筋率越大,σ_{l5} 损失越小。混凝土收缩、徐变引起受拉区和受压区预应力筋的预应力损失 σ_{l5}、σ'_{l5} 按下列公式计算。

先张法构件
$$\sigma_{l5} = \frac{60 + 340\sigma_{pc}/f'_{cu}}{1 + 15\rho} \tag{9.15}$$

$$\sigma'_{l5} = \frac{60 + 340\sigma'_{pc}/f'_{cu}}{1 + 15\rho'} \tag{9.16}$$

后张法构件
$$\sigma_{l5} = \frac{55 + 300\sigma_{pc}/f'_{cu}}{1 + 15\rho} \tag{9.17}$$

$$\sigma'_{l5} = \frac{55 + 300\sigma'_{pc}/f'_{cu}}{1 + 15\rho'} \tag{9.18}$$

式中 σ_{pc}、σ'_{pc}——受拉区、受压区预应力筋合力点处的混凝土法向压应力(此时,预应力损失值仅考虑混凝土预压前(第一批)的损失,见表9.6,且 σ_{pc}(或 σ'_{pc})$\leq 0.5f'_{cu}$,当 σ'_{pc} 为拉应力时,取为零);

表 9.6 σ_{pc}、σ'_{pc} 求解

σ_{pc}、σ'_{pc}	轴心受拉构件	受弯构件
先张法	$\sigma_{pcI} = \dfrac{(\sigma_{con}-\sigma_{l1})}{A_0} A_p$	$N_{p0I} = (\sigma_{con}-\sigma_{l1})A_p + (\sigma'_{con}-\sigma'_{l1})A'_p$ $e_{p0I} = \dfrac{(\sigma_{con}-\sigma_{l1})A_p y_{p0} - (\sigma'_{con}-\sigma'_{l1})A'_p y'_{p0}}{N_{p0I}}$ $\sigma_{pcI} = \dfrac{N_{p0I}}{A_0} + \dfrac{N_{p0I} e_{p0I}}{I_0} y_{p0}$ $\sigma'_{pcI} = \dfrac{N_{p0I}}{A_0} - \dfrac{N_{p0I} e_{p0I}}{I_0} y'_{p0}$
后张法	$\sigma_{pcI} = \dfrac{(\sigma_{con}-\sigma_{l1})}{A_n} A_p$	$N_{pI} = (\sigma_{con}-\sigma_{l1})A_p + (\sigma'_{con}-\sigma'_{l1})A'_p$ $e_{pnI} = \dfrac{(\sigma_{con}-\sigma_{l1})A_p y_{pn} - (\sigma'_{con}-\sigma'_{l1})A'_p y'_{pn}}{N_{pI}}$ $\sigma_{pcI} = \dfrac{N_{pI}}{A_n} + \dfrac{N_{pI} e_{pnI}}{I_n} y_{pn}$ $\sigma'_{pcI} = \dfrac{N_{pI}}{A_n} - \dfrac{N_{pI} e_{pnI}}{I_n} y'_{pn}$

　　f'_{cu}——施加预应力时混凝土立方体抗压强度；
　　ρ、ρ'——受拉区、受压区预应力筋和普通钢筋的配筋率。
ρ、ρ' 按下述方法计算：

对先张法构件
$$\rho = \frac{A_p + A_s}{A_0}, \quad \rho' = \frac{A'_p + A'_s}{A_0} \tag{9.19}$$

对后张法构件
$$\rho = \frac{A_p + A_s}{A_n}, \quad \rho' = \frac{A'_p + A'_s}{A_n} \tag{9.20}$$

式中　A_p、A'_p——受拉区、受压区纵向预应力筋的截面面积（mm^2）；
　　　A_s、A'_s——受拉区、受压区纵向普通钢筋的截面面积（mm^2）；
　　　A_0——换算截面面积，包括净截面面积以及全部纵向预应力筋截面面积换算成混凝土截面面积（mm^2）；
　　　A_n——净截面面积，即扣除孔道、凹槽等削弱部分的混凝土全部截面面积及纵向非预应力筋截面面积换算成混凝土的截面面积之和（mm^2 对由不同混凝土强度等级组成的截面，应根据混凝土弹性模量比值换算成同一混凝土强度等级的截面面积）。

　　对于对称配置预应力筋和普通钢筋的构件，配筋率 ρ、ρ' 应按钢筋总截面面积的一半计算。

　　由式（9.15）~式（9.18）可见，后张法构件中的 σ_{l5} 和 σ'_{l5} 比先张法的小，这是因为后张法构件在施加预应力时，混凝土的收缩已完成一部分。另外，式中给出的是线性徐变下的预应力损失，因此要求 σ_{pc}（或 σ'_{pc}）$\leqslant 0.5 f'_{cu}$，否则将发生非线性徐变，由此引起的预应力损失将显著增大。

　　当结构处于年平均相对湿度低于 40% 的环境下，σ_{l5} 和 σ'_{l5} 值应增加 30%。

　　混凝土收缩和徐变引起的预应力损失 σ_{l5} 和 σ'_{l5} 在预应力总损失中所占比重较大，在设计中应注意采取措施减少混凝土的收缩和徐变，具体措施为：①采用高强度等级的水泥，以减

少水泥用量；②采用级配良好的集料及掺加高效减水剂，减少水胶比；③振捣密实，加强养护。

6. 用螺旋式预应力筋作配筋的环形构件，当直径 $d \leqslant 3\text{m}$ 时，由于混凝土的局部挤压引起的预应力损失 σ_{l6}

采用螺旋式预应力筋作配筋的环形构件，由于预应力筋对混凝土局部产生挤压，使构件的直径减小，从而引起预应力损失 σ_{l6}。当环形构件直径 $d>3\text{m}$ 时，此损失可忽略不计；当直径 $d \leqslant 3\text{m}$ 时，可取 $\sigma_{l6}=30\text{N/mm}^2$。

7. 混凝土弹性压缩引起的预应力损失 σ_{l7}

后张法构件采用分批张拉预应力筋时，应考虑后批张拉钢筋产生的混凝土弹性压缩或伸长对先批张拉钢筋的影响。因此混凝土弹性压缩引起的预应力损失 σ_{l7} 计算如下：

（1）先张法构件和一次张拉完成的后张法构件

$$\sigma_{l7}=0 \tag{9.21}$$

（2）分批张拉和锚固预应力钢筋的后张法构件

$$\sigma_{l7}=\frac{m-1}{2m}\alpha_{p}\sigma_{c} \tag{9.22}$$

$$\sigma_{c}=\frac{N_{p}}{A_{n}}+\frac{N_{p}e_{p}^{2}}{I_{n}} \tag{9.23}$$

式中 m——预应力筋张拉的总批数；

α_{p}——预应力筋弹性模量与混凝土弹性模量比，即 $\alpha_{p}=E_{p}/E_{s}$；

σ_{c}——在代表截面的全部预应力筋形心处混凝土的预压应力，预应力筋的预拉应力按控制应力扣除相应的预应力损失后算得（N/mm^2）；

N_{p}——后张法构件的预加力（N）；

I_{n}——净截面惯性矩（mm^4）；

e_{p}——预应力筋截面形心至换算截面形心的距离（mm）。

8. 预应力损失值的组合

上述各项预应力损失有的只发生在先张法中，有的则只发生在后张法中，有的先、后张法均发生。为了便于分析和计算，设计时可将预应力损失分为两批：混凝土预压完成前出现的损失称为第一批预应力损失 σ_{lI}，预压完成后出现的损失称为第二批预应力损失 σ_{lII}。预应力混凝土构件在各阶段预应力损失值及组合可按表9.7进行。

表9.7 预应力损失值及组合值

引起损失的因素	符号	先张法构件	后张法构件
张拉端锚具变形和预应力筋内缩	σ_{l1}	式（9.2）	式（9.3）
预应力筋与孔道壁之间的摩擦	σ_{l2}	式（9.5）、式（9.6）	
混凝土加热养护时，预应力筋与承受拉力的设备之间的温差	σ_{l3}	式（9.9）	—
预应力筋的应力松弛	σ_{l4}	式（9.10）~式（9.14）	
混凝土的收缩和徐变	σ_{l5}	式（9.15）、式（9.16）	式（9.17）、式（9.18）

(续)

引起损失的因素		符号	先张法构件	后张法构件
用螺旋式预应力筋作配筋的环形构件,当直径不大于3m时,由于混凝土的局部挤压		σ_{l6}	—	30N/mm^2
混凝土弹性压缩		σ_{l7}	0	式(9.22)
预应力损失组合值	混凝土预压(第一批)前的损失 σ_{lI}		$\sigma_{l1}+\sigma_{l2}+\sigma_{l3}+\sigma_{l4}$	$\sigma_{l1}+\sigma_{l2}$
	混凝土预压(第一批)后的损失 σ_{lII}		$\sigma_{l5}+\sigma_{l7}$	$\sigma_{l4}+\sigma_{l5}+\sigma_{l6}+\sigma_{l7}$

注:先张构件钢筋应力松弛引起的损失值在第一批和第二批损失中所占的比例,可根据实际情况确定。

考虑到应力损失计算值与实际损失尚有误差,为了保证预应力构件抗裂性能,《预应力混凝土结构设计规范》规定了总预应力损失的最小值,即当计算所得的总预应力损失 $\sigma_l = \sigma_{lI}+\sigma_{lII}$ 值小于下列数值时,应按下列数值取用:先张法构件 100N/mm^2;后张法构件 80N/mm^2。

【例9.1】 已知21m预应力混凝土屋架下弦杆为轴心受拉构件,如图9.11所示。混凝土采用C50,截面尺寸为280mm×180mm,2个孔道,每个孔道布置4束$\phi^s1\times7$直线的普通松弛钢绞线,公称直径 $d=12.7\text{mm}$,$f_{ptk}=1720\text{N/mm}^2$。非预应力筋采用4Φ12的HPB300级,均匀布置在四角。采用后张法一次张拉钢筋,张拉控制应力 $\sigma_{con}=0.75f_{ptk}$,孔道直径为 $2\phi60$,

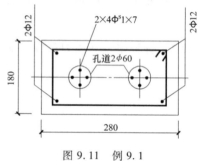

图9.11 例9.1

采用有预压时夹片式锚固,钢管抽芯成型,混凝土强度达到设计强度的85%时施加预应力。求预应力总损失。

【解】 C50混凝土 $f_{cu}=50\text{N/mm}^2$。查附表1.3得,$E_c=3.45\times10^4\text{N/mm}^2$。查附表2.3,每束$1\times7$型($d=12.7\text{mm}$)普通松弛钢绞线的公称截面面积为 98.7mm^2,则 $A_p=2(孔)\times4(束)\times98.7\text{mm}^2=789.6\text{mm}^2$;查附表1.6得,$f_{ptk}=1720\text{N/mm}^2$;查附表1.8得,$E_p=1.95\times10^5\text{N/mm}^2$。查附表2.1得,非预应力筋 $A_s=452\text{mm}^2$;查附表1.8得,$E_s=2.10\times10^5\text{N/mm}^2$。张拉控制应力 $\sigma_{con}=0.75f_{ptk}=0.75\times1720\text{N/mm}^2=1290\text{N/mm}^2$。

(1) 截面几何特性计算

预应力筋 $\alpha_p=E_p/E_c=1.95\times10^5/3.45\times10^4=5.652$

非预应力筋 $\alpha_E=E_s/E_c=2.10\times10^5/3.45\times10^4=6.087$

净截面面积

$$A_n=A-A_{孔}-A_s+\alpha_E A_s$$
$$=280\times180\text{mm}^2-2\times(\pi/4)\times60^2\text{mm}^2+(6.087-1)\times452\text{mm}^2$$
$$=47047.3\text{mm}^2$$

(2) 预应力损失计算

1) 锚具变形损失 σ_{l1}。构件长 $l=21\text{m}$,查表9.4,有预压时夹片式锚具 $a=5\text{mm}$,由式(9.2)得

$$\sigma_{l1}=\frac{a}{l}E_p=\frac{5}{21000}\times1.95\times10^5\text{N/mm}^2=46.4\text{N/mm}^2$$

2) 摩擦损失 σ_{l2}。因为是直线预应力筋，$\theta=0$，$x=21\text{m}$。查表 9.5，$\kappa=0.0014$，$\mu=0.55$，由式（9.5）得

$$\sigma_{l2}=\sigma_{\text{con}}\left(1-\frac{1}{e^{\kappa x+\mu\theta}}\right)=1290\times\left(1-\frac{1}{e^{0.0014\times21}}\right)\text{N/mm}^2=37.4\text{N/mm}^2$$

第一批预应力损失 $\sigma_{l\text{I}}=\sigma_{l1}+\sigma_{l2}=(46.4+37.4)\text{N/mm}^2=83.8\text{N/mm}^2$

3) 钢筋松弛损失 σ_{l4}（普通松弛）。由式（9.10）得

$$\sigma_{l4}=0.4\left(\frac{\sigma_{\text{con}}}{f_{\text{ptk}}}-0.5\right)\sigma_{\text{con}}=0.4\times\left(\frac{1290}{1720}-0.5\right)\times1290\text{N/mm}^2=129\text{N/mm}^2$$

4) 混凝土收缩徐变损失 σ_{l5}。当混凝土达到 85% 的设计强度时开始张拉预应力筋，$f'_{\text{cu}}=0.85\times50\text{N/mm}^2=42.5\text{N/mm}^2$。

对称配筋率 $$\rho=\frac{A_{\text{p}}+A_{\text{s}}}{2A_{\text{n}}}=\frac{789.6+452}{2\times47047.3}=0.0132$$

由表 9.6 得

$$\sigma_{\text{pc I}}=\frac{(\sigma_{\text{con}}-\sigma_{l\text{I}})}{A_{\text{n}}}A_{\text{p}}=\frac{(1290-83.8)}{47047.3}\times789.6\text{N/mm}^2=20.24\text{N/mm}^2$$

$\dfrac{\sigma_{\text{pc I}}}{f'_{\text{cu}}}=\dfrac{20.24}{42.5}=0.476<0.5$，由式（9.17）得

$$\sigma_{l5}=\frac{55+300\sigma_{\text{pc}}/f'_{\text{cu}}}{1+15\rho}=\frac{55+300\times20.24/42.5}{1+15\times0.0132}\text{N/mm}^2=165\text{N/mm}^2$$

第二批预应力损失 $\sigma_{l\text{II}}=\sigma_{l4}+\sigma_{l5}=(129+165)\text{N/mm}^2=294\text{N/mm}^2$

总预应力损失 $\sigma_l=\sigma_{l\text{I}}+\sigma_{l\text{II}}=(83.8+294)\text{N/mm}^2=377.8\text{N/mm}^2>80\text{N/mm}^2$（满足要求）

【点评】 后张法不含温差损失 σ_{l3}，因为一次张拉不考虑混凝土弹性回缩引起损失 σ_{l7}；在求混凝土收缩、徐变引起的损失 σ_{l5} 时，因对称配筋，配筋率取钢筋总截面面积的一半计算，且满足 $\sigma_{\text{pc}}\leq0.5f'_{\text{cu}}$ 才能计算 σ_{l5}。

【例9.2】 某12m跨后张法预应力混凝土I形截面梁，如图 9.12b 所示。采用 C60 混凝土，预应力筋布置为：下部预应力筋为 3 束 $3\phi^s1\times7$（$d=15.2\text{mm}$）低松弛 $f_{\text{ptk}}=1860\text{N/mm}^2$ 钢绞线（其中 1 束为曲线布置，张拉端离梁底 $e=750\text{mm}$ 高，曲率半径 $r_c=28\text{m}$，如图 9.12a 所示；2 束为直线布置），上部直线型预应力筋为 3 束 $3\phi^s1\times7$（$d=15.2\text{mm}$）低松弛 $f_{\text{ptk}}=1860\text{N/mm}^2$ 钢绞线。非预力筋布置为：采用 HRB400 热轧钢筋，下部为 $4\Phi16$，上部为 $4\Phi16$。采用有预压时夹片式锚具，预埋金属波纹管，孔道直径为 50mm，张拉控制应力 $\sigma_{\text{con}}=0.75f_{\text{ptk}}$，混凝土达到设计强度 80% 时一端张拉预应力筋。一类环境，混凝土保护层为 20mm。试求预应力损失。

【解】 C60 混凝土 $f_{\text{cu}}=60\text{N/mm}^2$。查附表 1.3 得，$E_c=3.6\times10^4\text{N/mm}^2$；查附表 1.1 得，$f_{\text{tk}}=2.85\text{N/mm}^2$；$f_{\text{ck}}=38.5\text{N/mm}^2$；查附表 1.2 得，$f_t=2.04\text{N/mm}^2$，$f_c=27.5\text{N/mm}^2$；钢绞线：查附表 1.8 得，$E_p=1.95\times10^5\text{N/mm}^2$；查附表 1.7 得，$f_{\text{ptk}}=1860\text{N/mm}^2$，$f_{\text{py}}=1320\text{N/mm}^2$，$f'_{\text{py}}=390\text{N/mm}^2$；查附表 2.3，每束 1×7 型（$d=15.2\text{mm}$）的公称截面面积为 140mm，则上部预应力纵筋 $A'_{\text{p}}=3\times3\times140\text{mm}^2=1260\text{mm}^2$，下部预应力纵筋 $A_{\text{p}}=2\times3\times140(\text{直})\text{mm}^2+1\times3\times140(\text{曲})\text{mm}^2=840(\text{直})\text{mm}^2+420(\text{曲})\text{mm}^2=1260\text{mm}^2$。非预应力钢筋：查附表 1.4 得 $f_{\text{yk}}=$

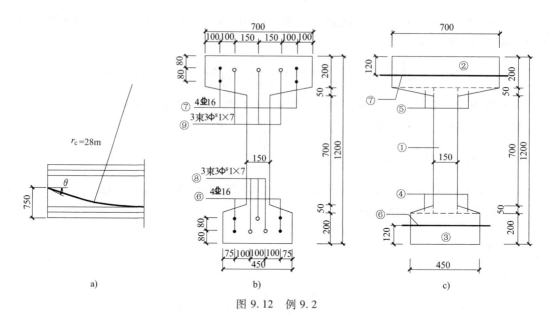

图 9.12 例 9.2

$f'_{yk} = 400\text{N/mm}^2$,下部纵筋 4⌀16(查附表 2.1 得,$A_s = 804\text{mm}^2$),上部纵筋 4⌀16(查附表 2.1 得,$A'_s = 804\text{mm}^2$),查附表 1.8 得,$E_s = 2.0 \times 10^5 \text{N/mm}^2$。

张拉控制应力 $\sigma_{con} = \sigma'_{con} = 0.75 f_{ptk} = 0.75 \times 1860 \text{N/mm}^2 = 1395 \text{N/mm}^2$

(1) 截面几何特性计算

预应力筋 $\alpha_p = E_p/E_c = 1.95 \times 10^5 / 3.6 \times 10^4 = 5.42$

非预应力筋 $\alpha_E = E_s/E_c = 2.0 \times 10^5 / 3.6 \times 10^4 = 5.56$

将截面划分成几部分,如图 9.12c 所示,计算过程见表 9.8。

表 9.8 截面特征计算表

编号	A_i/mm^2	y_i/mm	$A_i y_i/\text{mm}^3$	$\lvert y_{1n}-y_i \rvert/\text{mm}$	$A_i(y_{1n}-y_i)^2/\text{mm}^4$	I_i/mm^4
①	150×800 = 120000(矩形)	600	72000000	74.9	403920720000	6400000000
②	700×200 = 140000(矩形)	1100	154000000	425.1	27829341540000	466666667
③	450×200 = 90000(矩形)	100	9000000	574.9	2974590090000	300000000
④	2×150×50/2 = 7500(2个三角形)	216.7	1625250	458.2	341216751810	1041667
⑤	2×275×50/2 = 13750(2个三角形)	983.3	13520375	308.4	1285930437660	1909722
⑥	(5.56−1)×804 = 3666(非预应力筋)	120	439920	554.9	135457531279	—
⑦	(5.56−1)×804 = 3666(非预应力筋)	1080	3959280	405.1	649741643273	—
⑧	3π×50²/4 = 5887.5(预应力孔道)	1080	6358500	405.1	1043468064585	919922

（续）

编号	A_i/mm^2	y_i/mm	$A_i y_i/\text{mm}^3$	$|y_{1n}-y_i|/\text{mm}$	$A_i(y_{1n}-y_i)^2/\text{mm}^4$	I_i/mm^4
⑨	$3\pi\times50^2/4=5887.5$（预应力孔道）	107	629962.5	567.9	203169464160	919922
$\sum_1^7 - \sum_8^9$	366807	—	247556362.5	—	32373561185277	7167778212

注：矩形惯性矩 $bh^3/12$；三角形惯性矩 $bh^3/36$；圆形惯性矩 $\pi d^4/64$。钢筋自身惯性矩较小，可忽略。

下部预应力孔道合力点距底边距离 $a_p = \dfrac{840\times80+420\times160}{840+420}\text{mm}=107\text{mm}$

下部非预应力筋合力点距底边距离 $a_s = \dfrac{402\times80+402\times160}{402+402}\text{mm}=120\text{mm}$

上部预应力孔道合力点距顶边距离 $a'_p = 80\text{mm}$

上部非预应力筋合力点距顶边距离 $a'_s = \dfrac{402\times80+402\times160}{402+402}\text{mm}=120\text{mm}$

净截面面积 $A_n = \sum_1^7 A_i - \sum_8^9 A_i = 366807\text{mm}^2$

中性轴位置 $y_{1n} = \dfrac{\sum_1^7 A_i y_i - \sum_8^9 A_i y_i}{\sum_1^7 A_i - \sum_8^9 A_i} = \dfrac{247556362.5}{366807}\text{mm}=674.9\text{mm}$

$y_{2n} = (1200-674.9)\text{mm}=525.1\text{mm}$

净惯性矩 $I_n = \sum_1^7 A_i(y_{1n}-y_i)^2 - \sum_8^9 A_i(y_{1n}-y_i)^2 + \sum_1^7 I_i - \sum_8^9 I_i$

$= (32373561185277 + 7167778212)\text{mm}^4 = 32380728963489\text{mm}^4$

（2）预应力损失计算

1）锚具变形损失 σ_{l1}。构件长 $l=12\text{m}$，查表9.4得，有预压时夹片式锚具 $a=5\text{mm}$。

直线预应力筋 $\sigma_{l1} = \sigma'_{l1} = \dfrac{a}{l}E_p = \dfrac{5}{12000}\times1.95\times10^5\text{N/mm}^2 = 81.25\text{N/mm}^2$

曲线预应力筋（一端张拉） 矢高 $e_0 = e - a_p = (750-107)\text{mm} = 643\text{mm}$

张拉端与跨中截面之间曲线部分的切线夹角为 $\theta = \dfrac{4e_0}{l} = \dfrac{4\times643}{12000}\text{rad} = 0.214\text{rad}$

预埋金属波纹管，查表9.4得：$\mu = 0.25$，$\kappa = 0.0015$

反向摩擦影响长度 $l_f = \sqrt{\dfrac{aE_P}{1000\sigma_{con}(\mu/r_c+\kappa)}}$

$= \sqrt{\dfrac{5\times1.95\times10^5}{1000\times1395\times(0.25/28+0.0015)}}\text{m} = 8.187\text{m}$

跨中截面（$x=6\text{m}$）的内缩损失值

$$\sigma_{l1} = 2\sigma_{con}l_f\left(\frac{\mu}{r_c}+\kappa\right)\left(1-\frac{x}{l_f}\right)$$
$$= 2\times1395\times8.187\times\left(\frac{0.25}{28}+0.0015\right)\times\left(1-\frac{6.0}{8.187}\right)\text{N/mm}^2 = 63.63\text{N/mm}^2$$

2）摩擦损失 σ_{l2}。

直线预应力筋 $\sigma_{l2} = (\kappa x+\mu\theta)\sigma_{con} = (0.0015\times6+0)\times1395\text{N/mm}^2 = 12.56\text{N/mm}^2$

因 $\kappa x+\mu\theta = 0.0015\times6+0.25\times0.214 = 0.0625 \leqslant 0.3$，曲线预应力筋可近似取

$$\sigma_{l2} = (\kappa x+\mu\theta)\sigma_{con} = (0.0015\times6+0.25\times0.214)\times1395\text{N/mm}^2 = 87.19\text{N/mm}^2$$

因此预应力筋第一批损失

直线预应力筋 $\sigma_{lI} = \sigma'_{lI} = \sigma_{l1}+\sigma_{l2} = (81.25+12.56)\text{N/mm}^2 = 93.81\text{N/mm}^2$

曲线预应力筋 $\sigma_{lI} = \sigma_{l1}+\sigma_{l2} = (63.63+87.19)\text{N/mm}^2 = 150.82\text{N/mm}^2$

3）钢筋松弛损失 σ_{l4}（低松弛）。采用式（9.12）计算，即

$$\sigma_{l4} = \sigma'_{l4} = 0.2\left(\frac{\sigma_{con}}{f_{ptk}}-0.575\right)\sigma_{con} = 0.2\times(0.75-0.575)\times1395\text{N/mm}^2 = 48.83\text{N/mm}^2$$

4）混凝土收缩徐变损失 σ_{l5}、σ'_{l5}。由表9.6可知，完成第一批预应力损失后预应力筋的合力

$$N_{pI} = (\sigma_{con}-\sigma_{lI})A_p+(\sigma'_{con}-\sigma'_{lI})A'_p$$
$$= (1395-93.81)\times840(\text{直})\text{N}+(1395-150.82)\times420(\text{曲})\text{N}+$$
$$(1395-93.81)\times1260(\text{直})\text{N}$$
$$= (1092999.6+522555.6+1639499.4)\text{N} = 3255054.6\text{N}$$

预应力筋到换算截面形心距离

下部直线预应力筋 $y_{pn} = (674.9-80)\text{mm} = 594.9\text{mm}$

下部曲线预应力筋 $y_{pn} = (674.9-160)\text{mm} = 514.9\text{mm}$

上部直线预应力筋 $y'_{pn} = y_{2n}-a'_p = (525.1-80)\text{mm} = 445.1\text{mm}$

$$e_{pnI} = \frac{(\sigma_{con}-\sigma_{lI})A_p y_{pn}-(\sigma'_{con}-\sigma'_{lI})A'_p y'_{pn}}{N_{pI}}$$
$$= \frac{1092999.6\times594.9+522555.6\times514.9-1639499.4\times445.1}{3255054.6}\text{mm} = 58.2\text{mm}$$

下部直线预应力筋处混凝土的法向应力

$$\sigma_{pcI} = \frac{N_{pI}}{A_n}+\frac{N_{pI}e_{pnI}}{I_n}y_{pn} = \left(\frac{3255054.6}{366807}+\frac{3255054.6\times58.2\times594.9}{32380728963489}\right)\text{N/mm}^2$$
$$= (8.874+0.0035)\text{N/mm}^2 = 8.8775\text{N/mm}^2$$

下部曲线预应力筋处混凝土的法向应力

$$\sigma_{pcI} = \frac{N_{pI}}{A_n}+\frac{N_{pI}e_{pnI}}{I_n}y_{pn} = \left(\frac{3255054.6}{366807}+\frac{3255054.6\times58.2\times514.9}{32380728963489}\right)\text{N/mm}^2$$
$$= (8.874+0.003)\text{N/mm}^2 = 8.877\text{N/mm}^2$$

上部直线预应力筋处混凝土的法向应力

$$\sigma'_{pc1} = \frac{N_{p1}}{A_n} - \frac{N_{p1}e_{pn1}}{I_n}y'_{pn} = \left(\frac{3255054.6}{366807} - \frac{3255054.6 \times 58.2 \times 445.1}{32380728963489}\right) \text{N/mm}^2$$

$$= (8.874 + 0.0026) \text{N/mm}^2 = 8.8714 \text{N/mm}^2$$

下部配筋率 $\rho = \dfrac{A_p + A_s}{A_n} = \dfrac{1260 + 804}{366807} = 0.0056$

上部配筋率 $\rho' = \dfrac{A'_p + A'_s}{A_n} = \dfrac{1260 + 804}{366807} = 0.0056$

当混凝土达到设计强度 80% 时开始张拉预应力筋，$f'_{cu} = 0.8 \times 60 \text{N/mm}^2 = 48.0 \text{N/mm}^2$，且均满足 $\dfrac{\sigma_{pc1}}{f'_{cu}} = \dfrac{8.8775}{48.0} = 0.185 < 0.5$。由式（9.17）、式（9.18）得

下部直线预应力筋的损失 σ_{l5}

$$\sigma_{l5} = \frac{55 + 300\sigma_{pc1}/f'_{cu}}{1 + 15\rho} = \frac{55 + 300 \times 8.8775/48.0}{1 + 15 \times 0.0056} \text{N/mm}^2 = 101.92 \text{N/mm}^2$$

下部曲线预应力筋的损失 σ_{l5}

$$\sigma_{l5} = \frac{55 + 300\sigma_{pc1}/f'_{cu}}{1 + 15\rho} = \frac{55 + 300 \times 8.877/48.0}{1 + 15 \times 0.0056} \text{N/mm}^2 = 101.92 \text{N/mm}^2$$

上部直线预应力筋的损失 σ'_{l5}

$$\sigma'_{l5} = \frac{55 + 300\sigma'_{pc}/f'_{cu}}{1 + 15\rho'} = \frac{55 + 300 \times 8.8714/48.0}{1 + 15 \times 0.0056} \text{N/mm}^2 = 101.89 \text{N/mm}^2$$

第二批损失：

下部直线预应力筋的损失 $\sigma_{l\text{II}} = \sigma_{l4} + \sigma_{l5} = (48.83 + 101.92) \text{N/mm}^2 = 150.75 \text{N/mm}^2$

下部曲线预应力筋的损失 $\sigma_{l\text{II}} = \sigma_{l4} + \sigma_{l5} = (48.83 + 101.92) \text{N/mm}^2 = 150.75 \text{N/mm}^2$

上部直线预应力筋的损失 $\sigma'_{l\text{II}} = \sigma_{l4} + \sigma'_{l5} = (48.83 + 101.89) \text{N/mm}^2 = 150.72 \text{N/mm}^2$

下部直线预应力筋的总损失

$$\sigma_l = \sigma_{l\text{I}} + \sigma_{l\text{II}} = (93.81 + 150.75) \text{N/mm}^2 = 244.56 \text{N/mm}^2 > 80 \text{N/mm}^2 \quad \text{（满足要求）}$$

下部曲线预应力筋的总损失

$$\sigma_l = \sigma_{l\text{I}} + \sigma_{l\text{II}} = (150.82 + 150.75) \text{N/mm}^2 = 301.57 \text{N/mm}^2 > 80 \text{N/mm}^2 \quad \text{（满足要求）}$$

上部直线预应力筋的总损失

$$\sigma'_l = \sigma'_{l\text{I}} + \sigma'_{l\text{II}} = (93.81 + 150.72) \text{N/mm}^2 = 244.53 \text{N/mm}^2 > 80 \text{N/mm}^2 \quad \text{（满足要求）}$$

【点评】①直线预应力筋与曲线预应力筋的预应力损失应分开计算；②掌握曲线预应力筋的锚具损失 σ_{l1} 计算方法；③掌握后张法受弯构件采用净截面面积 A_n 计算混凝土收缩、徐变损失 σ_{l5}、σ'_{l5} 计算方法。

9.4 预应力混凝土轴心受拉构件各阶段应力分析

预应力混凝土轴心受拉构件各阶段应力变化图如图 9.13 所示。图中 A_p、A_s 分别为预应力筋与非预应力筋截面面积，A_c 为扣除预应力筋与非预应力筋截面面积后的混凝土截面面积。预应力筋应力 σ_p，非预应力筋应力 σ_s，混凝土截面应力 σ_{pc}。

混凝土结构设计原理

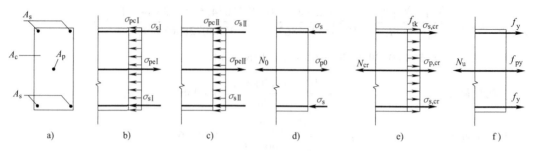

图 9.13 预应力混凝土轴心受拉构件各阶段的受力示意图
a) 截面图 b) 放松预应力筋 c) 完成第二批预应力损失
d) 加荷载至混凝土应力为零 e) 裂缝即将出现 f) 破坏

预应力混凝土轴心受拉构件从张拉预应力筋开始到构件破坏为止，可分为两个阶段：施工阶段和使用阶段。每个阶段又包括若干受力过程。因此，在设计预应力混凝土构件时，除应进行荷载作用下承载力、抗裂度或裂缝宽度计算外，还要对各个受力过程的承载力和抗裂度进行验算。

9.4.1 先张法构件

1. 施工阶段

1) 预应力筋张拉，见表9.9中的 a 项。在台座上张拉预应力筋，使其应力达到张拉控制应力 σ_{con}，此时，非预应力筋不承担任何应力。

2) 完成第一批预应力损失 σ_{lI}，见表9.9中的 b 项。张拉完毕，将预应力筋锚固在台座上，浇筑混凝土，养护构件。锚具变形、温差、部分钢筋松弛产生第一批预应力损失。预应力筋拉应力由 σ_{con} 降低到 $\sigma_{con} - \sigma_{lI}$，此时，混凝土尚未受力，应力 $\sigma_{pc} = 0$，非预应力筋应力 $\sigma_s = 0$。

3) 放松预应力筋，见表9.9中的 c 项。当混凝土强度达到设计强度的75%以上时，放松预应力筋，使预应力筋回缩。钢筋与混凝土之间的黏结力使混凝土受到压缩，钢筋也随之缩短，拉应力减小。设放松预应力筋时混凝土获得的预压应力为 σ_{pcI}，由于钢筋与混凝土的变形协调，预应力筋的拉应力相应也减小 $\alpha_p \sigma_{pcI}$。此时，预应力筋应力 $\sigma_{peI} = \sigma_{con} - \sigma_{lI} - \alpha_p \sigma_{pcI}$，非预应力筋获得预压应力 $\sigma_{sI} = \alpha_E \sigma_{pcI}$，式中，$\alpha_p$ 为预应力筋弹性模量与混凝土弹性模量比，即 $\alpha_p = E_p / E_c$；α_E 为非预应力筋弹性模量与混凝土弹性模量比，即 $\alpha_E = E_s / E_c$。

由力的平衡，得 $\sigma_{peI} A_p = \sigma_{pcI} A_c + \sigma_{sI} A_s$

化简得混凝土预压应力 σ_{pcI}

$$\sigma_{pcI} = \frac{(\sigma_{con} - \sigma_{lI}) A_p}{A_c + \alpha_p A_p + \alpha_E A_s} = \frac{N_{pI}}{A_0} \quad (9.24)$$

式中 N_{pI}——产生第一批损失后预应力筋中的总拉力，$N_{pI} = (\sigma_{con} - \sigma_{lI}) A_p$；
A_c——扣除预应力筋和非预应力筋截面面积后的混凝土截面面积；
A_0——换算截面面积，$A_0 = A_c + \alpha_E A_s + \alpha_p A_p$。

4) 完成第二批预应力损失 σ_{lII}，见表9.9中的 d 项。随时间增长，预应力筋进一步松弛；混凝土发生收缩、徐变产生第二批预应力损失。这时，混凝土预压应力 σ_{pcI} 降低为

$\sigma_{\text{pc}\text{II}}$,预应力筋的拉应力相应也减小 $\sigma_{l\text{II}}+\alpha_{\text{p}}(\sigma_{\text{pc}\text{II}}-\sigma_{\text{pc}\text{I}})$,此时,预应力筋应力 $\sigma_{\text{pe}\text{II}}=\sigma_{\text{p}\text{I}}-\sigma_{l\text{II}}-\alpha_{\text{p}}(\sigma_{\text{pc}\text{II}}-\sigma_{\text{pc}\text{I}})=\sigma_{\text{con}}-\sigma_{l}-\alpha_{\text{p}}\sigma_{\text{pc}\text{II}}$;非预应力筋获得预压应力 $\sigma_{\text{s}\text{II}}=\alpha_{\text{E}}\sigma_{\text{pc}\text{II}}$,同时,考虑混凝土收缩、徐变使非预应力筋产生压应力增量 σ_{l5},此时,非预应力筋应力 $\sigma_{\text{s}\text{II}}=\alpha_{\text{E}}\sigma_{\text{pc}\text{II}}+\sigma_{l5}$。

由力的平衡,得 $\sigma_{\text{pe}\text{II}}A_{\text{p}}=\sigma_{\text{pc}\text{II}}A_{\text{c}}+\sigma_{\text{s}\text{II}}A_{\text{s}}$

化简得混凝土预压应力 $\sigma_{\text{pc}\text{II}}$

$$\sigma_{\text{pc}\text{II}}=\frac{(\sigma_{\text{con}}-\sigma_{l})A_{\text{p}}-\sigma_{l5}A_{\text{s}}}{A_{\text{c}}+\alpha_{\text{p}}A_{\text{p}}+\alpha_{\text{E}}A_{\text{s}}}=\frac{N_{\text{p}\text{II}}}{A_{0}} \tag{9.25}$$

式中 $N_{\text{p}\text{II}}$——完成全部损失后预应力筋中的总拉力,$N_{\text{p}\text{II}}=(\sigma_{\text{con}}-\sigma_{l})A_{\text{p}}-\sigma_{l5}A_{\text{s}}$。

2. 使用阶段

1)加载至混凝土应力为零(又称消压状态),见表 9.9 中的 e 项。由轴向拉力 N_0 产生的混凝土拉应力恰好全部抵消混凝土的有效预压应力 $\sigma_{\text{pc}\text{II}}$,使截面处于消压状态,即 $\sigma_{\text{pc}}=0$。这时,预应力钢筋的拉应力 $\sigma_{\text{p}0}$ 是在 $\sigma_{\text{pe}\text{II}}$ 基础上增加 $\alpha_{\text{p}}\sigma_{\text{pc}\text{II}}$,因此 $\sigma_{\text{p}0}=\sigma_{\text{pe}\text{II}}+\alpha_{\text{p}}\sigma_{\text{pc}\text{II}}=\sigma_{\text{con}}-\sigma_{l}-\alpha_{\text{p}}\sigma_{\text{pc}\text{II}}+\alpha_{\text{p}}\sigma_{\text{pc}\text{II}}=\sigma_{\text{con}}-\sigma_{l}$。

非预应力筋压应力 σ_{s} 由有原来压应力 $\sigma_{\text{s}\text{II}}$ 的基础上增加一个拉应力 $\alpha_{\text{E}}\sigma_{\text{pc}\text{II}}$,因此 $\sigma_{\text{s}}=\sigma_{\text{s}\text{II}}-\alpha_{\text{E}}\sigma_{\text{pc}\text{II}}=\alpha_{\text{E}}\sigma_{\text{pc}\text{II}}+\sigma_{l5}-\alpha_{\text{E}}\sigma_{\text{pc}\text{II}}=\sigma_{l5}$(压)。

混凝土应力为零时的轴向拉力 N_0 由力的平衡得(通常称为消压轴力)

$$N_0=\sigma_{\text{p}0}A_{\text{p}}+\sigma_{\text{s}}A_{\text{s}}=(\sigma_{\text{con}}-\sigma_{l})A_{\text{p}}-\sigma_{l5}A_{\text{s}}=\sigma_{\text{pc}\text{II}}A_0 \tag{9.26}$$

2)加载至裂缝即将出现状态,见表 9.9 中的 f 项。当轴向拉力超过 N_0 后,混凝土开始受拉,随着荷载增加,其拉应力也不断增加。当加载至开裂荷载 N_{cr},即混凝土拉应力达到混凝土轴心抗拉强度标准值 f_{tk} 时,裂缝即将出现,这时预应力筋的拉应力 $\sigma_{\text{p,cr}}$ 是在 $\sigma_{\text{p}0}$ 基础上增加 $\alpha_{\text{p}}f_{\text{tk}}$,即 $\sigma_{\text{p,cr}}=\sigma_{\text{p}0}+\alpha_{\text{p}}f_{\text{tk}}=\sigma_{\text{con}}-\sigma_{l}+\alpha_{\text{p}}f_{\text{tk}}$。非预应力筋的应力 $\sigma_{\text{s,cr}}$ 在 σ_{s} 基础上增加 $\alpha_{\text{E}}f_{\text{tk}}$,即 $\sigma_{\text{s,cr}}=\sigma_{\text{s}}+\alpha_{\text{E}}f_{\text{tk}}=\alpha_{\text{E}}f_{\text{tk}}-\sigma_{l5}$。

混凝土开裂时的轴向拉力 N_{cr} 由力的平衡得

$$\begin{aligned}N_{\text{cr}}&=f_{\text{tk}}A_{\text{c}}+\sigma_{\text{p,cr}}A_{\text{p}}+\sigma_{\text{s,cr}}A_{\text{s}}=f_{\text{tk}}A_{\text{c}}+(\sigma_{\text{con}}-\sigma_{l}+\alpha_{\text{p}}f_{\text{tk}})A_{\text{p}}+(\alpha_{\text{E}}f_{\text{tk}}-\sigma_{l5})A_{\text{s}}\\&=f_{\text{tk}}(A_{\text{c}}+\alpha_{\text{p}}A_{\text{p}}+\alpha_{\text{E}}A_{\text{s}})+(\sigma_{\text{con}}-\sigma_{l})A_{\text{p}}-\sigma_{l5}A_{\text{s}}=(f_{\text{tk}}+\sigma_{\text{pc}\text{II}})A_0\end{aligned} \tag{9.27}$$

预压应力 $\sigma_{\text{pc}\text{II}}$ 往往比 f_{tk} 大很多,使得预应力混凝土轴心受拉构件 N_{cr} 值要比普通混凝土轴心受拉构件大得多。这就是预应力构件抗裂度提高的原因所在。

3)荷载至破坏状态,见表 9.9 中的 g 项。混凝土开裂后逐渐退出工作,它所负担的拉力全部由预应力筋和非预应力筋承受。破坏时,预应力筋和非预应力筋均达到屈服强度,构件达到极限承载能力时的轴向拉力 N_{u} 由力的平衡得

$$N_{\text{u}}=f_{\text{py}}A_{\text{p}}+f_{\text{y}}A_{\text{s}} \tag{9.28}$$

9.4.2 后张法构件

1. 施工阶段

1)张拉预应力筋,见表 9.10 中的 a 项。张拉预应力筋同时,千斤顶通过传力架反作用于混凝土,使混凝土受到弹性压缩,并在张拉过程中产生摩擦损失 σ_{l2},这时预应力筋的拉应力 $\sigma_{\text{p}}=\sigma_{\text{con}}-\sigma_{l2}$;非预应力筋的压应力 $\sigma_{\text{s}}=\alpha_{\text{E}}\sigma_{\text{pc}}$;混凝土预压应力 σ_{pc}。由力的平衡:$\sigma_{\text{p}}A_{\text{p}}=\sigma_{\text{pc}}A_{\text{c}}+\sigma_{\text{s}}A_{\text{s}}$。此时,混凝土预压应力为

表9.9 先张法轴心受拉构件应力分析

受力阶段		简图	预应力筋应力 σ_p	混凝土应力 σ_{pc}	非预应力筋应力 σ_s
施工阶段	a 张拉钢筋		σ_{con}(拉)	—	—
	b 完成第一批预应力损失		$\sigma_{con}-\sigma_{lI}$(拉)	0	0
	c 放松钢筋		$\sigma_{peI}=\sigma_{con}-\sigma_{lI}-\alpha_p\sigma_{pcI}$(拉)	$\sigma_{pcI}=\dfrac{(\sigma_{con}-\sigma_{lI})A_p}{A_0}$(压)	$\sigma_{sI}=\alpha_E\sigma_{pcI}$(压)
	d 完成第二批预应力损失		$\sigma_{peII}=\sigma_{con}-\sigma_l-\alpha_p\sigma_{pcII}$(拉)	$\sigma_{pcII}=\dfrac{(\sigma_{con}-\sigma_l)A_p-\sigma_{l5}A_s}{A_0}$(压)	$\sigma_{sII}=\alpha_E\sigma_{pcII}+\sigma_{l5}$(压)
使用阶段	e 加载至混凝土应力为零,对应 N_0		$\sigma_{p0}=\sigma_{con}-\sigma_l$(拉)	0	$\sigma_s=\sigma_{l5}$(压)
	f 加载至混凝土开裂缝即将出现,对应 N_{cr}		$\sigma_{p,cr}=\sigma_{con}-\sigma_l+\alpha_p f_{tk}$(拉)	f_{tk}(拉)	$\sigma_{s,cr}=\alpha_E f_{tk}-\sigma_{l5}$(拉)
	g 加载至破坏,对应 N_u		f_{py}(拉)	0	f_y(拉)

注:1. 换算截面面积 $A_0=A_c+\alpha_E A_s+\alpha_p A_p$。
2. 混凝土应力为零时的轴向拉力 $N_0=\sigma_{p0}A_p-\sigma_{l5}A_s=\sigma_{pcII}A_0$。
3. 混凝土开裂时的轴向拉力 $N_{cr}=f_{tk}A_c+\sigma_{p,cr}A_p+\sigma_{s,cr}A_s=(f_{tk}+\sigma_{pcII})A_0$。
4. 混凝土破坏时轴向拉力 $N_u=f_{py}A_p+f_y A_s$。

$$\sigma_{pc} = \frac{(\sigma_{con}-\sigma_{l2})A_p}{A_c+\alpha_E A_s} = \frac{(\sigma_{con}-\sigma_{l2})A_p}{A_n} \quad (9.29)$$

2)完成第一批预应力损失 σ_{l1},见表 9.10 中的 b 项。此时,混凝土预压应力 σ_{pcI},预应力筋的应力 $\sigma_{peI} = \sigma_{con}-\sigma_{l1}$,非预应力筋应力 $\sigma_{sI} = \alpha_E \sigma_{pcI}$。

由力的平衡 $\sigma_{peI} A_p = \sigma_{pcI} A_c + \sigma_{sI} A_s$

此时,混凝土预压应力为

$$\sigma_{pcI} = \frac{(\sigma_{con}-\sigma_{l1})A_p}{A_c+\alpha_E A_s} = \frac{N_{pI}}{A_n} \quad (9.30)$$

式中 N_{pI}——产生第一批损失后预应力筋中的总拉力,$N_{pI} = (\sigma_{con}-\sigma_{l1})A_p$;

A_c——扣除孔道(或预应力筋)和非预应力筋截面面积后的混凝土截面面积;

A_n——净截面面积,$A_n = A_c + \alpha_E A_s$。

3)完成第二批预应力损失 σ_{lII},见表 9.10 中的 c 项。此时,混凝土预压应力 σ_{pcII},预应力筋的应力 $\sigma_{peII} = \sigma_{con}-\sigma_l$,非预应力筋应力(考虑混凝土收缩、徐变使非预应力中产生压应力增量 σ_{l5}):$\sigma_{sII} = \alpha_E \sigma_{pcII} + \sigma_{l5}$。

由力的平衡 $\sigma_{peII} A_p = \sigma_{pcII} A_c + \sigma_{sII} A_s$

此时,混凝土预压应力
$$\sigma_{pcII} = \frac{(\sigma_{con}-\sigma_l)A_p - \sigma_{l5}A_s}{A_c+\alpha_E A_s} = \frac{N_{pII}}{A_n} \quad (9.31)$$

式中 N_{pII}——完成全部损失后预应力筋中的总拉力,$N_{pII} = (\sigma_{con}-\sigma_l)A_p - \sigma_{l5}A_s$。

2. 使用阶段

1)加载至混凝土应力为零(又称消压状态),见表 9.10 中的 d 项。由轴向拉力 N_0 产生的混凝土拉应力恰好全部抵消混凝土的有效预压应力 σ_{pc},使截面处于消压状态,即 $\sigma_{pc}=0$。这时,预应力钢筋的拉应力 σ_{p0} 是在 σ_{peII} 基础上增加 $\alpha_p \sigma_{pcII}$,因此

$$\sigma_{p0} = \sigma_{peII} + \alpha_p \sigma_{pcII} = \sigma_{con}-\sigma_l + \alpha_p \sigma_{pcII}$$

非预应力筋压应力 σ_s 在原来压应力 σ_{sII} 的基础上增加一个拉应力 $\alpha_E \sigma_{pcII}$,因此

$$\sigma_s = \sigma_{sII} - \alpha_E \sigma_{pcII} = \alpha_E \sigma_{pcII} + \sigma_{l5} - \alpha_E \sigma_{pcII} = \sigma_{l5}(压)$$

此时,轴向拉力 N_0 由力的平衡得(通常称为消压轴力)

$$N_0 = \sigma_{pe0}A_p + \sigma_s A_s = (\sigma_{con}-\sigma_l+\alpha_p \sigma_{pcII})A_p - \sigma_{l5}A_s = \sigma_{pcII} A_0 \quad (9.32)$$

2)加载至裂缝即将出现状态,见表 9.10 中的 e 项。当轴向拉力超过 N_0 后,混凝土开始受拉,随着荷载增加,其拉应力也不断增加。当加载至开裂荷载 N_{cr},即混凝土拉应力达到混凝土轴心抗拉强度标准值 f_{tk} 时,裂缝即将出现,这时预应力筋的拉应力 $\sigma_{p,cr}$ 是在 σ_{p0} 基础上增加 $\alpha_p f_{tk}$,即 $\sigma_{p,cr} = \sigma_{con}-\sigma_l + \alpha_p \sigma_{pcII} + \alpha_p f_{tk}$。非预应力筋的应力 $\sigma_{s,cr}$ 在 σ_s 基础上增加 $\alpha_E f_{tk}$,即 $\sigma_{s,cr} = \sigma_s + \alpha_E f_{tk} = \alpha_E f_{tk} - \sigma_{l5}$。此时,轴向拉力 N_{cr} 由力的平衡得

$$N_{cr} = f_{tk}A_c + \sigma_{p,cr}A_p + \sigma_{s,cr}A_s = f_{tk}A_c + (\sigma_{con}-\sigma_l+\alpha_p \sigma_{pcII}+\alpha_p f_{tk})A_p + (\alpha_E f_{tk}-\sigma_{l5})A_s$$
$$= f_{tk}(A_c+\alpha_p A_p+\alpha_E A_s) + (\sigma_{con}-\sigma_l+\alpha_p \sigma_{pcII})A_p - \sigma_{l5}A_s = (f_{tk}+\sigma_{pcII})A_0 \quad (9.33)$$

可见,与先张法相同,后张法预应力混凝土轴心受拉构件的开裂荷载 N_{cr} 要比普通混凝土轴心受拉构件大得多。

3)加荷载至破坏状态,见表 9.10 中的 f 项。同先张法,破坏时预应力筋和非预应力筋均达到屈服强度,由力的平衡得

表 9.10 后张法轴心受拉构件应力分析

受力阶段		简图	预应力筋应力 σ_p	混凝土应力 σ_{pc}	非预应力筋应力 σ_s
施工阶段	a 张拉钢筋	$\sigma_s A_s$, $\sigma_p A_p$, σ_{pc}(压)	$\sigma_p = \sigma_{con} - \sigma_{l2}$ （拉）	$\sigma_{pc} = \dfrac{(\sigma_{con} - \sigma_{l2})A_p}{A_n}$ （压）	$\sigma_s = \alpha_E \sigma_{pc}$ （压）
	b 完成第一批预应力损失	$\sigma_{sI} A_s$, $\sigma_{peI} A_p$, σ_{pcI}(压)	$\sigma_{peI} = \sigma_{con} - \sigma_{lI}$ （拉）	$\sigma_{pcI} = \dfrac{(\sigma_{con} - \sigma_{lI})A_p}{A_n}$ （压）	$\sigma_{sI} = \alpha_E \sigma_{pcI}$ （压）
	c 完成第二批预应力损失	$\sigma_{sII} A_s$, $\sigma_{peII} A_p$, σ_{pcII}(压)	$\sigma_{peII} = \sigma_{con} - \sigma_l$ （拉）	$\sigma_{pcII} = \dfrac{(\sigma_{con} - \sigma_l)A_p - \sigma_{l5} A_s}{A_n}$ （压）	$\sigma_{sII} = \alpha_E \sigma_{pcII} + \sigma_{l5}$ （压）
使用阶段	d 加载至混凝土应力为零，对应 N_0	N_0, 0	$\sigma_{p0} = \sigma_{con} - \sigma_l + \alpha_p \sigma_{pcII}$ （拉）	0	$\sigma_s = \sigma_{l5}$ （压）
	e 加载至裂缝即将出现，对应 N_{cr}	N_{cr}, f_{tk}(拉)	$\sigma_{p,cr} = \sigma_{con} - \sigma_l + \alpha_p (f_{tk} + \sigma_{pcII})$ （拉）	f_{tk} （拉）	$\sigma_{s,cr} = \alpha_E f_{tk} - \sigma_{l5}$ （拉）
	f 加载至破坏，对应 N_u	N_u	f_{py} （拉）	0	f_y （拉）

注：1. 净截面面积 $A_n = A_c + \alpha_E A_s$。
2. 混凝土应力为零时的轴向拉力 $N_0 = \sigma_{p0} A_p - \sigma_{l5} A_s = \sigma_{pcII} A_0$。
3. 混凝土开裂时的轴向拉力 $N_{cr} = (f_{tk} + \sigma_{pcII}) A_0$。
4. 混凝土破坏时轴向拉力 $N_u = f_{py} A_p + f_y A_s$。

$$N_u = f_{py}A_p + f_y A_s \tag{9.34}$$

9.4.3 先张法构件与后张法构件分析比较

1）在施工阶段，混凝土预压应力 σ_{pcII} 的计算公式，无论先张法或是后张法形式均相同，只是预应力损失 σ_l 的具体计算不同；又因先张法构件中存在放松预应力筋后由混凝土弹性压缩变形引起的预应力损失 $\alpha_p \sigma_{pcII}$，而后张法构件中混凝土弹性压缩变形已在预应力筋张拉过程中发生，因此后张法没有预应力损失 $\alpha_p \sigma_{pcII}$。同时先张法采用换算截面面积 A_0，后张法采用净截面面积 A_n。因此在采用相同张拉控制应力 σ_{con}、相同材料强度、相同截面尺寸，相同预应力筋及截面面积，因 $A_0 > A_n$，后张法构件的有效预压应力比先张法高，相应建立的混凝土预压应力也比先张法高。

2）使用阶段 N_0、N_{cr}、N_u 的三个计算公式，无论先张法或是后张法形式均相同，但在计算 N_0、N_{cr} 时两者的 σ_{pcII} 值不同。

9.4.4 预应力混凝土构件与普通钢筋混凝土构件比较

1）预应力构件从制作→使用→破坏，预应力筋始终处于高应力状态，而混凝土在 N_0 前始终处于受压状态，发挥两种材料各自的优势，如图 9.14 所示。

2）当材料强度等级和截面尺寸相同时，预应力混凝土构件与普通钢筋混凝土构件具有相同的极限承载力，即施加预加应力既不会提高、也不会降低构件的承载能力。

3）预应力混凝土构件的开裂荷载 N_{cr} 远远高于普通钢筋混凝土构件开裂荷载 N_{cr}。这正是对构件施加预应力的目的所在，即提高构件的抗裂度。但出现裂缝时的荷载值与破坏荷载值比较接近，故延性较差。

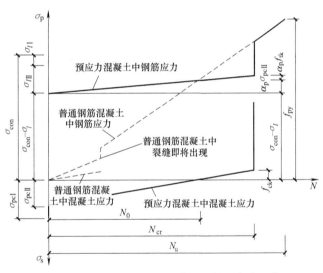

图 9.14 预应力混凝土和普通混凝土应力比较

9.5 预应力轴心受拉构件计算

预应力混凝土轴心受拉构件计算包括使用阶段承载力计算、抗裂度验算或裂缝宽度验算以外，还要进行施工阶段张拉（或放松）预应力筋时构件的承载力验算，以及采用锚具的后张法构件进行端部锚固区局部受压验算。

9.5.1 使用阶段承载力计算

构件破坏时，混凝土全部退出工作，全部荷载由钢筋承担，截面的计算简图如图 9.15a

所示。

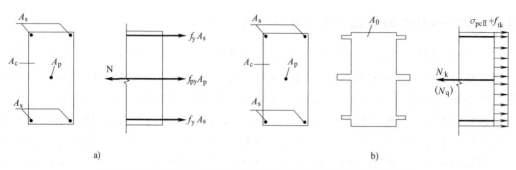

图 9.15 预应力混凝土轴心受拉构件使用阶段承载力计算简图
a) 正截面承载力计算简图　b) 抗裂度验算简图

正截面受拉承载力按下式计算

$$N \leqslant f_y A_s + f_{py} A_p \tag{9.35}$$

式中　N——轴向拉力设计值；
f_{py}、f_y——预应力筋、非预应力筋抗拉强度设计值；
A_p、A_s——预应力筋、非预应力筋筋的截面面积。

9.5.2 使用阶段抗裂度验算及裂缝宽度验算

由式 (9.27) 和式 (9.33) 可看出，如果轴向拉力 N 不超过 N_{cr}，构件不会开裂。其计算简图如图 9.15b 所示。$N \leqslant N_{cr} = (f_{tk} + \sigma_{pcII}) A_0$，此时改用应力形式表达，则为 $\frac{N}{A_0} \leqslant f_{tk} + \sigma_{pcII}$，即 $\sigma_{ck} - \sigma_{pcII} \leqslant f_{tk}$。预应力构件的功能要求和所处环境类别不同，应有不同的抗裂的安全储备。《混凝土结构设计规范》将预应力混凝土构件的抗裂等级分为三个裂缝控制等级进行验算。

1) 一级裂缝控制等级——严格要求不出现裂缝的构件，按荷载标准组合计算时，构件受拉边缘混凝土不应产生拉应力，即

$$\sigma_{ck} - \sigma_{pc} \leqslant 0 \tag{9.36}$$

2) 二级裂缝控制等级——一般要求不出现裂缝的构件，按荷载标准组合计算时，构件受拉边缘混凝土拉应力不应大于混凝土抗拉强度标准值 f_{tk}，即

$$\sigma_{ck} - \sigma_{pc} \leqslant f_{tk} \tag{9.37}$$

3) 三级裂缝控制等级——允许出现裂缝的构件，按荷载标准组合并考虑长期作用影响计算时，构件的最大裂缝宽度 w_{max} 不应超过最大裂缝宽度限值 w_{lim}（按附表 3.3 采用），即

$$w_{max} \leqslant w_{lim} \tag{9.38}$$

预应力轴心受拉构件

$$\omega_{max} = 2.2 \psi \frac{\sigma_{sk}}{E_p} \left(1.9 c_s + 0.08 \frac{d_{eq}}{\rho_{te}} \right) \tag{9.39}$$

$$\sigma_{sk} = \frac{N_k - N_{p0} + N_2}{A_p + A_s} \tag{9.40}$$

$$\psi = 1.1 - \frac{0.65 f_{tk}}{\rho_{te} \sigma_{sk}} \tag{9.41}$$

$$d_{eq} = \frac{\sum n_i d_i^2}{\sum n_i \upsilon_i d_i} \tag{9.42}$$

$$\rho_{te} = \frac{A_p + A_s}{A_{te}} \tag{9.43}$$

式中 σ_{sk}——按荷载效应的标准组合计算的预应力混凝土构件纵向受拉钢筋等效应力（N/mm²）；

N_{p0}——计算截面上混凝土法向预压应力等于零时的预加力。按下式计算

$$N_{p0} = \sigma_{p0} A_p + \sigma'_{p0} A'_p - \sigma_{l5} A_s - \sigma'_{l5} A'_s \tag{9.44}$$

σ_{p0}——预应力筋合力点处混凝土法向应力等于零时的预应力筋应力 [先张法 σ_{p0}（或 σ'_{p0}）= $\sigma_{con} - \sigma_l$；后张法 σ_{p0}（或 σ'_{p0}）= $\sigma_{con} - \sigma_l + \alpha_p \sigma_{pc}$]；

N_2——预加力在后张法预应力混凝土超静定结构中产生的次轴力（N）；

ψ——裂缝间纵向受拉钢筋应变不均匀系数，且满足 $0.2 \leq \psi \leq 1.0$（对直接承受重复荷载的构件，取 $\psi = 1.0$）；

c_s——最外层纵向受拉钢筋外边缘至受拉区底边的距离（mm），且满足 $20\text{mm} \leq c_s \leq 65\text{mm}$；

ρ_{te}——按有效受拉混凝土截面面积计算的纵向受拉钢筋配筋率（对无黏结后张构件，仅取纵向受拉普通钢筋计算配筋率；在最大裂缝宽度计算中，同时需满足 $\rho_{te} \geq 0.01$）；

A_{te}——有效受拉混凝土截面面积 [mm²，对轴心受拉构件，$A_{te} = bh$；对受弯构件，矩形或T形截面，$A_{te} = 0.5bh$，对倒T形或I形截面，$A_{te} = 0.5bh + (b_f - b)h_f$]；

d_{eq}——受拉区纵向钢筋的等效直径（mm）（对无黏结后张构件，仅为受拉区纵向受拉钢筋的等效直径。有黏结预应力钢绞线束的直径取为 $\sqrt{n_1} d_{p1}$，其中 d_{p1} 为单根钢绞线的公称直径，n_1 为单束钢绞线根数）；

d_i——受拉区第 i 种纵向钢筋的公称直径（mm）；

n_i——受拉区第 i 种纵向钢筋的根数（对于有黏结预应力钢绞线，取为钢绞线束数）；

υ_i——受拉区第 i 种纵向钢筋的相对黏结特性系数，按表9.11采用。

表 9.11 钢筋的相对黏结特性系数

钢筋类别	先张法预应力筋			后张法预应力筋		
	带肋钢筋	螺旋肋钢丝	刻痕钢丝钢绞线	带肋钢筋	钢绞线	光面钢丝
υ_i	1.0	0.8	0.6	0.8	0.5	0.4

注：对环氧树脂涂层带肋钢筋，其相对黏结特性系数应按表中系数的80%取用。

对二a类环境的预应力混凝土构件，尚应按荷载准永久组合计算，且构件受拉边缘混凝土的拉应力不应大于混凝土的抗拉强度标准值，即

$$\sigma_{cq} - \sigma_{pc} \leq f_{tk} \tag{9.45}$$

式中 σ_{ck}、σ_{cq}——荷载标准组合、准永久组合下抗裂验算边缘的混凝土法向应力，对预应力轴心受拉构件 $\sigma_{ck} = N_k/A_0$，$\sigma_{cq} = N_q/A_0$；

σ_{pc}——扣除全部预应力损失后在抗裂验算边缘混凝土的预压应力

$$\sigma_{pc} = \frac{(\sigma_{con}-\sigma_l)A_p - \sigma_{l5}A_s}{A_0} \text{（先张法）} \tag{9.46a}$$

$$\sigma_{pc} = \frac{(\sigma_{con}-\sigma_l)A_p - \sigma_{l5}A_s}{A_n} \text{（后张法）} \tag{9.46b}$$

9.5.3 施工阶段验算

先张法预应力混凝土构件放松预应力筋时或后张法预应力混凝土构件张拉预应力筋时，截面混凝土将受到最大预压应力，而此时混凝土强度一般尚未达到设计强度，为防止构件强度不足，需进行施工阶段承载力验算，对轴心受拉构件应满足

$$\sigma_{cc} \leq 0.8 f'_{ck} \tag{9.47}$$

式中 f'_{ck}——与各施工阶段混凝土立方体抗压强度 f'_{cu} 相应的抗压强度标准值；
σ_{cc}——相应施工阶段计算截面预压区边缘纤维的混凝土压应力。

截面边缘混凝土的法向应力可按下式计算

$$\sigma_{cc} = \sigma_{pc} + \frac{N_k}{A_0} \pm \frac{M_k}{W_0} \tag{9.48}$$

式中 N_k、M_k——构件自重及施工荷载的标准组合在计算截面产生的轴向力值、弯矩值。

在式（9.48）中，σ_{pc}、N_k 均以压为正，以拉为负；M_k 产生的边缘纤维应力为压应力时，式中符号取加号。

施工阶段预拉区不允许出现裂缝的构件，预拉区纵向配筋率应满足 $\frac{A'_s + A'_p}{A} \geq 0.2\%$，对后张法构件不应计入 A'_p。其中，A 为构件的毛截面面积；A'_s 为受压区纵向普通钢筋的截面面积；A'_p 为受压区预应力筋的截面面积。

施工阶段允许出现裂缝的构件，当名义拉应力 $\sigma_{ct} = 2.0 f_{tk}$ 时，纵向非预应力筋的配筋率不应小于 0.4%；当 $1.0 f_{tk} < \sigma_{ct} < 2.0 f_{tk}$ 时，在 0.20% 与 0.40% 间线性内插。

【例 9.3】 某后张法预应力下弦杆，截面尺寸、配筋及材料强度同【例 9.1】，已知永久荷载标准值产生的轴向拉力 $N_{Gk} = 500 \text{kN}$，可变荷载标准值产生的轴向拉力 $N_{Qk} = 280 \text{kN}$，可变荷载的组合系数 $\psi_c = 0.7$，可变荷载的准永久系数 $\psi_q = 0.5$，可变荷载考虑结构设计年限的荷载调整系数 $\gamma_L = 1.0$，混凝土重度 $\gamma = 25 \text{kN/m}^3$。环境类别为二 a 类，混凝土保护层厚度 $c = 25 \text{mm}$。

（1）按使用阶段正截面受拉承载力验算。
（2）若裂缝控制为二级，进行正截面抗裂度验算。
（3）若裂缝控制为三级，其最大裂缝宽度 w_{max} 为多少？
（4）施工阶段制作时应力验算。

【解】 C50 混凝土 $f_{tk} = 2.64 \text{N/mm}^2$，$f_{ck} = 32.4 \text{N/mm}^2$。2 个 4 束 $\phi^s 1 \times 7$ 普通松弛钢绞线：$A_p = 789.6 \text{mm}^2$，$f_{py} = 1220 \text{N/mm}^2$，相对黏结特征系数 $v_i = 0.5$，$E_p = 1.95 \times 10^5 \text{N/mm}^2$，$\alpha_p = 5.652$。4Φ12 非预应力钢筋：$A_s = 452 \text{mm}^2$，$f_y = 270 \text{N/mm}^2$，相对黏结特征系数 $v_i = 0.8$。

已知 $\sigma_{con}=1290\text{N/mm}^2$，净截面面积 $A_n=47047.3\text{mm}^2$，第一批预应力损失 $\sigma_{l1}=83.8\text{N/mm}^2$，预应力总损失 $\sigma_l=377.8\text{N/mm}^2$，混凝土收缩、徐变损失 $\sigma_{l5}=165\text{N/mm}^2$（见例 9.1）。

换算截面面积 $A_0=A_n+\alpha_p A_p=(47047.3+5.652\times789.6)\text{mm}^2=51510.1\text{mm}^2$

（1）使用阶段承载力计算　杆件截面的轴向拉力设计值 N 应同时考虑可变荷载效应控制的组合与永久荷载效应控制的组合，并取二者的大值进行承载力复核。

由可变荷载效应控制的组合
$$N_1=1.2N_{G_k}+1.4\gamma_L N_{Q_k}=(1.2\times500+1.4\times1.0\times280)\text{kN}=992\text{kN}$$

由永久荷载效应控制的组合
$$N_2=1.35N_{G_k}+1.4\gamma_L\psi_c N_{Q_k}=(1.35\times500+1.4\times1.0\times0.7\times280)\text{kN}=949.4\text{kN}$$

所以，轴向拉力设计值 $N=\max(N_1,N_2)=992\text{kN}$

由正截面承载力计算公式可得
$$f_{py}A_p+f_y A_s=(1220\times789.6+270\times452)\times10^{-3}\text{kN}=1085.4\text{kN}>N=992\text{kN}（满足要求）$$

（2）抗裂度验算

荷载效应标准组合　　$N_k=N_{G_k}+N_{Q_k}=(500+280)\text{kN}=780\text{kN}$

荷载效应准永久组合　$N_q=N_{G_k}+\psi_q N_{Q_k}=(500+0.5\times280)\text{kN}=640\text{kN}$

荷载标准组合下抗裂验算边缘的混凝土法向应力
$$\sigma_{ck}=\frac{N_k}{A_0}=\frac{780\times10^3}{51510.1}\text{N/mm}^2=15.14\text{N/mm}^2$$

荷载准永久组合下抗裂验算边缘的混凝土法向应力
$$\sigma_{cq}=\frac{N_q}{A_0}=\frac{640\times10^3}{51510.1}\text{N/mm}^2=12.42\text{N/mm}^2$$

计算混凝土有效预压应力
$$\sigma_{pc}=\frac{(\sigma_{con}-\sigma_l)A_p-\sigma_{l5}A_s}{A_n}=\frac{(1290-377.8)\times789.6-165\times452}{47047.3}\text{N/mm}^2=13.72\text{N/mm}^2$$

裂缝控制为二级时，受拉边缘应力为
$$\sigma_{ck}-\sigma_{pc}=(15.14-13.72)\text{N/mm}^2=1.42\text{N/mm}^2<f_{tk}=2.64\text{N/mm}^2（满足要求）$$

环境类别为二 a 类时，在荷载准永久组合下，受拉边缘应力为
$$\sigma_{cq}-\sigma_{pc}=(12.42-13.72)\text{N/mm}^2=-1.3\text{N/mm}^2<f_{tk}=2.64\text{N/mm}^2（满足要求）$$

（3）裂缝控制验算

纵向钢筋的等效拉应力为
$$\sigma_{p0}=\sigma_{con}-\sigma_l+\alpha_p\sigma_{pc}=(1290-377.8+5.652\times13.72)\text{N/mm}^2=989.7\text{N/mm}^2$$

$$N_{p0}=\sigma_{p0}A_p-\sigma_{l5}A_s=(989.7\times789.6-165\times452)\times10^{-3}\text{kN}=706.93\text{kN}$$

$$\sigma_{sk}=\frac{N_k-N_{p0}}{A_p+A_s}=\frac{(780-706.93)\times10^3}{789.6+452}\text{N/mm}^2=58.85\text{N/mm}^2$$

裂缝间纵向受拉钢筋应力均匀系数
$$A_{te}=280\times180\text{mm}^2=50400\text{mm}^2$$

$$\rho_{te} = \frac{A_p + A_s}{A_{te}} = \frac{789.6 + 452}{50400} = 0.0246 > 0.01, 取 \rho_{te} = 0.0246$$

$$\psi = 1.1 - \frac{0.65 f_{tk}}{\rho_{te} \sigma_{sk}} = 1.1 - \frac{0.65 \times 2.64}{0.0246 \times 58.85} = -0.1 < 0.2, 取 0.2$$

受拉区纵向钢筋的等效直径

$$d_{eq} = \frac{\sum n_i d_i^2}{\sum n_i v_i d_i} = \frac{8 \times 12.7^2 + 4 \times 12^2}{8 \times 0.5 \times 12.7 + 4 \times 0.8 \times 12} mm = 20.9 mm$$

最大裂缝宽度

$$\omega_{max} = 2.2 \psi \frac{\sigma_{sk}}{E_P} \left(1.9 c_s + 0.08 \frac{d_{eq}}{\rho_{te}}\right)$$

$$= 2.2 \times 0.2 \times \frac{58.85}{1.95 \times 10^5} \times \left(1.9 \times 25 + \frac{0.08 \times 20.9}{0.0246}\right) mm$$

$$= 0.02 mm < 0.2 mm (满足要求)$$

(4) 施工阶段制作时混凝土压应力验算 施工阶段施工荷载影响较小,故制作阶段只考虑构件自重及预应力的影响。

毛截面面积 $A = 280 \times 180 mm^2 = 50400 mm^2$

自重产生的轴力 $N_k = \gamma A l = 25 \times 50400 \times 10^{-6} \times 21 kN = 26.46 kN$

当混凝土达到 85% 的设计强度时开始张拉预应力筋,则

$$f'_{ck} = 0.85 \times 32.4 N/mm^2 = 27.54 N/mm^2$$

完成第一批预应力损失后预应力筋的压应力为

$$\sigma_{pc} = \frac{(\sigma_{con} - \sigma_{l1}) A_p}{A_n}$$

$$= \frac{(1290 - 83.8) \times 789.6}{47047.3} N/mm^2$$

$$= 20.2 N/mm^2$$

截面下边缘的预压应力为

$$\sigma_{cc} = \sigma_{pc} + \frac{N_k}{A_0}$$

$$= \left(20.2 + \frac{27.54 \times 10^3}{51510.1}\right) N/mm^2$$

$$= 20.73 N/mm^2 < 0.8 f'_{ck}$$

$$= 0.8 \times 27.54 N/mm^2$$

$$= 22.03 N/mm^2$$

施工阶段构件制作时的强度和抗

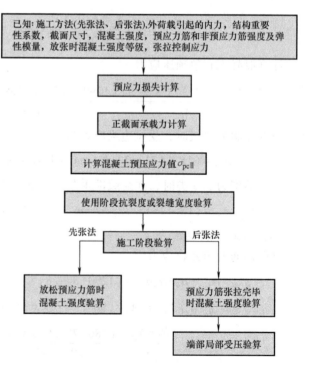

图 9.16 预应力混凝土轴心受拉构件设计框图

裂性能满足要求。

汇总：预应力混凝土轴心受拉构件设计步骤框图，如图9.16所示。

9.6 预应力混凝土受弯构件各阶段应力分析

预应力混凝土受弯构件在施工阶段和使用阶段的应力变化情况与预应力混凝土轴心受拉构件类似，但具有自身的特点，如图9.17所示。在轴心受拉构件中，预应力及非预应力筋是对称布置的，在轴向预压力或轴向拉力作用下，截面混凝土中应力呈均匀分布。

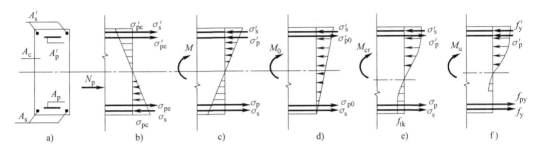

图9.17 预应力混凝土受弯构件各阶段的受力示意
a) 截面配筋 b) 预应力作用时 c) 外荷载作用时
d) 截面下边缘应力为零时 e) 裂缝即将开裂时 f) 构件破坏时

在预应力受弯构件中，预应力筋 A_p 主要布置在受拉一边，预应力对截面来说是一个偏心压力，并在混凝土上下截面分别产生预拉应力及预压应力，其应力大小及偏心距将随着各应力阶段不同而发生变化。而在外荷载引起的弯矩作用下，混凝土上下截面分别产生压应力及拉应力；两种应力叠加，截面混凝土应力呈不均匀分布状况。

当在使用阶段受拉区配置较多预应力筋时，在偏心压力作用下，在预拉区（一般为梁顶）可能发生裂缝。为控制此类裂缝，有时还需要在预拉区（使用阶段受压区）配置混凝土预应力筋 A_p'；其目的是防止施工阶段因混凝土收缩或温差引起预拉区的裂缝，承担预拉区的拉应力，防止构件在制作、堆放、运输、吊装时出现裂缝或减小裂缝宽度。同时在构件的受拉区和受压区往往也设置少量的非预应力筋 A_s 和 A_s'，其目的是配置非预应力筋能对混凝土预压变形起约束作用，使混凝土的收缩和徐变减小，相应减小预应力筋因收缩和徐变引起的预应力损失。但当非预应力筋配置较多时，混凝土收缩和徐变将使非预应力筋产生压应力，从而对混凝土产生附加拉应力，使混凝土预压应力减小，影响构件的抗裂性能，因此通常按构造配置非预应力筋。

9.6.1 施工阶段应力分析

1. 先张法预应力混凝土受弯构件

1) 预应力放张以前，第一批预应力损失已发生，此时预应力筋的合力，如图9.18a所示

$$N_{p0\,I} = (\sigma_{con} - \sigma_{l\,I})A_p + (\sigma_{con}' - \sigma_{l\,I}')A_p' \tag{9.49}$$

预应力筋合力对换算截面重心轴的距离

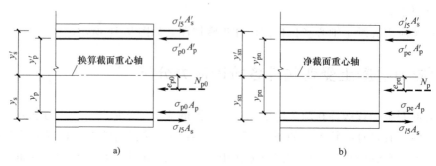

图 9.18 预加力作用点位置
a) 先张法构件 b) 后张法构件

$$e_{p0\text{I}} = \frac{(\sigma_{con}-\sigma_{l\text{I}})A_p y_p - (\sigma'_{con}-\sigma'_{l\text{I}})A'_p y'_p}{N_{p0\text{I}}} \qquad (9.50)$$

2) 预应力筋放张以后，截面上混凝土的法向应力

$$\left.\begin{array}{l}\sigma_{pc\text{I}}\\ \sigma'_{pc\text{I}}\end{array}\right\} = \frac{N_{p0\text{I}}}{A_0} \pm \frac{N_{p0\text{I}} e_{p0\text{I}}}{I_0} y_0 \qquad (9.51)$$

式中 N_{p0}——先张法构件的预应力筋及非预应力筋的合力（N）；

e_{p0}——预应力筋合力对换算截面重心轴的距离（mm）；

y_p、y'_p——受拉区、受压区的预应力筋合力点至换算截面重心的距离（mm）；

y_0——计算纤维处至换算截面重心轴的距离（mm）；

A_0、I_0——换算截面面积（mm²）和换算截面惯性矩（mm⁴）。

此时，预应力筋（A_p 和 A'_p）及非预应力筋（A_s 和 A'_s）的应力分别为

$$\sigma_{pe\text{I}} = \sigma_{con} - \sigma_{l\text{I}} - \alpha_p \sigma_{pc\text{I}} \quad （压应力） \qquad (9.52)$$

$$\sigma'_{pe\text{I}} = \sigma'_{con} - \sigma'_{l\text{I}} - \alpha_p \sigma'_{pc\text{I}} \quad （压应力） \qquad (9.53)$$

$$\sigma_{s\text{I}} = \alpha_E \sigma_{pc\text{I}} \quad （拉应力） \qquad (9.54)$$

$$\sigma'_{s\text{I}} = \alpha_E \sigma'_{pc\text{I}} \quad （拉应力） \qquad (9.55)$$

3) 完成第二批预应力损失后，此时预应力筋的合力为

$$N_{p0\text{II}} = (\sigma_{con}-\sigma_l)A_p + (\sigma'_{con}-\sigma'_l)A'_p - \sigma_{l5}A_s - \sigma'_{l5}A'_s \qquad (9.56)$$

预应力筋、非预应力筋合力对换算截面重心轴的距离为

$$e_{p0\text{II}} = \frac{(\sigma_{con}-\sigma_l)A_p y_p - (\sigma'_{con}-\sigma'_l)A'_p y'_p - \sigma_{l5}A_s y_s + \sigma'_{l5}A'_s y'_s}{N_{p0\text{II}}} \qquad (9.57)$$

截面上各点混凝土的预应力

$$\left.\begin{array}{l}\sigma_{pc\text{II}}\\ \sigma'_{pc\text{II}}\end{array}\right\} = \frac{N_{p0\text{II}}}{A_0} \pm \frac{N_{p0\text{II}} e_{p0\text{II}}}{I_0} y_0 \qquad (9.58)$$

此时，预应力筋（A_p 和 A'_p）及非预应力筋（A_s 和 A'_s）的应力分别为

$$\sigma_{pe\text{II}} = \sigma_{con} - \sigma_l - \alpha_p \sigma_{pc\text{II}} \quad （压应力） \qquad (9.59)$$

$$\sigma'_{pe\text{II}} = \sigma'_{con} - \sigma'_l - \alpha_p \sigma'_{pc\text{II}} \quad （压应力） \qquad (9.60)$$

$$\sigma_{s\text{II}} = \alpha_E \sigma_{pc\text{II}} + \sigma_{l5} \quad （拉应力） \qquad (9.61)$$

$$\sigma'_{s\text{II}} = \alpha_E \sigma'_{pc\text{II}} + \sigma'_{l5} \quad （拉应力） \qquad (9.62)$$

式中 y_s、y'_s——受拉区、受压区非预应力筋截面重心至换算截面重心的距离（mm）。

2. 后张法预应力混凝土受弯构件

1) 张拉并将预应力筋锚固后，已完成第一批预应力损失，此时预应力筋的合力如图 9.18b 所示

$$N_{pI} = (\sigma_{con} - \sigma_{lI})A_p + (\sigma'_{con} - \sigma'_{lI})A'_p \quad (9.63)$$

预应力筋合力对净截面重心轴的距离为

$$e_{pnI} = \frac{(\sigma_{con} - \sigma_{lI})A_p y_{pn} - (\sigma'_{con} - \sigma'_{lI})A'_p y'_{pn}}{N_{pI}} \quad (9.64)$$

截面上混凝土的法向应力为

$$\left.\begin{array}{r}\sigma_{pcI} \\ \sigma'_{pcI}\end{array}\right\} = \frac{N_{pI}}{A_n} \pm \frac{N_{pI} e_{pnI}}{I_n} y_n + \sigma_{p2} \quad (9.65)$$

式中 N_p——后张法构件的预应力筋及非预应力筋的合力（N）；

e_{pn}——预应力筋合力对净截面重心轴的距离（mm）；

y_{pn}、y'_{pn}——受拉区、受压区的预应力筋合力点至净截面重心的距离（mm）；

y_n——计算纤维处至净截面重心轴的距离（mm）；

A_n、I_n——净截面面积（mm²）和净截面惯性矩（mm⁴）；

σ_{p2}——由预应力次内力引起的混凝土截面法向应力（N/mm²）。

此时，预应力筋（A_p 和 A'_p）及非预应力筋（A_s 和 A'_s）的应力分别为

$$\sigma_{peI} = \sigma_{con} - \sigma_{lI} \quad (压应力) \quad (9.66)$$

$$\sigma'_{peI} = \sigma'_{con} - \sigma'_{lI} \quad (压应力) \quad (9.67)$$

$$\sigma_{sI} = \alpha_E \sigma_{pcI} \quad (拉应力) \quad (9.68)$$

$$\sigma'_{sI} = \alpha_E \sigma'_{pcI} \quad (拉应力) \quad (9.69)$$

2) 完成第二批预应力损失，此时预应力筋的合力为

$$N_{pII} = (\sigma_{con} - \sigma_l)A_p + (\sigma'_{con} - \sigma'_l)A'_p - \sigma_{l5}A_s - \sigma'_{l5}A'_s \quad (9.70)$$

预应力筋合力对净截面重心轴的距离为

$$e_{pII} = \frac{(\sigma_{con} - \sigma_l)A_p y_{pn} - (\sigma'_{con} - \sigma'_l)A'_p y'_{pn} - \sigma_{l5}A_s y_{sn} + \sigma'_{l5}A'_s y'_{sn}}{N_{pII}} \quad (9.71)$$

截面上混凝土的法向应力为

$$\left.\begin{array}{r}\sigma_{pcII} \\ \sigma'_{pcII}\end{array}\right\} = \frac{N_{pII}}{A_n} \pm \frac{N_{pII} e_{pnII}}{I_n} y_n + \sigma_{p2} \quad (9.72)$$

式中 y_{sn}、y'_{sn}——受拉区、受压区非预应力筋截面重心至净截面重心的距离（mm）。

此时，预应力筋（A_p 和 A'_p）及非预应力筋（A_s 和 A'_s）的应力分别为

$$\sigma_{peII} = \sigma_{con} - \sigma_l \quad (压应力) \quad (9.73)$$

$$\sigma'_{peII} = \sigma'_{con} - \sigma'_l \quad (压应力) \quad (9.74)$$

$$\sigma_{sII} = \alpha_E \sigma_{pcII} + \sigma_{l5} \quad (拉应力) \quad (9.75)$$

$$\sigma'_{sII} = \alpha_E \sigma'_{pcII} + \sigma'_{l5} \quad (拉应力) \quad (9.76)$$

9.6.2 使用阶段应力分析

预应力混凝土受弯构件的使用阶段也可分为三个过程，在这三个过程中，无论是先张法

构件还是后张法构件,其计算公式的形式完全相同。

1. 加荷至受拉边缘混凝土预压应力为零(消压状态)

在使用阶段,在外加荷载作用下,当截面受拉区边缘混凝土法向应力恰好等于零时,这一状态称为消压状态,对应的弯矩称为消压弯矩 M_0。此时,外加荷载在截面受拉边缘产生的法向应力恰好等于预应力所产生的有效预压应力 $\sigma_{pc\,II}$,即

$$\sigma_{pc\,II} = M_0/W_0 \tag{9.77}$$

式中 W_0——换算截面受拉边缘的弹性抵抗矩,$W_0 = I_0/y$,其中 y 为换算截面重心至受拉边缘的距离。

值得一提的是,加载至消压状态时,轴心受拉构件中整个截面的混凝土应力全部为零;而在受弯构件中,只有下边缘的混凝土应力为零,截面上其他各点的应力并不等于零,如图 9.17d 所示。

此时,预应力筋 A_p 的拉应力 σ_{p0} 在 $\sigma_{pe\,II}$ 的基础上增加 $\alpha_p \dfrac{M_0}{I_0} y_p$;预应力筋 A_p' 的拉应力 σ_{p0}' 在 $\sigma_{pe\,II}'$ 的基础上减小 $\alpha_p \dfrac{M_0}{I_0} y_p'$,即

$$\sigma_{p0} = \sigma_{pe\,II} + \alpha_p \dfrac{M_0}{I_0} y_p = \begin{cases} \sigma_{con} - \sigma_l & (先张法) \\ \sigma_{con} - \sigma_l + \alpha_p \sigma_{pc\,II} & (后张法) \end{cases} \quad (拉应力) \tag{9.78}$$

$$\sigma_{p0}' = \sigma_{pe\,II}' - \alpha_p \dfrac{M_0}{I_0} y_p' = \begin{cases} \sigma_{con}' - \sigma_l' - 2\alpha_p \sigma_{pc\,II}' & (先张法) \\ \sigma_{con}' - \sigma_l' - \alpha_p \sigma_{pc\,II}' & (后张法) \end{cases} \quad (拉应力) \tag{9.79}$$

相应地,非预应力筋 A_s 的拉应力 σ_s 在 $\sigma_{s\,II}$ 的基础上增加 $\alpha_E \dfrac{M_0}{I_0} y_s$,非预应力筋 A_s' 的压应力 σ_s' 在 $\sigma_{s\,II}'$ 的基础上增加 $\alpha_E \dfrac{M_0}{I_0} y_s'$,即

$$\sigma_s = \sigma_{s\,II} + \alpha_E \dfrac{M_0}{I_0} y_s = 2\alpha_E \sigma_{pc\,II} + \sigma_{l5} \quad (先、后张法,拉应力) \tag{9.80}$$

$$\sigma_s' = \sigma_{s\,II}' + \alpha_E \dfrac{M_0}{I_0} y_s' = 2\alpha_E \sigma_{pc\,II}' + \sigma_{l5} \quad (先、后张法,压应力) \tag{9.81}$$

2. 加载至受拉区即将出现裂缝阶段(抗裂状态)

当荷载超过 M_0 时,截面上靠近下边缘的部分混凝土出现拉应力,拉应力随荷载的增加而增大。由于混凝土的塑性性能,当截面下边缘混凝土的拉应力达到混凝土抗拉强度 f_{tk} 时,构件一般尚未开裂,而且塑性性能使得受拉区的混凝土应力呈曲线分布,如图 9.16d 所示,此时截面上的弯矩为开裂弯矩 M_{cr}。为便于分析,在进行抗裂计算时,实际的曲线应力图形折算成下边缘应力为 γf_{tk} 的等效(承受的弯矩相同)三角形应力图形,其中 γ 称为混凝土构件的截面抵抗矩塑性影响系数,可按下式计算

$$\gamma = \left(0.7 + \dfrac{120}{h}\right) \gamma_m \tag{9.82}$$

式中 h——截面高度(mm,当 $h < 400$mm 时,取 $h = 400$mm;当 $h > 1600$mm 时,取 $h = 1600$mm;对圆形、环形截面,取 $h = 2r$,此处,r 为圆形截面半径或环形截面

的外环半径)。

由上述可得,抗裂极限状态截面下边缘应满足

$$M_{cr} = (\sigma_{pc\,II} + \gamma f_{tk})W_0 = M_0 + \gamma f_{tk}W_0 \quad (9.83)$$

由式(9.83)可知,M_0 的存在使得预应力混凝土受弯构件的抗裂性能显著提高。

此时,预应力筋 A_p 的拉应力 $\sigma_{p,cr}$ 在 σ_{p0} 的基础上增加 $\alpha_p \dfrac{M_{cr}}{I_0}y_p$,预应力筋 A'_p 的拉应力 $\sigma'_{p,cr}$ 在 σ'_{p0} 的基础上减小 $\alpha_p \dfrac{M_{cr}}{I_0}y'_p$,即

$$\sigma_{p,cr} = \sigma_{pe\,II} + \alpha_p \frac{M_{cr}}{I_0}y_p = \begin{cases} \sigma_{con} - \sigma_l + 2\alpha_p f_{tk} & \text{(先张法)} \\ \sigma_{con} - \sigma_l + \alpha_p \sigma_{pc\,II} + 2\alpha_p f_{tk} & \text{(后张法)} \end{cases} \quad \text{(拉应力)} \quad (9.84)$$

$$\sigma'_{p,cr} = \sigma'_{p0} - \alpha_p \frac{M_{cr}}{I_0}y'_p \quad \text{(拉应力)} \quad (9.85)$$

相应地,非预应力筋 A_s 的拉应力 $\sigma_{s,cr}$ 在 σ_s 的基础上增加 $\alpha_E \dfrac{M_{cr}}{I_0}y_s$,非预应力筋 A'_s 的压应力 $\sigma'_{s,cr}$ 在 σ'_s 的基础上增加 $\alpha_E \dfrac{M_{cr}}{I_0}y'_s$,即

$$\sigma_{s,cr} = \sigma_s + \alpha_E \frac{M_{cr}}{I_0}y_s \quad \text{(拉应力)} \quad (9.86)$$

$$\sigma'_{s,cr} = \sigma'_s + \alpha_E \frac{M_{cr}}{I_0}y'_s \quad \text{(压应力)} \quad (9.87)$$

3. 加载至破坏阶段

当荷载超过 M_{cr} 时,构件受拉区出现竖向裂缝时,裂缝截面上受拉区混凝土退出工作,拉力全部由受拉区钢筋承受。当截面进入适筋梁工作的第Ⅲ阶段后,受拉钢筋屈服,受压区混凝土达到极限压应变被压碎而破坏,此时受压预应力筋 A'_p 可能不屈服,如图 9.17f 所示,对应弯矩为极限弯矩 M_u。

汇总,先、后张法预应力混凝土受弯构件在各阶段应力分析,见表 9.12。

9.7 预应力混凝土受弯构件计算

预应力混凝土受弯构件的计算内容主要包括承载能力极限状态计算(正截面受弯承载力和斜截面受剪承载力)、正常使用极限状态的验算(正截面抗裂、斜截面抗裂、裂缝宽度和变形),以及制作、运输、安装等施工阶段相应验算。

进行预应力混凝土构件设计时,一般可按正截面抗裂控制的要求,先估算有效预压力值 $N_{p0\,II}$(或 $N_{p\,II}$),进一步估算需要的总预应力筋的截面面积,并在确定锚具形式及预应力筋的布置后,逐一进行承载能力和正常使用极限状态的各项计算和验算。

9.7.1 正截面受弯承载力计算

1. 破坏阶段的截面应力状态

试验表明,预应力混凝土受弯构件与钢筋混凝土受弯构件相似,都采用相同基本假定和

表 9.12　先、后张法预应力混凝土受弯构件各阶段应力分析

	受力阶段	先 张 法		后 张 法	
		受拉区预应力钢筋应力 σ_p	混凝土截面下边缘应力 σ_{pc}	受拉区预应力钢筋应力 σ_p	混凝土截面下边缘应力 σ_{pc}
施工阶段	a. 先张法：张拉并锚固钢筋；后张法：穿钢筋	σ_{con}	—	0	0
施工阶段	b. 先张法：完成第一批损失；后张法：张拉钢筋	$\sigma_{pe\,I} = \sigma_{con} - \sigma_{l\,I} - \alpha_p \sigma_{pc\,I}$	0	$\sigma_{pe\,I} = \sigma_{con} - \sigma_{l2}$	$\sigma_{pc\,I} = \dfrac{N_p}{A_n} + \dfrac{N_p e_{pn}}{I_n} y_n$ $N_p = (\sigma_{con} - \sigma_{l2}) A_p$
施工阶段	c. 先张法：放松钢筋；后张法：完成第一批应力损失	$\sigma_{pe\,II} = \sigma_{con} - \sigma_l - \alpha_p \sigma_{pc\,II}$	$\sigma_{pc\,I} = \dfrac{N_{p0\,I}}{A_0} + \dfrac{N_{p0\,I} e_{p0\,I}}{I_0} y_0$ $N_{p0\,I} = (\sigma_{con} - \sigma_{l\,I}) A_p$	$\sigma_{pe\,I} = \sigma_{con} - \sigma_{l\,I}$	$\sigma_{pc\,I} = \dfrac{N_{p\,I}}{A_n} + \dfrac{N_{p\,I} e_{pn\,I}}{I_n} y_n$ $N_{p\,I} = (\sigma_{con} - \sigma_{l\,I}) A_p$
施工阶段	d. 先张法：完成第二批损失；后张法：完成第二批应力损失		$\sigma_{pc\,II} = \dfrac{N_{p0\,II}}{A_0} + \dfrac{N_{p0\,II} e_{p0\,II}}{I_0} y_0$ $N_{p0\,II} = (\sigma_{con} - \sigma_l) A_p$	$\sigma_{pe\,II} = \sigma_{con} - \sigma_l$	$\sigma_{pc\,II} = \dfrac{N_{p\,II}}{A_n} + \dfrac{N_{p\,II} e_{pn\,II}}{I_n} y_n$ $N_{p\,II} = (\sigma_{con} - \sigma_l) A_p$
使用阶段	e. 加载至混凝土应力为零，对应 M_0	$\sigma_{p0} = \sigma_{con} - \sigma_l$	0	$\sigma_{p0} = \sigma_{con} - \sigma_l + \alpha_p \sigma_{pc\,II}$	0
使用阶段	f. 加载至裂缝即将出现，对应 M_{cr}	$\sigma_{p,cr} = \sigma_{con} - \sigma_l + 2\alpha_p f_{tk}$	f_{tk}	$\sigma_{p,cr} = \sigma_{con} - \sigma_l + \alpha_p \sigma_{pc\,II} + 2\alpha_p f_{tk}$	f_{tk}
使用阶段	g. 加载至破坏，对应 M_u	f_{py}	0	f_{py}	0

混凝土受压区等效矩形应力原则。如果 $\xi \leqslant \xi_b$，破坏时截面上受拉区的预应力筋 A_p 先达到屈服强度，而后受压区混凝土达到极限压应变被压碎而破坏。受压区的预应力筋 A_p' 及非预应力筋的 A_s、A_s' 仍可按应变平截面假定确定。

在计算上，预应力混凝土受弯构件与钢筋混凝土受弯构件比较有以下几点不同：

（1）纵向受拉钢筋屈服与受压区混凝土破坏同时发生时的相对界限受压区高度 ξ_b 设受拉区预应力筋合力点处混凝土预压应力为零时，预应力筋中的应力为 σ_{p0}，预拉应变为 $\varepsilon_{p0} = \sigma_{p0}/E_p$。界限破坏时，预应力筋应力达到抗拉强度设计值 f_{py}，因而截面上受拉区预应力筋的应力增量为 $(f_{py} - \sigma_{p0})$，相应的应变增量为 $(f_{py} - \sigma_{p0})/E_p$。根据应变平截面假定，相对界限受压区高度 ξ_b 可按图 9.19 所示的几何关系确定

$$\frac{x_c}{h_0} = \frac{\varepsilon_{cu}}{\varepsilon_{cu} + \dfrac{f_{py} - \sigma_{p0}}{E_p}} \tag{9.88}$$

式中　x_c——界限破坏时受压区混凝土等效矩形应力图形的高度；

　　　h_0——受拉区预应力筋 A_p 合力点至截面受压边缘的距离；

　　　ε_{cu}——混凝土极限压应变；

　　　σ_{p0}——受拉区纵向预应力筋合力点处混凝土法向应力等于零时的预应力筋应力。

设界限破坏时，界限受压区高度为 x_b，则有 $x_b = \beta_1 x_c$（符合等效矩形应力原则），代入式（9.88）得

$$\frac{x_b}{\beta_1 h_0} = \frac{\varepsilon_{cu}}{\varepsilon_{cu} + \dfrac{f_{py} - \sigma_{p0}}{E_p}} \tag{9.89}$$

即

$$\xi_b = \frac{x_b}{h_0} = \frac{\beta_1}{1 + \dfrac{f_{py} - \sigma_{p0}}{E_p \varepsilon_{cu}}} \tag{9.90}$$

式中　β_1——系数（对不高于 C50 的混凝土，$\beta_1 = 0.8$；对 C80 混凝土，$\beta_1 = 0.74$；其间取值按线性内插法）。

对于无明显流幅的预应力钢筋，根据条件屈服点的定义，如图 9.20 所示，钢筋达到条件屈服点的拉应变为

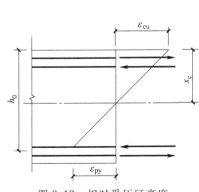

图 9.19　相对受压区高度

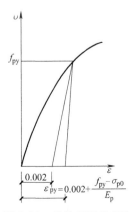

图 9.20　条件屈服拉应变

$$\varepsilon_{py} = 0.002 + \frac{f_{py} - \sigma_{p0}}{E_p} \qquad (9.91)$$

代入式（9.90）得到**预应力筋的相对界限受压区高度** ξ_b 公式如下

$$\xi_b = \frac{x_b}{h_0} = \frac{\beta_1}{1 + \dfrac{0.002}{\varepsilon_{cu}} + \dfrac{f_{py} - \sigma_{p0}}{E_p \varepsilon_{cu}}} \qquad (9.92)$$

如果在受弯构件的截面受拉区内配置不同种类或不同预应力值的钢筋时，受弯构件的相对界限受压区高度 ξ_b 应分别计算，并取较小值。

（2）**任意位置处预应力筋及非预应力筋应力计算** 设第 i 根预应力筋的预拉应力为 σ_{pi}，它到混凝土受压边缘的距离为 h_{0i}，根据应变平截面假定，它的应力由图9.21可得

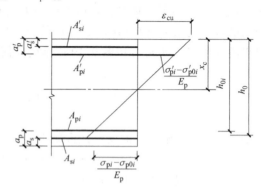

图 9.21 钢筋应力的计算

$$\sigma_{pi} = E_p \varepsilon_{cu} \left(\frac{\beta_1 h_{0i}}{x} - 1 \right) + \sigma_{p0i} \qquad (9.93)$$

同理，非预应力筋的应力

$$\sigma_{si} = E_s \varepsilon_{cu} \left(\frac{\beta_1 h_{0i}}{x} - 1 \right) \qquad (9.94)$$

规范规定式（9.93）、式（9.94）也可按下列近似公式计算

预应力筋的应力 σ_{pi}，且满足

$$\sigma_{p0i} - f'_{py} \leqslant \sigma_{pi} = \frac{f_{py} - \sigma_{p0i}}{\xi_b - \beta_1} \left(\frac{x}{h_{0i}} - \beta_1 \right) + \sigma_{p0i} \leqslant f_{py} \qquad (9.95)$$

非预应力筋的应力 σ_{si}，且满足

$$-f'_y \leqslant \sigma_{si} = \frac{f_y}{\xi_b - \beta_1} \left(\frac{x}{h_{0i}} - \beta_1 \right) \leqslant f_y \qquad (9.96)$$

（3）**受压区预应力筋的应力 σ'_p 计算** 若在受压区配置预应力筋 A'_p，在构件未受力之前（施工阶段），A'_p 受拉；随着荷载不断增大，A'_p 的拉应力随之减小，至构件破坏时，A'_p 可能受拉也可能受压，但其应力值 σ'_p 都达不到抗压屈服强度设计值 f'_{py}，可近似取为

$$\sigma'_p = \sigma'_{p0} - f'_{py} \qquad (9.97)$$

式中 σ'_{p0}——受压区预应力筋合力作用点处混凝土法向应力为零时预应力筋的应力值（先张法构件 $\sigma'_{p0} = \sigma'_{con} - \sigma'_l$，后张法构件 $\sigma'_{p0} = \sigma'_{con} - \sigma'_l + \alpha_p \sigma'_{pc}$）。

式（9.97）中，若 σ'_p 为正表示 A'_p 受拉，为负表示 A'_p 受压。显然当 A'_p 受拉时，将降低构件正截面承载能力，故在受压区配置预应力筋将稍微降低构件的承载能力，同时还将引起受拉边缘混凝土预应力减小，降低构件的抗裂性能，所以受压区配置预应力筋只适用于预拉区在施工阶段可能出现裂缝的构件。

（4）**由预加力 N_p 在后张法预应力混凝土超静定结构中产生的次弯矩和次剪力** 通常对预应力筋由布置上的几何偏心引起的内弯矩 $N_p e_{pn}$ 以 M_1 表示，该弯矩在连续梁中引起的支座

反力称为次反力，次反力引起的梁中弯矩称为次弯矩 M_2。在预应力混凝土超静定梁中，预加力在任一截面引起的总弯矩 M_r 为内弯矩 M_1 与次弯矩 M_2 之和，即 $M_r = M_1 + M_2$。次剪力可根据结构构件各截面次弯矩分布按力学分析方法计算。

《预应力混凝土结构设计规范》规定，在后张法预应力混凝土超静定结构进行正截面受弯承载力计算及抗裂验算时，弯矩设计值中应组合次弯矩；在进行斜截面受剪承载力计算及抗裂验算时，剪力设计值中应组合次剪力。

按弹性分析方法计算时，次弯矩 M_2 宜按下式确定

$$M_2 = M_r - M_1 \tag{9.98}$$

$$M_1 = N_p e_{pn} \tag{9.99}$$

式中　　N_p——后张法预应力混凝土构件的预加力；

　　　　e_{pn}——净截面重心至预加力作用点的距离；

　　　　M_1——预加力对净截面重心偏心引起的弯矩值；

　　　　M_r——由预加力的等效荷载在结构构件截面上产生的弯矩值。

为确保预应力能够有效地施加到预应力结构构件中，应采用合理的结构布置方案，合理布置竖向支承构件，如将抗侧力构件布置在结构位移中心不动点附近；采用相对细长的柔性柱以减少约束力，必要时应在柱中配置附加钢筋承担约束作用产生的附加弯矩。在预应力框架梁施加预应力阶段，可将梁与柱之间的节点设计成在张拉过程中可产生滑动的无约束支座，张拉后再将该节点做成刚接。对后张楼板，为减少约束力，可采用后浇带或施工缝将结构分段，使其与约束柱或墙暂时分开；对于不能分开且刚度较大的支承构件，可在板与墙、柱结合处开设结构洞以减少约束力，待张拉完毕后补强。对于平面形状不规则的板，宜划分为平面规则的单元，使各部分能独立变形，以减少约束；当大部分收缩变形完成后，如有需要仍可以采取连为整体等措施。

2. 矩形截面或翼缘位于受拉边的倒 T 形截面受弯构件正截面承载力计算

正截面承载力计算简图如图 9.22 所示，由水平方向力的平衡及力矩平衡条件可得

$$M \leqslant \alpha_1 f_c b x \left(h_0 - \frac{x}{2} \right) + f'_y A'_s (h_0 - a'_s) - (\sigma'_{p0} - f'_{py}) A'_p (h_0 - a'_p) \tag{9.100}$$

$$\alpha_1 f_c b x = f_y A_s + f_{py} A_p - f'_y A'_s + (\sigma'_{p0} - f'_{py}) A'_p \tag{9.101}$$

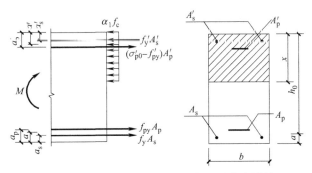

图 9.22　矩形截面受弯构件正截面承载力计算

适用条件为

$$x \leqslant \xi_b h_0 \tag{9.102}$$

$$x \geq 2a' \tag{9.103}$$

式中 A_p、A'_p——受拉区、受压区纵向预应力筋的截面面积（mm^2）；

σ'_{p0}——受压区纵向预应力筋合力点处混凝土法向应力等于零时的预应力筋应力（N/mm^2，先张法构件 $\sigma'_{p0}=\sigma'_{con}-\sigma'_l$，后张法构件 $\sigma'_{p0}=\sigma'_{con}-\sigma'_l+\alpha_p\sigma'_{pc}$）；

a'_s、a'_p——受压区纵向普通钢筋合力点、预应力筋合力点至截面受压边缘的距离（mm）；

a'——受压区全部纵向钢筋合力点至截面受压边缘的距离（mm），$a'=\dfrac{f'_{py}A'_p a'_p + f'_y A'_s a'_s}{f'_{py}A'_p + f'_y A'_s}$，当受压区未配置纵向预应力筋或受压区纵向预应力筋应力（$\sigma'_{p0}-f'_{py}$）为拉应力时，式（9.103）中 a' 用 a'_s 代替；

h_0——截面的有效高度（mm），$h_0=h-a$；

a——受拉区全部纵向钢筋合力点至截面受拉边缘的距离（mm），$a=\dfrac{f_{py}A_p a_p + f_y A_s a_s}{f_{py}A_p + f_y A_s}$。

其中，式（9.102）的目的是保证受拉纵筋达到屈服强度，式（9.103）的目的是保证受压非预应力纵筋达到屈服强度。

3. T形或I形截面受弯构件正截面受弯承载力计算

对于该类截面，首先需判断中性轴在翼缘内（$x \leq h'_f$，第一类T形截面）还是在腹板内（$x < h'_f$，第二类T形截面），如图9.23所示。当满足下列条件

$$f_y A_s + f_{py}A_p \leq \alpha_1 f_c b'_f h'_f + f'_y A'_s - (\sigma'_{p0}-f'_{py})A'_p \tag{9.104}$$

时，中和轴在受压翼缘内（图9.23a），应按宽度为 b'_f 的矩形截面计算。当不满足式（9.104）时，即中和轴在腹板内（图9.23b），其正截面承载力应按下式计算

$$M \leq M_u = \alpha_1 f_c bx\left(h_0 - \dfrac{x}{2}\right) + \alpha_1 f_c (b'_f - b) h'_f \left(h_0 - \dfrac{h'_f}{2}\right) +$$

$$f'_y A'_s (h_0 - a'_s) - (\sigma'_{p0} - f'_{py})A'_p (h_0 - a'_p) \tag{9.105}$$

$$\alpha_1 f_c [bx + (b'_f - b)h'_f] = f_y A_s - f'_y A'_s + f_{py}A_p + (\sigma'_{p0} - f'_{py})A'_p \tag{9.106}$$

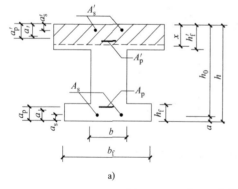
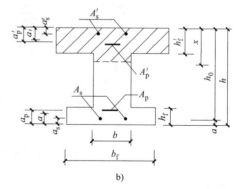

图9.23 T形、I形截面受弯构件受压区高度位置
a) $x \leq h'_f$ b) $x > h'_f$

按式 (9.105) 和式 (9.106) 计算 T 形、I 形截面受弯构件时，混凝土受压区高度仍应符合式 (9.102) 和式 (9.103) 的要求。

当计算中计入纵向普通受压钢筋时，若不满足式 (9.103) 的条件，认为受压区普通钢筋达不到屈服，可以近似取 $x = 2a'$，并由受压区非预应力筋 A'_s 合力点的力矩平衡条件得

$$M \leqslant M_u = f_{py}A_p(h-a_p-a'_s) + f_yA_s(h-a_s-a'_s) + (\sigma'_{p0}-f'_{py})A'_p(a'_p-a'_s) \tag{9.107}$$

9.7.2 斜截面承载力计算

预应力混凝土受弯构件的斜截面受剪承载力计算与普通混凝土构件基本相同，只需注意施加预应力的影响。一般情况下预应力对梁的受剪承载力起有利作用。这主要是因为当 N_{p0} 对梁产生的弯矩与外弯矩方向相反时，预压应力能阻滞斜裂缝的出现和开展，增加混凝土剪压区高度，提高混凝土剪压区承担的剪力。但当合力 N_{p0} 引起的截面弯矩与外弯矩方向相同时，预加力对受剪承载力起不利作用，故不予考虑，此时 N_{p0} 取为零。

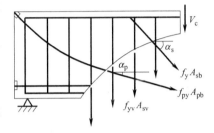

图 9.24 预应力混凝土受弯构件斜截面承载力计算

斜截面受剪承载力计算简图如图 9.24 所示，为简单起见图中仅标出对斜截面受剪承载力有贡献的内力。

与钢筋混凝土受弯构件相同，为防止发生斜压破坏，需规定构件的最小截面尺寸。

1) 对矩形、T 形和 I 形截面受弯构件，受剪截面应符合下列条件

当 $h_w/b \leqslant 4$ 时 $V \leqslant 0.25\beta_c f_c bh_0$ (9.108)

当 $h_w/b \geqslant 6$ 时 $V \leqslant 0.2\beta_c f_c bh_0$ (9.109)

当 $4 < h_w/b < 6$ 时，按线性内插法确定。

2) 当仅配置箍筋时，矩形、T 形和 I 形截面的预应力受弯构件，斜截面的受剪承载力应符合下式规定

$$V \leqslant \alpha_{cv}f_t bh_0 + f_{yv}\frac{A_{sv}}{s}h_0 + 0.05N_{p0} \tag{9.110}$$

$$N_{p0} = \sigma_{p0}A_p + \sigma'_{p0}A'_p - \sigma_{l5}A_s - \sigma'_{l5}A'_s \tag{9.111}$$

式中 N_{p0} ——计算截面上混凝土法向预应力等于零时的预加力 (N)，可按式 (9.111) 计算，当 $N_{p0} > 0.3f_cA_0$ 时，取 $N_{p0} = 0.3f_cA_0$；

σ_{p0} ——受拉区预应力筋合力点处混凝土正截面法向应力为零时预应力筋的应力，先张法 $\sigma_{p0} = \sigma_{con} - \sigma_l$，后张法 $\sigma_{p0} = \sigma_{con} - \sigma_l + \alpha_p\sigma_{pcII}$；

σ'_{p0} ——受压区预应力筋合力点处混凝土正截面法向应力为零时预应力筋的应力，先张法 $\sigma'_{p0} = \sigma'_{con} - \sigma'_l$，后张法 $\sigma'_{p0} = \sigma'_{con} - \sigma'_l + \alpha_E\sigma'_{pcII}$。

对合力 N_{p0} 引起的截面弯矩与外弯矩方向相同的情况，以及预应力混凝土连续梁和允许出现裂缝的预应力混凝土简支梁，均应取为 0；对先张法预应力混凝土构件，在计算合力 N_{p0} 时，应考虑预应力筋传递长度的影响。

3) 矩形、T 形和 I 形截面的预应力受弯构件，当配置箍筋和弯起钢筋时，其斜截面的受剪承载力应符合下式的规定

$$V \leqslant V_{cs}+V_p+0.8f_yA_{sb}\sin\alpha_s+0.8f_{py}A_{pb}\sin\alpha_p \tag{9.112}$$

式中 V——配置弯起钢筋处的剪力设计值（N，计算支座的第一排弯起钢筋时，取支座边缘处的剪力值，计算以后的每一排弯起钢筋时，取支座前一排弯起钢筋弯起点处的剪力值）；

V_p——由预加力提高的构件的受剪承载力设计值（N），$V_p=0.05N_{p0}$，计算合力 N_{p0} 时不考虑预应力弯起钢筋的作用；

A_{sb}、A_{pb}——同一弯起平面内的非预应力弯起钢筋、预应力弯起钢筋的截面面积（mm²）；

α_s、α_p——斜截面上非预应力弯起钢筋、预应力弯起钢筋的切线与构件纵向轴线的夹角（°）。

4）矩形、T形和I形截面受弯构件，当符合下式要求时，可不进行斜截面的受剪承载力计算，仅需按构造要求配置箍筋

$$V \leqslant \alpha_{cv}f_tbh_0+0.05N_{p0} \tag{9.113}$$

5）受弯构件斜截面的受弯承载力公式。考虑预应力筋、非预应力筋对混凝土剪压区取矩（图9.25）

$$M \leqslant (f_yA_s+f_{py}A_p)z+\sum f_yA_{sb}z_{sb}+\sum f_{py}A_{pb}z_{pb}+\sum f_{yv}A_{sv}z_{sv} \tag{9.114}$$

此时，斜截面的水平投影长度 c 范围内斜截面受压区末端的剪力设计值 V 可按下式计算

$$V=\sum f_yA_{sb}\sin\alpha_s+\sum f_{py}A_{pb}\sin\alpha_p+\sum f_{yv}A_{sv} \tag{9.115}$$

式中 V——斜截面受压区末端的剪力设计值（N）；

z——纵向非预应力和预应力受拉钢筋的合力至受压区合力点的距离（mm），可近似取 $z=0.9h_0$；

z_{sb}、z_{pb}——同一弯起平面内的非预应力弯起钢筋、预应力弯起钢筋的合力至斜截面受压区合力点的距离（mm）；

z_{sv}——同一斜截面上箍筋的合力至斜截面受压区合力点的距离（mm）。

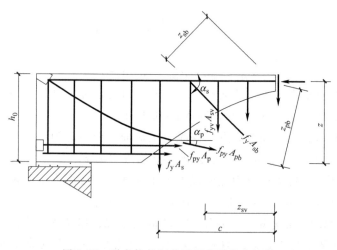

图9.25 受弯构件斜截面受弯承载力计算

在计算先张法预应力混凝土构件端部锚固区的斜截面受弯承载力时，公式中的 f_{py} 应按下列规定确定：锚固区内的纵向预应力筋抗拉强度设计值在锚固起点外应取为零，在锚固终

点处应取为 f_{py}，在两点之间可按线性内插法确定。

预应力混凝土梁的箍筋设置构造要求与普通钢筋混凝土构件基本相同。在 T 形截面梁的马蹄中，应设闭合式箍筋，其间距不大于 150mm。

9.7.3 正截面裂缝控制验算

预应力混凝土受弯构件，应按所处环境类别和结构类别选用相应的裂缝控制等级，并进行受拉边缘法向应力或正截面裂缝宽度验算。验算公式的形式与预应力混凝土轴心受拉构件相同，见式（9.36）~式（9.39）。

对预应力受弯构件，抗裂验算边缘混凝土的法向应力按下列公式计算

$$\sigma_{ck} = \frac{M_k}{W_0} \tag{9.116}$$

$$\sigma_{cq} = \frac{M_q}{W_0} \tag{9.117}$$

最大裂缝宽度可按下式计算

$$\omega_{max} = 1.5\psi \frac{\sigma_{sk}}{E_P}\left(1.9c_s + 0.08\frac{d_{eq}}{\rho_{te}}\right) \tag{9.118}$$

如图 9.26 所示，纵向钢筋等效应力 σ_{sk} 可对受压区合力点取矩求得，即在荷载效应的标准组合下，预应力混凝土构件受拉区纵向钢筋的等效应力可按下列公式计算：

对有黏结预应力混凝土受弯构件

$$\sigma_{sk} = \frac{M_k \pm M_2 - N_{p0}(z - e_p) + N_2\left(z - \frac{h}{2} + a\right)}{(A_p + A_s)z} \tag{9.119}$$

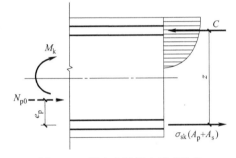

图 9.26 预应力混凝土受弯构件裂缝截面处的应力图形

$$e = \frac{M_k + M_2 + N_{p0}e_p + N_2\left(\frac{h}{2} - a\right)}{N_{p0} + N_2} \tag{9.120}$$

$$z = \left[0.87 - 0.12(1 - \gamma_f')\left(\frac{h_0}{e}\right)^2\right]h_0 \tag{9.121}$$

$$\gamma_f' = \frac{(b_f' - b)h_f'}{bh_0} \tag{9.122}$$

对无黏结预应力混凝土受弯构件

$$\sigma_{sk} = \frac{M_k + M_2 - N_{p0}(z - e_p) + N_2\left(z - \frac{h}{2} + a\right)}{(0.3A_p + A_s)z} \tag{9.123}$$

式中 σ_{sk}——按标准组合计算的预应力混凝土构件纵向受拉钢筋等效应力；

M_k——按荷载标准组合计算的弯矩值；

z——受拉区纵向钢筋和预应力筋合力点至截面受压区合力点的距离（mm）；

γ'_f——受压翼缘截面面积与腹板有效截面面积的比值;

e——轴向压力作用点至纵向受拉钢筋合力点的距离(mm);

e_p——混凝土法向预应力等于零时全部纵向预应力筋和普通钢筋的合力 N_{p0} 的作用点至受拉区纵向预应力筋和普通钢筋合力点的距离(mm);

M_2、N_2——由预加力在后张法预应力混凝土超静定结构中产生的次弯矩、次轴力;

A_p——受拉区纵向预应力筋截面面积(mm²),受弯构件取受拉区纵向预应力筋截面面积;

其他符号的含义同预应力轴心受拉构件裂缝验算中的含义。

9.7.4 斜截面抗裂验算

在荷载作用下,预应力混凝土受弯构件截面上的剪力和弯矩使梁端产生较大的主拉应力和主压应力。当主拉应力过大时,会产生与主拉应力方向垂直的斜裂缝,为避免斜裂缝的出现,应对斜裂缝上的混凝土主拉应力进行验算,同时按裂缝控制等级不同予以区别对待。而过大的主压应力,将导致混凝土抗拉强度降低过多和裂缝过早出现,因此也应限制主压应力值。

(1) 混凝土主拉应力

裂缝控制等级为一级的构件 $\qquad \sigma_{tp} \leqslant 0.85 f_{tk}$ (9.124)

裂缝控制等级为二级的构件 $\qquad \sigma_{tk} \leqslant 0.95 f_{tk}$ (9.125)

(2) 混凝土主压应力 对裂缝控制等级为一级和二级的构件

$$\sigma_{cp} \leqslant 0.6 f_{ck} \tag{9.126}$$

此时,应选择跨度内不利位置的截面,对该截面的换算截面重心处和截面宽度突变处进行验算。

在预应力和外荷载的共同作用下,混凝土主拉应力和主压应力按下式计算

$$\left. \begin{array}{l} \sigma_{tp} \\ \sigma_{cp} \end{array} \right\} = \frac{\sigma_x + \sigma_y}{2} \pm \sqrt{\left(\frac{\sigma_x - \sigma_y}{2}\right)^2 + \tau^2} \tag{9.127}$$

$$\sigma_x = \sigma_{pc} + \frac{M_k y_0}{I_0} \tag{9.128}$$

$$\tau = \frac{(V_k - \sum \sigma_{pe} A_{pb} \sin \alpha_p) S_0}{I_0 b} \tag{9.129}$$

式中 σ_{tp}、σ_{cp}——混凝土的主拉应力和主压应力;

σ_x——由预加力和弯矩值 M_k 在计算纤维处产生的混凝土法向应力(N/mm²,当为拉应力时,以正值代入;当为压应力时,以负值代入);

σ_y——由集中荷载标准值 F_k 产生的混凝土竖向应力(N/mm²,当为拉应力时,以正值代入;当为压应力时,以负值代入);

τ——由剪力值 V_k 和预应力弯起钢筋的预加力在计算纤维处产生的混凝土剪应力(N/mm²,当计算截面上有扭矩作用时,尚应计入扭矩引起的剪应

力；对后张法预应力混凝土超静定结构构件，在计算剪应力时，尚应计入预加力引起的次剪力）；

σ_{pc}——扣除全部预应力损失后，在计算纤维处由预加力产生的混凝土法向应力（N/mm²，当为拉应力时，以正值代入；当为压应力时，以负值代入）；

y_0——换算截面重心至计算纤维处的距离（mm）；

I_0——换算截面惯性矩（mm⁴）；

V_k——按荷载效应的标准组合计算的剪力值（N）；

S_0——计算纤维以上部分的换算截面面积对构件换算截面重心的面积矩（mm³）；

σ_{pe}——预应力弯起钢筋的有效预应力（N/mm²）；

A_{pb}——计算截面上同一弯起平面内的预应力弯起钢筋的截面面积（mm²）；

α_p——计算截面上预应力弯起钢筋的切线与构件纵向轴线的夹角。

对预应力混凝土吊车梁在集中力作用点两侧各 $0.6h$ 的长度范围内，由集中荷载标准值 F_k 产生的混凝土竖向压应力和剪应力的简化分布（图 9.27），其应力的最大值应按下列公式计算

$$\sigma_{y,\max} = \frac{0.6F_k}{bh} \tag{9.130}$$

$$\tau_F = \frac{\tau^l - \tau^r}{2} \tag{9.131}$$

$$\tau^l = \frac{V_k^l S_0}{I_0 b} \tag{9.132}$$

$$\tau^r = \frac{V_k^r S_0}{I_0 b} \tag{9.133}$$

式中 F_k——集中荷载标准值（N）；

τ^l、τ^r——位于集中荷载标准值 F_k 作用点左侧、右侧 $0.6h$ 处截面上的剪应力（N/mm²）；

τ_F——集中荷载标准值 F_k 作用截面上的剪应力（N/mm²）；

V_k^l、V_k^r——集中荷载标准值 F_k 作用点左侧、右侧截面上的剪力标准值（N）。

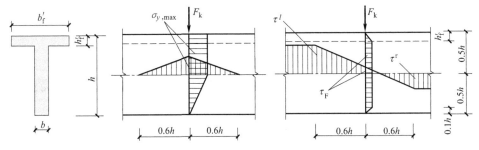

图 9.27 预应力混凝土吊车梁在集中力作用点附近的应力分布

9.7.5 挠度验算

预应力混凝土受弯构件的挠度由两部分组成：外荷载产生的挠度 f_l、预应力引起反拱 f_p。两者可以部分抵消，故预应力混凝土受弯构件的挠度小于钢筋混凝土受弯构件的挠度。

1. 外荷载作用下产生的挠度 f_l

可按材料力学公式计算

$$f_l = s \frac{M_k l_0^2}{B} \tag{9.134}$$

$$B = \frac{M_k}{M_q(\theta-1) + M_k} B_s \tag{9.135}$$

式中　s——与荷载形式、支承条件有关的系数；
　　　B——荷载效应标准组合并考虑长期作用影响的长期刚度；
　　　M_k——按荷载效应的标准组合计算的弯矩，取计算区段内的最大弯矩值；
　　　M_q——按荷载效应的准永久组合计算的弯矩，取计算区段内的最大弯矩值；
　　　θ——考虑荷载长期作用对挠度增大的影响系数，可取 2.0；
　　　B_s——荷载效应的标准组合作用下受弯构件的短期刚度（$N \cdot mm^2$）。

短期刚度 B_s 可按下述方法确定：

（1）要求不出现裂缝的构件（裂缝控制等级为一级、二级）

$$B_s = 0.85 E_c I_0 \tag{9.136}$$

（2）允许出现裂缝的构件

$$B_s = \frac{0.85 E_c I_0}{\kappa_{cr} + (1-\kappa_{cr})\omega} \tag{9.137}$$

$$\kappa_{cr} = \frac{M_{cr}}{M_k} \tag{9.138}$$

$$\omega = \left(1.0 + \frac{0.21}{\alpha_E \rho}\right)(1 + 0.45\gamma_f) - 0.7 \tag{9.139}$$

$$M_{cr} = (\sigma_{pc} + \gamma f_{tk}) W_0 \tag{9.140}$$

$$\gamma_f = \frac{(b_f - b) h_f}{b h_0} \tag{9.141}$$

$$\rho = \frac{\alpha_1 A_p + A_s}{b h_0} \tag{9.142}$$

式中　ρ——纵向受拉钢筋配筋率（对灌浆的后张预应力筋，取 $\alpha_1=1.0$；对无黏结后张预应力筋，取 $\alpha_1=0.3$）；
　　　γ_f——受拉翼缘截面面积与腹板有效截面面积的比值；
　　　κ_{cr}——预应力混凝土受弯构件正截面开裂弯矩 M_{cr} 与弯矩 M_k 之比，当 $\kappa_{cr}>1.0$ 时，取 $\kappa_{cr}=1.0$；
　　　ω——裂缝间受拉钢筋应变不均匀系数；

γ——混凝土构件的截面抵抗矩塑性影响系数，$\gamma = \left(0.7 + \dfrac{120}{h}\right)\gamma_m$。

γ_m——混凝土构件的截面抵抗矩塑性影响系数基本值（可按正截面应变保持平面的假定，并取受拉区混凝土应力图形为梯形、受拉边缘混凝土极限拉应变为 $2f_{tk}/E_c$ 确定；对常用的截面形状，γ_m 值可按附录3.5取用）。

h——截面高度 [当 $h<400$mm 时，取 $h=400$mm；当 $h>1600$mm 时，取 $h=1600$mm；对圆形、环形截面，取 $h=2r$，此处，r 为圆形截面半径或环形截面的外环半径]。

对预压时预拉区出现裂缝的构件，B_s 应降低10%。

2. 预应力产生的反拱 f_p

可按两端有弯矩 $N_p e_p$ 的简支梁计算，同时考虑到预应力长期作用的影响，对使用阶段的反拱乘以增大系数2.0，得

$$f_p = 2\frac{N_p e_p l_0^2}{8 E_c I_0} \tag{9.143}$$

式中 N_p——扣除全部预应力损失后的预应力筋和非预应力筋的合力，对先张法为 $N_{p0\,II}$，后张法为 $N_{p\,II}$；

e_p——N_p 对截面重心轴的偏心距，对先张法为 $e_{p0\,II}$，后张法为 $e_{pn\,II}$。

对恒载较小的构件，应考虑反拱过大对使用的不利影响。

3. 荷载作用时总挠度 f

$$f = f_l - f_p \leq [f] \tag{9.144}$$

式中 $[f]$——挠度限值，查附表3.1。

9.7.6 施工阶段验算

预应力混凝土受弯构件在制作、运输、安装等施工阶段的受力状态与使用阶段不同。在制作时，构件受到预压力及自重的作用，使构件处于偏心受压状态，构件的全截面受压或下边缘受压、上边缘受拉（图9.28a）。在吊装时，吊点距梁端有一定的距离，两端成为悬臂段，如图9.28b所示，在自重作用下吊点附近出现负弯矩，使梁的上表面受拉，再加上预应力也使梁的上表面受拉，因而很可能在起吊点处出现上表面开裂现象；与此同时，该截面下缘混凝土的压应力也很大，有可能由于混凝土抗压强度不足而压坏。因此，设计时还应进行

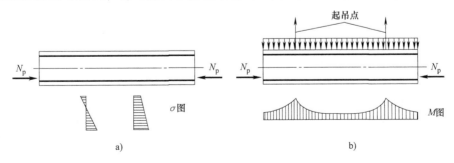

图9.28 预应力混凝土受弯构件在制作、吊装阶段的受力
a) 预压时 b) 起吊时

施工阶段的验算。

对制作、运输及安装等施工阶段预拉区允许出现拉应力的构件，或预压时全截面受压的构件，如图 9.29 所示，在预加力、自重及施工荷载作用下（必要时应考虑动力系数），截面边缘混凝土法向应力宜符合下列要求

$$\sigma_{ct} \leqslant f'_{tk} \qquad (9.145)$$

$$\sigma_{cc} \leqslant 0.8 f'_{ck} \qquad (9.146)$$

式中　σ_{ct}、σ_{cc}——相应施工阶段计算截面预拉区边缘纤维的混凝土拉应力、压应力；

　　　f'_{tk}、f'_{ck}——与各施工阶段混凝土立方体抗压强度 f'_{cu} 对应的抗拉强度标准值、抗压强度标准值。

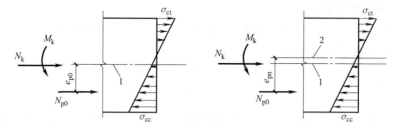

图 9.29　预应力混凝土受弯构件在施工阶段截面应力分布
1—换算截面重心轴　2—净截面重心轴

简支构件的端截面区段截面预拉区边缘纤维的混凝土拉应力允许大于 f'_{tk}，但不应大于 $1.2 f'_{tk}$。

截面边缘混凝土的法向应力可按下式计算

$$\sigma_{cc}(\text{或 } \sigma_{ct}) = \sigma_{pc} + \frac{N_k}{A_0} \pm \frac{M_k}{W_0} \qquad (9.147)$$

式中　N_k、M_k——构件自重及施工荷载的标准组合在计算截面产生的轴向力值、弯矩值。

在式（9.147）中，σ_{pc}、N_k 均以压为正，以拉为负；M_k 产生的边缘纤维应力为压应力时，式中符号取加号。

施工阶段预拉区不允许出现裂缝的构件，预拉区纵向配筋率应满足 $\dfrac{A'_s + A'_p}{A} \geqslant 0.2\%$，对后张法构件不应计入 A'_p。其中，A 为构件的毛截面面积；A'_s 为受压区纵向普通钢筋的截面面积；A'_p 为受压区预应力筋的截面面积。

施工阶段允许出现裂缝的构件，当名义拉应力 $\sigma_{ct} = 2.0 f'_{tk}$ 时，纵向非预应力筋的配筋率不应小于 0.4%。当 $1.0 f'_{tk} < \sigma_{ct} < 2.0 f'_{tk}$ 时，在 0.20% 与 0.40% 间按线性内插。

预应力混凝土受弯构件设计步骤框图如图 9.30 所示。

【例 9.4】　某先张法预应力混凝土 I 形截面简支梁，梁长 $l = 8\text{m}$，计算跨度 $l_0 = 7.75\text{m}$，净跨 $l_n = 7.5\text{m}$，截面尺寸如图 9.31 所示。承受均布永久荷载标准值 $g_k = 25\text{kN/m}$（含自重），均布可变荷载标准值 $q_k = 12\text{kN/m}$（组合值系数 $\psi_c = 0.7$，准永久值系数 $\psi_q = 0.5$），混凝土重度 $\gamma = 25\text{kN/m}^3$。采用先张法（台座长 80m）生产，一端超张拉，用预压夹片式锚具，蒸汽养护（温差 $\Delta t = 20℃$），C50 混凝土，直线预应力筋采用普通松弛的螺旋肋消除应力钢丝$\phi^H 9$（$f_{ptk} = 1570\text{N/mm}^2$），非预应力筋均采用 HRB400。下部配有预应力筋 $6\phi^H 9$ 和普通钢

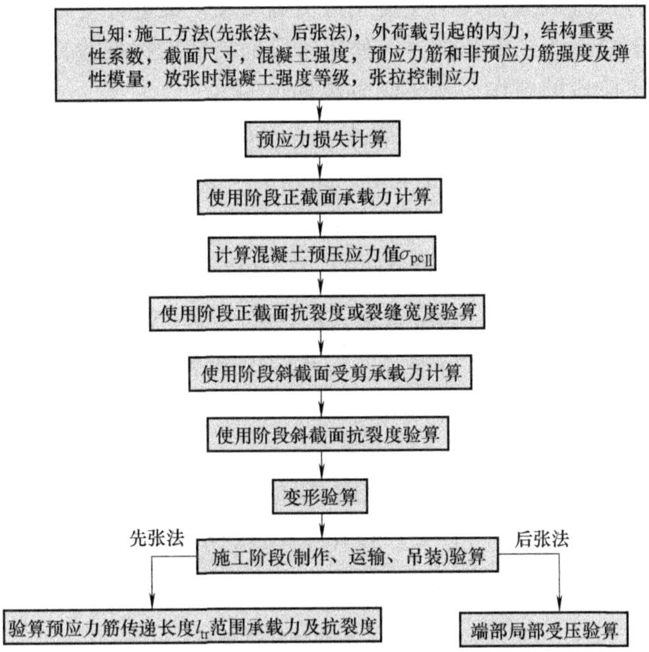

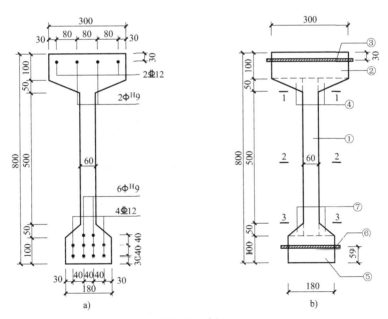

图 9.30 预应力混凝土受弯构件设计框图

图 9.31 例 9.4

筋 4⌀12，上部配有预应力筋 2⌽9 和普通钢筋 2⌀12。张拉控制应力 $\sigma_{con} = 0.75 f_{ptk}$，混凝土强度达到 80% 时张拉预应力筋。结构安全等级为二级。一类环境，混凝土保护层为 20mm。

（1）试进行正截面受弯承载力计算。

（2）若裂缝控制等级为三级，试进行斜截面受剪承载力计算。

（3）若裂缝控制等级为三级，试进行使用阶段的裂缝宽度验算。

（4）若允许构件出现裂缝，跨中挠度允许值 $l_0/250$，试进行使用阶段的挠度验算。

（5）若裂缝控制等级为二级，试进行使用阶段的斜截面抗裂验算。

（6）试进行施工阶段的制作、吊装应力验算。

【解】 查附录相关表得，C50 混凝土 $f_{cu} = 50\text{N/mm}^2$，$E_c = 3.45 \times 10^4 \text{N/mm}^2$，$f_{tk} = 2.64\text{N/mm}^2$，$f_{ck} = 32.4\text{N/mm}^2$，$f_t = 1.89\text{N/mm}^2$，$f_c = 23.1\text{N/mm}^2$。螺旋肋消除应力钢丝 $f_{ptk} = 1570\text{N/mm}^2$，$f_{py} = 1110\text{N/mm}^2$，$f'_{py} = 410\text{N/mm}^2$，$E_p = 2.05\times 10^5 \text{N/mm}^2$，下部预应力筋 6ΦH9（$A_p = 382\text{mm}^2$），上部预应力筋 2ΦH9（$A'_p = 127\text{mm}^2$）。

非预应力钢筋 $f_y = f'_y = f_{yv} = 360\text{N/mm}^2$，$f_{yk} = f'_{yk} = 400\text{N/mm}^2$，上部纵筋 4⊕12（$A_s = 452\text{mm}^2$），下部纵筋 2⊕12（$A'_s = 226\text{mm}^2$），$E_s = 2.0\times 10^5 \text{N/mm}^2$。张拉控制应力 $\sigma_{con} = \sigma'_{con} = 0.75 f_{ptk} = 0.75 \times 1570\text{N/mm}^2 = 1177.5\text{N/mm}^2$。

（1）截面几何特性计算

预应力筋　　　　$\alpha_p = E_p/E_c = 2.05\times 10^5/3.45\times 10^4 = 5.942$

非预应力筋　　　$\alpha_E = E_s/E_c = 2.0\times 10^5/3.45\times 10^4 = 5.797$

将截面划分成七部分，如图 9.31b 所示，计算过程见表 9.13。

表 9.13　截面特征计算表

编号	A_i/mm^2	y_i/mm	$A_i y_i/\text{mm}^3$	$\|y_1-y_i\|/\text{mm}$	$A_i(y_0-y_i)^2/\text{mm}^4$	I_i/mm^4
①	$60\times 600 = 36000$（矩形）	400	14400000	43.5	68121000	1080000000
②	$300\times 100 = 30000$（矩形）	750	22500000	306.5	2818267500	25000000
③	$(5.797-1)\times 226 + (5.942-1)\times 127 = 1711.8$（预应力筋和非预应力筋）	770	1318086	326.5	182481731.6	—
④	$2\times 120\times 50/2 = 6000$（2个三角形）	683	4098000	239.5	344161500	833333
⑤	$180\times 100 = 18000$（矩形）	50	900000	393.5	2787160500	15000000
⑥	$(5.797-1)\times 452 + (5.942-1)\times 382 = 4056.1$（预应力筋和非预应力筋）	59	239309.9	384.5	599654838	—
⑦	$2\times 60\times 50/2 = 3000$（2个三角形）	117	351000	326.5	319806750	416667
$\sum_1^7$	98767.9	—	43806395.9	—	7119653820	1121250000

注：矩形惯性矩为 $bh^3/12$；三角形惯性矩为 $bh^3/36$；钢筋自身惯性矩较小，可忽略。

受拉区全部纵向钢筋合力点至截面受拉边缘的距离 a 为

$$a = \frac{f_{py}A_p a_p + f_y A_s a_s}{f_{py}A_p + f_y A_s} = \frac{(127+226)\times 30 + (127+226)\times 70 + 127\times 110}{382+452}\text{mm} = 59\text{mm}$$

下部预应力筋合力点距底边距离

$$a_p = \frac{127\times 30 + 127\times 70 + 127\times 110}{127\times 3}\text{mm} = 70\text{mm}$$

下部非预应力筋合力点距底边距离

$$a_s = \frac{226 \times 30 + 226 \times 70}{226 \times 2} \text{mm} = 50\text{mm}$$

上部预应力筋或非预应力筋合力点距顶边的距离

$$a'_p = a'_s = 30\text{mm}$$

换算截面面积 $A_0 = 98767.9 \text{mm}^2$

形心轴位置　　　　$y_1 = \dfrac{\sum A_i y_i}{\sum A_i} = \dfrac{43806395.9}{98767.9} \text{mm} = 443.5\text{mm}$

$$y_2 = (800 - 443.5)\text{mm} = 356.5\text{mm}$$

换算惯性矩

$$I_0 = \sum A_i (y_1 - y_i)^2 + \sum I_i = (7119653820 + 1121250000)\text{mm}^4 = 8240903820 \text{mm}^4$$

（2）预应力损失计算

1）锚具变形损失 σ_{l1}。构件长 $l = 80\text{m}$，由表9.4得有预压时夹片式锚具 $\alpha = 5\text{mm}$，采用式（9.2）计算，得

$$\sigma_{l1} = \sigma'_{l1} = \frac{a}{l} E_p = \frac{5}{80000} \times 2.05 \times 10^5 \text{N/mm}^2 = 12.8 \text{N/mm}^2$$

2）温差损失 σ_{l3}。由式（9.9）得

$$\sigma_{l3} = \sigma'_{l3} = 2\Delta t = 2 \times 20 \text{N/mm}^2 = 40.0 \text{N/mm}^2$$

3）钢筋松弛损失 σ_{l4}（普通松弛）。故采用式（9.10）计算，即

$$\sigma_{l4} = \sigma'_{l4} = 0.4 \left(\frac{\sigma_{con}}{f_{ptk}} - 0.5 \right) \sigma_{con} = 0.4 \times (0.75 - 0.5) \times 1177.5 \text{N/mm}^2 = 117.75 \text{N/mm}^2$$

第一批损失　　$\sigma_{lI} = \sigma'_{lI} = \sigma_{l1} + \sigma_{l3} + \sigma_{l4} = (12.8 + 40.0 + 117.75) \text{N/mm}^2 = 170.55 \text{N/mm}^2$

完成第一批预应力损失后预应力筋的合力为

$$N_{p0\text{I}} = (\sigma_{con} - \sigma_{lI}) A_p + (\sigma'_{con} - \sigma'_{lI}) A'_p$$
$$= (1177.5 - 170.55) \times (382 + 127) \text{N} = 512537.55 \text{N}$$

预应力筋到换算截面形心距离

$$y_{p0} = y_1 - a_p = (443.5 - 70)\text{mm} = 373.5\text{mm}$$
$$y'_{p0} = y_2 - a'_p = (356.5 - 30)\text{mm} = 326.5\text{mm}$$
$$e_{p0\text{I}} = \frac{(\sigma_{con} - \sigma_{lI}) A_p y_{p0} - (\sigma'_{con} - \sigma'_{lI}) A'_p y'_{p0}}{N_{p0\text{I}}}$$
$$= \frac{(1177.5 - 170.55) \times (382 \times 373.5 - 127 \times 326.5)}{512537.55} \text{mm} = 198.8\text{mm}$$

预应力筋 A_p 和 A'_p 处混凝土的法向应力为

$$\sigma_{pc\text{I}} = \frac{N_{p0\text{I}}}{A_0} + \frac{N_{p0\text{I}} e_{p0\text{I}}}{I_0} y_{p0} = \left(\frac{512537.55}{98767.9} + \frac{512537.55 \times 198.8 \times 373.5}{8240903820} \right) \text{N/mm}^2$$
$$= (5.189 + 4.618) \text{N/mm}^2 = 9.807 \text{N/mm}^2$$

$$\sigma'_{pcI} = \frac{N_{p0I}}{A_0} - \frac{N_{p0I}e_{p0I}}{I_0}y'_{p0} = \left(\frac{512537.55}{98767.9} - \frac{512537.55 \times 198.8 \times 326.5}{8240903820}\right) N/mm^2$$
$$= (5.189 - 4.037) N/mm^2 = 1.152 N/mm^2$$

4) 混凝土收缩徐变损失 σ_{l5}。当混凝土达到80%的设计强度时开始张拉预应力筋，$f'_{cu} = 0.8 \times 50 N/mm^2 = 40.0 N/mm^2$，且满足 $\frac{\sigma_{pcI}}{f'_{cu}} = \frac{9.807}{40.0} = 0.245 < 0.5$。

受拉区配筋率
$$\rho = \frac{A_p + A_s}{A_0} = \frac{382 + 452}{98767.9} = 0.0084$$

由式（9.15）得
$$\sigma_{l5} = \frac{60 + 340\sigma_{pcI}/f'_{cu}}{1 + 15\rho} = \frac{60 + 340 \times 0.245}{1 + 15 \times 0.0084} N/mm^2 = 127.26 N/mm^2$$

受压区配筋率
$$\rho' = \frac{A'_p + A'_s}{A_0} = \frac{127 + 226}{98767.9} = 0.0036$$

满足 $\frac{\sigma'_{pcI}}{f'_{cu}} = \frac{1.152}{40.0} = 0.029 < 0.5$，由式（9.16）得

$$\sigma'_{l5} = \frac{60 + 340\sigma'_{pcI}/f'_{cu}}{1 + 15\rho'} = \frac{60 + 340 \times 0.029}{1 + 15 \times 0.0036} N/mm^2 = 66.28 N/mm^2$$

第二批损失 $\sigma_{lII} = \sigma_{l5} = 127.26 N/mm^2$，$\sigma'_{lII} = \sigma'_{l5} = 68.22 N/mm^2$

总损失 $\sigma_l = \sigma_{lI} + \sigma_{lII} = (170.55 + 127.26) N/mm^2 = 297.81 N/mm^2 > 100 N/mm^2$（满足要求）

$\sigma'_l = \sigma'_{lI} + \sigma'_{lII} = (170.55 + 66.28) N/mm^2 = 236.83 N/mm^2 > 100 N/mm^2$（满足要求）

（3）控制截面内力计算

1) 承载能力极限状态计算内力设计值。
$$M = \frac{1}{8}\gamma_0(\gamma_G g_k + \gamma_Q q_k)l_0^2 = \frac{1}{8} \times 1.0 \times (1.3 \times 25 + 1.5 \times 12) \times 7.75^2 kN \cdot m = 379.1 kN \cdot m$$

$$V = \frac{1}{2}\gamma_0(\gamma_G g_k + \gamma_Q q_k)l_n = \frac{1}{2} \times 1.0 \times (1.3 \times 25 + 1.5 \times 12) \times 7.5 kN = 189.4 kN$$

2) 正常使用极限状态计算内力标准值。

标准组合
$$M_k = \frac{1}{8}(g_k + q_k)l_0^2 = \frac{1}{8} \times (25 + 12) \times 7.75^2 kN \cdot m = 277.8 kN \cdot m$$

$$V_k = \frac{1}{2}(g_k + q_k)l_n = \frac{1}{2} \times (25 + 12) \times 7.5 kN = 138.8 kN$$

准永久组合

$$M_q = \frac{1}{8}(g_k + \psi_q q_k) l_0^2 = \frac{1}{8} \times (25 + 0.5 \times 12) \times 7.75^2 \text{kN} \cdot \text{m} = 232.7 \text{kN} \cdot \text{m}$$

(4) 使用阶段正截面受弯承载力计算 已知受拉区全部纵向钢筋合力点至截面受拉边缘的距离 $a = 59\text{mm}$，上部预应力筋和非预应力筋合力点距顶边的距离 $a' = 30\text{mm}$，截面有效高度 $h_0 = h - a = (800 - 59)\text{mm} = 741\text{mm}$，完成全部预应力损失后预应力筋 A_p、A_p' 的应力为

$$\sigma_{p0} = \sigma_{con} - \sigma_l = (1177.5 - 297.81) \text{N/mm}^2 = 879.69 \text{N/mm}^2$$

$$\sigma_{p0}' = \sigma_{con} - \sigma_l' = (1177.5 - 236.83) \text{N/mm}^2 = 940.67 \text{N/mm}^2$$

混凝土相对界限受压区高度

$$\xi_b = \frac{x_b}{h_0} = \frac{\beta_1}{1 + \frac{0.002}{\varepsilon_{cu}} + \frac{f_{py} - \sigma_{p0}}{E_p \varepsilon_{cu}}} = \frac{0.8}{1 + \frac{0.002}{0.0033} + \frac{1110 - 879.69}{2.05 \times 10^5 \times 0.0033}} = 0.411$$

$$\sigma_p' = \sigma_{p0}' - f_{py} = (940.67 - 410) \text{N/mm}^2 = 530.67 \text{N/mm}^2$$

混凝土受压区高度

$$x = \frac{f_{py} A_p + f_y A_s - f_y' A_s' + \sigma_p' A_p'}{\alpha_1 f_c b_f'}$$

$$= \frac{1110 \times 382 + 360 \times 452 - 360 \times 226 + 530.67 \times 127}{1.0 \times 23.1 \times 300} \text{mm} = 82.65 \text{mm}$$

$$< h_f' = \left(100 + \frac{50}{2}\right) \text{mm} = 125 \text{mm}（平均），且 > 2a' = 60 \text{mm}$$

属于第一类 T 形截面，相当于 $b_f' \times h$ 的矩形截面复核

$$M_u = \alpha_1 f_c b_f' x (h_0 - 0.5x) + f_y' A_s' (h_0 - a_s') - \sigma_p' A_p' (h_0 - a_p')$$
$$= \{1.0 \times 23.1 \times 300 \times 82.65 \times (741 - 0.5 \times 82.65) + 360 \times 226 \times$$
$$(741 - 30) - 530.67 \times 127 \times (741 - 30)\} \times 10^{-6} \text{kN} \cdot \text{m}$$
$$= 410.6 \text{kN} \cdot \text{m} > M = 379.1 \text{kN} \cdot \text{m} \quad （满足要求）$$

(5) 使用阶段斜截面抗剪承载力计算

1) 截面尺寸验算 $\quad h_w / b = 500 / 60 = 8.3 > 6$

$$0.2 \beta_c f_c b h_0 = 0.2 \times 1.0 \times 23.1 \times 60 \times 741 \times 10^{-3} \text{kN} = 205.4 \text{kN} > V = 189.4 \text{kN}$$

截面尺寸满足要求。

2) 因使用阶段裂缝控制等级为三级，故取 $V_p = 0 \text{kN}$。验算是否计算配箍

$$0.7 f_t b h_0 = 0.7 \times 1.89 \times 60 \times 741 \times 10^{-3} \text{kN} = 58.8 \text{kN} < V = 189.4 \text{kN}$$

故需要计算配箍。

3) 用双肢箍⊥8，$A_{sv} = 100.6 \text{mm}^2$，则

$$s \leq \frac{A_{sv} f_{yv} h_0}{V - 0.7 f_t b h_0} = \frac{100.6 \times 360 \times 741}{(189.4 - 58.8) \times 10^3} \text{mm} = 205.5 \text{mm}（取 s = 200 \text{mm}）$$

4) 验算最小配箍率。

$$\rho_{sv} = \frac{A_{sv}}{bs} = \frac{2 \times 100.6}{60 \times 200} = 0.838\% > \rho_{s,min} = 0.24 \frac{f_t}{f_{yv}} = 0.24 \times \frac{1.89}{360} = 0.126\%$$

实配双肢箍⊥8@200，满足使用阶段斜截面抗剪承载力要求。

(6) 使用阶段裂缝宽度验算　非预应力筋到换算截面形心距离

$$y_s = y_1 - a_s = (443.5-50)\text{mm} = 393.5\text{mm}, \quad y'_s = y_2 - a'_s = (356.5-30)\text{mm} = 326.5\text{mm}$$

完成全部预应力损失后预应力筋的总拉力及偏心距为

$$\begin{aligned} N_{p0} &= (\sigma_{con}-\sigma_l)A_p + (\sigma'_{con}-\sigma'_l)A'_p - \sigma_{l5}A_s - \sigma'_{l5}A'_s \\ &= (1177.5-297.81)\times 382\text{N} + (1177.5-236.83)\times 127\text{N} - \\ &\quad 127.26\times 452\text{N} - 66.28\times 226\text{N} = 383005.87\text{N} \end{aligned}$$

$$\begin{aligned} e_{p0} &= \frac{(\sigma_{con}-\sigma_l)A_p y_{p0} - (\sigma'_{con}-\sigma'_l)A'_p y'_{p0} - \sigma_{l5}A_s y_s + \sigma'_{l5}A'_s y'_s}{N_{p0}} \\ &= \frac{(1177.5-297.81)\times 382\times 373.5 - (1177.5-236.83)\times 127\times 326.5}{383005.87}\text{mm} - \\ &\quad \frac{127.26\times 452\times 393.5 + 66.28\times 226\times 326.5}{383005.87}\text{mm} = 179.5\text{mm} \end{aligned}$$

受拉区纵向预应力筋和普通钢筋合力点的偏心距

$$\begin{aligned} y_{ps} &= \frac{(\sigma_{con}-\sigma_l)A_p y_{p0} - \sigma_{l5}A_s y_s}{(\sigma_{con}-\sigma_l)A_p - \sigma_{l5}A_s} \\ &= \frac{(1177.5-297.81)\times 382\times 373.5 - 127.26\times 452\times 393.5}{(1177.5-297.81)\times 382 - 127.26\times 452}\text{mm} \\ &= 369.4\text{mm} \end{aligned}$$

N_{p0} 的作用点至受拉区纵向预应力筋和普通钢筋合力点的距离

$$e_p = y_{ps} - e_{p0} = (369.4-179.5)\text{mm} = 189.9\text{mm}$$

考虑预加力和外荷载作用下至受拉区纵向预应力筋和普通钢筋合力点的等效偏心距

$$e = e_p + \frac{M_k}{N_{p0}} = \left(189.9 + \frac{277.8\times 10^6}{383005.87}\right)\text{mm} = 915.2\text{mm}$$

受压翼缘截面面积与腹板有效截面面积的比值

$$\gamma'_f = \frac{(b'_f - b)h'_f}{bh_0} = \frac{(300-60)\times 125}{60\times 741} = 0.675$$

受拉区纵向钢筋和预应力筋合力点至截面受压区合力点的距离

$$\begin{aligned} z &= \left[0.87 - 0.12(1-\gamma'_f)\left(\frac{h_0}{e}\right)^2\right]h_0 \\ &= \left[0.87 - 0.12\times(1-0.675)\times\left(\frac{741}{915.2}\right)^2\right]\times 741\text{mm} \\ &= 625.7\text{mm} \end{aligned}$$

按标准组合计算的预应力混凝土构件纵向受拉钢筋等效应力

$$\sigma_{sk} = \frac{M_k - N_{p0}(z - e_p)}{(A_p + A_s)z}$$

$$= \frac{277.8 \times 10^6 - 383005.87 \times (625.7 - 189.9)}{(382 + 452) \times 625.7} \text{N/mm}^2$$

$$= 212.5 \text{N/mm}^2$$

按有效受拉混凝土截面面积计算的纵向受拉钢筋配筋率

$$\rho_{te} = \frac{A_p + A_s}{A_{te}} = \frac{382 + 452}{0.5bh + (b_f - b)h_f}$$

$$= \frac{382 + 452}{0.5 \times 60 \times 800 + (180 - 60) \times 125} = 0.0214 > 0.01$$

裂缝间纵向受拉钢筋应变不均匀系数

$$\psi = 1.1 - \frac{0.65 f_{tk}}{\rho_{te} \sigma_{sk}} = 1.1 - \frac{0.65 \times 2.64}{0.0214 \times 212.5} = 0.723 < 1.0, \text{且} > 0.2$$

受拉区纵向钢筋的等效直径

$$d_{eq} = \frac{\sum n_i d_i^2}{\sum n_i v_i d_i} = \frac{6 \times 9^2 + 4 \times 12^2}{6 \times 0.8 \times 9 + 4 \times 1.0 \times 12} \text{mm} = 11.6 \text{mm}$$

最外层纵向受拉钢筋外边缘至受拉区底边的距离

$$c_s = 20\text{mm}(混凝土保护层厚度) + 8\text{mm}(箍筋直径) = 28\text{mm}$$

最大裂缝宽度

$$\omega_{max} = 1.5\psi \frac{\sigma_{sk}}{E_P} \left(1.9 c_s + 0.08 \frac{d_{eq}}{\rho_{te}}\right)$$

$$= 1.5 \times 0.723 \times \frac{212.5}{2.05 \times 10^5} \times \left(1.9 \times 28 + 0.08 \times \frac{11.6}{0.0214}\right) \text{mm}$$

$$= 0.11\text{mm} < w_{lim} = 0.2\text{mm} \text{（满足要求）}$$

（7）使用阶段挠度验算　截面下边缘混凝土预压应力

$$\sigma_{pc} = \frac{N_{p0}}{A_0} + \frac{N_{p0} e_{p0}}{I_0} y_1 = \left(\frac{383005.87}{98767.9} + \frac{383005.87 \times 179.5 \times 443.5}{8240903820}\right) \text{N/mm}^2$$

$$= (3.878 + 3.700) \text{N/mm}^2 = 7.578 \text{N/mm}^2$$

由 $b_f/b = 180/60 = 3$，$h_f/h = 125/800 = 0.156$，非对称 I 形截面 $b_f' > b_f$，$\gamma_m = 1.35 \sim 1.5$，近似取 $\gamma_m = 1.4$。

裂缝间受拉钢筋应变不均匀系数　$\gamma = \left(0.7 + \frac{120}{h}\right) \gamma_m = \left(0.7 + \frac{120}{800}\right) \times 1.4 = 1.2$

开裂弯矩

$$M_{cr} = (\sigma_{pc} + \gamma f_{tk}) W_0 = (7.578 + 1.2 \times 2.64) \times \frac{8240903820}{443.5} \times 10^{-6} \text{kN} \cdot \text{m} = 199.7 \text{kN} \cdot \text{m}$$

开裂弯矩与弯矩比值

$$\kappa_{cr} = \frac{M_{cr}}{M_k} = \frac{199.7}{277.8} = 0.719 < 1.0$$

纵向受拉钢筋配筋率 $\rho = \dfrac{\alpha_1 A_p + A_s}{bh_0} = \dfrac{1.0 \times 382 + 452}{60 \times 741} = 0.019$

受拉翼缘截面面积与腹板有效截面面积的比值

$$\gamma_f = \dfrac{(b_f - b)h_f}{bh_0} = \dfrac{(180 - 60) \times 125}{60 \times 741} = 0.337$$

裂缝间受拉钢筋应变不均匀系数

$$\omega = \left(1.0 + \dfrac{0.21}{\alpha_E \rho}\right)(1 + 0.45\gamma_f) - 0.7 = \left(1.0 + \dfrac{0.21}{5.797 \times 0.019}\right) \times (1 + 0.45 \times 0.337) - 0.7 = 2.647$$

短期刚度

$$B_s = \dfrac{0.85 E_c I_0}{\kappa_{cr} + (1 - \kappa_{cr})\omega} = \dfrac{0.85 \times 3.45 \times 10^4 \times 8240903820}{0.719 + (1 - 0.719) \times 2.647} \text{N} \cdot \text{mm}^2 = 165.21 \times 10^{12} \text{N} \cdot \text{mm}^2$$

对预应力混凝土构件,挠度增大系数 $\theta = 2.0$,则长期刚度为

$$B = \dfrac{M_k}{M_q(\theta - 1) + M_k} B_s = \dfrac{277.8}{232.7 \times (2 - 1) + 277.8} \times 165.21 \times 10^{12} \text{N} \cdot \text{mm}^2 = 89.90 \times 10^{12} \text{N} \cdot \text{mm}^2$$

荷载作用下挠度 $f_l = \dfrac{5}{48} \dfrac{M_k l_0^2}{B} = \dfrac{5}{48} \times \dfrac{277.8 \times 10^6 \times 7.75^2 \times 10^6}{89.90 \times 10^{12}} \text{mm} = 19.33 \text{mm}$

预应力反拱 $f_p = 2 \dfrac{N_{p0\text{II}} e_{p0\text{II}} l_0^2}{8 E_c I_0} = 2 \times \dfrac{383005.87 \times 179.5 \times 7.75^2 \times 10^6}{8 \times 3.45 \times 10^4 \times 8240903820} \text{mm} = 3.63 \text{mm}$

总挠度

$$f = f_l - f_p = (19.33 - 3.63) \text{mm} = 15.7 \text{mm} < [f] = 7750/250 \text{mm} = 31 \text{mm} \text{(满足要求)}$$

(8) 使用阶段的斜截面抗裂验算 验算截面取腹板宽度削弱的截面并靠近支座,如图 9.31 中的 A—A 截面。已知完成全部预应力损失后预应力筋的总拉力及偏心距为

$$N_{p0} = (\sigma_{con} - \sigma_l)A_p + (\sigma'_{con} - \sigma'_l)A'_p - \sigma_{l5}A_s - \sigma'_{l5}A'_s = 383005.87 \text{N}$$

$$e_{p0} = \dfrac{(\sigma_{con} - \sigma_l)A_p y_{p0} - (\sigma'_{con} - \sigma'_l)A'_p y'_{p0} - \sigma_{l5}A_s y_s + \sigma'_{l5}A'_s y'_s}{N_{p0}} = 179.5 \text{mm}$$

1) 应力计算。由图 9.31 可知,A—A 截面靠近支座,截面弯矩很小,故可忽略由弯矩产生的正应力,则

$$\sigma_x = \sigma_{pc} + \dfrac{M_k}{I_0} y \approx \sigma_{pc} = \dfrac{N_{p0}}{A_0} \pm \dfrac{N_{p0} e_{p0}}{I_0} y = \dfrac{383005.87}{98767.9} \pm \dfrac{383005.87 \times 179.5}{8240903820} y = 3.878 \pm 0.0083 y$$

1—1 截面 $y = y_2 - 100 - 50 = (356.5 - 150) \text{mm} = 206.5 \text{mm}$

$\sigma_x = (3.878 - 0.0083 \times 206.5) \text{N/mm}^2 = 2.164 \text{N/mm}^2 (\text{压})$

2—2 截面 $y = 0 \text{mm}$

$\sigma_x = 3.878 \text{N/mm}^2 (\text{压})$

3—3 截面 $y = y_1 - 100 - 50 = (443.5 - 150) \text{mm} = 293.5 \text{mm}$

$\sigma_x = (3.878 + 0.0083 \times 293.5) \text{N/mm}^2 = 6.314 \text{N/mm}^2 (\text{压})$

2) 剪应力计算。

1—1 截面:计算纤维以上部分的换算截面面积对构件换算截面重心的面积矩 S_0

$$S_0 = (300-60) \times 100 \times (356.5-50) \text{mm}^3 + 60 \times 150 \times (356.5-75) \text{mm}^3 +$$
$$\frac{(300-60)}{2} \times 50 \times \left(356.5-100-\frac{50}{3}\right) \text{mm}^3 + 1711.8 \times (356.5-30) \text{mm}^3$$
$$= 11887402.7 \text{mm}^3$$

$$\tau = \frac{V_k S_0}{I_0 b} = \frac{138.8 \times 10^3 \times 11887402.7}{8240903820 \times 60} \text{N/mm}^2 = 3.337 \text{N/mm}^2$$

2—2 截面：

$$S_0 = 11887402.7 \text{mm}^3 + 60 \times \frac{(356.5-150)^2}{2} \text{mm}^2 = 13166670.2 \text{mm}^3$$

$$\tau = \frac{V_k S_0}{I_0 b} = \frac{138.8 \times 10^3 \times 13166670.2}{8240903820 \times 60} \text{N/mm}^2 = 3.696 \text{N/mm}^2$$

3—3 截面：

$$S_0 = (180-60) \times 100 \times (443.5-50) \text{mm}^3 + 60 \times 150 \times (443.5-75) \text{mm}^3 +$$
$$\frac{(180-60)}{2} \times 50 \times \left(443.5-100-\frac{50}{3}\right) \text{mm}^3 + 4056.1 \times (443.5-59) \text{mm}^3$$
$$= 10578570.45 \text{mm}^3$$

$$\tau = \frac{V_k S_0}{I_0 b} = \frac{138.8 \times 10^3 \times 10578570.45}{8240903820 \times 60} \text{N/mm}^2 = 2.970 \text{N/mm}^2$$

3) 主应力计算。无集中力作用，所以 $\sigma_y = 0$

1—1 截面：

$$\sigma_{tp} = \frac{\sigma_x}{2} + \sqrt{\left(\frac{\sigma_x}{2}\right)^2 + \tau^2} = \left[\frac{-2.164}{2} + \sqrt{\left(\frac{-2.164}{2}\right)^2 + 3.337^2}\right] \text{N/mm}^2$$
$$= (-1.082 + 3.508) \text{N/mm}^2 = 2.426 \text{N/mm}^2$$

$$\sigma_{cp} = \frac{\sigma_x}{2} - \sqrt{\left(\frac{\sigma_x}{2}\right)^2 + \tau^2} = (-1.082 - 3.508) \text{N/mm}^2 = -4.590 \text{N/mm}^2$$

2—2 截面：

$$\sigma_{tp} = \frac{\sigma_x}{2} + \sqrt{\left(\frac{\sigma_x}{2}\right)^2 + \tau^2} = \left[\frac{-3.878}{2} + \sqrt{\left(\frac{-3.878}{2}\right)^2 + 3.696^2}\right] \text{N/mm}^2$$
$$= (-1.939 + 4.174) \text{N/mm}^2 = 2.235 \text{N/mm}^2$$

$$\sigma_{cp} = \frac{\sigma_x}{2} - \sqrt{\left(\frac{\sigma_x}{2}\right)^2 + \tau^2} = (-1.939 - 4.174) \text{N/mm}^2 = -6.113 \text{N/mm}^2$$

3—3 截面：

$$\sigma_{tp} = \frac{\sigma_x}{2} + \sqrt{\left(\frac{\sigma_x}{2}\right)^2 + \tau^2} = \left[\frac{-6.314}{2} + \sqrt{\left(\frac{-6.314}{2}\right)^2 + 2.970^2}\right] \text{N/mm}^2$$
$$= (-3.157 + 4.334) \text{N/mm}^2 = 1.177 \text{N/mm}^2$$

$$\sigma_{cp} = \frac{\sigma_x}{2} - \sqrt{\left(\frac{\sigma_x}{2}\right)^2 + \tau^2} = (-3.157 - 4.334) \text{N/mm}^2 = -7.491 \text{N/mm}^2$$

4）主应力比较。因裂缝控制等级为二级，故

$$\sigma_{tp,max} = 2.426 \text{N/mm}^2 < 0.95 f_{tk} = 0.95 \times 2.64 \text{N/mm}^2 = 2.51 \text{N/mm}^2$$

$$\sigma_{cp,max} = 7.491 \text{N/mm}^2 < 0.6 f_{ck} = 0.6 \times 32.4 \text{N/mm}^2 = 19.44 \text{N/mm}^2$$

所以，使用阶段斜截面抗裂性能满足要求。

（9）施工阶段的应力验算

1）制作阶段验算。由于长线生产，施工阶段施工荷载影响较小，故制作阶段只考虑构件自重及预应力的影响。

截面面积　　　　$A = (36000+30000+6000+18000+3000) \text{mm}^2 = 93000 \text{mm}^2$

自重荷载　　　　$g_k = \gamma A = (25 \times 93000 \times 10^{-6}) \text{kN/m} = 2.325 \text{kN/m}$

自重产生的弯矩　　$M_k = \dfrac{1}{8} g_k l_0^2 = \dfrac{1}{8} \times 2.325 \times 7.75^2 \text{kN·m} = 17.456 \text{kN·m}$

当混凝土达到80%的设计强度时开始张拉预应力筋，则

$$f'_{tk} = 0.8 \times 2.64 \text{N/mm}^2 = 2.112 \text{N/mm}^2$$

$$f'_{ck} = 0.8 \times 32.4 \text{N/mm}^2 = 25.92 \text{N/mm}^2$$

完成第一批预应力损失后预应力筋的合力及偏心距为

$$N_{p0\,I} = (\sigma_{con} - \sigma_{l\,I}) A_p + (\sigma'_{con} - \sigma'_{l\,I}) A'_p = 512537.55 \text{N}$$

$$e_{p0\,I} = \dfrac{(\sigma_{con} - \sigma_{l\,I}) A_p y_{p0} - (\sigma'_{con} - \sigma'_{l\,I}) A'_p y'_{p0}}{N_{p0\,I}} = 198.8 \text{mm}$$

因此，截面上边缘的预拉应力为

$$\sigma_{ct} = \sigma'_{pc} + \dfrac{M_k}{I_0} y_2 = \left(\dfrac{N_{p0\,I}}{A_0} - \dfrac{N_{p0\,I} e_{p0\,I}}{I_0} y_2 \right) + \dfrac{M_k}{I_0} y_2$$

$$= \left(\dfrac{512537.55}{98767.9} - \dfrac{512537.55 \times 198.9 \times 356.5}{8240903820} + \dfrac{17.456 \times 10^6 \times 356.5}{8240903820} \right) \text{N/mm}^2$$

$$= 1.536 \text{N/mm}^2 < f'_{tk} = 2.112 \text{N/mm}^2$$

截面下边缘的预压应力为

$$\sigma_{cc} = \sigma_{pc} - \dfrac{M_k}{I_0} y_1 = \left(\dfrac{N_{p0\,I}}{A_0} + \dfrac{N_{p0\,I} e_{p0\,I}}{I_0} y_1 \right) - \dfrac{M_k}{I_0} y_1$$

$$= \left(\dfrac{512537.55}{98767.9} + \dfrac{512537.55 \times 198.8 \times 443.5}{8240903820} - \dfrac{17.456 \times 10^6 \times 443.5}{8240903820} \right) \text{N/mm}^2$$

$$= 9.734 \text{N/mm}^2 < 0.8 f'_{ck} = 0.8 \times 25.92 \text{N/mm}^2 = 20.736 \text{N/mm}^2$$

所以，施工阶段构件制作时的强度和抗裂性能满足要求。

2）吊装阶段验算。设吊点距梁端距离1.0m，动力系数1.5，梁自重 $g_k = 1.5 \times 2.325 \text{kN/m} = 3.848 \text{kN/m}$，自重在吊点处产生弯矩为 $M_k = \dfrac{1}{2} g_k l^2 = \dfrac{1}{2} \times 3.848 \times 1^2 \text{kN·m} = 1.744 \text{kN·m}$，轴力 $N_k = 0 \text{kN}$。因此，截面上边缘混凝土法向应力为

$$\sigma_{ct} = \sigma'_{pe} + \frac{N_k}{A_0} - \frac{M_k}{I_0}y_2 = \left(\frac{N_{p0\,I}}{A_0} - \frac{N_{p0\,I}e_{p0\,I}}{I_0}y_2\right) + 0 - \frac{M_k}{I_0}y_2$$

$$= \left(\frac{512537.55}{98767.9} - \frac{512537.55 \times 198.8 \times 356.5}{8240903820} - \frac{1.744 \times 10^6 \times 356.5}{8240903820}\right) \text{N/mm}^2$$

$$= 0.706 \text{N/mm}^2 < f'_{tk} = 2.112 \text{N/mm}^2$$

截面下边缘混凝土法向压应力为

$$\sigma_{cc} = \sigma_{pc} + \frac{N_k}{A_0} + \frac{M_k}{I_0}y_1 = \left(\frac{N_{p0\,I}}{A_0} + \frac{N_{p0\,I}e_{p0\,I}}{I_0}y_1\right) + 0 + \frac{M_k}{I_0}y_1$$

$$= \left(\frac{512537.55}{98767.9} + \frac{512537.55 \times 198.8 \times 443.5}{8240903820} + \frac{1.744 \times 10^6 \times 443.5}{8240903820}\right) \text{N/mm}^2$$

$$= 10.766 \text{N/mm}^2 < 0.8 f'_{ck} = 0.8 \times 25.92 \text{N/mm}^2 = 20.736 \text{N/mm}^2$$

所以，施工阶段构件吊装时的强度和抗裂性能满足要求。

9.8 先张法构件预应力筋的传递长度和锚固长度

9.8.1 先张法构件预应力传递长度 l_{tr}

先张法构件中，预应力是靠钢筋和混凝土之间的黏结力传递的。其传递需在构件端部一定的长度内进行。如图 9.32 所示，构件端部长度为 x 的预应力筋脱离体在放松预应力筋时，钢筋发生内缩或滑移，此时 a 点是自由端，其应力为零，而在构件端面以内，钢筋内缩受到周围混凝土的阻止，使钢筋为拉应力 σ_p，混凝土压应力为 σ_c。随着 x 距离的增大，黏结力的积累，σ_p 和 σ_c 都将增大，当 x 达到一定长度 l_{tr}（图 9.32 中 ab 段）时，在 l_{tr} 长度内的黏结力与预拉力 $\sigma_p A_p$ 平衡。从 b 点起，预应力筋才建立起稳定的预拉应力 σ_{pe}，周围混凝土也相应建立有效的预压应力 σ_{pc}，长度 l_{tr} 称为先张法构件预应力筋的传递长度。对先张法预应力混凝土构件端部进行正截面、斜截面抗裂验算时，应考虑预应力筋在其预应力传递长度 l_{tr} 范围内

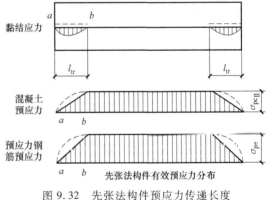

图 9.32 先张法构件预应力传递长度

实际应力值的变化，如图 9.32 中虚线。《预应力混凝土结构设计规范》近似按线性变化规律考虑，在构件端部取为零，在预应力传递长度的末端采用有效预应力值，如图 9.32 中实线。故先张法构件预应力筋的传递长度 l_{tr} 应按下式计算

$$l_{tr} = \alpha \frac{\sigma_{pe}}{f'_{tk}} d \tag{9.148}$$

式中 σ_{pe}——放张时预应力筋的有效预应力值（N/mm²）；

d——预应力筋的公称直径（mm）；
α——预应力筋的外形系数，按表 9.14 的规定取用；
f_{tk}——与放张时混凝土立方体抗压强度 f_{cu} 相应的轴心抗拉强度标准值（N/mm²）。

表 9.14 预应力筋的外形系数

钢筋类型	刻痕钢丝	螺旋肋钢丝	3 股钢绞线	7 股钢绞线
α	0.19	0.13	0.16	0.17

当采用骤然放松预应力筋的施工工艺时，l_{tr} 的起点应从离末端 $0.25l_{tr}$ 处算起。
先张法常用预应力筋的预应力传递长度见表 9.15。

表 9.15 先张法常用预应力筋的预应力传递长度 l_{tr}

预应力筋种类	混凝土强度等级						
	C30	C35	C40	C45	C50	C55	≥C60
中强度预应力螺旋肋钢丝	64.7d	59.1d	54.4d	51.8d	49.2d	47.4d	45.6d
3 股钢绞线	79.6d	72.7d	66.9d	63.7d	60.6d	58.4d	56.1d

注：d 为预应力筋的公称直径。

9.8.2 先张法构件预应力筋的锚固长度 l_a

在先张法预应力混凝土构件的端部区，为保证混凝土与预应力筋共同工作，需经过预应力筋锚固长度 l_a 后，其混凝土的黏结力才能使预应力筋达到抗拉强度设计值。根据黏结力与预应力筋屈服内力相等的原则，可以得到预应力筋的基本锚固长度 l_{ab}，即

$$l_{ab} = \alpha \frac{f_{py}}{f_t} d \tag{9.149}$$

预应力筋的锚固长度 $l_a = \zeta_a l_{ab}$，修正系数 ζ_a 见本书第 2 章。

9.9 后张法构件端部锚固区的局部承压验算

后张法构件的预应力通过锚具经垫板传递给混凝土。由于预压力很大，而锚具下的垫板与混凝土的接触面积往往较小，锚具下的混凝土将承受较大的局部压力，垫板下混凝土容易产生裂缝或发生局部受压破坏。

构件端部锚具下的应力状态是很复杂的，图 9.33 所示为构件端部混凝土局部受压时的内力分布。由弹性力学圣维南原理可知，锚具下的局部压应力需经过一段距离才能扩散到整个截面上。这段距离称为预应力混凝土构件的锚固区，如图 9.33b 所示的 ABCD 区段，这段长度约等于构件的截面高度 h，实现端部局部受压过渡到全截面均匀受压过程。

由平面应力问题分析得知，在锚固中任何一点将产生 σ_x、σ_y 和 τ 三种应力。σ_x 为沿 x 方向（即纵向）的正应力，在块体 ABCD 中的绝大部分 σ_x 都是压应力，以 O 点为最大，等于 p_1。σ_y 为沿 y 方向（即横向）的正应力，在块体 AOBGFE 部分，σ_y 是压应力；在 EFGDC 部分，σ_y 是拉应力，最大横向拉应力发生在 H 点，如图 9.33c 所示。当荷载逐渐增大，H 点的拉应变超过混凝土的极限拉应变值时，混凝土出现纵向裂缝，如承载力不足，则会发生局

部受压破坏。因此，设计时既要保证张拉钢筋时锚具下的锚固区混凝土不开裂和不产生过大的变形，又要计算锚具下配置的间接钢筋是否满足局部受压承载力的要求。

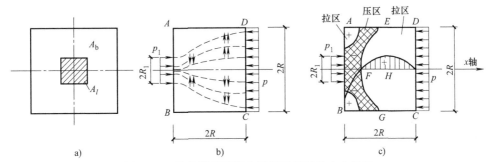

图 9.33 构件端部混凝土局部受压时的内力分布

1. 后张预应力混凝土构件端部锚固区的间接钢筋配置

1) 在预应力筋锚具及张拉设备支承处，应设置预埋承压钢垫板，承压钢垫板应满足混凝土局部承压面积的要求，垫板厚度可取 14～30mm，刚性扩散角应取 45°；钢板位置应进行混凝土局部受压承载力计算并配置间接钢筋，其体积配筋率不应小于 0.5%。

2) 在局部受压间接钢筋配置区以外，在构件端部长度 l 不小于 $3e$ 且不大于 $1.2h$、高度为 $2e$ 的附加配筋区范围内，如图 9.34 所示，应均匀配置附加防劈裂箍筋、钢筋网片，配筋面积应符合下式规定

$$A_{sb} \geq 0.18\left(1-\frac{l_l}{l_b}\right)\frac{P}{f_{yv}} \tag{9.150}$$

式中 P——作用在构件端部截面重心线上部或下部预应力筋的合力设计值（N，有黏结预应力混凝土构件 $P=1.2\sigma_{con}$，无黏结预应力混凝土构件 $P=\max(1.2\sigma_{con}, f_{ptk}A_p)$）；

l_l、l_b——沿构件高度方向 A_l、A_b 的边长或直径（mm）；

f_{yv}——附加抗劈裂钢筋的抗拉强度设计值（N/mm²）。

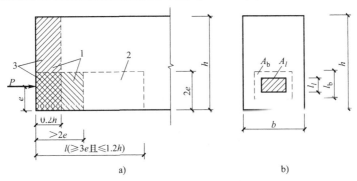

图 9.34 防止端部裂缝的配筋范围

1—局部受压间接钢筋配置区　2—附加防劈裂配筋区　3—附加防端面裂缝配筋区

3) 当构件端部预应力筋需集中布置在截面下部或集中布置在上部和下部时，应在构件端部 $0.2h$ 范围内设置附加竖向防端面裂缝构造钢筋，其截面面积应符合下列规定

① 当 $e>0.2h$ 时，竖向防端面裂缝构造钢筋宜靠近端面配置，可采用焊接钢筋网、封闭式箍筋及其他形式，且宜采用带肋钢筋。

② 当端部截面上部和下部均有预应力筋时，附加竖向钢筋的总截面面积应按上部和下部的预应力合力分别计算的较大值采用。

③ 在构件端面横向也应按式（9.151）计算抗端面裂缝钢筋，并与上述竖向钢筋形成网片筋配置。

$$A_{sv} \geq \frac{T_s}{f_{yv}} \tag{9.151}$$

$$T_s = \left(0.25 - \frac{e}{h}\right)P \tag{9.152}$$

式中　T_s——锚固端端面拉力（N）。

④ 当构件在端部有局部凹进时，应增设折线构造钢筋（图9.35）或其他有效的构造钢筋。

2. 配置间接钢筋混凝土构件的局部受压验算

配置间接钢筋的混凝土结构构件，其局部受压区的截面尺寸应符合下列规定

$$F_l \leq 1.35\beta_c \beta_l f_c A_{ln} \tag{9.153}$$

$$\beta_l = \sqrt{\frac{A_b}{A_l}} \tag{9.154}$$

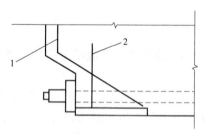

图9.35　端部凹进处构造配筋
1—折线构造钢筋　2—竖向构造钢筋

式中　F_l——局部受压面上作用的局部荷载或局部压力设计值（N）；

f_c——混凝土轴心抗压强度设计值（N/mm²，在后张法预应力混凝土构件的张拉阶段验算中，应根据相应阶段的混凝土立方体抗压强度f'_{cu}值以线性内插法确定）；

β_c——混凝土强度影响系数（当混凝土强度等级不超过C50时，取1.0；当混凝土强度等级为C80时，取0.8；其间按线性内插法确定）；

β_l——混凝土局部受压时的强度提高系数；

A_l——混凝土局部受压面积（mm²）；

A_{ln}——混凝土局部受压净面积（mm²，对后张法构件，应在混凝土局部受压面积中扣除孔道、凹槽部分的面积）；

A_b——局部受压的计算底面积（mm²），可由局部受压面积与计算底面积按同心、对称的原则确定，常用情况可按图9.36所示取用。

3. 配置方格网式或螺旋式间接钢筋混凝土构件的局部受压验算

核心面积A_{cor}不小于A_l时（图9.37），局部受压承载力应符合下式规定

$$F_l = 0.9(\beta_c \beta_l f_c + 2\alpha \rho_v \beta_{cor} f_y) A_{ln} \tag{9.155}$$

式中　β_{cor}——配置间接钢筋的局部受压承载力提高系数，$\beta_{cor} = \sqrt{A_{cor}/A_l}$（当$A_{cor}$不大于混凝土局部受压面积$A_l$的1.25倍时，取1.0）；

f_y——钢筋抗拉强度设计值（N/mm²）；

α——间接钢筋对混凝土约束的折减系数；

A_{cor}——方格网式或螺旋式间接钢筋内表面范围内的混凝土核心面积（mm²），其

重心应与 A_l 的重心重合，计算中仍按同心、对称的原则取值；

ρ_v——间接钢筋的体积配筋率。

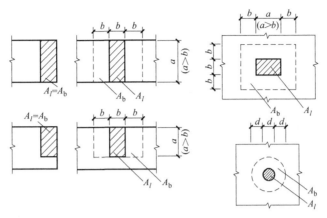

图 9.36 局部受压的计算底面积

（1）当为方格网式配筋时（图 9.37a） 其体积配筋率 ρ_v 应按下式计算

$$\rho_v = \frac{n_1 A_{s1} l_1 + n_2 A_{s2} l_2}{A_{cor} s} \tag{9.156}$$

式中 n_1、A_{s1}——方格网沿 l_1 方向的钢筋根数、单根钢筋的截面面积（mm^2）；

n_2、A_{s2}——方格网沿 l_2 方向的钢筋根数、单根钢筋的截面面积（mm^2）；

A_{ss1}——单根螺旋式间接钢筋的截面面积（mm^2）；

s——方格网式或螺旋式间接钢筋的间距（mm），宜取 30~80mm。

此时，钢筋网两个方向上单位长度内钢筋截面面积的比值不宜大于 1.5。

（2）当为螺旋式配筋时（图 9.37b） 其体积配筋率 ρ_v 应按下式计算

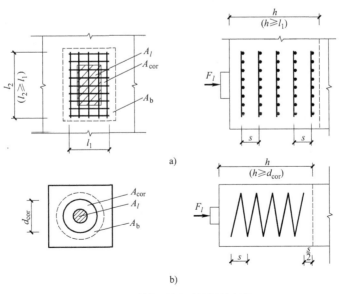

图 9.37 局部受压区的间接钢筋
a) 方格网式配筋 b) 螺旋式配筋

$$\rho_v = \frac{4A_{ss1}}{d_{cor}s} \tag{9.157}$$

式中 d_{cor}——螺旋式间接钢筋内表面范围内的混凝土截面直径（mm）。

间接钢筋应配置在图 9.37 所示规定的高度 h 范围内，对方格网式钢筋，不应少于 4 片；对螺旋式钢筋，不应少于 4 圈。

9.10 预应力混凝土构件的构造要求

预应力混凝土构件的构造要求，除应满足钢筋混凝土结构的有关规定外，还应根据预应力张拉工艺、锚具措施及预应力筋种类不同，满足有关构造要求。

9.10.1 截面形式和尺寸

预应力轴心受拉构件通常采用矩形或正方形截面。预应力受弯构件可采用矩形、T 形、I 形及箱形等截面。

为便于布置预应力筋及预压区在施工阶段有足够的抗压能力，可设计成上、下翼缘不对称的 I 形截面，其下部受拉翼缘的宽度可比上翼缘狭些，但高度比上翼缘大。截面形式沿构件纵轴也可以变化，如跨中为 I 形，近支座处为了承受较大的剪力并能有足够位置布置锚具和提高其局部承压能力，在构件的两端往往做成矩形。

由于预应力构件的抗裂度和刚度较大，其截面尺寸可比钢筋混凝土构件小些，预应力混凝土梁可实现的跨度为 15～40m，经济跨度为 15～25m。简支梁高跨比 h/L 为 1/20～1/15；连续梁高跨比 h/L 为 1/25～1/20；悬挑梁高跨比 h/L 为 1/10～1/6。

9.10.2 束形设计

预应力筋束形应根据荷载分布、构造要求、防火保护、耐久性及张拉和锚固工艺等要求综合确定。常用的预应力筋束形包括抛物线、折线形、直线形。在设计时应根据结构的特点选择合适的束形，还可以组合采用多种束形。当梁（板）上荷载为均布线荷载时宜采用抛物线；有两处较大的集中荷载时宜采用双折线；有一处较大的集中荷载时宜采用单折线；悬挑梁（板）宜采用直线束，但在悬挑尖部预应力筋仍宜水平伸出，如图 9.38 所示。

9.10.3 先张法构件的构造要求

1) 先张预应力筋的净间距应根据混凝土浇筑、预应力施加及钢筋锚固等要求确定。预应力筋之间的净间距不应小于其公称直径的 2.50 倍和混凝土粗集料的 1.25 倍，且应符合下列规定：热处理钢筋及钢丝，不应小于 15mm；3 股钢绞线，不应小于 20mm；7 股钢绞线，不应小于 25mm；当混凝土振捣密实性具有可靠保证时，净间距可放宽为最大粗集料粒径的 1.0 倍。

2) 先张法预应力混凝土构件端部宜采取下列构造措施：

① 单根配置的预应力筋，其端部宜设置长度不小于 150mm 且不小于 4 圈的螺旋筋；当有可靠经验时，也可利用支座垫板上的插筋代替螺旋筋，插筋数量不应小于 4 根，其长度不宜小于 120mm。

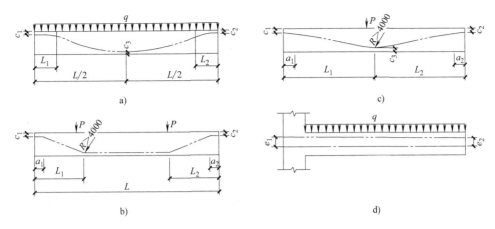

图 9.38 常用预应力筋束形
a) 抛物线形 b) 双折线形 c) 单折线形 d) 直线形

注：图中 $a_1=a_2\approx 1000\mathrm{mm}$；$c_1$、$c_2$ 由锚固体系要求的最小尺寸确定，同时应确保不与垂直于预应力梁的钢筋矛盾；c_3 由管道直径、保护层厚度及与普通钢筋之间的位置关系综合确定，最小值宜为 100mm（有黏结）或 80mm（无黏结）；折线形预应力筋的转折点 L_1 或 L_2 至支座的距离不宜小于梁跨度的 1/5，转折点处预应力筋宜平滑过渡，避免硬转折；在预应力筋弯折处，应加密箍筋或沿弯折处内侧设置钢筋网片。

② 分散布置的多根预应力筋，在构件端部 10d，且不小于 100mm 范围内应设置（3~5）片与预应力筋垂直的钢筋网。

③ 采用预应力钢丝配筋的薄板，在板端 100mm 范围内适当加密横向钢筋网。

④ 槽形板类构件，应在构件端部 100mm 范围内沿构件板面设置附加横向钢筋，其数量不应少于 2 根。

3）预制肋形板宜设置加强其整体性和横向刚度的横肋。端横肋的受力钢筋应弯入纵肋内。当采用先张长线法生产有端横肋的预应力混凝土肋形板时，应在设计和制作上采取防止放张预应力时端横肋产生裂缝的有效措施。

4）对预应力筋在构件端部全部弯起的受弯构件或直线配筋的先张构件，当构件端部与下部支承结构焊接时，应考虑混凝土收缩、徐变及温度变化产生的不利影响，宜在构件端部可能产生裂缝的部位设置足够的非预应力纵向构造钢筋。

9.10.4 后张法构件的构造要求

1）T 形或 I 形截面的受弯构件，上下腋脚之间的腹板高度，当腹板内有竖向预应力筋时，不宜大于腹板厚度 20 倍；当无竖向预应力筋时，不宜大于腹板厚度的 15 倍；腹板厚度不应小于 140mm。

2）预应力钢丝束、钢绞线束的预留孔道应符合下列规定：

① 预制构件中孔道之间的水平净距不宜小于 1 倍孔道直径、粗集料粒径的 1.25 倍和 50mm 中的较大值，一排孔道布下全部预应力筋困难时可布置多排孔道；孔道至构件边缘的净间距不宜小于 30mm，且不宜小于孔道直径的 50%。

② 现浇混凝土梁中预留孔道在竖直方向的净间距不应小于孔道外径，水平方向的净间距不应小于 1.5 倍孔道外径，且不应小于粗集料粒径的 1.25 倍；使用插入式振动器捣实混

凝土时，水平净距不宜小于80mm。

③ 裂缝控制等级为一、二级的梁，从孔道外壁至构件边缘的净间距，梁底不宜小于50mm，梁侧不宜小于40mm；裂缝控制等级为三级的梁，梁底、梁侧分别不宜小于60mm和50mm。

④ 预留孔道的内径应比预应力束外径及需穿过孔道的连接器外径大 10～20mm，且孔道的截面积宜为穿入预应力束截面积的（3.0～4.0）倍。

⑤ 当有可靠经验并能保证混凝土浇筑质量时，预留孔道可水平并列贴紧布置，但并排的数量不应超过2束。

⑥ 梁端预应力筋孔道的间距应根据锚具尺寸、千斤顶尺寸、预应力筋布置及局部承压等因素确定。锚具下的承压垫板净距应不小于20mm；锚具下承压钢板边缘至构件边缘距离应不小于40mm。

⑦ 在现浇楼板中采用扁形锚具体系时，穿过每个预留孔道的预应力筋数量宜为3～5根；在常用荷载情况下，孔道在水平方向的净间距不应超过8倍板厚及1.5m中的较大值。

⑧ 凡制作时需要预先起拱的构件，预留孔道宜随构件同时起拱。

3）后张预应力混凝土构件中，曲线预应力束的曲率半径 r_p 宜按式（9.158）确定，但孔道外径为50～70mm时不宜小于4m，孔道外径为75～95mm时不宜小于5m。曲线预应力筋的端头，应有与之相切的直线段，直线段长度不应小于300mm。

$$r_p \geq \frac{P}{0.35 f_c d_p} \tag{9.158}$$

式中　P——预应力束的合力设计值（N）；

　　　r_p——预应力束的曲率半径（m）；

　　　d_p——预应力束孔道的外径（mm）；

　　　f_c——混凝土轴心抗压强度设计值（N/mm²），当验算张拉阶段曲率半径时，可取与施工阶段混凝土立方体抗压强度 f'_{cu} 对应的抗压强度设计值 f'_c。

当曲率半径 r_p 不满足式（9.158）时，可在预应力束弯折处内侧设置钢筋网片或螺旋筋加强。对于折线配筋的构件，预应力束弯折处的曲率半径 r_p 可适当减小，并宜采用圆弧过渡。

4）后张有黏结预应力筋孔道两端应设排气孔。单跨梁的灌浆孔宜设置在跨中位置，也可设置在梁端；多跨连续梁宜在中支座处增设。灌浆孔间距对抽拔管不宜大于12m，对波纹管不宜大于30m。曲线孔道高差大于0.5m时，应在孔道的每个峰顶处设置泌水管，泌水管伸出梁面高度不宜小于0.5m。泌水管可兼作灌浆管使用。

小　结

1. 在预应力混凝土构件的承载力和抗裂等计算中，在施工和使用阶段涉及各种应力值，最主要的是混凝土法向应力 σ_{pc}、预应力筋的有效预应力 σ_{pe} 及混凝土法向应力为零时的预应力筋应力 σ_{p0}。这些应力分别根据先张法或后张法的施工顺序，由预应力筋的张拉控制应力 σ_{con} 及相应阶段的预应力损失值，按不同构件，由截面上力的平衡求得。注意在先、后张法中 σ_{peII} 计算是不相同的。

2. 张拉控制应力 σ_{con} 限值，先张法大于后张法。是因为在施工阶段，先张法构件施加预应力（放松预应力筋）时，混凝土弹性压缩是在钢筋达到 σ_{con} 后发生的，因而钢筋的预拉应力随之降低 $\alpha_E \sigma_{pcI}$，即

$\sigma_{peI} = \sigma_{con} - \sigma_{lI} - \alpha_E \sigma_{pcI}$。后张法构件施加预应力（张拉预应力筋）时，混凝土随之受挤压，当钢筋达到 σ_{con} 时，混凝土弹性压缩已基本完成，因此，钢筋张拉控制应力值 σ_{con} 不会因混凝土弹性压缩而降低，即 $\sigma_{peI} = \sigma_{con} - \sigma_{lI}$。同样，在使用阶段，当截面上混凝土的拉应力恰好全部抵消混凝土的有效预压应力（消压状态）时，预应力筋中的应力，先张法构件：$\sigma_{p0} = \sigma_{con} - \sigma_l$；后张法构件：$\sigma_{p0} = \sigma_{con} - \sigma_l + \alpha_E \sigma_{pcII}$。因此，通过以上分析，可知先张法预应力筋的应力总比后张法低。为使先后张法构件的抗裂能力具有相同的水平，可适当提高先张法构件的张拉控制应力。

3. 预应力损失是预应力构件从施加预应力开始，由于混凝土和钢材的性能特征及施工工艺原因，张拉控制应力会逐渐降低。过高或过低估计预应力损失值，均会对结构的使用性能产生不利影响。规范采用叠加各种预应力损失，以混凝土预压时间为界限，分为混凝土预压前完成的损失 σ_{lI}（又称第一批损失）和混凝土预压后完成的损失 σ_{lII}（又称第二批损失）共两批损失。应尽量采取措施，减少预应力损失，以保证混凝土能获得较高的有效预压应力 σ_{peII}。

4. 换算截面 A_0 和净截面面积 A_n 的应用。在施工阶段：先张法构件在预压前（放松预应力筋前），混凝土与预应力筋已有黏结作用，在预压过程中，预应力筋和混凝土共同承受预压力，产生相同变形，因而采用换算截面 A_0 计算混凝土的预压力，即采用将全部预应力筋和非预应力筋统一换算成混凝土的截面面积，$A_0 = A_c + \alpha_E A_s + \alpha_E A_p$。对于后张法构件。由于构件在预压前，混凝土与预应力筋无黏结作用，在张拉或预压过程中，仅由混凝土和非预应力筋承受预压力，因此采用净截面面积 A_n 计算混凝土的预压力，即 $A_n = A_c + \alpha_E A_s$。在使用阶段，无论先张法或后张法，混凝土与预应力筋已产生黏结，共同承受外力，因此均采用换算截面面积 A_0 进行计算。

5. 当混凝土和钢筋强度及截面尺寸相同时，钢筋混凝土轴心受拉构件和预应力混凝土轴心受拉构件相比，两者承载力相同。是因为在破坏阶段，两类截面上轴向拉力全部由钢筋承担，与对截面是否施加预应力无关。

6. 预应力混凝土设计具体内容见表 9.16。

表 9.16 预应力混凝土构件设计内容

主要参数	材料	预应力钢种、等级、混凝土强度等级、张拉方法	
	张拉控制应力	与张拉方法、混凝土抗拉强度标准值有关	
	截面几何特征	换算截面面积 I_0、净截面面积 I_n、截面重心、截面惯性矩、面积矩、预应力钢筋合力点至换算截面重心距离	
	预应力损失	共 7 种预应力损失，先、后张法计算内容不同	
	施工阶段混凝土预压应力	第一批预应力损失后混凝土预压应力 σ_{pcI} 第二批预应力损失后混凝土预压应力 σ_{pcII}	
使用阶段	设计内容	预应力轴心受拉构件	预应力受弯构件
	承载力计算	正截面受拉承载力	正截面受弯承载力 斜截面受剪承载力
	裂缝控制验算 一、二级	按抗裂要求进行正截面抗裂度验算	按抗裂要求进行正截面 斜截面的抗裂度验算
	裂缝控制验算 三级	裂缝宽度验算	正截面裂缝宽度验算 斜截面应力验算
	挠度验算	—	应进行挠度验算
施工阶段		预应力混凝土构件在制作、运输和吊装过程中，进行构件截面边缘混凝土最大受拉及受压法向应力验算 后张法预应力混凝土构件端部锚固区的局部承压验算	

思考题

9.1 何谓预应力混凝土？与钢筋混凝土构件相比，有何优点？
9.2 在预应力混凝土构件中为何必须采用高强度钢筋和高强度混凝土？
9.3 试述先张法和后张法的工艺特点及适用范围。
9.4 张拉控制应力 σ_{con} 为什么不能太高也不能太低？
9.5 先张法预应力混凝土的张拉控制应力为何比后张法略高？
9.6 引起预应力损失的原因有哪些？计算方法？如何减少各项预应力损失？
9.7 为何对后张法预应力混凝土构件的端部锚固区需进行局部受压验算？设计时应满足哪些要求？
9.8 为何预应力混凝土构件中需配置适量的非预应力筋？
9.9 预应力混凝土轴心受拉构件各阶段应力状态如何？比较先张法、后张法构件的应力计算公式有何异同。
9.10 预应力混凝土构件为何还应进行施工阶段验算？需验算哪些项目？
9.11 如何进行预应力混凝土受弯构件的变形计算？与钢筋混凝土有何不同？

章节练习

9.1 填空题

1. 张拉（或放松）预应力筋时，构件的混凝土立方体抗压强度不宜低于设计的混凝土强度等级值的_____。
2. 消除应力钢丝、钢绞线的张拉控制应力 σ_{con} 最低限值不应小于_____。
3. 先张法预应力混凝土轴心受拉构件，混凝土在预压前产生的第一批预应力损失_____和预压后产生第二批预应力损失_____。
4. 后张法预应力混凝土轴心受拉构件，混凝土在预压前产生的第一批预应力损失_____和预压后产生第二批预应力损失_____。

9.2 是非题（正确画"√"，错误画"×"）

1. 施加预应力的目的是提高构件的抗裂度、刚度和承载力。（   ）
2. 预应力混凝土结构构件，除应进行承载力计算和正常使用极限状态验算外，尚应对施工阶段进行验算。（   ）
3. 钢筋应力松弛指钢筋受力后，在保持钢筋长度不变的条件下，钢筋应力随时间增长而逐渐降低的现象。（   ）
4. 提高混凝土构件的抗裂度，主要取决于钢筋的预拉应力值，而要建立较高的预应力值，就必须采用较高强度等级的钢筋和混凝土。（   ）
5. 预应力钢筋中的张拉控制应力越大，钢筋应力松弛也越大。（   ）
6. 先张法有黏结预应力混凝土构件，是先在构件预留孔道，待预应力钢筋张拉完毕并锚固后，用压力灌浆将预留孔填实。后张法无黏结预应力混凝土构件的预应力钢筋需涂以沥青或其他润滑防锈材料，不需要在构件中留孔、穿束和灌浆。（   ）
7. 后张法施工的预应力混凝土构件，其预应力是通过钢筋与混凝土之间的黏结力来传递的。（   ）
8. 对于先、后张法的预应力混凝土构件，若张拉控制应力 σ_{con} 和预应力损失 σ_l 相同，则后张法建立的钢筋有效预应力比先张法小。（   ）
9. 张拉控制应力 σ_{con} 的限值，应按照钢筋种类及张拉方法等因素，并按钢筋强度的设计值确定。（   ）

第9章 预应力混凝土构件

10. 超张拉是指张拉值超过预应力筋的张拉控制应力值,而不是指张拉控制应力值超过预应力筋的强度标准值。( )

11. 若 σ_{pc}、f'_{cu} 值相等,由混凝土收缩、徐变引起的预应力损失值 σ_{l5},后张法比先张法大。( )

12. 对预应力钢筋进行超张拉,可减小预应力筋的温差损失。( )

13. 预应力混凝土构件计算中,要求先张法预应力总损失不应小于 80N/mm²。( )

14. 由混凝土收缩、徐变引起的预应力损失值 σ_{l5} 计算公式中 $\sigma_{pc}/f'_{cu} \leq 0.5$,主要考虑当 $\sigma_{pc}/f'_{cu} > 0.5$ 时,混凝土非线性徐变引起的预应力损失将大幅度增加。( )

15. 对环境类别为二类a、使用阶段允许开裂的二级预应力轴心受拉构件,其最大裂缝宽度 w_{max} 应小于 0.2mm。( )

16. 预应力混凝土受弯构件的抗裂弯矩比钢筋混凝土受弯构件的抗裂弯矩大,其增大值为 $\sigma_{pcII}W_0$。( )

17. 预应力对受弯构件的受剪承载力起有利作用,因为预压应力能阻滞斜裂缝的出现和开展,增加混凝土剪压区的高度,从而提高混凝土剪压区承载的剪力。( )

18. 后张法预应力混凝土梁中,预留孔道在竖直方向的净间距不应小于孔道外径,水平方向的净间距不应小于 1.5 倍孔道外径,且不应小于粗集料粒径的 1.25 倍。( )

19. 后张法预应力混凝土,裂缝控制等级为三级的梁,从孔道外壁至构件边缘的净间距,梁底、梁侧分别不宜小于 60mm 和 50mm。( )

9.3 选择题

1. 受力及截面条件相同的钢筋混凝土轴心受拉构件和预应力混凝土轴心受拉构件相比较,( )。
(A) 后者的抗裂度和刚度大于前者
(B) 后者的承载力大于前者
(C) 后者的承载力、抗裂度和刚度均大于前者
(D) 两者的承载力、抗裂度和刚度相等

2. 先张法和后张法预应力混凝土构件施工工艺相比,下列论述不正确的是( )。
(A) 先张法工艺简单,只需临时锚具
(B) 先张法适用于工厂预制中、小型构件,后张法适用于施工现场制作大、中型构件
(C) 后张法需台座或钢模张拉钢筋
(D) 先张法常采用直线钢筋作预应力筋

3. 预应力钢筋的张拉控制应力 σ_{con},先张法比后张法取值略高是因为( )。
(A) 后张法在张拉钢筋的同时,混凝土产生弹性压缩,张拉设备上显示的经换算得出的张拉控制应力为已扣除混凝土弹性压缩后的钢筋应力
(B) 先张法临时锚具变形损失大
(C) 先张法混凝土收缩、徐变较后张法大
(D) 先张法有温差损失,后张法无此项损失

4. 预应力混凝土锚具变形和钢筋内缩引起预应力损失 $\sigma_{l1}=aE_s/l$,其中 a 指( )。
(A) 固定端锚具变形和钢筋内缩值
(B) 张拉端锚具变形和钢筋内缩值
(C) 固定端和张拉端锚具变形和钢筋内缩值之和
(D) 固定端和张拉端锚具变形和钢筋内缩值之差

5. 减小锚具变形和钢筋内缩引起预应力损失的措施,下列不正确的是( )。
(A) 选择变形小的锚具
(B) 尽量减少垫板和螺母数
(C) 选择较长的台座
(D) 采用超张拉

6. 为减少混凝土加热养护时受张拉的预应力钢筋与承受拉力的设备之间温差引起的预应力损失的措施,下列正确的是( )。
(A) 增加台座长度和加强锚固
(B) 提高混凝土强度等级或更高强度的预应力筋
(C) 采用超张拉
(D) 采用二次升温养护或在钢模上张拉预应力筋

7. 后张法预应力混凝土构件，混凝土在受预压前产生的第一批预应力损失 σ_{lI} 和第二批预应力损失 σ_{lII} 分别为（　　），先张法分别为（　　）。

　　(A) $\sigma_{lI}=\sigma_{l1}+\sigma_{l2}+\sigma_{l3}$，$\sigma_{lII}=\sigma_{l4}+\sigma_{l5}$

　　(B) $\sigma_{lI}=\sigma_{l1}+\sigma_{l2}$，$\sigma_{lII}=\sigma_{l4}+\sigma_{l5}+\sigma_{l6}+\sigma_{l7}$

　　(C) $\sigma_{lI}=\sigma_{l1}+\sigma_{l2}+\sigma_{l3}+\sigma_{l4}$，$\sigma_{lII}=\sigma_{l5}+\sigma_{l7}$

　　(D) $\sigma_{lI}=\sigma_{l1}+\sigma_{l2}+\sigma_{l4}$，$\sigma_{lII}=\sigma_{l5}+\sigma_{l6}$

8. 先张法预应力混凝土轴心受拉构件在施工阶段，完成第二批损失后，预应力筋的拉应力 σ_{peII} 和非预应力筋的应力 σ_{sII} 等于（　　），后张法为（　　）。

　　(A) $\sigma_{peII}=\sigma_{con}-\sigma_l$，$\sigma_{sII}=\alpha_p\sigma_{peII}+\sigma_{l5}$

　　(B) $\sigma_{peII}=\sigma_{con}-\sigma_l$，$\sigma_{sII}=\alpha_p\sigma_{peII}-\sigma_{l5}$

　　(C) $\sigma_{peII}=\sigma_{con}-\sigma_l+\alpha_p\sigma_{peII}$，$\sigma_{sII}=\alpha_p\sigma_{peII}+\sigma_{l5}$

　　(D) $\sigma_{peII}=\sigma_{con}-\sigma_l-\alpha_p\sigma_{peII}$，$\sigma_{sII}=\alpha_p\sigma_{peII}+\sigma_{l5}$

9. 先张法预应力混凝土轴心受拉构件在施工阶段，完成第二批损失后，混凝土获得的有效预压应力 σ_{pcII} 等于（　　），后张法为（　　）。

　　(A) $\sigma_{pcII}=(\sigma_{con}-\sigma_l)A_p/A_0$

　　(B) $\sigma_{pcII}=[(\sigma_{con}-\sigma_l)A_p-\sigma_{l5}A_s]/A_0$

　　(C) $\sigma_{pcII}=[(\sigma_{con}-\sigma_l)A_p-\sigma_{l5}A_s]/A_n$

　　(D) $\sigma_{pcII}=(\sigma_{con}-\sigma_l)A_p/A_n$

10. 先张法预应力混凝土轴心受拉构件，当截面处于消压状态时，预应力筋的拉应力 σ_{p0} 为（　　），后张法为（　　）。

　　(A) $\sigma_{p0}=\sigma_{con}-\sigma_l$　　　　　　　　(B) $\sigma_{p0}=\sigma_{con}-\sigma_l+\alpha_p\sigma_{peII}$

　　(C) $\sigma_{p0}=\sigma_{con}-\sigma_l-\alpha_p\sigma_{peII}$　　　(D) 0

11. 当混凝土法向应力等于零时（截面处于消压状态），全部纵向预应力筋和非预应力筋的合力 N_0 等于（　　）。

　　(A) 先张法 $N_0=(\sigma_{con}-\sigma_l)A_p-\sigma_{l5}A_s$，后张法 $N_0=(\sigma_{con}-\sigma_l+\alpha_p\sigma_{peII})A_p-\sigma_{l5}A_s$

　　(B) 先张法 $N_0=(\sigma_{con}-\sigma_l+\alpha_p\sigma_{peII})A_p-\sigma_{l5}A_s$，后张法 $N_0=(\sigma_{con}-\sigma_l)A_p-\sigma_{l5}A_s$

　　(C) 先后张法均为 $N_0=(\sigma_{con}-\sigma_l)A_p-\sigma_{l5}A_s$

　　(D) 先张法 $N_0=(\sigma_{con}-\sigma_l)A_0$，后张法 $N_0=(\sigma_{con}-\sigma_l)A_n$

12. 先张法预应力混凝土轴心受拉构件的开裂荷载 N_{cr} 为（　　），后张法为（　　）。

　　(A) $N_{cr}=(\sigma_{pcII}-f_{tk})A_0$　　　　　　(B) $N_{cr}=\sigma_{pcII}A_0$

　　(C) $N_{cr}=f_{tk}A_0$　　　　　　　　　　　(D) $N_{cr}=(\sigma_{pcII}+f_{tk})A_0$

13. 轴心受拉构件张拉预应力筋时，混凝土预压应力应符合 $\sigma_{cc}\leqslant 0.8f'_{ck}$，其中 σ_{cc} 等于（　　）。

　　(A) 先张法 $\sigma_{cc}=(\sigma_{con}-\sigma_l)A_p/A_0$，后张法 $\sigma_{cc}=(\sigma_{con}-\sigma_l)A_p/A_n$

　　(B) 先张法 $\sigma_{cc}=\sigma_{con}A_p/A_0$，后张法 $\sigma_{cc}=(\sigma_{con}-\sigma_l)A_p/A_0$

　　(C) 先张法 $\sigma_{cc}=(\sigma_{con}-\sigma_{l1})A_p/A_n$，后张法 $\sigma_{cc}=\sigma_{con}A_p/A_0$

　　(D) 先张法 $\sigma_{cc}=(\sigma_{con}-\sigma_{l1})A_p/A_0$，后张法 $\sigma_{cc}=\sigma_{con}A_p/A_n$

14. 后张法预应力混凝土构件端部锚固区局部承压验算时，局部受压面上作用的局部荷载或局部压力设计值 F_l 的取值为（　　）。

　　(A) $F_l=1.2(\sigma_{con}-\sigma_{l2})A_p$　　　　　(B) $F_l=(\sigma_{con}-\sigma_{l2})A_p$

　　(C) $F_l=\sigma_{con}A_p$　　　　　　　　　　(D) $F_l=1.2\sigma_{con}A_p$

15. 对一般要求不出现裂缝的预应力构件（　　）。

　　(A) $\sigma_{ck}-\sigma_{pcII}\leqslant 0$，$\sigma_{cq}-\sigma_{pcII}\leqslant 0$　　(B) $\sigma_{ck}-\sigma_{pcII}\leqslant f_{tk}$，$\sigma_{cq}-\sigma_{pcII}\leqslant 0$

　　(C) $\sigma_{ck}-\sigma_{pcII}\leqslant 0$，$\sigma_{cq}-\sigma_{pcII}\leqslant f_{tk}$　　(D) $\sigma_{ck}-\sigma_{pcII}>0$，$\sigma_{cq}-\sigma_{pcII}\leqslant 0$

16. 使用阶段裂缝控制等级为三级的预应力轴心受拉构件最大裂缝宽度的计算公式中,纵向钢筋的等效应力 σ_{sk} 的计算公式为（   ）。

(A) $\sigma_{sk} = (N_k - N_{p0})/(A_p + A_s)$ (B) $\sigma_{sk} = (N_k + N_{p0})/(A_p + A_s)$

(C) $\sigma_{sk} = (N_k - N_{p0})/A_p$ (D) $\sigma_{sk} = N_k/A_0$

9.4 计算题

预应力混凝土屋架下弦轴心受拉杆件设计。已知构件长 24m,截面尺寸为 $b \times h = 250\text{mm} \times 200\text{mm}$。混凝土强度等级为 C50;预应力筋采用 2 个低松弛高强的 3 束 $\Phi^s 1 \times 7$ 直线型钢绞线,公称直径 12.7mm,$f_{ptk} = 1720\text{N/mm}^2$;非预应力筋采用 HRB400,按构造要求配置 4Φ12（$A_s = 452\text{mm}^2$）。采用后张法,张拉控制应力 $\sigma_{con} = 0.75 f_{ptk}$,当混凝土强度达到规定设计强度后张拉预应力筋（一端张拉）,孔道直径为 55mm 的预埋金属波纹管,采用有预压时夹片式锚具。构件端部尺寸如图 9.39 所示。构件承受荷载:永久荷载标准值产生的轴心拉力 $N_{G_k} = 380\text{kN}$,可变荷载标准值产生的轴心拉力 $N_{Q_k} = 210\text{kN}$,可变荷载的准永久值系数为 0.5。可变荷载考虑结构设计年限的荷载调整系数 $\gamma_L = 1.0$,混凝土重度 $\gamma = 25\text{kN/m}^3$。一类环境,混凝土保护层为 20mm。裂缝控制等级为二级。结构重要性系数 $\gamma_0 = 1.1$。要求进行屋架下弦杆的使用阶段承载力计算、裂缝控制验算以及施工阶段制作时应力验算。

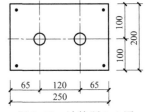

图 9.39　计算题 9.4 图

装配式混凝土结构设计 第 10 章

本章提要
1. 了解装配式建筑发展史,装配式混凝土结构的优缺点。
2. 理解装配整体式混凝土结构设计采用等同原理和材料强度要求。
3. 掌握装配式结构拆分原则、构件及连接设计、预埋件设计。

10.1 概述

装配式混凝土结构是由预制混凝土构件或部件装配、连接而成的混凝土结构(简称 PC 建筑,为英语 Precast Concrete 的缩写),是将"结构系统、外围护系统、内装系统、设备与管线系统的主要部分采用预制构件或部件集成的建筑"。装配式建筑将工地作业为主的建造方式变为工厂制造为主,是建筑产业现代化的重要内容,是建筑走向工业化、信息化和智能化的前提条件。装配式建筑不仅可以实现钢筋混凝土结构体系的工厂化生产,还会带动围护、保温、门窗、装饰、厨房、卫浴等环节的工厂化和集成化,从根本上改变现浇的建筑作业方式,具有提升质量、节约资源、保护环境、改善劳动、缩短工期等优点。

10.1.1 装配式建筑的历史沿革

装配式建筑并不是新概念新事物,早在史前时期,人类还是游动的采集—狩猎者时,没有固定居所,主要是树枝、树叶、兽皮搭建的巢居建筑,为最早的装配式建筑的雏形。美洲印第安采集—狩猎者的帐篷,采用树枝和芭蕉叶搭建,如图 10.1 所示。考古学家发现西伯利亚狩猎者用猛犸象骨搭建的房屋,如图 10.2 所示。

图 10.1 美洲印第安采集狩猎者树干兽皮帐篷

图 10.2 西伯利亚狩猎者用猛犸象骨搭建的房屋

第10章 装配式混凝土结构设计

古代装配式建筑是指人类进入农业时代开始定居到19世纪现代建筑问世这段时间的建筑。人类进入农业时代，出现了石头、木材、泥砖和茅草建筑的房子，也出现了神庙、宫殿、坟墓等大型建筑。庙宇、宫殿大都是装配式建筑，包括石材装配式建筑和木材装配式建筑。如古埃及阿斯旺菲莱神庙、古希腊雅典帕特农神庙、美洲古玛雅的石头结构柱式建筑，如图10.3～图10.5所示；中世纪用石头和彩色玻璃建造的科隆哥特式大教堂，如图10.6所示；唐代五台山佛光寺东大殿为中国最早的木结构装配式建筑，如图10.7所示。其共性是在加工工场把石头构件凿好，或把木头柱、梁、斗拱等构件制作好，再运到现场，以可靠的方式连接安装而成。

图10.3 古埃及阿斯旺菲莱神庙

图10.4 古希腊雅典帕特农神庙——石材柱式装配式建筑

图10.5 美洲古玛雅
——石材装配式建筑

图10.6 科隆的哥特式大教堂
——石材柱式装配式建筑

图10.7 五台山唐代庙宇
——木结构装配式建筑

19世纪，进入现代装配式建筑时代。世界上第一座大型现代装配式建筑是1851年伦敦博览会主展览馆——水晶宫，如图10.8所示。设计者为约瑟夫·帕克斯顿。"水晶宫"总面积为7.4m×104m；建筑物总长度为563m，宽度为124.4m，共有5跨，以2.44m为一单位。其外形为一简单的阶梯形长方体，并有一个垂直的拱顶，各面只显出铁架与玻璃，没有任何多余的装饰，完全体现了工业生产的机械特色。在整座建筑中，只用了铁、木、玻璃三种材料，施工从1850年8月开始，到1851年5月1日结束，总共花了不到9个月时间便全部装配完毕。水晶宫的出现曾轰动一时，人们惊奇地认为这是建筑工程的奇迹。博览会结束后，水晶宫被移至异地重新装配，1936年毁于大火。

1896年，美国著名建筑师芝加哥学派代表人物沙利文设计的圣路易斯温莱特大厦，如图10.9所示，是铁骨架结构加上石材、玻璃表皮的装配式建筑。这座装配式高层建筑是美国摩天大楼的里程碑。

1931 年建造的 102 层纽约帝国大厦，如图 10.10 所示，高 381m，由钢结构石材幕墙建造，由于采用了装配式工艺，全部工期仅 410 天，平均 4 天一层楼，这在当时堪称奇迹。

图 10.8　水晶宫

图 10.9　美国温莱特大厦

图 10.10　纽约帝国大厦

1964 年建成的费城社会岭公寓，是美国最早的装配式混凝土高层住宅之一，由贝聿铭设计，如图 10.11 所示。1973 年建造的普林斯顿大学学生宿舍是贝聿铭的另一个装配式混凝土建筑作品，为 4 层建筑，共 8 栋，全部构件均为预制。墙板最长 12m，重 1.78t。墙板与墙板、墙板与楼板之间用螺栓连接。该学生宿舍是美国最早的全装配式钢筋混凝土建筑，因采用装配式混凝土，成本降低约 30%，还大大缩短了工期，建筑风格也颇有特色，如图 10.12 所示。

图 10.11　费城社会岭公寓

图 10.12　普林斯顿大学学生宿舍

20 世纪最伟大的悉尼歌剧院，由约翰·伍重设计的曲面造型以当时的技术靠现浇很难实现，后采用了装配式才解决了施工难题。曲面薄壳采用装配式叠合板；外围护墙体是装饰一体化外挂墙板，如图 10.13 所示。同样，世界著名建筑大师伯纳德·屈米设计的辛辛那提大学体育馆中心，如图 10.14 所示，建筑表皮是预制钢筋混凝土镂空曲面板。

1992 年，建筑师威廉姆·布鲁德设计的凤凰城图书馆，如图 10.15 所示，为非常著名的建筑，采用全装配式柱梁结构，预制柱采用螺栓连接。

208m 高的日本大阪北浜大厦是世界上最高的装配式混凝土住宅，采用套筒灌浆连接技术。

图 10.13　悉尼歌剧院　　　图 10.14　辛辛那提大学体育馆中心　　　图 10.15　凤凰城图书馆

10.1.2　我国装配式建筑的历史沿革

我国装配式建筑由来已久。1950—1975 年为发展初期，装配式主要用于工业厂房建筑，如排架柱、吊车梁、大型屋面板、预制杯形基础等构件；民用建筑如预制空心板、过梁或楼梯等构件。1976—1995 年为发展起伏期，经历了装配式建筑的停滞、发展、再停滞的起伏波动。这一时期主要因装配式建筑的防水、隔声等一系列技术质量问题逐渐暴露，加之现浇体系的推广与发展，装配式建筑的发展一度遇冷。1996—2015 年发展提升期，大力推行产业化住宅建筑，主要是装配大板体系发展。2016 年开始进入大发展时期，装配式建筑是绿色建筑发展的必然，是建筑行业发展的新趋势，也正是在低迷的现浇建筑市场行情下，建筑企业转型以及重新占领市场并提高自身竞争力的新起点。国办发［2016］71 号《国务院办公厅关于大力发展装配式建筑的指导意见》中明确提出到 2020 年，全国装配式建筑占新建建筑的比例达到 15%以上，其中重点推进地区达到 20%以上，积极推进地区达到 15%以上，鼓励推进地区达到 10%以上的工作目标。

如图 10.16 所示，万科云城一期位于深圳市留仙洞战略型新兴产业总部基地，是集公寓、产业用房、商业及公共配套活动广场等为一体的城市综合体工程，也是深圳首个大规模建设的装配式高层办公建筑群。项目采用内浇外挂体系，所有建筑外墙采用预制外墙构件，楼梯采用预制楼梯，主体结构采用铝模现浇，室内隔墙采用轻质混凝土条板，并采用自升式爬架等装配式施工技术，预制率约为 17%，装配率约 60%。

图 10.16　万科云城一期

10.1.3　装配式混凝土结构优缺点

装配式建筑与现浇建筑相比，在施工过程可控、高效、低耗、节能环保及缩短工期、有利于冬期施工等方面具有较大优势，见表 10.1。

其他具体优点还有：

1）现场施工时取消了外架，取消了室内外墙体抹灰工序，钢筋由工厂统一配送，楼板底模取消，墙体塑料模板取代传统木模板，现场建筑垃圾可大幅减少，如图 10.17、图 10.18 所示。

表 10.1 装配式建筑与现浇建筑比较

施工过程可控	高效、工期缩短	低耗、节能环保
装配式建筑实现了建筑全流程完全可控,防止工程延期	• 主体工程 　装配式建筑:5 天一层 　现浇建筑:最快 5 天一层,进度难控制。受天气影响大,手工作业,安全度低,品质难保障 • 内外装修 　装配式建筑:主体完工后再加两个半月 　现浇建筑:至少需 3~5 个月 • 景观与外场管线 　装配式建筑:完成±0 以下部分即可进场施工 　现浇建筑:主体完成后进场施工 • 水电安装 　装配式建筑:与主体及装修同步 　现浇建筑:主体完成后进场施工 • 总工期 　装配式建筑:最快 10 个月 　现浇建筑:24~30 个月	• 能耗[kg(标准煤)/m^2] 　装配式建筑:15.0 　现浇建筑:19.11 • 水耗(m^3/m^2) 　装配式建筑:0.53 　现浇建筑:1.43 • 木模板量(m^3/m^2) 　装配式建筑:0.002 　现浇建筑:0.015 • 垃圾排放(m^3/m^2) 　装配式建筑:0.002 　现浇建筑:0.022

2) PC 构件在工厂预制,构件运输至施工现场后通过大型起重机械吊装就位。操作工人只需进行扶板就位、临时固定等工作,大幅降低操作工人劳动强度。

3) 门窗洞预留尺寸在工厂已完成,尺寸偏差完全可控。室内门需预留的木砖、混凝土试块在工厂已完成,定位精确,现场安装简单,安装质量易保证,如图 10.19、图 10.20 所示。

图 10.17 装配式建筑施工现场

图 10.18 现浇建筑施工现场

图 10.19 装配式构件

图 10.20 现浇构件

4)保温板夹在两层混凝土板之间,且每块墙板之间有防火分隔,可以达到系统防火A级,避免大面积火灾隐患,且保温效果好,保温层耐久性好。外墙为混凝土结构,防水抗渗效果好,如图10.21、图10.22所示。

图10.21 保温一体化装配式构件

图10.22 外墙保温易燃

5)取消了内外粉刷,墙面均为混凝土墙面,有效避免开裂、空鼓、裂缝等墙体质量通病,同时平整度良好,可预先涂刷涂料或施工外饰面层或采用艺术混凝土作为饰面层,避免外饰面施工过程中的交叉污损风险,如图10.23、图10.24所示。

图10.23 装配式建筑外立面平整

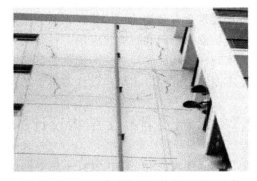

图10.24 现浇建筑外立面易出现裂缝通病

6)装配式构件的制作在冬季不会受到较大影响,相比现浇构件在冬期施工成本要低得多。

装配式建筑是建筑工业化的趋势,目前阻碍装配式建筑发展的问题:一是成本高,投资巨大,存在较大风险;二是装配化要求一定的建设规模和建筑体量,否则厂房设备摊销成本过高,运营难以维持;三是装配式适合简单规则的建筑,与建筑的个性化和复杂化存在冲突。

10.1.4 我国装配式混凝土结构设计

装配式混凝土结构又分为装配整体式混凝土结构和全装配混凝土结构两种类型。装配整体式混凝土结构指由预制混凝土构件通过可靠的方式进行连接并与现场后浇混凝土、水泥基灌浆料形成整体的装配式混凝土结构,简言之,以"湿连接"为主要方式,该类结构具有较好的整体性和抗震性。全装配混凝土结构指预制混凝土构件靠干法连接(如螺栓连接、焊接等)形成整体性。这些定义给出了装配式混凝土结构的两个核心特征:**预制混凝土构**

件和可靠连接方式。这使装配式建筑具有自身的结构特点，绝不仅仅是按现浇混凝土结构设计完成后，进行延伸与深化；也绝不仅仅是结构拆分与预制构件的设计。因此，装配式建筑结构构件设计的主要内容有：

1) 独立预制构件的设计，如楼梯板、阳台板、遮阳板等构件。
2) 含建筑、结构、保温、装饰一体化的预制构件的设计，如夹芯保温板结构设计时，还包含有保温层、窗框、装饰面层、避雷引下线等设计。
3) 进行拆分后的预制构件的设计，含建筑、装饰、水暖电等专业需要在预制构件中埋设的管线、预埋件、预留沟槽，以及在制作、施工环节需要的预埋件等。
4) 对预制构件制作、脱模、翻转、存放、运输、吊装、临时支撑等各环节的结构复核及设计构造等内容。

我国装配式混凝土结构体系目前主要有装配整体式框架结构、装配整体式框架-现浇剪力墙结构、装配整体式剪力墙结构、装配整体式部分框支剪力墙结构。

目前我国发布了一系列装配式混凝土结构的规范、标准，有《装配式混凝土建筑技术标准》(GB/T 51231—2016)、《装配式混凝土结构技术规程》(JGJ 1—2014)、《装配式混凝土结构建筑实施指南》、《装配式建筑评价标准》(GB/T 51129—2017)。《装配式混凝土建筑技术标准》(GB/T 51231—2016) 明确提出我国装配式混凝土建筑的建设，要按照适用、经济、安全、绿色、美观的要求，全面提高装配式混凝土建筑的环境效益、社会效益和经济效益，并遵循建筑全寿命期的可持续性原则，做到标准化设计、工厂化生产、装配化施工、一体化装修、信息化管理和智能化应用，将结构系统、外围护系统、设备与管线系统、内装系统集成，实现建筑功能完整、性能优良的目标。

本章装配式混凝土结构设计着重于结构拆分、连接设计、预埋件设计等内容。

10.2 装配式混凝土结构设计的基本原理

装配整体式混凝土结构设计采用等同原理，主要通过采用可靠的连接技术和必要的结构与构造措施，使装配式混凝土结构与现浇混凝土结构的效能基本等同，故两者设计原理相同，主要差异是工厂制作或是现场制作对制作、构造、运输等要求的不同。要实现等同效能，结构构件的连接方式是最重要最根本的保障。

装配式混凝土结构与现浇混凝土结构一样，都采用极限状态设计方法，其作用效应分析仍可采用弹性方法。极限状态设计方法以概率理论为基础，分为承载能力极限状态和正常使用极限状态两类。在进行强度、失稳等承载能力设计时，采用承载能力极限设计方法；在进行挠度等设计时，采用正常使用极限状态。

装配式结构和构件，包括连接件、预埋件、拉结件等，出现下列状态之一时，就认为超过承载能力极限状态：

1) 因超过材料强度而破坏，如构件断裂、出现严重的穿透性裂缝等。
2) 由疲劳导致的强度破坏。
3) 变形过度而不能继续使用。
4) 丧失稳定。
5) 变成变动机动体系。

构件的装饰性，出现下列状态之一时，就认为超过正常使用极限状态：

1) 出现影响正常使用的变形，如挠度超过规定的限值。
2) 局部破坏，如表面裂缝或局部裂缝等。

荷载作用及作用组合，装配式建筑与现浇建筑不同之处是混凝土构件在工厂预制，预制构件在脱模、吊装等环节承受的荷载与现浇混凝土结构有所不同。《装配式混凝土结构技术规程》(JGJ 1—2014) 规定预制构件在翻转、运输、吊运、安装等短暂设计状况下的施工验算，应将构件自重标准值乘以动力系数后作为等效静力荷载标准值。构件运输、吊运时，动力系数宜取 1.5；构件翻转及安装过程中就位、临时固定时，动力系数可取 1.2。

材料强度要求，预制构件的混凝土强度等级不宜低于 C30；预应力混凝土预制构件的混凝土强度等级不宜低于 C40，且不应低于 C30；现浇混凝土的强度等级不应低于 C25。普通钢筋采用套筒灌浆连接和浆锚搭接连接时，钢筋应采用热轧带肋钢筋。预制构件的吊环应采用未经冷加工的 HPB300 级钢筋制作。预制构件节点及接缝处后浇混凝土强度等级不应低于预制构件的混凝土强度等级。用于钢筋浆锚搭接连接的镀锌金属波纹管钢带厚度不宜小于 0.3mm，波纹高度不应小于 2.5mm。

10.3 构件及连接设计

10.3.1 预制构件设计

预制构件的设计应满足集成化设计的思想，并符合下列规定：

1) 预制构件的设计应满足标准化的要求，宜采用建筑信息化模型（BIM）技术进行一体化设计，确保预制构件的钢筋与预留洞口、预埋件等相协调，简化预制构件连接节点施工。
2) 预制构件的形状、尺寸、重量等应满足制作、运输、安装各环节的要求。
3) 预制构件的配筋设计应便于工厂化生产和现场连接。

10.3.2 连接设计

结构连接方式，对装配式结构而言，"可靠连接方式"是第一重要的，是结构安全的最基本保障。装配式混凝土结构连接方式包括：套筒灌浆连接、浆锚搭接连接、后浇混凝土连接（后浇混凝土的钢筋连接方式有搭接、焊接、套筒注胶连接、套筒机械连接、软索与钢筋销连接等）、预制混凝土构件与后浇混凝土接触面的粗糙面和键销构造、螺栓连接、焊接连接。

1. 接缝承载力

装配整体式结构中的接缝主要指预制构件之间的接缝及预制构件与现浇及后浇混凝土之间的结合面，包括梁端接缝、柱顶底接缝、剪力墙的竖向接缝和水平接缝等。装配整体式结构中，接缝是影响结构受力性能的关键部位。

接缝的压力通过后浇混凝土、灌浆料或坐浆材料直接传递。拉力通过由各种方式连接的钢筋、预埋件传递。剪力由结合面混凝土、键槽或者粗糙面及钢筋的摩擦抗剪与销栓抗剪共同承担；因接缝处于压弯状态，静力摩擦也可承担一部分剪力。

预制构件连接接缝一般采用强度等级高于构件的后浇混凝土、灌浆料或坐浆材料。当穿过接缝的钢筋不少于构件内钢筋并且构造符合规定时，节点及接缝的正截面受压、受拉及受弯承载力一般不低于构件，可不必进行承载力验算。当需要计算时，可按照混凝土构件正截面的计算方法进行，混凝土强度取接缝及构件混凝土材料强度的较低值，钢筋取穿过正截面且有可靠锚固的钢筋数量。

后浇混凝土、灌浆料或坐浆材料与预制构件结合面的黏结抗剪强度往往低于预制构件本身混凝土的抗剪强度。因此，预制构件的接缝一般都需要进行受剪承载力的计算。持久设计状况下

$$\gamma_0 V_{jd} \leq V_u \tag{10.1}$$

式中 γ_0——结构重要性系数，安全等级为一级时不应小于 1.1，安全等级为二级时不应小于 1.0；

V_{jd}——持久设计状况下接缝剪力设计值；

V_u——持久设计状况下梁端、柱端、剪力墙底部接缝受剪承载力设计值。

2. 套筒灌浆连接

套筒灌浆连接是装配整体式结构最主要最成熟的连接方式，1970 年美国发明套筒灌浆技术，至今已经有 40 多年的历史。套筒灌浆连接技术最初在美国夏威夷一座 38 层建筑中运用，而后在欧美和亚洲得到广泛应用，目前在日本应用最多，用于很多超高层建筑，最高建筑高度超过 200m，并经过多次大地震的考验。

套筒工作原理是：将需要连接的带肋钢筋插入金属套筒内"对接"，在套筒内注入高强早强且有微膨胀特性的灌浆料，灌浆料在套筒筒壁与钢筋之间形成较大的正向应力，在带肋钢筋的粗糙表面产生较大的摩擦力，由此传递钢筋的轴向力。

套筒灌浆连接的承载力等同于钢筋或高一些，即使破坏，也是在套筒连接之外的钢筋破坏，而不是套筒区域破坏。所以结构设计对套筒灌浆节点不需要进行结构计算，主要是选择合适的套筒灌浆材料。

纵向钢筋采用套筒灌浆连接时，要求：

1）接头应满足 I 级接头的性能要求。

2）预制剪力墙中钢筋接头处套筒外侧钢筋的混凝土保护层厚度不应小于 15mm，预制柱中钢筋接头处套筒外侧箍筋的混凝土保护层厚度不应小于 20mm。

3）套筒之间的净距不应小于 25mm。

3. 浆锚连接

浆锚连接的工作原理是：将需要连接的带肋钢筋插入预制构件的预留孔道里，预留孔道内壁是螺旋形的；钢筋插入孔道后，在孔道内注入高强早强且有微膨胀特性的灌浆料，以锚固插入钢筋；在孔道旁边，是预埋在构件中的受力钢筋，插入孔道的钢筋与之"搭接"，这种情况属于有距离搭接。浆锚搭接有两种方式，一是两根搭接的钢筋外圈有螺旋钢筋，它们共同被螺旋钢筋所约束；二是浆锚孔用金属波纹管。

浆锚搭接灌浆料为水泥基灌浆料，其强度低于套筒灌浆连接。因此浆锚搭接由螺旋钢筋形成的约束力低于金属套筒的约束力，即使采用过高的灌浆料也属功能过剩。因此行业规范对浆锚搭接方式给予了审慎的认可。规定纵向钢筋采用浆锚搭接连接时，对预留孔成孔工艺、孔道形状和长度、构造要求、灌浆料和被连接钢筋，应进行力学性能及适用性的试验验

证。直径大于 20mm 的钢筋不宜采用浆锚搭接连接，直接承受动力荷载的构件的纵向钢筋不应采用浆锚搭接连接。预制框架柱的纵向钢筋连接只适用于房屋高度不大于 12m 或层数不超过 3 层的建筑。

浆锚连接方式最大的优势是成本低于套筒灌浆连接方式，但能否抵抗大地震的考验还需进一步通过试验验证，这里的试验验证是指经过相关部门组织的专家论证或鉴定后方可使用。

4. 后浇混凝土连接

后浇混凝土是指预制构件安装后在预制构件连接区域叠合层现场浇筑的混凝土。装配式建筑要求：

1）地下室宜采用现浇混凝土。
2）剪力墙结构底部加强部位的剪力墙宜采用现浇混凝土。
3）框架结构首层柱宜采用现浇混凝土，顶层宜采用现浇楼盖结构。

后浇混凝土是装配整体式混凝土结构非常重要的连接方式。到目前为止，世界上所有装配整体式混凝土结构，都有后浇混凝土。后浇混凝土的应用范围包括柱子连接，柱、梁连接，梁连接，剪力墙边缘构件，剪力墙横向连接，叠合楼板，叠合梁，以及其他如阳台板、挑檐板等叠合构件。

后浇混凝土钢筋连接是节点连接的重要环节，其钢筋连接方式包括机械套筒连接、注胶套筒连接、钢筋搭接、钢筋焊接等。对后浇混凝土区的钢筋锚固要求：预制构件纵向钢筋宜在后浇混凝土内直线锚固；当直线锚固长度不足时，可采用弯折、机械锚固方式。

5. 预制混凝土构件与后浇混凝土接触面的粗糙面、键槽构造

预制混凝土构件与后浇混凝土的接触面应做成粗糙面或键销面，以提高抗剪能力。试验表明，不计钢筋作用的平面、粗糙面及键销面，其混凝土抗剪能力的比例关系是 1∶1.6∶3，也就是说，粗糙面抗剪能力是平面的 1.6 倍，键销面是平面的 3 倍。因此，预制混凝土构件与后浇混凝土、灌浆料、坐浆材料的结合面应设置粗糙面、键槽，并应符合下列规定：

1）预制板与后浇混凝土叠合层之间的结合面应设置粗糙面。
2）预制梁与后浇混凝土叠合层之间的结合面应设置粗糙面。预制梁端面应设置键槽，如图 10.25 所示，且宜设置粗糙面。键槽的深度 t 不宜小于 30mm，宽度 w 不宜小于深度的 3 倍且不宜大于深度的 10 倍；键槽可贯通截面，当不贯通时槽口距离截面边缘不宜小于 50mm；键槽间距宜等于键槽宽度；键槽端部斜面倾角不宜大于 30°。
3）预制剪力墙的顶部和底部与后浇混凝土的结合面应设置粗糙面。侧面与后浇混凝土的结合面应设置粗糙面，也可设置键槽。键槽深度 t 不宜小于 20mm，宽度 w 不宜小于深度的 3 倍且不宜大于深度的 10 倍，键槽间距宜等于键槽宽度，键槽端部斜面倾角不宜大于 30°。
4）预制柱的底部应设置键槽且宜设置粗糙面，键槽应均匀布置，键槽深度不宜小于 30mm，键槽端部斜面倾角不宜大于 30°。柱顶应设置粗糙面。
5）粗糙面的面积不宜小于结合面的 80%，预制板的粗糙面凹凸深度不应小于 4mm，预制梁端、预制柱端、预制墙端的粗糙面凹凸深度不应小于 6mm。

6. 螺栓连接

螺栓连接是用螺栓和预埋件将预制构件与预制构件或预制构件与主体结构进行连接，属

"干连接"。在装配整体式混凝土结构中,螺栓连接仅用于外挂墙板和楼梯等非主体结构构件的连接。在全装配式混凝土结构中,螺栓连接为主要方式,可以连接主体结构,适用于非抗震设计或低抗震设防烈度设计的低层或多层建筑。

组成螺栓连接节点的部件包括预埋件、预埋螺栓、预埋螺母、连接件和连接螺栓等,节点设计须用其中的部件组合成连接节点。螺栓连接节点设计首先需要根据结构设计对节点的要求,确定节点的类型。节点类型包括刚结点和铰结点。铰结点允许设计转动位移的方式,滑动铰结点允许设计滑动位移的方式。对柔性节点还需进行变形验算。

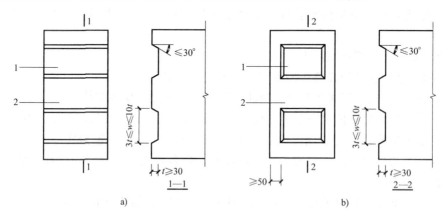

图 10.25 梁端键槽构造示意
a) 键槽贯通截面　b) 键槽不贯通截面
1—键槽　2—梁端面

7. 焊接连接

焊接连接方式是预制混凝土构件中预埋钢板,构件之间如钢结构一样用焊接方式连接。与螺栓连接一样,焊接方式在装配整体式混凝土结构中仅用于非结构构件的连接;在全装配式混凝土结构中,可用于结构构件的连接。

焊接连接在混凝土结构建筑中用得比较少,在钢结构中用得较多。

10.4　结构拆分设计

1. 拆分原则

装配整体式结构拆分是设计的关键环节。拆分基于多方面因素:建筑功能性和艺术性、结构合理性、制作运输安装环节的可行性和便利性等。拆分不仅是技术工作,也包含对约束条件的调查和经济分析。拆分应由建筑、结构、预算、工厂、运输和安装各个环节技术人员协作完成。

建筑外立面以外部位结构的拆分,主要从结构合理性、实现的可能性和成本因素考虑,主要工作包括:

1) 确定现浇与预制的范围、边界。
2) 确定结构构件在哪个部位拆分。
3) 确定后浇区与预制构件之间的关系,包括相关预制构件的关系。如确定楼盖为叠合板，由于叠合板钢筋需要伸至支座中锚固，支座梁相应也必须有叠合层。

4）确定构件之间的拆分位置，如柱、梁、墙、板构件的分缝处。

2. 从结构角度考虑拆分原则

1）结构拆分应考虑结构的合理性。如四边支承的叠合楼板，板块拆分的方向应垂直于长边。

2）构件接缝选在应力小的部位。

3）套筒连接节点应避开塑性铰位置，即柱、梁结构一层柱脚、最顶层柱顶、梁端距离梁高范围长度内和受拉边柱，这些部位不应设计套筒连接部位。

4）尽可能统一和减少构件规格。

5）应当与相邻的相关构件拆分协调一致，如叠合板的拆分与支座梁的拆分需协调一致。

3. 制作、运输、安装条件对拆分的限制

从安装效率和便利性考虑，构件越大越好，但必须考虑工厂起重机能力、模台或生产线尺寸、运输限高限宽约束、道路路况限制、施工现场塔式起重机能力限制等。

（1）重量限制　工厂起重机起重能力一般为 12~25t；塔式起重机起重能力一般为 10t；运输车辆限重一般为 20~30t。此外，需了解工厂到现场的道路、桥梁的限重要求等。数量不多的大吨位 PC 构件可以考虑大型汽车式起重机，但汽车式起重机的起吊高度受到限制。

（2）尺寸限制　运输超宽限制为 2.2~2.45m；运输超高限制为 4m，车体高度为 1.2m，构件高度在 2.8m 以内；有专业运输 PC 板的低车体车辆，构件高度可以达到 3.5m。运输长度依据车辆不同，最长不超过 15m。还需要调查道路转弯半径、途中隧道或过道电线通信线路的限高等。

（3）形状限制　线形构件和平面构件比较容易制作和运输，立体构件制作和运输都会麻烦一些。

10.5　预埋件设计

装配式建筑预埋件包括使用阶段用的预埋件和制作、安装阶段用的预埋件。其类型有预埋钢板、附带螺栓的预埋钢板、预埋螺栓、内埋式金属螺母、内埋式塑料螺母等。使用阶段用的预埋件包括安装预埋件、装饰装修和机电安装需要的预埋件等，因有耐久性要求，应与建筑物同寿命。制作、安装阶段用的预埋件包括脱模、翻转、吊装、支撑等预埋件，没有耐久性要求。

预埋钢板又称锚板，焊接在锚板上的锚固钢筋又称锚筋。受力预埋件的锚板宜采用 Q235 级、Q345 级，锚板厚度应根据受力情况计算确定，且不宜小于锚筋直径的 60%；受拉和受弯预埋件的锚板厚度应大于 $b/8$（b 为锚筋的间距）。受力预埋件的锚筋应采用 HRB400 或 HPB300 级钢筋，不应采用冷加工钢筋。

锚板与锚筋的焊接，直锚筋与锚板应采用 T 形焊接，当锚筋直径不大于 20mm 时宜采用压力埋弧焊；当锚筋直径大于 20mm 时应采用穿孔塞焊。当采用手工焊时，焊缝高度不宜小于 6mm，且对 300MPa 级钢筋不宜小于 $0.5d$，对其他钢筋不宜小于 $0.6d$（d 为锚筋的直径）。

10.5.1 预埋件设计

1. 直锚筋预埋件锚筋总面积

由锚板和对称配置的直锚筋组成的受力预埋件，如图 10.26 所示，其锚筋的总截面面积 A_s 应符合下列规定：

1) 当有剪力、法向拉力和弯矩共同作用时，应按式（10.2）、式（10.3）计算，并取其中的较大值。

$$A_s \geqslant \frac{V}{a_r a_b f_y} + \frac{N}{0.8 a_b f_y} + \frac{M}{1.3 a_r a_b f_y z} \quad (10.2)$$

$$A_s \geqslant \frac{N}{0.8 a_b f_y} + \frac{M}{0.4 a_r a_b f_y z} \quad (10.3)$$

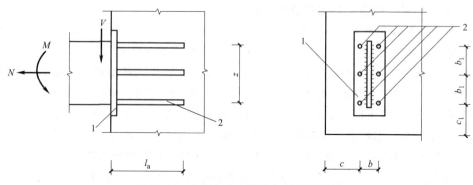

图 10.26 由锚板和直锚筋组成的预埋件
1—锚板 2—直锚筋

2) 当有剪力、法向压力和弯矩共同作用时，应按式（10.4）、式（10.5）计算，并取其中的较大值

$$A_s \geqslant \frac{V - 0.3N}{a_r a_b f_y} + \frac{M - 0.4Nz}{1.3 a_r a_b f_y z} \quad (10.4)$$

$$A_s \geqslant \frac{M - 0.4Nz}{0.4 a_r a_b f_y z} \quad (10.5)$$

当 $M < 0.4Nz$ 时，取 $M = 0.4Nz$。

上述公式中的系数 a_v、a_b 应按下列公式计算

$$a_v = (4.0 - 0.08d)\sqrt{\frac{f_c}{f_y}} \quad (10.6)$$

$$a_b = 0.6 + 0.25\frac{t}{d} \quad (10.7)$$

式中 f_y——锚板的抗拉强度设计值，按附录取用，但不应大于 300N/mm^2；

V、M——剪力、弯矩设计值；

N——法向拉力或法向压力设计值，法向压力设计值不应大于 $0.5 f_c A$，此时 A 为锚板面积；

a_r——锚筋层数的影响系数（当锚筋按间距布置时，两层取 1.0；三层取 0.9；四层

取 0.85);

a_v——锚筋的受剪承载力系数当 $a_v>0.7$ 时,取 $a_v=0.7$;

a_b——锚板的弯曲变形折减系数,当采取防止锚板弯曲变形的措施时,可取 $a_b=1.0$;

d——锚筋直径;

t——锚板厚度;

z——沿剪力作用方向最外层锚筋中心线之间的距离。

2. 弯折锚筋与直锚筋预埋件总面积

由锚板和对称配置的弯折锚筋及直锚筋共同承受剪力的预埋件,如图 10.27 所示,其弯折锚筋的截面面积 A_{sb} 应符合下列规定

$$A_{sb} \geq 1.4\frac{V}{f_y} - 1.25 a_v A_s \quad (10.8)$$

当直锚筋按构造要求配置时,$A_s=0$。

注意:弯折锚筋与钢板之间的夹角不宜小于 15°,也不宜大于 45°。

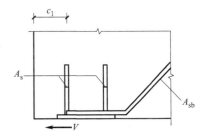

图 10.27 由锚板和弯折锚筋及直锚筋组成的预埋件

3. 受拉直锚筋和弯折锚筋的锚固长度

预埋件、预埋螺栓的受拉直锚筋和弯折锚筋按照受拉钢筋的锚固长度计算

基本锚固长度 $$l_{ab} = \alpha \frac{f_y}{f_c} d \quad (10.9)$$

受拉钢筋锚固长度 $$l_a = \xi_a l_{ab} 且 \geq 200mm \quad (10.10)$$

式中 α——锚固钢筋外形系数,光圆钢筋取 0.16,带肋钢筋取 0.14;

ξ_a——锚固长度修正系数(锚筋保护层厚度为 $3d$ 时,取 0.8;为 $5d$ 时,取 0.7;中间可按线性内插取值,但不能小于 0.6)。

4. 锚筋布置

1) 预埋件锚筋中心至锚板边缘的距离不应小于 $2d$ 和 20mm。

2) 预埋件的位置应使锚筋位于构件外层主筋的内侧。

3) 预埋件的受力直锚筋直径不宜小于 8mm,且不宜大于 25mm。直锚筋数量不宜少于 4 根,且不宜多于 4 排;受剪预埋件的直锚筋可采用 2 根。

4) 对受拉和受弯预埋件,其锚筋的间距 b、b_1 和锚筋至构件边缘的距离 c、c_1,均不应小于 $3d$ 和 45mm。

5) 对受剪预埋件,其锚筋的间距 b 及 b_1 不应大于 300mm,且 b_1 不应小于 $6d$ 和 70mm;锚筋至构件边缘的距离 c_1 不应小于 $6d$ 和 70mm,b、c 均不应小于 $3d$ 和 45mm。

6) 受拉直锚筋和弯折锚筋的锚固长度不应小于式(10.10)规定;当锚筋采用 HPB300 级钢筋时末端还应有弯钩。当无法满足锚固长度的要求时,应采取其他有效的锚固措施。

10.5.2 其他预埋件的设计

包括附带螺栓的预埋件、内埋式螺母设计、内埋式螺栓设计三种形式。

附带螺栓的预埋件,有两种组合方式。第一种是在锚板表面焊接螺栓;第二种是螺栓从钢板内侧穿出,在内侧与钢板焊接。

内埋式螺母设计，对装配式构件而言确实有优点，制作时模具不用穿孔，运输、堆放、安装过程不会挂碰；且因内埋式螺母由专业厂家制作，其在混凝土中的锚固可靠性由试验确定，不会出现螺母被拔出或周围混凝土破坏的情况，是《混凝土结构设计规范》建议采用的形式。因混凝土收缩或温度变化快，在螺母附近形成应力集中，导致构件脱模时可能在螺母周围出现裂缝，因此在内埋式螺母附近增加构造钢筋或钢丝网以预防这种情况。

内埋式螺栓设计，是指预埋在混凝土内的螺栓，或直接埋设满足锚固长度要求的长镀锌螺杆，或在螺栓端部焊接锚固钢筋。装配式建筑用的螺栓包括楼梯和外挂墙安装用的螺栓，宜选用高强度螺栓或不锈钢螺栓。内埋式螺栓的锚固长度，受剪和受压螺栓的锚固长度不应小于 $15d$，d 为锚筋的直径。

小 结

装配式建筑发展将成为未来建筑的主导模式，其结构设计采用等同原理，即达到与现浇混凝土结构的效能基本等同。两类结构主要差异是工厂制作或是现场浇筑，因此对制作、构造、运输等要求不同。装配式混凝土结构设计应着重于结构拆分、连接设计、预埋件设计等内容。

思 考 题

1. 什么是装配式混凝土结构？简述其优缺点。
2. 装配式混凝土的核心特征是什么？装配式建筑结构构件设计的主要内容是哪些？
3. 装配式混凝土结构的连接方式有哪些？
4. 装配整体式结构拆分设计中，从结构角度应如何考虑？

附 录

附录1 《混凝土结构设计规范》规定的材料力学指标

附表1.1 混凝土强度标准值 （单位：N/mm²）

强度	混凝土强度等级												
	C20	C25	C30	C35	C40	C45	C50	C55	C60	C65	C70	C75	C80
f_{ck}	13.4	16.7	20.1	23.4	26.8	29.6	32.4	35.5	38.5	41.5	44.5	47.4	50.2
f_{tk}	1.54	1.78	2.01	2.20	2.39	2.51	2.64	2.74	2.85	2.93	2.99	3.05	3.11

附表1.2 混凝土强度设计值 （单位：N/mm²）

强度	混凝土强度等级												
	C20	C25	C30	C35	C40	C45	C50	C55	C60	C65	C70	C75	C80
f_c	9.6	11.9	14.3	16.7	19.1	21.1	23.1	25.3	27.5	29.7	31.8	33.8	35.9
f_t	1.10	1.27	1.43	1.57	1.71	1.80	1.89	1.96	2.04	2.09	2.14	2.18	2.22

附表1.3 混凝土的弹性模量 （单位：10⁴ N/mm²）

混凝土强度等级	C20	C25	C30	C35	C40	C45	C50	C55	C60	C65	C70	C75	C80
E_c	2.55	2.80	3.00	3.15	3.25	3.35	3.45	3.55	3.60	3.65	3.70	3.75	3.80

注：1. 当有可靠试验依据时，弹性模量可根据实测数据确定；
　　2. 当混凝土中掺有大量矿物掺合料时，弹性模量可按规定龄期根据实测数据确定。

附表1.4 普通钢筋强度标准值 （单位：N/mm²）

牌号	符号	公称直径 d/mm	屈服强度标准值 f_{yk}	极限强度标准值 f_{stk}
HPB300	Φ	6~14	300	420
HRB400 HRBF400 RRB400	Φ Φ^F Φ^R	6~50	400	540
HRB500 HRBF500	Φ Φ^F	6~50	500	630

附表 1.5　普通钢筋强度设计值　　　　　　　　　　（单位：N/mm²）

牌　号	抗拉强度设计值 f_y	抗压强度设计值 f'_y
HPB300	270	270
HRB400、HRBF400、RRB400	360	360
HRB500、HRBF500	435	435

注：1. 当构件中配有不同种类的钢筋时，每种钢筋应采用各自的强度设计值。
　　2. 对轴心受压构件，当采用 HRB500、HRBF500 钢筋时，钢筋的抗压强度设计值 f'_y 应取 400N/mm²。横向钢筋的抗拉强度设计值 f_{yv} 应按表中 f_y 的数值采用；当用作受剪、受扭、受冲切承载力计算时，其数值大于 360N/mm² 时应取 360N/mm²。

附表 1.6　预应力钢筋强度标准值　　　　　　　　　　（单位：N/mm²）

种　类	符号	公称直径 d/mm	屈服强度标准值 f_{pyk}	极限强度标准值 f_{ptk}
中强度预应力钢丝	光面 ϕ^{PM} 螺旋肋 ϕ^{HM}	5、7、9	620	800
			780	970
			980	1270
预应力螺纹钢筋	螺纹 ϕ^T	18、25、32、40、50	785	980
			930	1080
			1080	1230
消除应力钢丝	光面 ϕ^P 螺旋肋 ϕ^H	5	—	1570
			—	1860
		7	—	1570
		9	—	1470
			—	1570
钢绞线	1×3 （3 股）	8.6、10.8、12.9	—	1570
			—	1860
			—	1960
	ϕ^S		—	1720
	1×7 （7 股）	9.5、12.7、15.2、17.8	—	1860
			—	1960
		21.6	—	1860

注：极限强度标准值为 1960N/mm² 的钢绞线作后张预应力配筋时，应有可靠的工程经验。

附表 1.7　预应力钢筋强度设计值　　　　　　　　　　（单位：N/mm²）

种　类	极限强度标准值 f_{ptk}	抗拉强度设计值 f_{py}	抗压强度设计值 f'_{py}
中强度预应力钢丝	800	510	410
	970	650	
	1270	810	
消除应力钢丝	1470	1040	410
	1570	1110	
	1860	1320	

（续）

种 类	极限强度标准值 f_{ptk}	抗拉强度设计值 f_{py}	抗压强度设计值 f'_{py}
钢绞线	1570	1110	390
	1720	1220	
	1860	1320	
	1960	1390	
预应力螺纹钢筋	980	650	400
	1080	770	
	1230	900	

注：当预应力钢筋的强度标准值不符合上表的规定时，其强度设计值应进行相应的比例换算。

附表1.8　普通钢筋及预应力筋的弹性模量

牌号或种类	弹性模量 $E_s/10^5 \text{N/mm}^2$
HPB300	2.10
HRB400、HRB500 HRBF400、HRBF500 钢筋、RRB400 预应力螺纹钢筋	2.00
消除应力钢丝、中强度预应力钢丝	2.05
钢绞线	1.95

附表1.9　热轧钢筋及预应力筋在最大力下的总伸长率限值

钢筋品种	热轧钢筋				预应力筋	
	HPB300	HRB400、HRB500、 HRBF400、HRBF500	HRB400E、 HRB500E	RRB400	中强度预应力钢丝	消除预应力钢丝、钢绞线、预应力螺纹钢筋
$\delta_{gt}(\%)$	10.0	7.5	9.0	5.0	4.0	4.5

附录2　钢筋、钢绞线、钢丝的公称直径、公称截面面积及理论质量

附表2.1　钢筋的公称直径、公称截面面积及理论质量

公称直径 /mm	不同根数钢筋的公称截面面积 /mm²									单根钢筋理论质量 /(kg/m)
	1	2	3	4	5	6	7	8	9	
6	28.3	57	85	113	142	170	198	226	255	0.222
8	50.3	101	151	201	252	302	352	402	453	0.395
10	78.5	157	236	314	393	471	550	628	707	0.617
12	113.1	226	339	452	565	678	791	904	1017	0.888
14	153.9	308	461	615	769	923	1077	1231	1385	1.21
16	201.1	402	603	804	1005	1206	1407	1608	1809	1.58
18	254.5	509	763	1017	1272	1527	1781	2036	2290	2.00(2.11)
20	314.2	628	942	1256	1570	1884	2199	2513	2827	2.47
22	380.1	760	1140	1520	1900	2281	2661	3041	3421	2.98

(续)

公称直径 /mm	不同根数钢筋的公称截面面积/mm²									单根钢筋理论质量 /(kg/m)
	1	2	3	4	5	6	7	8	9	
25	490.9	982	1473	1964	2454	2945	3436	3927	4418	3.85(4.10)
28	615.8	1232	1847	2463	3079	3695	4310	4926	5542	4.83
32	804.2	1609	2413	3217	4021	4826	5630	6434	7238	6.31(6.65)

注：括号内为预应力螺纹钢筋的数值。

附表2.2 钢筋混凝土板每米宽的钢筋面积表

钢筋间距 /mm	钢筋直径/mm								
	6	6/8	8	8/10	10	10/12	12	12/14	14
70	404	561	719	920	1121	1369	1616	1907	2199
75	377	524	671	859	1047	1277	1508	1780	2052
80	354	491	629	805	981	1198	1414	1669	1924
85	333	462	592	758	924	1127	1331	1571	1811
90	314	437	559	716	872	1064	1257	1483	1710
95	298	414	529	678	826	1008	1190	1405	1620
100	283	393	503	644	785	958	1131	1335	1539
110	257	357	457	585	714	871	1028	1214	1399
120	236	327	419	537	654	798	942	1113	1283
125	226	314	402	515	628	766	905	1068	1231
130	218	302	387	495	604	737	870	1027	1184
140	202	281	359	460	561	684	808	954	1099
150	189	262	335	429	523	639	754	890	1026
160	177	246	314	403	491	599	707	834	962
170	166	231	296	379	462	564	665	785	905
180	157	218	279	358	436	532	628	742	855
190	149	207	265	339	413	504	595	703	810
200	141	196	251	322	393	479	505	668	770
220	129	179	229	293	357	436	514	607	700
240	118	164	210	268	327	399	471	556	641
250	113	157	201	258	314	383	452	534	616

注：表中钢筋直径中的6/8、8/10、10/12、12/14是指两种直径的钢筋间隔布置。

附表2.3 钢绞线的公称直径、公称截面面积及理论质量

种 类	公称直径/mm	公称截面面积/mm²	理论质量/(kg/m)
1×3	8.6	37.7	0.296
	10.8	58.9	0.462
	12.9	84.8	0.666
1×7 标准型	9.5	54.8	0.430
	12.7	98.7	0.775
	15.2	140	1.101
	17.8	191	1.500
	21.6	285	2.237

附表 2.4　钢丝的公称直径、公称截面面积及理论质量

公称直径/mm	公称截面面积/mm²	理论质量/(kg/m)
5.0	19.63	0.154
7.0	38.48	0.302
9.0	63.62	0.499

附录 3　《混凝土结构设计规范》的有关规定

附表 3.1　受弯构件的挠度限制

构件类型		挠度限制
吊车梁	手动吊车	$l_0/500$
	电动吊车	$l_0/600$
屋盖、楼盖及楼梯构件	当 $l_0<7\text{m}$ 时	$l_0/200$ ($l_0/250$)
	当 $7\text{m}\leqslant l_0\leqslant 9\text{m}$ 时	$l_0/250$ ($l_0/300$)
	当 $l_0>9\text{m}$ 时	$l_0/300$ ($l_0/400$)

注：1. 表中 l_0 为构件的计算跨度。计算悬臂构件的挠度限制时，其计算跨度 l_0 按实际悬臂长度的 2 倍取用。
2. 表中括号内的数值适用于使用上对挠度有较高要求的构件。
3. 如果构件制作时预先起拱，且使用上也允许，则在验算挠度时，可将计算所得的挠度值减去起拱值。对预应力混凝土构件，尚可减去预加力产生的反拱值。
4. 构件制作时的起拱值和预加力产生的反拱值，不宜超过构件在相应荷载组合作用下的计算挠度值。

附表 3.2　混凝土结构的环境类别

环境类别	条件
一	室内干燥环境；无侵蚀性静水浸没环境
二 a	室内潮湿环境；非严寒和非寒冷地区的露天环境；非严寒和非寒冷地区与无侵蚀性的水或土壤直接接触的环境；严寒和寒冷地区的冰冻线以下与无侵蚀性的水或土壤直接接触的环境
二 b	干湿交替环境；水位频繁变动环境；严寒和寒冷地区的露天环境；严寒和寒冷地区冰冻线以下与无侵蚀性的水或土壤直接接触的环境
三 a	严寒和寒冷地区冬季水位变动区环境，受除冰盐影响环境，海风环境
三 b	盐渍土环境；受除冰盐作用环境；海岸环境
四	海水环境
五	受人为或自然的侵蚀性物质影响的环境

注：1. 室内潮湿环境是指构件表面经常处于结露或湿润状态的环境。
2. 严寒和寒冷地区的划分应符合现行《民用建筑热工设计规范》GB 50176 的有关规定。
3. 海岸环境和海风环境宜根据当地情况，考虑主导风向及结构所处迎风、背风部位等因素的影响，由调查研究和工程经验确定。
4. 受除冰盐影响环境是指受到除冰盐盐雾影响的环境；受除冰盐作用环境是指被除冰盐溶液溅射的环境，以及使用除冰盐地区的洗车房、停车楼等建筑。
5. 暴露的环境是指混凝土结构表面所处的环境。

附表3.3 结构构件的裂缝控制等级及最大裂缝宽度的限制　　（单位：mm）

环境类别	钢筋混凝土结构		预应力混凝土结构	
	裂缝控制等级	ω_{lim}	裂缝控制等级	ω_{lim}
一	三级	0.30(0.40)	三级	0.20
二 a		0.2		0.10
二 b			二级	—
三 a、三 b			一级	—

注：1. 对处于年平均相对湿度小于60%地区一类环境下的受弯构件，其最大裂缝宽度限制可采用括号内的数值。
2. 在一类环境下，对钢筋混凝土屋架、托架及需要疲劳验算的吊车梁，其最大裂缝宽度限制应取为0.20mm；对钢筋混凝土屋架梁和托梁，其最大裂缝宽度限制应取为0.30mm。
3. 在一类环境下，对预应力混凝土屋架、托架及双向板体系，应按二级裂缝控制等级进行验算；对一类环境下的预应力混凝土屋面梁、托梁、单向板，应按表中二 a 级环境的要求进行验算；在一类和二 a 类环境下需作疲劳验算的预应力混凝土吊车梁，应按裂缝控制等级不低于二级的构件进行验算。
4. 表中规定的预应力混凝土构件的裂缝控制等级和最大裂缝宽度限制仅适用于正截面的验算；预应力混凝土构件的斜截面裂缝控制验算应符合本规范第7章的有关规定。对于烟囱、筒仓和处于液体压力下的结构，其裂缝控制要求应符合专门标准的有关规定。
5. 对于处于四、五类环境下的结构构件，其裂缝控制要求应符合专门标准的有关规定。
6. 表中的最大裂缝宽度限制为用于验算荷载作用引起的最大裂缝宽度。

附表3.4 截面抵抗矩塑性影响系数基本值 γ_m

项次	1	2	3		4		5
截面形状	矩形截面	翼缘位于受压区的T形截面	对称I形截面或箱型截面		翼缘位于受压区的倒T形截面		圆形和环形截面
			$b_f/b \leq 2$、h_f/h 为任意值	$b_f/b > 2$、$h_f/h < 0.2$	$b_f/b \leq 2$、h_f/h 为任意值	$b_f/b > 2$、$h_f/h < 0.2$	
γ_m	1.55	1.50	1.45	1.35	1.50	1.40	$1.6 - 0.24 r_1/r$

注：1. 对 $b_f' > b_f$ 的I形截面，可按项次2与项次3之间的数值采用；对 $b_f' < b_f$ 的I形截面，可按项次3与项次4之间的数值采用。
2. 对于箱形截面，b 指各肋宽度的总和。
3. r_1 为环形截面的内环半径，对圆形截面取 r_1 为零。

附录4　章节练习参考答案

第1章　绪论

1.1　填空题

1. 承载力，变形能力　2. 延性破坏，脆性破坏

1.2　计算题

1. 结构安全等级为三级，则 $\gamma_0 = 0.9$。结构按50年设计使用年限考虑，则 $\gamma_L = 1.0$。
基本组合：
$\gamma_0 M = \gamma_0 (\gamma_G M_{G_k} + \gamma_{Q_1} \gamma_{L1} M_{Q_{1k}}) = 0.9 \times (1.3 \times 1500 + 1.5 \times 1.0 \times 1200) \text{N·m} = 3375 \text{N·m}$

2. 已知安全等级为一级，则 $\gamma_0 = 1.1$。结构按50年设计使用年限考虑，则 $\gamma_L = 1.0$。组合系数 $\psi_c = 0.7$，频遇值系数 $\psi_f = 0.5$，准永久值系数 $\psi_q = 0.4$。

集中恒荷载 G_k 产生的跨中弯矩值 $M_{Gk} = \frac{1}{4}G_k l = \frac{1}{4} \times 10 \times 4 \text{kN} \cdot \text{m} = 10 \text{kN} \cdot \text{m}$

均布线恒载 g_k 产生的跨中弯矩值 $M_{gk} = \frac{1}{8} g_k l^2 = \frac{1}{8} \times 4 \times 4^2 \text{kN} \cdot \text{m} = 8 \text{kN} \cdot \text{m}$

均布线活载 q_k 产生的跨中弯矩值 $M_{qk} = \frac{1}{8} q_k l^2 = \frac{1}{8} \times 8 \times 4^2 \text{kN} \cdot \text{m} = 16 \text{kN} \cdot \text{m}$

（1）按承载能力极限状态计算的基本组合
$\gamma_0 M = \gamma_0 (\gamma_G M_{G_k} + \gamma_G M_{g_k} + \gamma_{Q_1} \gamma_{L1} M_{Q1k}) = 1.1 \times (1.3 \times 10 + 1.3 \times 8 + 1.5 \times 1.0 \times 16) \text{kN} \cdot \text{m} = 52.14 \text{kN} \cdot \text{m}$

（2）按正常使用极限状态计算效应的设计值
标准组合 $M_k = M_{Gk} + M_{gk} + M_{Q1k} = (10 + 8 + 16) \text{kN} \cdot \text{m} = 34 \text{kN} \cdot \text{m}$
频遇组合 $M_f = M_{Gk} + M_{gk} + \psi_f M_{Q1k} = (10 + 8 + 0.5 \times 16) \text{kN} \cdot \text{m} = 26 \text{kN} \cdot \text{m}$
准永久组合 $M_q = M_{Gk} + M_{gk} + \psi_q M_{Q1k} = (10 + 8 + 0.4 \times 16) \text{kN} \cdot \text{m} = 24.4 \text{kN} \cdot \text{m}$

第 2 章 钢筋和混凝土的物理力学性能

2.1 选择题

1. A 2. D 3. B 4. B 5. C 6. D 7. D 8. C 9. B 10. C 11. A

12. B 解 $l_a = \alpha \frac{f_y}{f_t} d = 0.14 \times \frac{300}{1.27} d = 35.2d$

2.2 填空题

1. 高，低   2. 95%   3. 0.95 : 1 : 1.05   4. 摩阻力，机械咬合力   5. 0.7
6. 25%，50%

2.3 判断题

1.（√） 2.（√） 3.（×）屈服强度下限 4.（×）条件屈服强度 5.（√） 6.（√） 7.（√） 8.（×）应变随时间增加而增长的现象

2.4 计算题

解：基本锚固长度 $l_{ab} = \alpha \frac{f_y}{f_t} d = 0.14 \times \frac{360}{1.71} \times 32 \text{mm} = 943 \text{mm}$。

由于钢筋直径大于 25mm，其锚固长度应乘以 1.1 修正系数；还由于锚固区钢筋的保护层等于钢筋直径 3 倍，其锚固长度应乘以 0.8 修正系数；此外，由于实配钢筋较多，可乘以设计面积与实际配筋比值 1/1.05，因而最终经修正的锚固长度为

$$l_a = 1.1 \times 0.8 \times \frac{1}{1.05} \times 943 \text{mm} = 790 \text{mm} > 0.6 l_{ab} = 566 \text{mm}（满足）$$

第 3 章 受弯构件正截面的承载力

3.1 填空题

1. 适筋破坏、超筋破坏 2. 带裂缝工作阶段、破坏阶段 3. 1) B；2) D；3) F
4. ①受压区合力大小不变；②受压区合力作用点不变 5. $\rho \geq \rho_{min}$；$\xi \leq \xi_b$
6. 0.2% 和 $0.45 f_t / f_y$

3.2 选择题

1. A 2. D 3. B 4. A 5. B 6. A 7. C 8. C 9. D 10. A

3.3 判断题

1. (√) 2. (√) 3. (√) 4. (√) 5. (√) 6. (√) 7. (×) 钢筋强度低，ρ_{max}大

3.4 计算题

1. $\alpha_s = \dfrac{M}{\alpha_1 f_c b h_0^2} = \dfrac{125 \times 10^6}{1.0 \times 14.3 \times 250 \times 460^2} = 0.165$

   $\xi = 1 - \sqrt{1-2\alpha_s} = 1 - \sqrt{1-2 \times 0.165} = 0.181 < \xi_b = 0.518$（满足适筋梁的要求）

   $A_s = \dfrac{\alpha_1 f_c b \xi h_0}{f_y} = \dfrac{1.0 \times 14.3 \times 250 \times 0.181 \times 460}{360} \text{mm}^2 = 826.8 \text{mm}^2$

   $> \rho_{min} bh = 0.2\% \times 250 \times 500 \text{mm}^2 = 250 \text{mm}^2$

2. $\alpha_s = \dfrac{M}{\alpha_1 f_c b h_0^2} = \dfrac{20 \times 10^6}{1.0 \times 14.3 \times 1000 \times 90^2} = 0.173$

   $\xi = 1 - \sqrt{1-2\alpha_s} = 1 - \sqrt{1-2 \times 0.173} = 0.191 < \xi_b = 0.518$（满足适筋梁的要求）

   $A_s = \dfrac{\alpha_1 f_c b \xi h_0}{f_y} = \dfrac{1.0 \times 14.3 \times 1000 \times 0.191 \times 90}{360} \text{mm}^2 = 682.8 \text{mm}^2$

   $> \rho_{min} bh = 0.2\% \times 1000 \times 120 \text{mm}^2 = 240 \text{mm}^2$

选筋结果：⌀10@110（实配 $A_s = 714 \text{mm}^2$）

分布钢筋面积

$\geqslant \max\{0.15\% bh, 15\% A_s\} = \max\{0.15\% \times 1000 \times 120, 15\% \times 714\} = 180 \text{mm}^2$

选筋结果：⌀6@150（实配钢筋为 189mm^2）。

3. 设纵向受拉钢筋按一排放置，$a_s = (20+8+18/2) \text{mm} = 37 \text{mm}$

   则梁的有效高度 $h_0 = h - a_s = (450-37) \text{mm} = 413 \text{mm}$

   求极限弯矩 $\rho = \dfrac{A_s}{bh_0} = \dfrac{763}{200 \times 413} = 0.924\% > \rho_{min}$

   $\xi = \dfrac{f_y A_s}{\alpha_1 f_c b h_0} = \dfrac{435 \times 763}{1.0 \times 14.3 \times 200 \times 413} = 0.281 < \xi_b$

   $M_u = \alpha_1 f_c b h_0^2 \xi (1 - 0.5\xi)$

   $= 1.0 \times 14.3 \times 200 \times 413^2 \times 0.281 \times (1-0.5 \times 0.281) \times 10^{-6} \text{kN} \cdot \text{m}$

   $= 117.8 \text{kN} \cdot \text{m} > M = 84 \text{kN} \cdot \text{m}$（安全）

4. $M_1 = M_u - f'_y A'_s (h_0 - a'_s)$

   $= [180 \times 10^6 - 360 \times 308 \times (455-45)] \text{N} \cdot \text{mm}$

   $= 134539200 \text{N} \cdot \text{mm}$

   $\alpha_s = \dfrac{M_1}{\alpha_1 f_c b h_0^2} = \dfrac{134539200}{1.0 \times 14.3 \times 200 \times 455^2} = 0.227$

   $\xi = 1 - \sqrt{1-2\alpha_s} = 1 - \sqrt{1-2 \times 0.227} = 0.261 < \xi_b = 0.518$（满足适筋梁要求）

$x = \xi h_0 = 0.261 \times 455 \text{mm} = 118.8 \text{mm} > 2a_s' = 90 \text{mm}$

$A_s = \dfrac{a_1 f_c bx + f_y' A_s'}{f_y} = \dfrac{1.0 \times 14.3 \times 200 \times 118.8 + 360 \times 308}{360} \text{mm}^2 = 1251.8 \text{mm}^2 \geqslant A_{s,\min} = 200 \text{mm}^2$

实际选用受拉钢筋 3Φ25（$A_s = 1473 \text{mm}^2$）。

5. $\alpha_1 f_c b_f' h_f' \left(h_0 - \dfrac{h_f'}{2}\right) = 1.0 \times 19.1 \times 550 \times 100 \times (700 - 100/2) \times 10^{-6} \text{kN} \cdot \text{m}$

$= 682.825 \text{kN} \cdot \text{m} > M = 500 \text{kN} \cdot \text{m}$

属第一类 T 形截面。

$\alpha_s = \dfrac{M}{\alpha_1 f_c b_f' h_0^2} = \dfrac{500 \times 10^6}{1.0 \times 19.1 \times 550 \times 700^2} = 0.097$

$\xi = 1 - \sqrt{1 - 2\alpha_s} = 1 - \sqrt{1 - 2 \times 0.097} = 0.102 < \xi_b = 0.518$ （未超筋）

$A_s = \dfrac{\alpha_1 f_c b_f' \xi h_0}{f_y} = \dfrac{1.0 \times 19.1 \times 550 \times 0.102 \times 700}{360} \text{mm}^2 = 2083.5 \text{mm}^2$

$> \rho_{\min} bh = 0.2\% \times 250 \times 750 \text{mm}^2 = 375 \text{mm}^2$ 选 6Φ22（实配 $A_s = 2281 \text{mm}^2$），采用并筋形式布置于一排，满足最小配筋率要求。

架立筋 2Φ14，由于 $h_w = 600 \text{mm} > 450 \text{mm}$，需在梁侧配制腰筋：4Φ14。

6. $\alpha_1 f_c b_f' h_f' \left(h_0 - \dfrac{h_f'}{2}\right) = 1.0 \times 14.3 \times 400 \times 80 \times (535 - 80/2) \times 10^{-6} \text{kN} \cdot \text{m}$

$= 226.512 \text{kN} \cdot \text{m} < M = 300 \text{kN} \cdot \text{m}$

属第二类 T 形截面。

$\alpha_s = \dfrac{M - \alpha_1 f_c (b_f' - b) h_f' (h_0 - 0.5 h_f')}{\alpha_1 f_c b h_0^2}$

$= \dfrac{300 \times 10^6 - 1.0 \times 14.3 \times 200 \times 80 \times (535 - 0.5 \times 80)}{1.0 \times 14.3 \times 200 \times 535^2} = 0.228$

$\xi = 1 - \sqrt{1 - 2\alpha_s} = 1 - \sqrt{1 - 2 \times 0.228} = 0.262 < \xi_b = 0.518$ （未超筋）

$A_s = \dfrac{a_1 f_c b h_0 \xi + a_1 f_c (b_f' - b) h_f'}{f_y}$

$= \dfrac{1.0 \times 14.3 \times 200 \times 535 \times 0.262 + 1.0 \times 14.3 \times 200 \times 80}{360} \text{mm}^2 = 1749.1 \text{mm}^2$

选 3Φ22+2Φ20（实配 $A_s = 1768 \text{mm}^2$）。架立筋 2Φ14。

第 4 章 受弯构件斜截面承载力

4.1 填空题

1. 剪跨比、斜压破坏、剪压破坏、斜拉破坏 2. 弯矩、剪力 3. 剪跨比、混凝土强度和纵筋配筋率 4. 抑制斜裂缝的扩展、销栓 5. 300mm 6. $0.5h_0$

4.2 判断题

1. （×）由弯矩和剪力的复合应力引起 2. （×）腹剪斜裂缝 3. （√）
4. （×）$V \leqslant 0.25 \beta_c f_c b h_0$ 5. （√） 6. （√） 7. （×）剪压破坏为脆性破坏

8. (√) 9. (×) 纵向钢筋起抵制裂缝的开展和提供销栓作用
10. (√) 11. (×) 斜截面受剪承载力和斜截面受弯承载力
12. (×) 钢筋的理论不需要点延伸一段长度后截断 13. (√) 14. (√)

4.3 计算题（简答）

1. $V = \dfrac{1}{2}(g+q)l_n + \dfrac{3F}{2} = \left(\dfrac{1}{2} \times 40 \times 5.76 + 1.5 \times 20\right) \text{kN} = 145.2 \text{kN}$，其中集中荷载对支座截面产生的剪力 $V_F = 1.5F = 30\text{kN}$，则集中荷载引起的剪力占总剪力的 $30/145.2 = 20.7\% < 75\%$，故该梁不考虑剪跨比的影响。

$0.25\beta_c f_c b h_0 = 411.1\text{kN} > V = 145.2\text{kN}$（截面尺寸符合要求）。

$\dfrac{nA_{sv1}}{s} \geqslant \dfrac{V - 0.7f_t b h_0}{f_{yv} h_0} = \dfrac{(145.2 - 115.1) \times 10^3}{270 \times 460} \text{mm}^2/\text{mm} = 0.242 \text{mm}^2/\text{mm}$

实配该梁箍筋按 Φ8@200 沿梁全长均匀配置。

验算最小配箍率

$\rho_{sv} = \dfrac{nA_{sv1}}{bs} = \dfrac{2 \times 50.3}{250 \times 200} = 0.201\% > \rho_{svmin} = 0.24\dfrac{f_t}{f_{yv}} = 0.24 \times \dfrac{1.43}{270} = 0.127\%$（满足要求）

2. 计算箍筋用量

计算截面	A 支座	B 支座左侧	B 支座右侧
V/kN	170	250	240
$0.25\beta_c f_c b h_0/\text{kN}$	500.5 截面尺寸符合		
$0.7 f_t b h_0 / \text{kN}$	140.14 需计算配箍		
$\dfrac{nA_{sv1}}{s} \geqslant \dfrac{V - 0.7f_t b h_0}{f_{yv} h_0}$ /(mm²/mm)	0.148	0.545	0.495
双肢Φ8箍筋	$A_{sv} = nA_{sv1} = 2 \times 50.3 \text{mm}^2 = 100.6 \text{mm}^2$		
计算箍筋间距/mm	679.7	184.6	203.2
实配箍筋间距/mm	250	150	100（悬臂梁加强）
配箍率	0.161%	0.268%	0.402%
最小配箍率	0.095%	0.095%	0.095%
配箍结果	Φ8@250	Φ8@150	Φ8@100

3. $V_{支} = \dfrac{q}{2}l_n = \dfrac{(6-0.24)}{2}q = 2.88q$，$V_{弯} = \dfrac{(3-0.57)}{3}V_{支} = 2.33q$。

已知支座边缘配置：2Φ8@200（$A_{sv1} = 50.3\text{mm}^2$）箍筋和 1Φ20（$A_{sb} = 314\text{mm}^2$）弯起钢筋；弯起钢筋处配置：2Φ8@200 箍筋。

$V_{u支} = \alpha_{cw} f_t b h_0 + \dfrac{f_{yv} A_{sv} h_0}{s} + 0.8 f_{yv} A_{sb} \sin\alpha_s = 280.1 \text{kN}$

$$V_{u弯} = 0.7f_t bh_0 + f_{yv}\frac{A_{sv}}{s}h_0 = 216.2\text{kN}$$

则支座边缘 $2.88q \leq 280.1$，得 $q \leq 280.1/2.88\text{kN/m} = 97.3\text{kN/m}$

弯起钢筋处 $2.31q \leq 216.2$，得 $q \leq 216.2/2.31\text{kN/m} = 93.6\text{kN/m}$

斜截面受剪承载力计算梁所能承受的均布荷载设计值取两者的小值为 $q = 93.6\text{kN/m}$。

第5章 受压构件截面承载力

5.1 填空题

1. 300mm×300mm，350mm 2. 承载力 3. 400N/mm² 4. 材料破坏，失稳破坏
5. $\xi = \xi_b$ 6. $x \leq x_b$ 或 $\xi \leq \xi_b$ 7. 提高 8. 20mm 和 $h/30$

5.2 选择题

1. C 2. D 3. A 4. B 5. B 6. D 7. C 8. A 9. B 10. A 11. B 12. B 13. C 14. A 15. B 16. A 17. D 18. C

5.3 计算题（简答）

1. $\varphi = 0.946$，$A_s' = 2942\text{mm}^2$，实配 4Φ18+4Φ25 纵筋。

2. 选用 10Φ25 纵向钢筋，$A_{sso} = 2465\text{mm}^2$，箍筋直径 12mm，求得 $s = 47.5\text{mm}$，实配螺旋箍筋Φ12@45。

3. 属大偏心受压构件，$\eta_{ns} = 1.072$，$M = 173.7\text{kN·m}$。

（1）令 $\xi = \xi_b = 0.518$，$A_s' = 595\text{mm}^2$，$A_s = 1151\text{mm}^2$，选受压钢筋 3Φ16（实配面积为 603mm²），受拉钢筋 4Φ20（实配面积为 1256mm²）。

（2）$\xi_b > \xi = 0.45 > 2a_s'/h_0 = 0.222$，$A_s = 1027\text{mm}^2$，实选 3Φ22（实配面积为 1140mm²）。

（3）$x = 140\text{mm}$，$A_s = A_s' = 936\text{mm}^2$，实选 3Φ20（实配面积为 941mm²）。

4. 属小偏心受压构件，$\eta_{ns} = 1.245$，$M = 589.83\text{kN·m}$。

（1）令 $A_s = \rho_{min}bh = 800\text{mm}^2$，选 4Φ16（实配面积为 804mm²）代入计算，$\xi_b < \xi = 0.711$，$A_s' = 1279\text{mm}^2$ 实选 5Φ18（实配面积为 1272mm²）。

（2）$x = 584.6\text{mm} > \xi_b h_0$ $\xi = 0.703$，$A_s = A_s' = 1316\text{mm}^2$，实选 3Φ25（实配面积为 1473mm²）。

5. 属大偏心受压截面复核题，$\eta_{ns} = 1.037$，$M = 137.76\text{kN·m}$，$e_{ib} = 341.7\text{mm}$，$e = 712.4\text{mm}$，$\xi = 0.364$，$N_u = 311.5\text{kN}$，安全。

6. 属大偏心受压构件，$\eta_{ns} = 1.025$，$M = 1148\text{kN·m}$，$x = 257\text{mm}$，$A_s = A_s' = 2427\text{mm}^2$，实选 5Φ25（实配面积为 2454mm²）。

7. 属受压构件斜截面抗剪设计题。

计算剪跨比 $\lambda = 2.95$，$N = 1029.6\text{kN}$，四肢箍 $s \leq 238.7\text{mm}$，实配箍筋结果：Φ8@200（4）。

5.4 分析题

（1）小偏心受压破坏，减小；（2）大偏心受压破坏，增大；（3）界限破坏，$N_b = \alpha_1 f_c b\xi_b h_0$，相等；（4）小；（5）大偏压；小偏压；$M_{max}$ 和 N_{min}；M_{max} 和 N_{max}。

第6章 受拉构件截面承载力

6.1 选择题
1. A 2. A 3. C 4. A

6.2 判断题
1.（√） 2.（√） 3.（√） 4.（√） 5.（√） 6.（×）（应为轴心受拉一侧钢筋最小配筋率） 7.（√） 8.（×）（因 A_s' 钢筋达不到屈服强度，后者公式计算有误）

6.3 计算题（简答）

1. 属轴心受拉复核题。验算一侧钢筋的配筋率满足，$f_y A_s = 162.7\text{kN} < N = 180\text{kN}$，不满足承载力要求。

2. $e_0 = 118.9\text{mm} < \dfrac{h}{2} - a_s' = 160\text{mm}$，为小偏心受拉构件。$e' = 278.9\text{mm}$，$e = 41.1\text{mm}$，$A_s = 1283.1\text{mm}^2$，实配钢筋 Φ14@120，面积 $A_s = 1283\text{mm}^2$，$A_s' = 189.1\text{mm}^2 < 200\text{mm}^2$，取 $A_s' = 200\text{mm}^2$，实配 Φ6@140，面积 $A_s' = 202\text{mm}^2$。

3. $e_0 = 257\text{mm} > \dfrac{h}{2} - a_s' = \left(\dfrac{200}{2} - 20\right)\text{mm} = 80\text{mm}$，为大偏心受拉构件。$h_0 = 180\text{mm}$，$e = 177\text{mm}$，$e' = 337\text{mm}$，$\alpha_s = 0.066$，$\xi = 0.068$，则 $x = 12.2\text{mm} < 2a_s' = 40\text{mm}$，对 A_s' 取矩得 $A_s = 1843\text{mm}^2$，实配钢筋 Φ14@80，面积 $A_s = 1924\text{mm}^2$。

第7章 受扭构件截面承载力

7.1 填空题
1. 脆性，长边中点 2. $0.6 \leq \zeta \leq 1.7$，设计时 $\zeta = 1.0 \sim 1.3$ 3. $0.5 \leq \beta_t \leq 1.0$
4. 受扭纵筋和受扭箍筋，均匀、200mm 5. 超筋破坏，少筋破坏，计算和构造

7.2 是非题
1.（√） 2.（√） 3.（√） 4.（×） 5.（×）（规范考虑混凝土作用） 6.（×）（因剪扭构件考虑 β_t） 7.（×）（剪扭计算箍筋） 8.（√） 9.（×）（采用最小配筋率和最小配箍率共同保证）

7.3 选择题
1. A 2. C 3. D 4. C

7.4 计算题（简答）

1. 纯扭构件的截面复核题 $\zeta = 3.835 > 1.7$，取 $\zeta = 1.7$，$T_u = 15.67\text{kN}\cdot\text{m}^2$。

2. 按弯扭构件设计。（1）不考虑 β_t，采用 Φ10 双肢箍，则 $\dfrac{A_{sv1}}{s} \geq 0.682\text{mm}^2/\text{mm}$，实配 Φ10@110 双肢箍筋。（2）顶面纵筋面积：$\dfrac{A_{stl}}{4} = 169\text{mm}^2$，选用 2Φ12（实配面积为 226mm^2）。二排侧面纵筋面积：$\dfrac{A_{stl}}{2} = 337\text{mm}^2$，选用 4Φ12（实配面积为 452mm^2），底面纵筋面积：$\dfrac{A_{stl}}{4} + A_s = 996\text{mm}^2$，选用 3Φ22（实配面积为 1140mm^2）。

3. 按弯剪扭构件设计。（1）$\beta_t = 1.0$，采用Φ10双肢箍，则$\dfrac{A_{sv1}}{s} + \dfrac{A_{st1}}{s} \geqslant 0.505\text{mm}^2/\text{mm}$，实配Φ10@150双肢箍筋。（2）顶面纵筋面积：$\dfrac{A_{stl}}{4} = 167\text{mm}^2$，选用2C12（实配面积为226mm²），二排侧面纵筋面积：$\dfrac{A_{stl}}{2} = 334\text{mm}^2$，选用4Φ12（实配面积为452mm²），底面纵筋面积：$\dfrac{A_{stl}}{4} + A_s = 1008\text{mm}^2$，选用3Φ22（实配面积为1140mm²）。

第8章 钢筋混凝土构件的裂缝、变形及耐久性设计

8.1 填空题

1. 适用性、耐久性 2. 钢筋、黏结力 3. 严格要求不出现；一般要求不出现；允许出现
4. 减小；越大；越小；减小

8.2 选择题

1. D 2. C 3. D 4. C 5. B 6. C 7. B 8. B 9. B 10. D

8.3 判断题

1.（×）受弯构件裂缝截面处钢筋应力 $\sigma_{sk} = \dfrac{M_k}{\eta A_s h_0} = \dfrac{M_k}{0.87 A_s h_0}$，对于矩形、T形、I形截面，计算时裂缝截面处内力臂长度系数 η 都取0.87，与截面形式无关。2.（√） 3.（×）无关 4.（√） 5.（√） 6.（√） 7.（√） 8.（√）

8.4 计算题（简答）

1. $\alpha_{cr} = 2.7$，$f_{tk} = 2.01\text{N/mm}^2$，$E_s = 2.0 \times 10^5 \text{N/mm}^2$，$d_{eq} = 14\text{mm}$，$c_s = 26\text{mm}$，$\rho_{te} = 0.0154$，$\sigma_{sq} = 211.4\text{N/mm}^2$，$0.2 < \psi = 0.699 < 1.0$，最大裂缝宽度 $\omega_{max} = 0.244\text{mm} > \omega_{lim} = 0.2\text{mm}$（不满足要求）。采取减小纵筋的直径、施加预应力等措施。

2. $a_s = 46\text{mm}$，$h_0 = 454\text{mm}$，$f_{tk} = 2.01\text{N/mm}^2$，$E_s = 2.0 \times 10^5 \text{N/mm}^2$，$E_c = 3.0 \times 10^4 \text{N/mm}^2$；$\alpha_E \rho = 0.056$；$\rho_{te} = 0.0152$；$\gamma'_f = 0.352$；$\sigma_{sq} = 233.2\text{N/mm}^2$，$1.0 > \psi = 0.731 > 0.2$；$B_s = 2.63 \times 10^{13} \text{N} \cdot \text{mm}^2$；$\theta = 2.0$；$B = 1.315 \times 10^{13} \text{N} \cdot \text{mm}^2$。

该梁的挠度 $f = 20\text{mm} < f_{lim} = 30\text{mm}$，满足挠度要求。

3. 解：（1）弯矩设计值 $M = 108.44\text{kN} \cdot \text{m}$，$h_0 = 455\text{mm}$，$\alpha_s = 0.183$，$\xi = 0.204 < \xi_b = 0.518$，未超筋。$A_s = 737\text{mm}^2$，选2Φ22（实配 $A_s = 760\text{mm}^2$），满足最小配筋率要求。

（2）$a_s = 46\text{mm}$，$h_0 = 454\text{mm}$，准永久值组合 $M_q = 58.6\text{kN} \cdot \text{m}$，$\alpha_E \rho = 0.056$，$\rho_{te} = 0.0103$，$\gamma'_f = 0$，$\sigma_{sq} = 195.2\text{N/mm}^2$，$1.0 > \psi = 0.450 > 0.2$，$B_s = 2.97 \times 10^{13} \text{N} \cdot \text{mm}^2$，$\theta = 2.4$，$B = 1.24 \times 10^{13} \text{N} \cdot \text{mm}^2$，该梁的挠度 $f = 17.7\text{mm} < f_{lim} = 30\text{mm}$，满足挠度要求。

（3）$c_s = 35\text{mm}$，$\alpha_{cr} = 1.9$，$d_{eq} = 22\text{mm}$，$E_s = 2.0 \times 10^5 \text{N/mm}^2$，$\omega_{max} = 0.198\text{mm} < \omega_{lim} = 0.3\text{mm}$，满足裂缝宽度限制要求。

(4) 比较

内容	例 8.4 题（T 形梁）	计算第 3 小题（⊥形梁）
承载力	按 I 类 T 形截面设计求纵向受拉钢筋 A_s $A_s = \dfrac{\alpha_1 f_c b'_f \xi h_0}{f_y} = 683\text{mm}^2$ 选 2Φ22（实配 $A_s = 760\text{mm}^2$） 结论：T 形截面计算用钢量少于⊥形梁	按矩形截面设计求纵向受拉钢筋 A_s $A_s = \dfrac{\alpha_1 f_c b \xi h_0}{f_y} = 737\text{mm}^2$ 选 2Φ22（实配 $A_s = 760\text{mm}^2$）
刚度	$a_s = 46\text{mm}, h_0 = 454\text{mm}, \sigma_{sq} = 195.2\text{N/mm}^2$ $\gamma' = 0.264$ $A_{te} = 0.5bh = 50000\text{mm}^2$ $\rho_{te} = 0.0152$ $\psi = 0.66$ $B_s = 2.76 \times 10^{13}$ $\theta = 2.0$ $B = 1.38 \times 10^{13}$ 结论：T 形截面的长期刚度大于⊥形截面梁的长期刚度	$\gamma' = 0$ $A_{te} = 0.5bh + (b_f - b)h_f = 74000\text{mm}^2$ $\rho_{te} = 0.0103$ $\psi = 0.450$ $B_s = 2.97 \times 10^{13}$ $\theta = 2.4$ $B = 1.24 \times 10^{13}$
挠度	$f = 15.9\text{mm}$ 结论：T 形截面的挠度小于⊥形截面梁的挠度	$f = 17.7\text{mm}$
裂缝	$\omega_{max} = 0.223\text{mm}$ 结论：T 形截面的裂缝宽度大于⊥形截面梁的裂缝宽度。说明翼缘在受拉区减小裂缝宽度，但挠度增大	$\omega_{max} = 0.198\text{mm}$

第 9 章 预应力混凝土构件

9.1 填空题

1. 75%　2. $0.4 f_{ptk} \leq \sigma_{con}$　3. $\sigma_{lI} = \sigma_{l1} + \sigma_{l2} + \sigma_{l3} + \sigma_{l4}$、$\sigma_{lII} = \sigma_{l5} + \sigma_{l7}$
4. $\sigma_{lI} = \sigma_{l1} + \sigma_{l2}$、$\sigma_{lII} = \sigma_{l4} + \sigma_{l5} + \sigma_{l6} + \sigma_{l7}$

9.2 判断题

1. (×)　2. (√)　3. (√)　4. (√)　5. (√)　6. (√)　7. (×)　8. (×)
9. (×)　10. (√)　11. (×)　12. (×)　13. (×)　14. (√)　15. (×)　16. (√)
17. (√)　18. (√)　19 (√)

9.3 选择题

1. A　2. C　3. A　4. B　5. D　6. D　7. B、C　8. D、A　9. B、C　10. A、B
11. A　12. D、D　13. D　14. D　15. B　16. A

9.4 计算题（简答）

第一批预应力损失：$\sigma_{lI} = \sigma_{l1} + \sigma_{l2} = (40.6 + 45.6)\text{N/mm}^2 = 86.2\text{N/mm}^2$

第二批预应力损失 $\sigma_{lII} = \sigma_{l4} + \sigma_{l5} = (45.15 + 124.62)\text{N/mm}^2 = 169.77\text{N/mm}^2$

总预应力损失 $\sigma_l = \sigma_{lI} + \sigma_{lII} = (86.2 + 169.77)\text{N/mm}^2 = 255.97\text{N/mm}^2 > 80\text{N/mm}^2$

换算截面面积 $A_0 = A_n + \alpha_p A_p = (47419 + 5.652 \times 592.2)\text{N/mm}^2 = 50766.11\text{mm}^2$

轴向拉力设计值 $N = \max(N_1, N_2) = 750\text{kN}$

正截面承载力计算公式

$f_{py}A_p + f_y A_s = (1220 \times 592.2 + 360 \times 452) \times 10^{-3} \text{kN} = 885.2\text{kN} > \gamma_0 N = 1.1 \times 750\text{kN} = 825\text{kN}$

抗裂度验算

荷载效应标准组合 $N_k = N_{Gk} + N_{Qk} = (380 + 210)\text{kN} = 590\text{kN}$

荷载标准组合下抗裂验算边缘的混凝土法向应力

$$\sigma_{ck} = \frac{N_k}{A_0} = \frac{590 \times 10^3}{50766.11} \text{N/mm}^2 = 11.62 \text{N/mm}^2$$

计算混凝土有效预压应力

$$\sigma_{pc} = \frac{(\sigma_{con} - \sigma_l)A_p - \sigma_{l5}A_s}{A_n} = \frac{(1290 - 255.97) \times 592.2 - 124.62 \times 452}{47419} \text{N/mm}^2 = 11.73 \text{N/mm}^2$$

裂缝控制为二级时,受拉边缘应力

$$\sigma_{ck} - \sigma_{pc} = (11.62 - 11.73)\text{N/mm}^2 = -0.11 \text{N/mm}^2 < f_{tk} = 2.64 \text{N/mm}^2$$

施工阶段混凝土压应力验算

施工阶段施工荷载影响较小,故制作阶段只考虑构件自重及预应力的影响。

毛截面面积 $A = 250 \times 200 \text{mm}^2 = 50000 \text{mm}^2$

自重产生的轴力 $N_k = \gamma A l = 25 \times 50000 \times 10^{-6} \times 24 \text{kN} = 30\text{kN}$

当混凝土达到 100% 的设计强度时开始张拉预应力筋,相应 $f'_{ck} = 32.4 \text{N/mm}^2$

完成第一批预应力损失后预应力筋的压应力

$$\sigma_{pc} = \frac{(\sigma_{con} - \sigma_{l1})A_p}{A_n} = \frac{(1290 - 86.2) \times 592.2}{47419} \text{N/mm}^2 = 15.03 \text{N/mm}^2$$

截面下边缘的预压应力为

$$\sigma_{cc} = \sigma_{pc} + \frac{N_k}{A_0} = \left(15.03 + \frac{30 \times 10^3}{50766.11}\right) \text{N/mm}^2 = 15.62 \text{N/mm}^2 < 0.8 f'_{ck}$$

$$= 0.8 \times 32.4 \text{N/mm}^2 = 25.92 \text{N/mm}^2$$

施工阶段构件制作时的强度和抗裂性能满足要求。

参 考 文 献

[1] 中华人民共和国住房和城乡建设部. 混凝土结构设计规范：GB 50010—2010（2015 版）[S]. 北京：中国建筑工业出版社，2016.

[2] 中华人民共和国住房和城乡建设部. 工程结构可靠性设计统一标准：GB 50153—2018 [S]. 北京：中国建筑工业出版社，2008.

[3] 中华人民共和国住房和城乡建设部. 建筑结构荷载规范：GB 50009—2012 [S]. 北京：中国建筑工业出版社，2012.

[4] 中华人民共和国住房和城乡建设部. 混凝土结构耐久性设计规范：GB/T 50476—2008 [S]. 北京：中国建筑工业出版社，2009.

[5] 中华人民共和国住房和城乡建设部. 预应力混凝土结构设计规范：JGJ 369—2016 [S]. 北京：中国建筑工业出版社，2016.

[6] 中华人民共和国住房和城乡建设部. 装配式建筑评价标准：GB/T 51129—2017 [S]. 北京：中国建筑工业出版社，2017.

[7] 梁兴文，史庆轩. 混凝土结构设计原理 [M]. 2 版. 北京：中国建筑工业出版社，2011.

[8] 江见鲸，李杰，金伟良. 高等混凝土结构理论 [M]. 北京：中国建筑工业出版社，2010.

[9] 郭继武. 混凝土结构 [M]. 北京：中国建筑工业出版社，2011.

[10] 沈蒲生. 混凝土结构设计原理 [M]. 4 版. 北京：高等教育出版社，2012.

[11] 郭学明. 装配式混凝土结构建筑 [M]. 北京：机械工业出版社，2017.

[12] 王海军，选择华. 混凝土结构基本原理 [M]. 北京：机械工业出版社，2017.

[13] 杨虹，范涛. 混凝土结构设计原理 [M]. 成都：西南交通大学出版社，2012.

[14] 东南大学，同济大学，天津大学. 混凝土结构：上册 [M]. 7 版. 北京：中国建筑工业出版社，2020.

[15] 东南大学，同济大学，天津大学. 混凝土结构学习辅助与习题精解 [M]. 北京：中国建筑工业出版社，2006.

[16] 朱彦鹏. 混凝土结构设计原理学习指导 [M]. 重庆：重庆大学出版社，2004.

[17] 贡金鑫，魏巍巍，胡家顺. 中美欧混凝土结构设计 [M]. 北京：中国建筑工业出版社，2007.

[18] 中华人民共和国住房和城乡建设部. 预应力筋用锚具、夹具和连接器：GB/T 14370—2015 [S]. 北京：中国建筑工业出版社，2015.

[19] 中华人民共和国住房和城乡建设部. 预应力筋锚具、夹具和连接器应用技术规程：JGJ 85—2010 [S]. 北京：中国建筑工业出版社，2009.

[20] 中华人民共和国住房和城乡建设部. 混凝土结构通用规范：GB 55008—2021 [S]. 北京：中国建筑工业出版社，2022.

[20] 中华人民共和国住房和城乡建设部. 工程结构通用规范：GB 55001—2021 [S]. 北京：中国建筑工业出版社，2022.